Bezeichnung der Lerneinheit

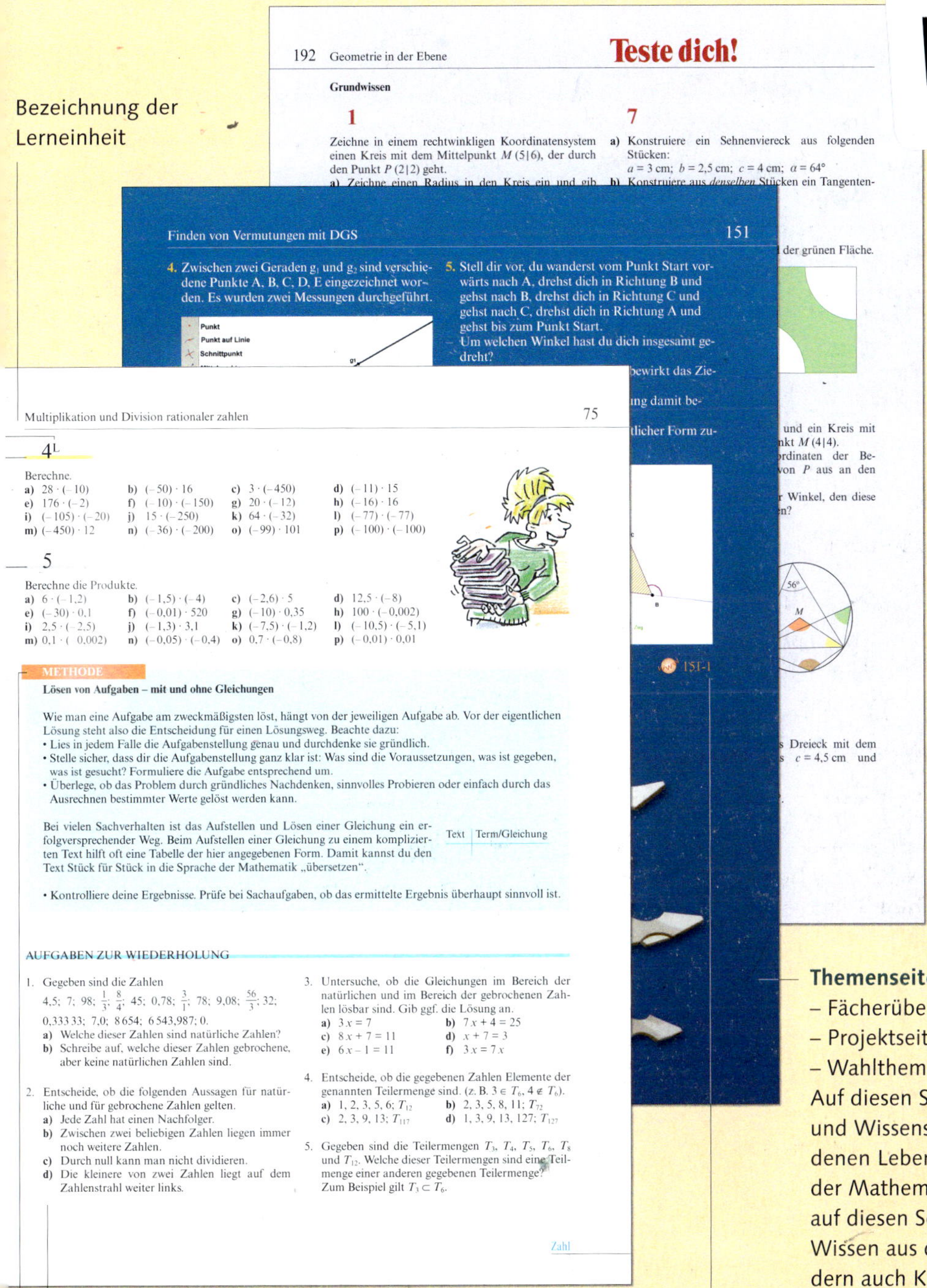
192 Geometrie in der Ebene

Teste dich!

Grundwissen

1

Zeichne in einem rechtwinkligen Koordinatensystem einen Kreis mit dem Mittelpunkt $M(5|6)$, der durch den Punkt $P(2|2)$ geht.

7

a) Konstruiere ein Sehnenviereck aus folgenden Stücken:
$a = 3$ cm; $b = 2{,}5$ cm; $c = 4$ cm; $\alpha = 64°$

Finden von Vermutungen mit DGS 151

4. Zwischen zwei Geraden g_1 und g_2 sind verschiedene Punkte A, B, C, D, E eingezeichnet worden. Es wurden zwei Messungen durchgeführt.

5. Stell dir vor, du wanderst vom Punkt Start vorwärts nach A, drehst dich in Richtung B und gehst nach B, drehst dich in Richtung C und gehst nach C, drehst dich in Richtung A und gehst bis zum Punkt Start. Um welchen Winkel hast du dich insgesamt gedreht?

151-1

Multiplikation und Division rationaler zahlen 75

4

Berechne.

a) $28 \cdot (-10)$ b) $(-50) \cdot 16$ c) $3 \cdot (-450)$ d) $(-11) \cdot 15$
e) $176 \cdot (-2)$ f) $(-10) \cdot (-150)$ g) $20 \cdot (-12)$ h) $(-16) \cdot 16$
i) $(-105) \cdot (-20)$ j) $15 \cdot (-250)$ k) $64 \cdot (-32)$ l) $(-77) \cdot (-77)$
m) $(-450) \cdot 12$ n) $(-36) \cdot (-200)$ o) $(-99) \cdot 101$ p) $(-100) \cdot (-100)$

5

Berechne die Produkte.

a) $6 \cdot (-1{,}2)$ b) $(-1{,}5) \cdot (-4)$ c) $(-2{,}6) \cdot 5$ d) $12{,}5 \cdot (-8)$
e) $(-30) \cdot 0{,}1$ f) $(-0{,}01) \cdot 520$ g) $(-10) \cdot 0{,}35$ h) $100 \cdot (-0{,}002)$
i) $2{,}5 \cdot (-2{,}5)$ j) $(-1{,}3) \cdot 3{,}1$ k) $(-7{,}5) \cdot (-1{,}2)$ l) $(-10{,}5) \cdot (-5{,}1)$
m) $0{,}1 \cdot (-0{,}002)$ n) $(-0{,}05) \cdot (-0{,}4)$ o) $0{,}7 \cdot (-0{,}8)$ p) $(-0{,}01) \cdot 0{,}01$

METHODE

Lösen von Aufgaben – mit und ohne Gleichungen

Wie man eine Aufgabe am zweckmäßigsten löst, hängt von der jeweiligen Aufgabe ab. Vor der eigentlichen Lösung steht also die Entscheidung für einen Lösungsweg. Beachte dazu:
- Lies in jedem Falle die Aufgabenstellung genau und durchdenke sie gründlich.
- Stelle sicher, dass dir die Aufgabenstellung ganz klar ist: Was sind die Voraussetzungen, was ist gegeben, was ist gesucht? Formuliere die Aufgabe entsprechend um.
- Überlege, ob das Problem durch gründliches Nachdenken, sinnvolles Probieren oder einfach durch das Ausrechnen bestimmter Werte gelöst werden kann.

Bei vielen Sachverhalten ist das Aufstellen und Lösen einer Gleichung ein erfolgversprechender Weg. Beim Aufstellen einer Gleichung zu einem komplizierten Text hilft oft eine Tabelle der hier angegebenen Form. Damit kannst du den Text Stück für Stück in die Sprache der Mathematik „übersetzen“.

Text	Term/Gleichung

- Kontrolliere deine Ergebnisse. Prüfe bei Sachaufgaben, ob das ermittelte Ergebnis überhaupt sinnvoll ist.

AUFGABEN ZUR WIEDERHOLUNG

1. Gegeben sind die Zahlen
$4{,}5;\ 7;\ 98;\ \frac{1}{3};\ \frac{8}{4};\ 45;\ 0{,}78;\ \frac{3}{1};\ 78;\ 9{,}08;\ \frac{56}{3};\ 32;\ 0{,}333\,33;\ 7{,}0;\ 8\,654;\ 6\,543{,}987;\ 0.$
a) Welche dieser Zahlen sind natürliche Zahlen?
b) Schreibe auf, welche dieser Zahlen gebrochene, aber keine natürlichen Zahlen sind.

2. Entscheide, ob die folgenden Aussagen für natürliche und für gebrochene Zahlen gelten.
a) Jede Zahl hat einen Nachfolger.
b) Zwischen zwei beliebigen Zahlen liegen immer noch weitere Zahlen.
c) Durch null kann man nicht dividieren.
d) Die kleinere von zwei Zahlen liegt auf dem Zahlenstrahl weiter links.

3. Untersuche, ob die Gleichungen im Bereich der natürlichen und im Bereich der gebrochenen Zahlen lösbar sind. Gib ggf. die Lösung an.
a) $3x = 7$ b) $7x + 4 = 25$
c) $8x + 7 = 11$ d) $x + 7 = 3$
e) $6x - 1 = 11$ f) $3x = 7x$

4. Entscheide, ob die gegebenen Zahlen Elemente der genannten Teilermenge sind. (z. B. $3 \in T_6$, $4 \notin T_6$).
a) $1, 2, 3, 5, 6;\ T_{12}$ b) $2, 3, 5, 8, 11;\ T_{72}$
c) $2, 3, 9, 13;\ T_{117}$ d) $1, 3, 9, 13, 127;\ T_{127}$

5. Gegeben sind die Teilermengen T_3, T_4, T_5, T_6, T_8 und T_{12}. Welche dieser Teilermengen sind eine Teilmenge einer anderen gegebenen Teilermenge? Zum Beispiel gilt $T_3 \subset T_6$.

Zahl

... du deinen Wissensstand selbst überprüfen.

Themenseiten
- Fächerübergreifende Themenseiten
- Projektseiten
- Wahlthemen

Auf diesen Seiten erfährst du Interessantes und Wissenswertes zu Themen aus verschiedenen Lebensbereichen und zur Geschichte der Mathematik. Beim Lösen der Aufgaben auf diesen Seiten kannst du nicht nur dein Wissen aus der Mathematik anwenden, sondern auch Kenntnisse aus anderen Fächern und aus deinem Alltag nutzen und vertiefen.

Aufgaben zur Wiederholung

Die Aufgaben unter dieser Überschrift gehören nicht zum gerade behandelten Stoff. Hier kannst du früher Gelerntes wiederholen und üben.

Methoden

Hier findest du Werkzeuge, die dir im Mathematikunterricht helfen, aber auch allgemeine Methoden zur Lösung von Problemen in der Mathematik und im Alltag.

Mutimediales Zusatzangebot 151-1

über Webcode im Internet:
1. Webseite aufrufen: **www.cornelsen.de/mathematik-plus**
2. Buchkennung eingeben: MPL000591
3. Mediencode eingeben: z. B. 151-1

Gymnasium | Klasse 7

Mathematik *plus*

Gymnasium
Klasse 7
Brandenburg

Herausgegeben von
StD Dietrich Pohlmann und
Prof. Dr. Werner Stoye

Cornelsen
VOLK UND WISSEN

Autoren: Susanne Bluhm, StD Karl Udo Bromm, OStR Robert Domine, Angela Eggers, Prof. Dr. Marianne Grassmann, StDn Gaby Heintz, Gerd Heintze, Erika Hellwig, Dr. Gerhard Koenig, StD Jochen Leßmann, Heidemarie Rau, OStD Dieter Rüthing, Dr. Uwe Sonnemann, Prof. Dr. Werner Stoye unter Planung und Mitarbeit der Verlagsredaktion Mathematik (Dr. Peter Birnbaum, Dr. Tilman Pehle, Grit Weber)

Herausgeber: StD Dietrich Pohlmann,
Prof. Dr. Werner Stoye

Redaktion: Dr. Tilman Pehle

Technische Zeichnungen: Rainer Götze, Rita Schüler

Illustrationen: Roland Beier

Typographie: Manfred Behrendt, Wolfgang Lorenz, Sabine Matthes

Einband: Susanne Niklaus, Berlin

Bildrecherche: Peter Hartmann

Technische Umsetzung: CMS – Cross Media Solutions GmbH, Würzburg; Marina Wurdel

www.cornelsen.de
www.vwv.de

Unter der folgenden Adresse befinden sich multimediale Zusatzangebote für die Arbeit mit dem Schülerbuch:
www.cornelsen.de/mathematik-plus
Die Buchkennung ist: **MPL000591**

1. Auflage, 1. Druck 2008

Alle Drucke dieser Auflage sind inhaltlich unverändert und können im Unterricht nebeneinander verwendet werden.

Druck: CS-Druck CornelsenStürtz, Berlin

ISBN: 978-3-06-000591-8

Inhalt gedruckt auf säurefreiem Papier aus nachhaltiger Forstwirtschaft.

Inhalt

*Die mit einem Stern gekennzeichneten Lerneinheiten gehen über die im Lehrplan ausgewiesenen Themen hinaus oder stellen einen im gegebenen Kontext sinnvollen Vorgriff auf Unterrichtsstoff höherer Klassenstufen dar. Sie können also übergangen oder verkürzt behandelt werden.
Ebenso gehören die Themen der Sonderseiten der Rubriken „Umwelt“, „Gesundheit“, „Historisches“ und „Unser Thema“ nicht zum verbindlichen Unterrichtsstoff. Zum Teil sind aber gerade diese Ergänzungen besonders geeignet, den über die reine Wissensvermittlung hinausgehenden Intentionen des Rahmenlehrplans (wie etwa Kompetenzentwicklung und Vernetzung) gerecht zu werden.

Zuordnungen, Proportionalität und Prozentrechnung

Anteile der Energieträger am Primärenergieverbrauch in Deutschland 2003:

Braunkohle	11,7 %
Erdgas	22,7 %
Erdöl	33,8 %
Kernenergie	11,1 %
Steinkohle	14,1 %
Wasser/Wind	1,5 %
Sonstige	5,1 %

Als Primärenergie bezeichnet man die Energie, die aus den natürlich vorkommenden Energieträgern wie Kohle oder Öl zur Verfügung steht. Primärenergie wird zum Beispiel in Kraftwerken und Raffinerien in nutzbare Energie (Strom, Kraftstoff etc.), sogenannte Sekundärenergie, umgewandelt.

Zuordnungen

1

Spielt in der Klasse eine Runde „Stadt – Land – Fluss“ mit einem geeigneten Buchstaben. (Was bedeutet „geeignet“ in diesem Fall?)
Stellt eure Ergebnisse in einer nach folgendem Muster angelegten Tabelle zusammen.

Buchstabe:	M		
Schüler	**Stadt**	**Land**	**Fluss**
Anton	München	Mexiko	Mosel
Bettina	Mailand	Marokko	Memel
Claudia	Meißen	Mexiko	Mekong
…	…	…	…

a) Schreibe in einer neuen Tabelle zu jedem Land aus eurer Tabelle die Hauptstadt und zeichne die Nationalflagge des Landes dazu.
b) Schreibe zu jeder Stadt aus der Tabelle das zugehörige Land.
c) Bearbeite die dem Aufgabenteil b) entsprechende Aufgabe für die Flüsse anstatt der Städte. Vergleiche mit Teil b).
d) Ordnet jedem Land aus eurer Tabelle die Namen der Spieler zu, die es notiert haben.
e) Ordnet jedem Land aus eurer Tabelle die Anzahl der Spieler zu, die dieses Land notiert haben. Was ist im Vergleich mit d) anders?

Gruppenarbeit
Recherchieren
Analysieren

2

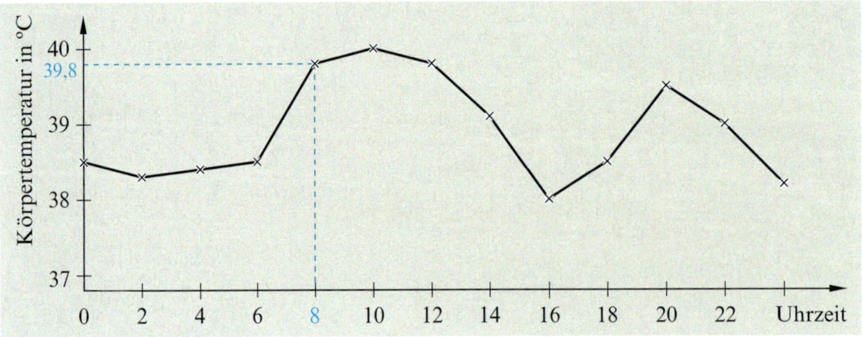

Das abgebildete Diagramm zeigt die Schwankungen der Körpertemperatur eines Kranken innerhalb von 24 Stunden.
a) Zu welcher Zeit war die Temperatur am niedrigsten, zu welcher Zeit war sie am höchsten?
b) Wann betrug die Körpertemperatur genau 38,6 °C, wann betrug sie 39,8 °C, wann 37 °C?
c) Erstelle eine Tabelle, in der Uhrzeiten und zugehörige Körpertemperaturen erfasst sind.

3

Das Normalgewicht eines Erwachsenen lässt sich nach einer Faustregel angeben: Körpergröße minus 100 Zentimeter, dann Zentimeter durch Kilogramm ersetzen. Bei Frauen muss man noch mit 0,9 multiplizieren.

a) Frage zehn Männer und zehn Frauen nach ihrer Körpergröße und ermittle daraus ihr Normalgewicht.
Notiere die Werte in zwei Tabellen und stelle die Werte jeder der beiden Tabellen in je einer Grafik dar.

b) Stelle für die befragten Personen getrennt nach Frauen und Männern die Abweichung vom Normalgewicht grafisch dar.

BEISPIEL

Mann: 1,78 cm
$\rightarrow$ 78 kg

Frau: 1,65 cm
$\rightarrow$ 65 kg · 0,9
$\rightarrow$ 58,5 kg

WISSEN

In vielen Situationen aus dem Alltag werden verschiedene „Werte" einander zugeordnet. Diese Werte können z. B. Zahlen oder Größen, aber auch Buchstaben oder Namen sein.

Bei einer **Zuordnung** wird jedem Wert aus einem vorgegebenen Bereich ein Wert aus einem anderen Bereich zugeordnet.

Eine Zuordnung zwischen zwei Größen x und y kann gegeben sein durch

- eine (Werte-)**Tabelle**:
  Größe in der x-Zeile $\rightarrow$ Größe in der y-Zeile
- ein **Diagramm** (grafische Darstellung):
  Größe auf der x-Achse $\rightarrow$ Größe auf der y-Achse
- ein **Pfeildiagramm**:
  Größe aus dem einen Bereich $\rightarrow$ Größe aus dem anderen Bereich
- eine **Rechenvorschrift** (Gleichung oder Worte):
  Ausgangsgröße $x \rightarrow$ zugeordnete Größe y

Beachte dazu das Beispiel in der Randspalte, in dem ein und dieselbe Zuordnung auf verschiedene Arten beschrieben wird.

BEISPIEL

Zuordnung gegeben durch eine **Tabelle**:

x	0	1	2	3	4
y	1	3	5	7	9

Zuordnung gegeben durch ein **Diagramm**:

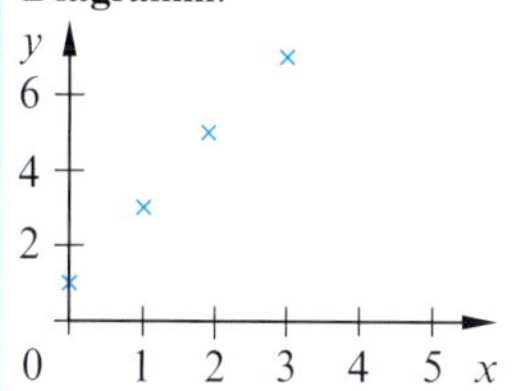

Zuordnung gegeben durch ein **Pfeildiagramm**:

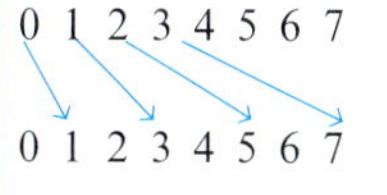

Zuordnung gegeben durch eine **Rechenvorschrift**:

$x \rightarrow y$ mit $y = 2 \cdot x + 1$

Zuordnung gegeben durch eine **Wortvorschrift**:

„Jeder natürlichen Zahl wird ihr um eins vermehrtes Doppelte zugeordnet."

4

Erstelle für jede der folgenden Zuordnungen $x \rightarrow y$ eine Tabelle und ein Diagramm.

a) $y = 2 \cdot x$ **b)** $y = 3 \cdot x + 1$ **c)** $y = 3$ **d)** $y = 48 - x$
e) $y = 16 - 2 \cdot x$ **f)** $y = 0$ **g)** $y = x^2 - x$ **h)** $y = x^2$

5

a) Gib für die Beispiele aus den Aufgaben 1 bis 3 jeweils an, ob die Zuordnungen durch eine Tabelle, ein Diagramm oder eine Rechenvorschrift gegeben sind.

b) Gib jeweils 2 weitere Beispiele für Zuordnungen an, die durch eine Tabelle, ein Diagramm oder eine Rechenvorschrift gegeben sind.

c) Tausche die Zuordnungen aus b) mit deiner Nachbarin oder deinen Nachbarn. Versuche dann, zu den Zuordnungen deiner Nachbarin (oder deines Nachbarn) eine andere Darstellungsform zu finden (z. B. zu einer Wortvorschrift eine Tabelle).

Partnerarbeit

6[L]

Erstelle zu den folgenden Wertetabellen jeweils ein Diagramm. Kannst du auch eine Rechenvorschrift aufstellen?

a)

x	0	1	2	3	4	5	6
y	0	3	6	9	12	15	18

b)

x	0	1	2	3	4	5	6
y	0	0,5	1	1,5	2	2,5	3

c)

x	0	1	2	3	4	5	6
y	8	7	6	5	4	3	2

d)

x	0	1	2	3	4	5	6
y	8	7,5	7	6,5	6	5,5	5

BEISPIEL

$x \to y$ mit $y = 5 \cdot x$

x	1	2	3	4	5
y	5	10	15	20	25

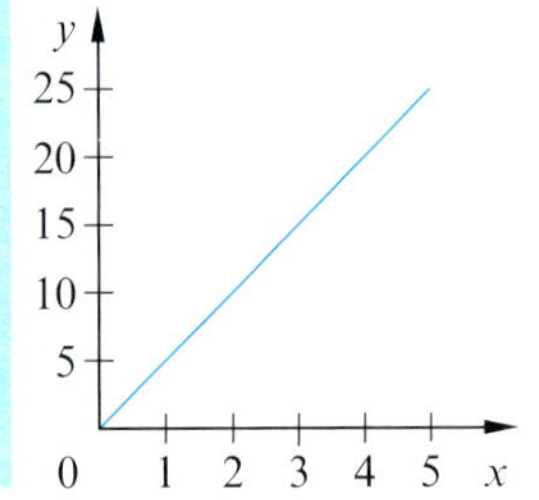

WISSEN

Man unterscheidet zwischen **mehrdeutigen, eindeutigen und eineindeutigen Zuordnungen:**

Eine Zuordnung einer Größe y zu einer Größe x heißt **mehrdeutig**, wenn es wenigstens einen Wert der Größe x gibt, dem mehrere Werte der Größe y zugeordnet sind.

Beispiel: Dem Nachnamen Müller sind die Schüler Klaus Müller, Marie Müller und Nicole Müller zugeordnet.

Eine Zuordnung einer Größe y zu einer Größe x heißt **eindeutig**, wenn jedem Wert der Größe x genau ein Wert der Größe y zugeordnet ist.

Beispiel: Jedem Schüler wird sein Nachname zugeordnet.

Eine Zuordnung einer Größe y zu einer Größe x heißt **eineindeutig**, wenn die folgenden Bedingungen (1) und (2) *beide* erfüllt sind:
(1) Jedem Wert der Größe x ist genau ein Wert der Größe y zugeordnet.
(2) Es gibt keine zwei verschiedenen Werte der Größe x, denen derselbe Wert der Größe y zugeordnet ist.

Beispiel: Die Zuordnung, die jedem Schüler seinen Nachnamen zuordnet, ist *nicht* eineindeutig, denn z.B. den Schülern Klaus Müller und Nicole Müller wird beiden der Name Müller zugeordnet.

7

Gib für jeden der drei Zuordnungstypen aus dem Wissenskasten wenigstens ein weiteres Beispiel aus dem Alltag an.

8

Welche der Zuordnungen aus Aufgabe 1, die ihr anhand eurer eigenen Tabelle vorgenommen habt, waren eindeutig, welche mehrdeutig und welche eineindeutig? Begründe.

9

Entscheide, welche der Zuordnungen aus Aufgabe 1 bei *jedem* Verlauf des Spiels „Stadt – Land – Fluss" eindeutig, mehrdeutig bzw. eineindeutig sind. Wie müsste die in einer Spielrunde entstandene Tabelle aussehen, damit eine bestimmte Zuordnung, die bei euch mehrdeutig (eindeutig) war, eindeutig (mehrdeutig) wäre?

10

Die Fieberkurve aus Aufgabe 2 zeigt einen Zusammenhang zwischen den Größen „Körpertemperatur“ und „Zeit“.
Handelt es sich um eine eindeutige oder um eine mehrdeutige Zuordnung zwischen diesen Größen?

11

a) Untersuche den Zusammenhang zwischen Körpergröße und Normalgewicht aus Aufgabe 3. Ist diese Zuordnung eindeutig, mehrdeutig oder sogar eineindeutig?

b) Sechs Personen haben Angaben über ihre Körpergröße, ihr Normalgewicht und ihr Geschlecht (m/w) gemacht. Die Angaben sind in der nebenstehenden Tabelle dargestellt. Übertrage die Tabelle in dein Heft und vervollständige sie.

Person	Körpergröße in cm	Normalgewicht in kg	Geschlecht
1	172		m
2		64	w
3	169	62	
4	184		w
5	196	96	
6		82	m

METHODE

Zeichnen eines Graphen

Häufig ist es nützlich, Zuordnungen zwischen Größen durch einen Graphen im Koordinatensystem zu veranschaulichen. Zum Beispiel kann man anhand des Graphen etwa die zeitliche Entwicklung einer Größe gut erkennen.
Gehe zum Zeichnen eines Graphen so vor:

- Überlege, welche der Größen auf der waagerechten Achse, welche auf der senkrechten Achse des Koordinatensystems abgetragen werden soll.
- Lege eine Wertetabelle an. Oft genügen einige Beispielwerte.
- Achte auf einheitliche Maßeinheiten.
- Überlege dir eine geeignete Einteilung für die Koordinatenachsen.
- Zeichne dann ein rechtwinkliges Koordinatensystem passender Größe, eventuell auf Millimeterpapier. Teile die Achsen ein und beschrifte sie.
- Trage alle Wertepaare $(x|y)$ aus der Zuordnungstabelle als Punkte in das Koordinatensystem ein.
- Überlege, ob es sinnvoll ist, die Punkte miteinander zu verbinden.
  Je nach Sachverhalt kann das Verbinden durch gerade Linien geschehen oder durch eine möglichst „glatte“ Kurve.

Beispiel:
Kosten für ein Mobiltelefon („Handy“)
monatliche Grundgebühr: 10 €
Preis je angefangene Gesprächsminute: 40 Cent

interessierende Zuordnung:
Gesprächszeit → Telefonkosten

Wertetabelle:
Wir setzen zur Abkürzung:
x = monatliche Gesprächsdauer in Minuten
y = monatliche Kosten in €

x (in min)	60	120	300	600
y (in €)	34	58	130	250

Beispiel für die Werteberechnung:
Den y-Wert zu $x = 120$ erhält man durch die Rechnung $y = 120 \cdot 0{,}40 + 10$.

Graph:

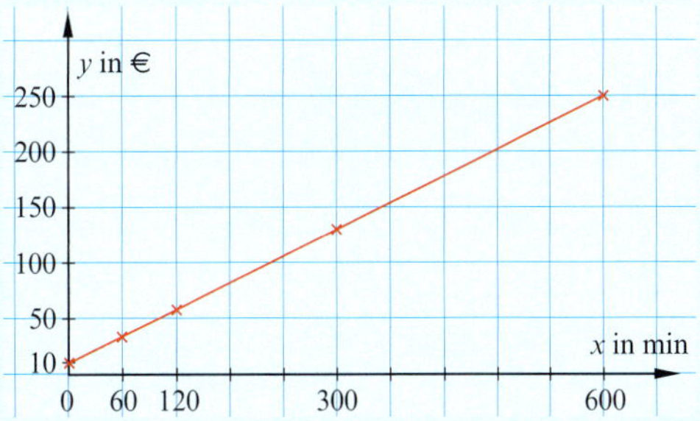

Proportionale und antiproportionale Zuordnungen

1

Gruppenarbeit

a) Ermittelt mithilfe einer Briefwaage die Masse von 5, 10, 15, 20, 25 und 30 kleinen gleichen Gegenständen (z. B. Cent-Stücke). Notiert die Werte in einer Tabelle.

b) Wie verhält sich die Masse der Gegenstände, wenn man ihre Anzahl verdoppelt, verdreifacht usw.?

c) Legt eine Handvoll dieser Gegenstände – ohne sie vorher zu zählen – auf die Waage. Schätzt, wie viele Gegenstände es sind. Versucht dann aus der abgelesenen Masse herauszubekommen, wie viele es sind. Kontrolliert die Ergebnisse eurer Schätzung und Rechnung schließlich durch Nachzählen.

2

Übertrage folgende Wertetabellen ins Heft und fülle sie aus. Was stellst du fest?

a)

x	1	2	3	4	5
y	2	4	6	8	10
$\frac{y}{x}$					

b)

x	1	2	3	4	5
y	3	6	9	12	15
$\frac{y}{x}$					

c)

Anzahl gleicher Gegenstände	5	10	15	20	25
Masse in g	14	28	42	56	70
$\frac{\text{Masse}}{\text{Anzahl}}$ in g	2,8				

WISSEN

Die Zuordnung *Anzahl gleich schwerer Gegenstände → Gesamtmasse* ist eine besondere Zuordnung, denn die Verdopplung der vorgegebenen Größe bedeutet eine Verdopplung der zugeordneten Größe. Zuordnungen mit dieser besonderen Eigenschaft sollen auch einen besonderen Namen erhalten: **proportionale Zuordnung**.

Bei einer **proportionalen Zuordnung** folgt aus der Verdopplung (Verdreifachung, …) bzw. Halbierung (Drittelung, …) der einen Größe die Verdopplung (Verdreifachung, …) bzw. Halbierung (Drittelung, …) der zugeordneten Größe.

Eine Zuordnung heißt **proportional**, wenn der Quotient aus dem zugeordneten Wert und dem vorgegebenen Wert immer gleich groß, aber nicht null ist.

Diese Eigenschaft nennt man **Quotientengleichheit**.

Den Quotienten nennt man **Proportionalitätsfaktor**.

NACHGEDACHT
Haben alle Zuordnungen diese Eigenschaft?

HINWEIS
Der Proportionalitätsfaktor trägt den Namen „Faktor“, weil man nur die vorgegebene Größe (x) mit ihm multiplizieren muss, um die zugeordnete Größe (y) zu erhalten.
Es gilt: $x \cdot \frac{y}{x} = y$.

3

Überprüfe, welche der Zuordnungen aus der ersten Lerneinheit (S. 6 bis 9) proportionale Zuordnungen sind. (*Tipp:* Überprüfe: Verdoppelt, verdreifacht … sich die zweite Größe, wenn man die erste Größe verdoppelt, verdreifacht …?)

4

Der Proportionalitätsfaktor darf nicht null sein. Warum?

5[L]

Stelle die folgenden in Tabellenform gegebenen Zuordnungen im Koordinatensystem grafisch dar.
Welche der Zuordnungen sind proportionale Zuordnungen?

HINWEIS
Überprüfe jeweils, ob für alle Wertepaare $(x; y)$ der Quotient $\frac{x}{y}$ gleich groß ist.

a)

x	2	4	6	8	10
y	4	8	12	16	20

b)

x	1	2	3	4	5
y	3	6	9	13	15

c)

x	5	4	3	2	1
y	25	20	15	10	5

d)

x	5	4	3	2	1
y	8	12	16	20	24

e)

x	2	4	6	8	10
y	0,3	0,6	0,9	1,2	1,5

f)

x	3	4	1	2	5
y	6	6	6	6	6

g)

x	$\frac{1}{3}$	$\frac{2}{3}$	1	$\frac{4}{3}$	$\frac{5}{3}$
y	$\frac{2}{3}$	$\frac{4}{3}$	2	$\frac{24}{9}$	$\frac{20}{6}$

h)

x	$\frac{1}{2}$	$\frac{2}{3}$	$\frac{3}{4}$	$\frac{4}{5}$	$\frac{5}{6}$
y	$\frac{3}{4}$	1	$\frac{9}{8}$	$\frac{6}{5}$	$\frac{5}{4}$

6[L]

a) Gib für die Zuordnungen aus Aufgabe 2 jeweils den Proportionalitätsfaktor an.
b) Gib für die proportionalen Zuordnungen aus Aufgabe 5 jeweils den Proportionalitätsfaktor an.
c) Welcher Proportionalitätsfaktor liegt der Zuordnung in Aufgabe 1 zugrunde?

7

Überprüfe, ob die zu den folgenden Diagrammen gehörenden Zuordnungen proportional sind. Begründe deine Antwort.

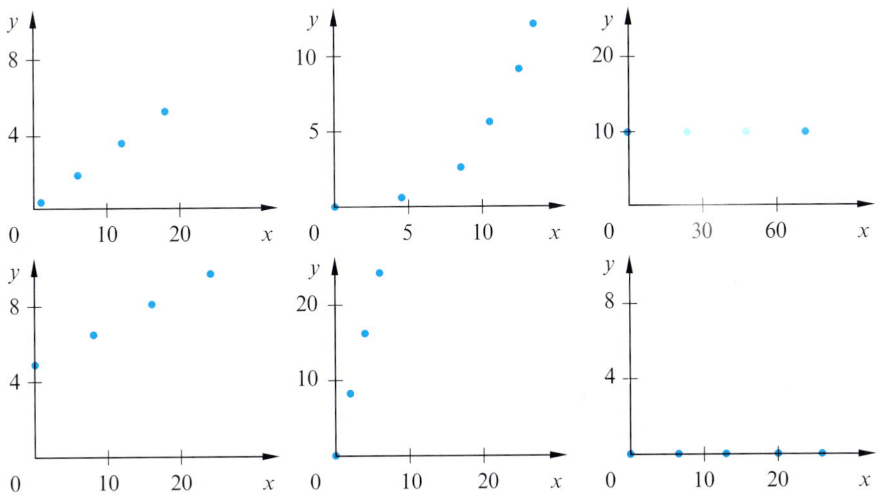

WISSEN

Bei der grafischen Darstellung einer **proportionalen Zuordnung** liegen alle Punkte auf einer Geraden, die durch den Koordinatenursprung geht. (Eine solche Gerade wird auch kurz als **Ursprungsgerade** bezeichnet.)

BEACHTE
Die Gerade darf nicht auf der x-Achse oder der y-Achse liegen. Warum?

8

Eine bestimmte Menge eines Stoffes hat eine bestimmte Masse. Anders ausgedrückt: Jedem Volumen V eines Stoffes ist eine Masse m zugeordnet. Diese Zuordnung ist bei konstanter Temperatur proportional. Den Proportionalitätsfaktor $\varrho = \frac{m}{V}$ bezeichnet man als Dichte. Bei einer Temperatur von 25 °C ist die Dichte von Eisen $7{,}86\ \frac{\text{g}}{\text{cm}^3}$, die von Blei $11{,}34\ \frac{\text{g}}{\text{cm}^3}$. Zeichne in ein Koordinatensystem für beide Metalle Diagramme, aus denen man für bestimmte Volumina die zugehörige Masse ablesen kann. Ermittle aus dem Diagramm die Massen von je 30 cm³, 40 cm³ und 100 cm³ Eisen bzw. Blei.

9

Das folgende Diagramm beschreibt den Vorgang der Füllung eines Aquariums.

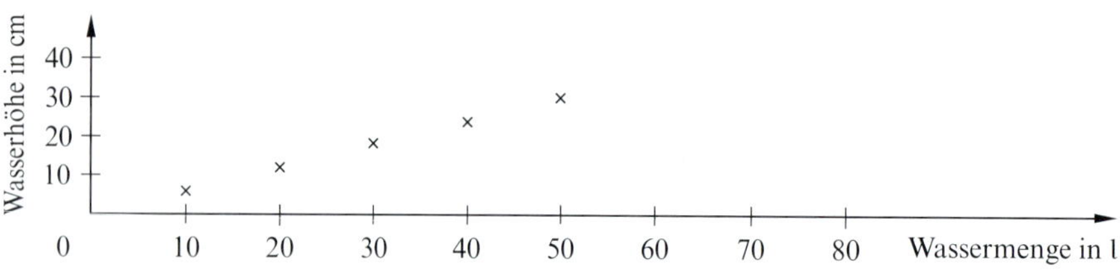

a) Um was für eine Art der Zuordnung handelt es sich? Begründe.

b) Kann man aus der Antwort zu a) Schlüsse auf die Form des Aquariums oder auf besondere Eigenschaften des Wasserzustroms ziehen? Wenn ja, welche? Diskutiert darüber, ob diese Schlüsse zwingend sind, oder ob nicht auch andere Situationen zu demselben Diagramm führen könnten. Begründet eure Aussagen.

c) Falls das Aquarium groß genug ist: Welche Füllhöhe gehört zu einem Inhalt von 62 Litern? Welcher Wassermenge entspricht eine Füllhöhe von 74 cm?

Gruppenarbeit
Argumentieren
Analysieren

Dreisatz bei proportionalen Zuordnungen

10

Die genaue Dicke einer Münze festzustellen, ist schwierig, denn unsere Lineale usw. sind nicht genau genug für solche kleinen Abstände.
Deshalb benutzen wir einen Trick: Wir legen viele Münzen übereinander, messen die Höhe des Münzstapels und teilen dann durch die Anzahl der Münzen.

a) Ermittle durch Ausmessen von unterschiedlich hohen Münzstapeln die Dicke von einigen Münzen unserer Währung.

b) Wie hoch sind Münzstapel aus jeweils 50 gleichen Münzen?

c) Welchen größten und welchen kleinsten Wert kann ein Münzstapel von 1 Meter Höhe haben?

BEISPIEL

100,00 CHF kosten am Umtauschtag bei einer Bank 62,24 €.
Für 60 € wird man also etwas weniger als 100 CHF erhalten.
Zur Berechnung des genauen Betrages gehen wir in drei Schritten vor:

1. Schritt:
Gegebenes Wertepaar:
62,24 € = 100,00 CHF

2. Schritt:
Schluss auf die Einheit:
Für 1 € bekommt man also 1,61 CHF.

3. Schritt:
Schluss auf die gesuchte Größe:
Für 60 € bekommt man 96,60 CHF.

	EUR	CHF	
	62,24	100	
: 62,24 ↓			↓ : 62,24
	1,00	1,61	
· 60 ↓			↓ · 60
	60,00	96,60	

AUFGABE
Rechne aus, wie viel Schweizer Franken man für 25 €, 75 €, 85 €, 120 € bekäme.

WISSEN

$(x_1|y_1)$ und $(x_2|y_2)$ seien zwei Wertepaare einer proportionalen Zuordnung $x \rightarrow y$. Sind von den vier Werten x_1, x_2, y_1 und y_2 drei bekannt (alle ungleich 0), so kann der vierte Wert mithilfe des **Dreisatz**-Schemas berechnet werden.
Sind z. B. x_1, x_2, y_1 bekannt, dann berechnet man y_2 auf folgende Weise:
- Aus dem Wertepaar $(x_1|y_1)$ schließt man auf das Wertepaar $(1|\ldots)$, indem man x_1 und y_1 jeweils durch x_1 dividiert (Schluss auf die Einheit).
- Aus dem Wertepaar $(1|\ldots)$ schließt man auf das Wertepaar $(x_2|y_2)$, indem man beide Werte jeweils mit x_2 multipliziert (Schluss auf die gesuchte Größe).

		x	y	
1. ein gegebenes Wertepaar aufschreiben		x_1	y_1	
	$: x_1$ ↓			↓ $: x_1$
2. Schluss auf die Einheit		1	$\frac{y_1}{x_1}$	
	$\cdot x_2$ ↓			↓ $\cdot x_2$
3. Schluss auf die gesuchte Größe		x_2	$y_2 = \frac{y_1}{x_1} \cdot x_2$	

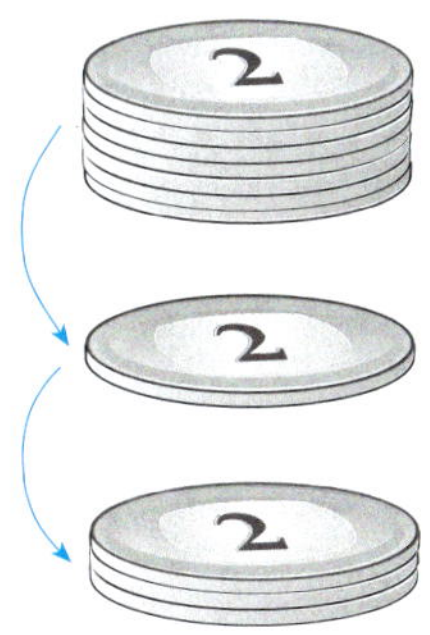

11

Ein seit einigen Tagen gleichmäßig tropfender Wasserhahn erreicht in einem geraden Gefäß in 30 min eine Füllhöhe von 6 cm.

a) Welche Füllhöhe wird erreicht, wenn der Wasserhahn 10 min (15 min, 23 min, 1 h) gleichmäßig in das Gefäß tropft?

b) Wie lange muss der Hahn gleichmäßig in das Gefäß getropft haben, wenn das Wasser 4 cm (7 cm, 25 cm, 51 cm) hoch steht?

12

Gibt es in der Schule oder bei dir zu Hause einen tropfenden Wasserhahn? Wie viel Wasser geht dadurch mit der Zeit verloren?

a) Wie viel Wasser „vertropft" in einer Stunde (vgl. Randspalte)?

b) Wie viel Wasser „vertropft" in 3 h (0,5 h, 10 min, 1 min, 1 Tag, 1 Monat)?

c) Erläutere die Folgen des ständigen Tropfens eines Wasserhahnes.

HINWEIS
Stelle ein Messgefäß unter einen tropfenden Wasserhahn und miss, wie viel Wasser in einer halben Stunde aufgefangen wird.

13

Auf einer 350 m² großen Freifläche soll Rasen gesät werden. Ein 1,5 kg Paket Rasensamen kostet 29,98 € und reicht für eine Fläche von 120 m². Wie viele Pakete werden für die Spielfläche gebraucht und wie viel kosten sie?

14

Die Radgröße bei Fahrrädern wird in Zoll angegeben. Ein 28-er Rad hat einen Durchmesser von 28″ und legt bei einer Umdrehung 223,43 cm zurück.

a) Welche Strecke legt ein Rad der Größe 18″ (22″, 24″, 26″) bei einer Umdrehung zurück?

b) Welche Größe hat ein Rad, das bei einer Umdrehung eine Strecke von 127,67 cm (159,59 cm, 191,51 cm) zurücklegt?

HINWEIS
Die Längeneinheit Zoll wird durch das Zeichen ″ abgekürzt.
1″ = 2,54 cm

15

Fünf Kubikzentimeter pures Gold haben eine Masse von 96,6 g.

a) Welche Masse haben Goldbarren von 12 cm³ (37 cm³, 119 cm³)?

b) Welche Masse hat ein quaderförmiger Goldbarren mit einer Höhe von 3 cm, einer Breite von 4 cm und einer Länge von 5 cm?

c) Ein Ring mit einem Volumen von 2,56 cm³ hat eine Masse von 48,3 g, ein anderer Ring mit einem Volumen von 3,79 cm³ hat eine Masse von 73,2 g. Welcher der Ringe ist aus purem Gold?

d) Welche Masse (in kg) hat eine Krone von 125 Unzen puren Goldes?

1 Unze = 31,10 g

Antiproportionale Zuordnungen

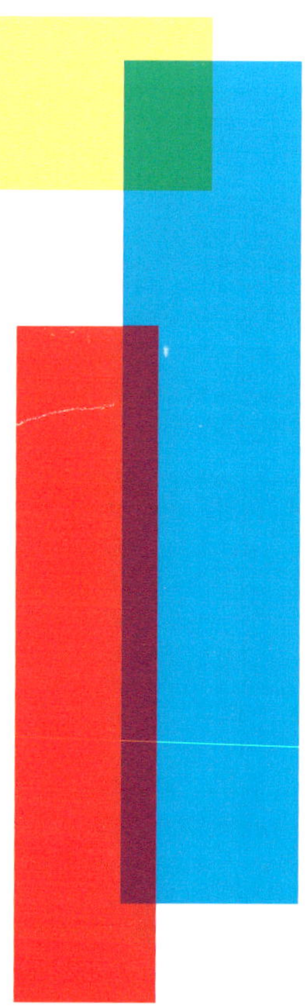

16

Im Unterrichtsfach Kunst soll jede Schülerin und jeder Schüler eine rechteckige Fläche von 30 cm² aus transparenter farbiger Folie anfertigen. Es werden Folien unterschiedlicher Farben verwendet.
Mit diesen Folien sollen Farbexperimente durchgeführt werden.

a) Kerstin wählt für das Rechteck eine Länge von 10 cm.
Welche Breite hat ihr Rechteck?

b) Ronny wählt eine Breite von 2,5 cm. Wie lang ist sein Rechteck?

c) Gib eine Zuordnungsvorschrift an, mit der man für eine gegebene Seite a die Seite b des Rechtecks berechnen kann.

d) In der folgenden Tabelle ist die Seite a des Rechtecks gegeben. Berechne die Länge der Seite b und begründe, dass die Zuordnung $a \to b$ nicht proportional ist.

Seite a	2 cm	4 cm	6 cm	8 cm	10 cm	12 cm
Seite b						

e) Was geschieht mit der Seite b, wenn man die Seite a verdoppelt, verdreifacht oder vervierfacht? Was geschieht mit der Seite b, wenn man die Seite a halbiert, drittelt oder viertelt?

WISSEN

Eine Zuordnung heißt **indirekt proportional**, wenn die Produkte einander zugeordneter Größen stets den gleichen Wert ($\neq 0$) haben.
Anstelle von indirekt proportionaler Zuordnung spricht man häufig auch von **umgekehrt proportionaler** oder auch von **antiproportionaler** Zuordnung.
Man untersucht, ob eine Zuordnung $x \rightarrow y$ antiproportional ist, indem man untersucht, ob die Produkte $x \cdot y$ alle gleich sind.

BEISPIEL

x	5	10	15	20	25
y	20	10	6	4	3
$x \cdot y$	100	100	90	80	75

Ergebnis: Die Zuordnung ist nicht indirekt proportional, denn die Produkte $x \cdot y$ haben nicht stets den gleichen Wert.

17

Was passiert bei antiproportionalen Zuordnungen mit der zugeordneten Größe, wenn man die Ausgangsgröße verdoppelt, verdreifacht, vervierfacht usw. oder halbiert, drittelt, viertelt usw.?

18[L]

Prüfe, ob die folgenden Zuordnungen antiproportional sind.

a)

x	4	8	12
y	24	12	8

b)

x	6	12	18
y	9	18	27

c)

x	48	24	12
y	2	4	8

d)

x	0	5	10
y	40	8	4

e)

x	16	12	8
y	3	4	6

f)

x	0,2	0,4	0,8
y	10	5	2,5

19

Übertrage die Tabellen ins Heft und ergänze sie so, dass jeweils antiproportionale Zuordnungen vorliegen. Gib jeweils eine Zuordnungsvorschrift an.

a)

x	4	8	12	16
y	20			

b)

x	2		6	
y		30	20	15

c)

x		1	2	
y	100	25		12,5

20

Entscheide, ob indirekte Proportionalität vorliegt.

a) Je größer die Geschwindigkeit des Flugzeuges, desto geringer ist die Flugzeit.
b) Je kürzer die Nacht, um so länger ist der Tag.
c) Je mehr Familienmitglieder den Garten umgraben, um so geringer ist die hierfür erforderliche Zeit.
d) Je mehr Essenteilnehmer, um so kleiner sind die Portionen.
e) Je mehr Angler am Teich sitzen, um so weniger Fische kann jeder fangen.

NACHGEDACHT

Max behauptet: „An den Formulierungen ‚je mehr – desto weniger' oder ‚je weniger – desto mehr' kann ich immer erkennen, ob umgekehrte Proportionalität vorliegt oder nicht." Gib ein Gegenbeispiel an.

Jonas behauptet: „Wenn für die Zuordnung nicht ‚je mehr – desto weniger' oder ‚je weniger – desto mehr' gilt, so liegt keine umgekehrte Proportionalität vor." Hat Jonas Recht?

21

Welche der folgenden Zuordnungen sind proportionale Zuordnungen, welche sind indirekt proportionale Zuordnungen, welche sind weder proportionale noch indirekt proportionale Zuordnungen? Begründe deine Entscheidung.

a)

x	2	4	6	8
y	24	12	8	6

b)

x	3	6	9	12
y	5	10	15	20

c)

x	5	10	15	20
y	12	6	4	3

d)

x	4	8	12	16
y	16	12	8	4

e)

x	10	20	30	40
y	15	30	45	60

f)

x	2	4	8	16
y	16	8	4	2

22

Stelle drei Tabellen wie in Aufgabe 21 auf, wobei eine Zuordnung proportional, eine indirekt proportional und eine keines von beiden ist. Gib die Tabellen dann deiner Nachbarin bzw. deinem Nachbarn zur Überprüfung der Zuordnungen.

Partnerarbeit

23

Geht Gesine zu Fuß zur Schule, so läuft sie mit einer Durchschnittsgeschwindigkeit von 5 km/h und benötigt 15 Minuten. Fährt sie jedoch mit dem Fahrrad, so hat sie eine Durchschnittsgeschwindigkeit von 15 km/h. Wie lange benötigt sie mit dem Fahrrad für den Schulweg?

24

Von Erfurt bis Berlin beträgt die kürzeste Fahrtstrecke etwa 300 km.

a) Berechne die Zeit (t), die ein Fahrzeug mit der in der Tabelle angegebenen Durchschnittsgeschwindigkeit (v) für diese Strecke jeweils benötigt.

v in km/h	20	30	40	50	60	70	80	90	100	110	120	130
t in h												

b) Stelle die Zuordnung in einem Diagramm dar.
Trage auf der waagerechten Achse die Geschwindigkeiten ab. Teile die Achse so, dass 1 cm einer Geschwindigkeit von 10 km/h entspricht.
Trage auf der senkrechten Achse die Zeiten ab. Teile diese Achse so, dass 1 cm einer Zeit von 1 h entspricht.

c) Entnimm dem Diagramm die in folgender Tabelle fehlenden Werte.

v in km/h	25	45	55			145
t in h				3	2,1	

d) Wie hängt die Fahrtzeit für die Strecke von Erfurt nach Berlin von der Durchschnittsgeschwindigkeit des Fahrzeuges ab?

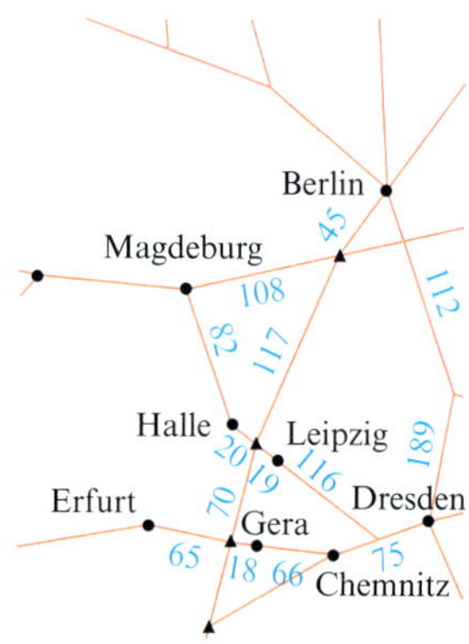

25

Überlege dir selbst einen Sachverhalt, bei dem eine indirekt proportionale Zuordnung vorliegt. Stelle dazu eine Wertetabelle auf und zeichne ein Diagramm.
Welche Gemeinsamkeiten zu dem Diagramm aus Aufgabe 24 erkennst du? Begründe, warum diese Gemeinsamkeiten bestehen müssen.

WAS MEINST DU DAZU?
Bist du schon auf der Autobahn nach Berlin gefahren?
Überlege gemeinsam mit anderen, inwieweit die in den Wertetabellen angegebenen Durchschnittsgeschwindigkeiten realistisch sind.

WISSEN

Der Graph einer antiproportionalen Zuordnung heißt **Hyperbel**. Die nebenstehende Abbildung zeigt einen Ausschnitt aus einer Hyperbel.

Ist eine Zuordnung antiproportional, so gilt: Werden die vorgegebenen Größen sehr groß, dann werden die ihnen zugeordneten Größen sehr klein. Sie werden aber nie null.
Werden die vorgegebenen Größen sehr klein, dann werden die ihnen zugeordneten Größen sehr groß.

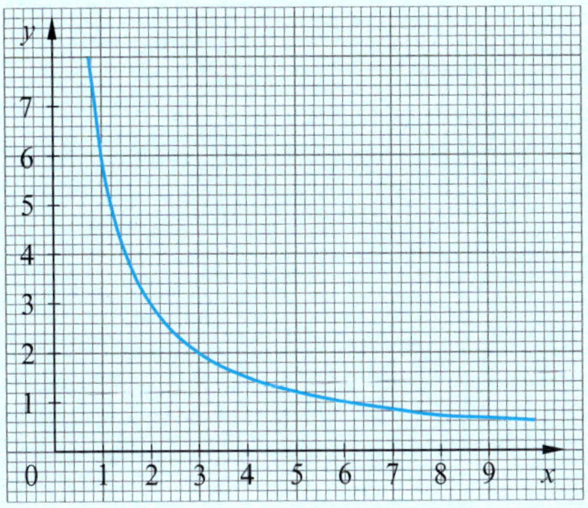

26[L]

Der Punkt $P(2|5)$ gehört zum Graphen einer indirekt proportionalen Zuordnung. Wie lautet die Zuordnungsvorschrift?
Berechne mindestens sechs weitere Punkte und zeichne den Graphen.

27

Lies aus der im Wissenskasten dargestellten Hyperbel ein Wertepaar ab, und gib die Zuordnungsvorschrift an. Berechne dann drei weitere Wertepaare, die im Bereich des dargestellten Ausschnitts liegen, und vergleiche mit der Darstellung.

28

Die Zuordnungsvorschrift lautet $x \to y$ mit $y = \frac{60}{x}$. Welche der folgenden Punkte liegen auf dem Graphen der Zuordnung? Entscheide, ohne zu zeichnen.
$A(10|6)$, $B(5|15)$, $C(15|4)$, $D(5|12)$, $E(12|6)$, $F(6|11)$, $G(3|20)$, $H(40|1{,}5)$

29

Wie verläuft der Graph einer indirekt proportionalen Zuordnung?
Nicole: Der Graph berührt die x-Achse, aber ganz weit rechts.
Andreas: Der Graph hat mindestens einen Abstand von 1 mm von den Achsen.
Sandra: Der Graph nähert sich beliebig dicht den Achsen an.
Michael: Der Graph wird bei Annäherung an die y-Achse beliebig hoch.

Beurteile diese Aussagen. Wähle als Beispiel die Zuordnung $x \to y$ mit $x \cdot y = 2$.
Untersuche die Annäherung an die x-Achse mithilfe der Wertetabelle:

x	1	10	100	1 000	10 000	…
y						

Untersuche die Annäherung an die y-Achse mithilfe der Wertetabelle:

x	1	0,1	0,01	0,001	0,000 1	…
y						

BEISPIEL
Angenommen der Punkt $Q(5|6)$ gehört zu einer indirekt proportionalen Zuordnung.
Es gilt $5 \cdot 6 = 30$.
Also muss für alle Wertepaare $(x; y)$ der Zuordnung gelten:
$x \cdot y = 30$.
Deshalb gehören z. B. die Punkte $A(1|30)$, $B(2|15)$ und $C(3|10)$ auch zu dieser Zuordnung.

INFORMATION
Wie groß oder wie klein die Größen bei einer indirekt proportionalen Zuordnung werden können, hängt vom Sachverhalt ab.
Beispielsweise gibt es beim Bezahlen von 4 € mit lauter gleichen Münzen einen größten und einen kleinsten Wert (welchen?).
Bei den Seitenlängen eines Rechtecks (s. S. 14, Aufg. 16) gibt es dagegen keinen kleinsten oder größten möglichen Wert.

Experimente und Messungen

30

In dem folgenden Experiment soll untersucht werden, ob sich eine Feder proportional zur angehängten Masse ausdehnt.

a) Für den im Foto gezeigten Versuchsaufbau wird ein (längeres) Lineal, eine (weiche) Schraubenfeder aus einem Kugelschreiber und ein Joghurtbecher benötigt. Baue die Versuchsanordnung nach.

b) Untersuche, um wie viel sich der Joghurtbecher nach unten bewegt, wenn du ihn mit Münzen gleicher Sorte füllst. Miss jeweils nach 5 Münzen.
(*Hinweis:* Fünf 2-Cent-Stücke wiegen 15 g, fünf 10-Cent-Stücke etwa 20 g, fünf 50-Cent-Stücke 39 g.)

c) Trage deine Versuchsergebnisse in eine Tabelle ein und stelle die Zuordnung *Masse → Ausdehnung der Feder* in einem Diagramm dar.

d) Handelt es sich um eine proportionale Zuordnung? Begründe deine Antwort.

e) Führe den gleichen Versuch mit anderen Münzen durch. Kontrolliere deine Ergebnisse, indem du den Versuch „rückwärts“, also durch Wegnahme von Geldstücken durchführst. Zeichne wieder ein Diagramm und vergleiche mit dem Ergebnis von Teilaufgabe d).

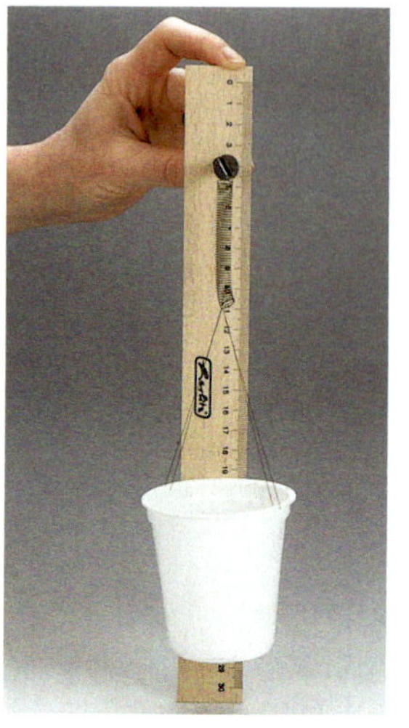

Versuchsaufbau

31

Gruppenarbeit

Arbeitet in Gruppen: Diskutiert die in der folgenden Aufgabe aufgeworfenen Fragen. Stellt die Ergebnisse eurer Diskussion in der Klasse vor.

Marie und Lukas haben den Versuch aus Aufgabe 30 durchgeführt und folgende Ergebnisse erhalten (5 Münzen wogen etwa 20 g):

Anzahl der Münzen	Masse in g	Ausdehnung in mm
0	0	0
5	20	1
10	40	2
15	60	2,5
20	80	4
25	100	5,5
30	120	6

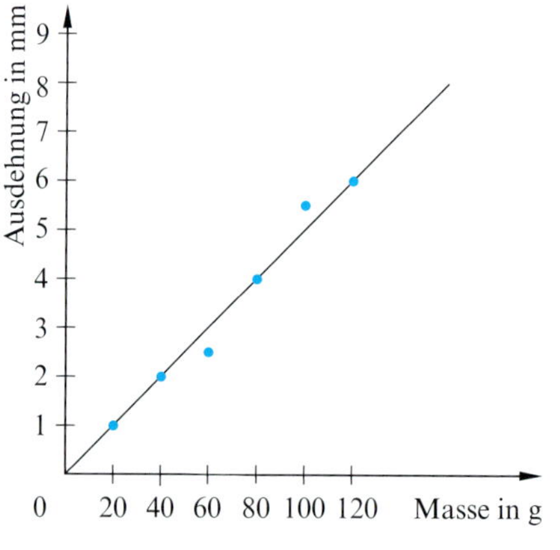

Sie überlegen: Durch 5 der 7 Punkte könnte man eine Gerade ziehen. Hier könnte also eine proportionale Zuordnung vorliegen. Aber was ist mit den anderen beiden Punkten? Vielleicht haben wir hier beim Messen Fehler gemacht.

a) Welche beiden Messwerte liegen nicht auf der Geraden? Welche Werte hätten theoretisch gemessen werden müssen, damit diese beiden Werte auch auf der Geraden liegen? Wodurch können solche kleinen Abweichungen vom theoretischen Wert auftreten? Kann man diese Fehler immer vermeiden?

b) Vergleiche deine Ergebnisse aus Aufgabe 30 mit denen von Marie und Lukas. Sieht dein Diagramm genau so aus? Gibt es auch bei dir Abweichungen von der Geraden? Kann man trotzdem von einer proportionalen Zuordnung sprechen?

INFORMATION

Eine Gerade, die man so in ein Diagramm legt, dass sie möglichst viele Messwerte verbindet bzw. dass etwa gleich viele Punkte oberhalb wie unterhalb der Geraden liegen, nennt man **Ausgleichsgerade**. Eine Ausgleichsgerade gleicht die Abweichungen der Punkte von dieser Geraden aus.

32

Den Umfang von Kreisen kann man bestimmen durch Abrollen des Kreises auf einem Blatt Papier oder mithilfe eines Bindfadens, den man um den Kreis legt (Beachte die Fotos in der Randspalte).

a) Ermittle für verschiedene, im Umlauf befindliche Münzen den Durchmesser und den Umfang und erstelle für die gemessenen Werte eine Tabelle.

b) Stelle die durch die Tabelle erfasste Zuordnung *Durchmesser* → *Umfang* in einem Diagramm grafisch dar.

c) Ist die Zuordnung *Durchmesser* → *Umfang* eine proportionale Zuordnung? Begründe deine Entscheidung.
Wenn die Zuordnung proportional ist, dann zeichne eine Ausgleichsgerade durch den Ursprung des Koordinatensystems und ermittle den Proportionalitätsfaktor.

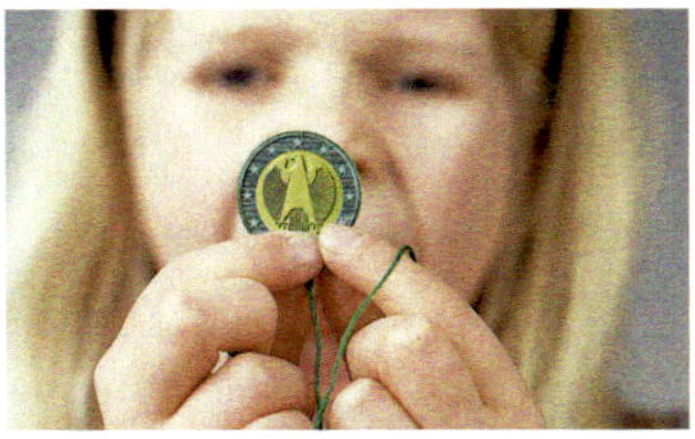

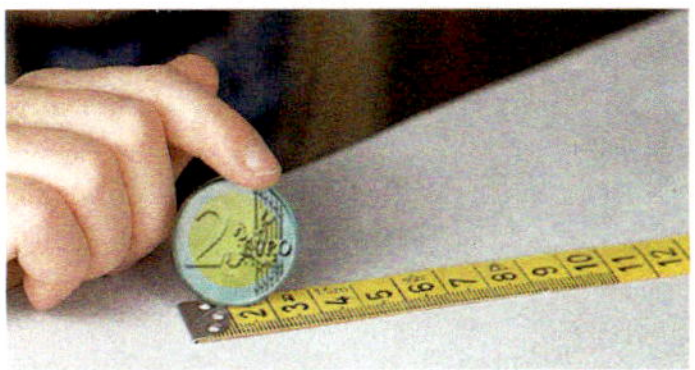

Umfangsbestimmung bei Münzen

33

Nimm zwei Blatt Papier der Größe DIN A4. Falte ein Blatt so, dass die beiden kürzeren Seiten genau aufeinander liegen. Zerschneide das Blatt entlang der Faltlinie in zwei Hälften, von denen jede das Format DIN A5 hat. Klebe nun eine DIN-A5-Hälfte auf das unzerschnittene DIN-A4-Blatt, wie in der nebenstehenden Abbildung. Falte und zerschneide dann die andere DIN-A5-Hälfte in zwei neue Hälften, die jetzt das Format DIN A6 haben, und klebe wieder eine davon auf das DIN-A4-Blatt.

a) Wiederhole das Falten, Zerschneiden und Kleben noch dreimal.

b) Die Lage der Eckpunkte rechts oben deutet eine proportionale Zuordnung an. Welche Größen könnten hier zueinander proportional sein?

c) Überprüfe, ob die von dir bei Teilaufgabe b) genannten Größen wirklich zueinander proportional sind.

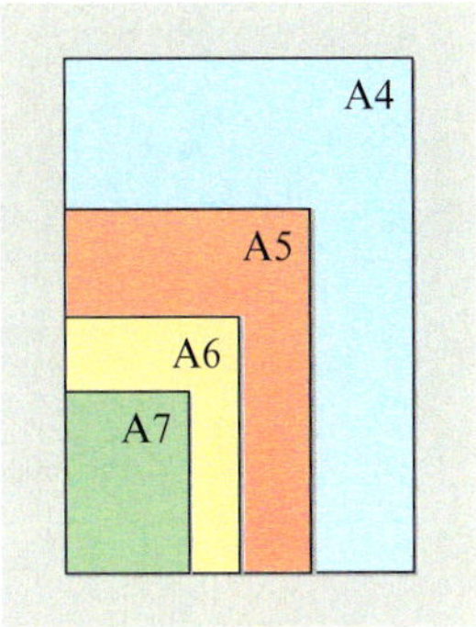

AUFGABEN ZUR WIEDERHOLUNG

1. Im Folgenden wird etwas über die Seiten und Innenwinkel von Dreiecken ABC ausgesagt.
Entscheide, um welche Dreiecksart es sich jeweils handelt.
   a) $\alpha = 25°, \beta = 130°$
   b) $\beta = 50°, \gamma = 60°$
   c) $a = b, \gamma = 60°$
   d) $\alpha = 40°, \beta = 50°$
   e) $\alpha = 70°, \gamma = 40°$
   f) $\alpha = \beta$ und $\alpha + \beta = 120°$

2. Ermittle alle Innenwinkel der folgenden Vierecke.

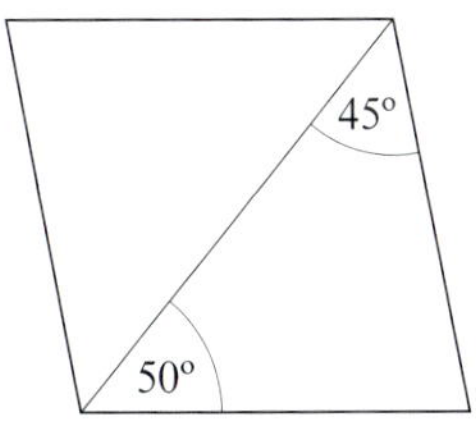

Parallelogramm

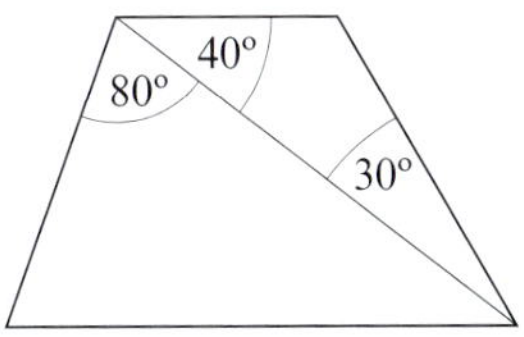

Trapez

3. Begründe, dass es keine Dreiecke ABC mit den folgenden Eigenschaften geben kann.
   a) $a < b$ und $\alpha = 50°, \gamma = 85°$
   b) $a = b$ und $b < c$ und $\alpha = 70°$
   c) $a = 5$ cm und $b = 1$ cm und c das arithmetische Mittel von a und b.
   d) $b = 2 \cdot a$ und $c = 4 \cdot a$
   e) $\alpha = \beta + \gamma = 85°$

4. Ermittle jeweils α, β und γ.

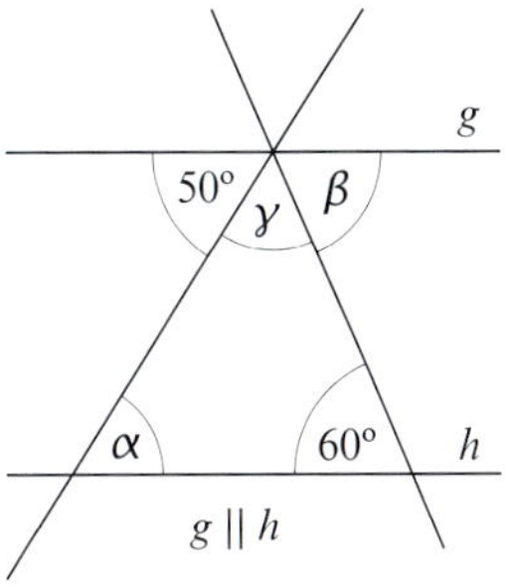

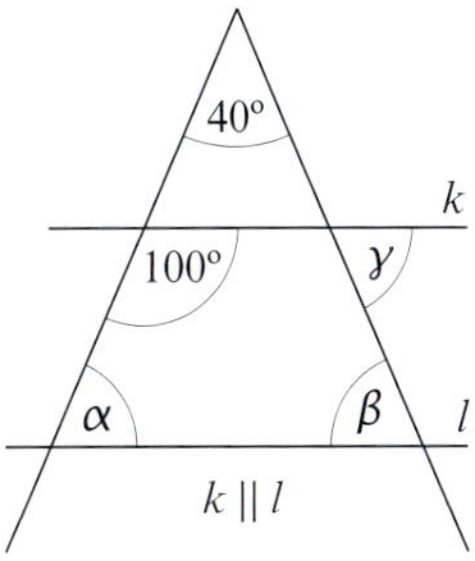

Dreisatz bei antiproportionalen Zuordnungen

1

Es ist nicht so leicht, eine bestimmte Menge Flüssigkeit (z. B. eine Flasche Cola) gleichmäßig auf mehrere Gefäße (z. B. Trinkbecher) aufzuteilen.

a) Verteile einen Liter Wasser gleichmäßig auf 5 gleiche gerade Gefäße.

b) Wie hoch würde das Wasser in den Gefäßen stehen, wenn du die gleiche Menge Wasser auf 10 (20 oder 25) Gefäße aufteilen würdest?

c) Wie hoch würde das Wasser stehen, wenn du die gleiche Menge Wasser auf 3 (4; 6 oder 8) Gefäße aufteilen würdest?
Überlege erst und probiere es dann aus.

BEISPIEL

Ein Schwimmbecken kann von 6 gleich starken Pumpen in 10 Stunden gefüllt werden. Aufgrund eines Defektes werden aber nur 5 Pumpen eingesetzt. Wie lange braucht man jetzt zum Füllen des Schwimmbeckens?

Egal, wie viele gleich starke Pumpen eingesetzt werden, die Summe der Stunden in denen die einzelnen Pumpen betrieben werden müssen, bleibt stets gleich. Das heißt, das Produkt aus der Anzahl der Pumpen und ihrer gemeinsamen Laufzeit ist konstant. Es handelt sich hier also um eine indirekt proportionale Zuordnung.
Fünf Pumpen werden mehr als 10 Stunden benötigen. Die genaue Laufzeit lässt sich wieder in drei Schritten berechnen.

		Anzahl der Pumpen	Anzahl der Stunden	
1. Schritt: Gegebenes Wertepaar: 6 Pumpen benötigen 10 Stunden.		6	10	
2. Schritt: Schluss auf die Einheit: 1 Pumpe benötigt 60 Stunden.	$:6$	1	60	$\cdot 6$
3. Schritt: Schluss auf die gesuchte Größe: 5 Pumpen benötigen 12 Stunden.	$\cdot 5$	5	12	$:5$

NACHGEDACHT
Du siehst im Beispiel: Wenn in der einen Spalte der Tabelle multipliziert wird, wird in der anderen Spalte dividiert und umgekehrt.
Begründe das mithilfe von Eigenschaften indirekt proportionaler Zuordnungen.

2[L]

Für den Abtransport des Bauschuttes eines abgerissenen Gebäudes benötigen 8 gleich große Kipper 30 Stunden.

a) In welcher Zeit schaffen 4 (6, 10 bzw. 12) Kipper die gleiche Arbeit?

b) Wie viele Kipper muss die Baufirma einsetzen, um die Arbeit in zwei Tagen bei einer täglichen Arbeitszeit von 8 Stunden zu schaffen?

3

Der Futtervorrat eines Silos reicht bei einem Verbrauch von 800 kg pro Tag etwa 120 Tage. Nach wie vielen Tagen ist der Vorrat bei einem Verbrauch von 600 kg (750 kg, 900 kg oder 1 000 kg) jeweils aufgebraucht?

WISSEN

$(x_1|y_1)$ und $(x_2|y_2)$ seien zwei Wertepaare einer indirekt proportionalen Zuordnung $x \to y$. Sind von den vier Werten x_1, x_2, y_1 und y_2 drei bekannt (alle ungleich 0), so kann der vierte Wert mithilfe des **Dreisatz**-Schemas berechnet werden.
Sind z. B. x_1, x_2, y_1 bekannt, dann berechnet man y_2 auf folgende Weise:

		x	y	
1. ein gegebenes Wertepaar aufschreiben		x_1	y_1	
	$:x_1$			$\cdot x_1$
2. Schluss auf die Einheit		1	$y_1 \cdot x_1$	
	$\cdot x_2$			$:x_2$
3. Schluss auf die gesuchte Größe		x_2	$y_2 = \frac{y_1 \cdot x_1}{x_2}$	

BEACHTE
Bei umgekehrt proportionalen Zuordnungen gilt:
Wenn in der einen Spalte der Tabelle multipliziert wird, muss in der anderen Spalte dividiert werden und umgekehrt.

4

Für den wöchentlichen Kiesbedarf eines Betonwerkes benötigen 8 Kipper jeweils 30 Fahrten. Wie oft muss jeder Kipper fahren, wenn aufgrund von Urlaub nur 6 Kraftfahrer zur Verfügung stehen.

5

Der Fußboden eines Hausflures soll erneuert werden. Bisher ist er mit 400 quadratischen Fliesen der Seitenlänge 15 cm ausgelegt. Wie viele Fliesen braucht man mindestens, wenn quadratische Fliesen mit der Seitenlänge 30 cm bzw. 40 cm verlegt werden?

6

Christian und Martin sind auf einer zehntägigen Radtour. Sie wollten im Durchschnitt jeden Tag 66 km fahren. Das haben sie auch zwei Tage eingehalten. Am 3. und 4. Tag war das Wetter so schlecht, dass sie nicht weiterfahren konnten. Wie viel Kilometer mussten sie an den letzten 6 Tagen durchschnittlich pro Tag fahren, um das Ziel ihrer Reise zu schaffen?

7

Wenn die Ölheizung eines Hauses täglich 10 Stunden in Betrieb ist, reicht der Vorrat etwa 90 Tage. Wie lange reicht der Vorrat, wenn die Heizung täglich 9 Stunden (8 Stunden, 7 Stunden, 6 Stunden bzw. 12 Stunden) eingeschaltet ist?

8

Anikas Vater tankt 40 Liter Benzin für 39,56 €. Wie viel Liter Benzin würde er für dasselbe Geld bekommen, wenn der Literpreis 3 ct (5 ct, 8 ct) steigt oder sinkt?

9

Familie Neumann hat ein neues Auto gekauft. Für den Benzinverbrauch sind in den Fahrzeugpapieren Richtwerte angegeben (vgl. Randspalte).
Bei einer Geschwindigkeit von 120 km/h reicht eine Tankfüllung etwa 900 km.
Wie viel Kilometer können die Neumanns jeweils bei den angegebenen Geschwindigkeiten mit einer Tankfüllung zurücklegen?

Benzinverbrauch:
8,2 l pro 100 km bei Tempo 60
7,8 l pro 100 km bei Tempo 100
8,0 l pro 100 km bei Tempo 120
8,3 l pro 100 km bei Tempo 140

Verhältnisgleichung und Produktgleichung

1

a) Was bedeutet der Maßstab z. B. bei Landkarten?
b) Besorge dir einen Stadtplan deiner Wohngegend. Miss auf dem Plan die Länge deiner Straße. Wie lang ist deine Straße in Wirklichkeit? In welchem Verhältnis stehen die Originallänge deiner Straße und die entsprechende Bildlänge?

WISSEN

Den Quotienten zweier Zahlen nennt man **Verhältnis**.
Werden zwei Verhältnisse gleichgesetzt, so erhält man eine **Verhältnisgleichung.**

Beispiel: 8 : 6 und 4 : 3 sind Verhältnisse. (Sprich: 8 zu 6 bzw. 4 zu 3.)
Die Gleichung $\frac{8}{6} = \frac{4}{3}$ ist eine Verhältnisgleichung.

Bei proportionalen Zuordnungen spielen Verhältnisgleichungen eine wichtige Rolle, denn wie wir wissen sind bei proportionalen Zuordnungen die Quotienten $\frac{y}{x}$ bzw. $\frac{x}{y}$ für jedes Wertepaar gleich, d. h. zwei Wertepaare einer proportionalen Zuordnung bilden eine Verhältnisgleichung: $\frac{y_1}{x_1} = \frac{y_2}{x_2}$.

Bei antiproportionalen Zuordnungen sind die Produkte $x \cdot y$ einander zugeordneter Werte für jedes Wertepaar gleich. Das heißt, zwei Wertepaare $(x_1 \mid y_1)$ und $(x_2 \mid y_2)$ einer indirekt proportionalen Zuordnung bilden eine **Produktgleichung:** $x_1 \cdot y_1 = x_2 \cdot y_2$.

AUFGABE
Prüfe, ob die folgenden Verhältnisgleichungen wahre Aussagen sind.
$\frac{4}{8} = \frac{5}{10}$
$\frac{20}{15} = \frac{16}{11}$
$\frac{2}{10} = \frac{2,5}{12,5}$

2

x	2	4	6	8	10	12	14	16
y	2,5	5	7,5	10	12,5	15	17,5	20

a) Zeige, dass eine proportionale Zuordnung vorliegt.
b) Gib eine Zuordnungsvorschrift an.
c) Kürze oder erweitere alle Quotienten $\frac{x}{y}$, sodass ein Bruch mit möglichst kleinen natürlichen Zahlen als Zähler und Nenner entsteht.
d) Stelle verschiedene Verhältnisgleichungen auf.

BEISPIEL
Für die Zuordnung aus Aufgabe 2 ergibt sich z. B. folgende Verhältnisgleichung:
$\frac{15}{12} = \frac{5}{4}$.
Man sagt:
y und x stehen im Verhältnis 5 zu 4 zueinander.
x und y stehen im Verhältnis 4 zu 5 zueinander.

3

Löse die folgenden Verhältnisgleichungen.

a) $\frac{x}{12} = \frac{7}{20}$ **b)** $\frac{18}{28} = \frac{x}{21}$ **c)** $\frac{630}{x} = \frac{882}{105}$ **d)** $\frac{12,5}{75} = \frac{x}{37,5}$

e) $\frac{64}{27} = \frac{48}{x}$ **f)** $\frac{x}{3,21} = \frac{126}{9,63}$ **g)** $\frac{x}{0,15} = \frac{3,9}{6,5}$ **h)** $\frac{1,6}{12,8} = \frac{x}{3,2}$

4

x	2	4	6	8	10	12
y	12	6	4	3	2,4	2

Prüfe mithilfe von Produktgleichungen, ob die Zuordnung indirekt proportional ist.

5

Löse die folgenden Produktgleichungen.

a) $x \cdot 14{,}4 = 12 \cdot 60$ **b)** $x \cdot 123 = 321 \cdot 246$ **c)** $22 \cdot 15 = 11 \cdot x$
d) $x \cdot 2{,}5 = 3 \cdot 6{,}25$ **e)** $7{,}5 \cdot x = 30 \cdot 1{,}4$ **f)** $4{,}4 \cdot 5{,}4 = x \cdot 3{,}3$
g) $3{,}2 \cdot x = 9{,}6 \cdot 1{,}7$ **h)** $x \cdot 5{,}4 = 3{,}6 \cdot 3{,}6$ **i)** $x \cdot 1024 = 16 \cdot 64$

BEISPIEL

1,5 kg Äpfel kosten 4,80 €.
a) Wie viel Kilogramm Äpfel bekommt man für 8,00 €?
b) Wie viel kosten 3,2 kg Äpfel?

(1) Aufstellen einer Verhältnisgleichung:
a) $\frac{1{,}5}{4{,}80} = \frac{x}{8{,}00}$ bzw. $\frac{x}{8{,}00} = \frac{1{,}5}{4{,}80}$ **b)** $\frac{1{,}5}{4{,}80} = \frac{3{,}2}{y}$ bzw. $\frac{3{,}2}{y} = \frac{1{,}5}{4{,}80}$

(2) Lösen der Verhältnisgleichung:
a) $x = \frac{1{,}5 \cdot 8{,}00}{4{,}80} = 2{,}5$ **b)** $y = \frac{4{,}80 \cdot 3{,}2}{1{,}5} = 10{,}24$

(3) Lösung:
a) Für 8,00 € bekommt man 2,5 kg Äpfel.
b) 3,2 kg Äpfel kosten 10,24 €.

HINWEIS
Die gesuchte Größe kann in einer Verhältnisgleichung an 4 möglichen Stellen stehen. Zwei dieser Fälle treten im nebenstehenden Beispiel auf.

6L

2,5 kg Erdbeeren kosten 8,50 €. Berechne mit Verhältnisgleichungen:
a) Wie viel kosten 0,8 kg, 1,2 kg, 2 kg und 3 kg Erdbeeren?
b) Wie viel Kilogramm Erdbeeren erhält man für 2 €, für 5 €, für 10 €?

BEISPIEL

Bei einem Benzinverbrauch von 9 Litern pro 100 km reicht eine Tankfüllung 720 km. Welche Strecke kann man bei einem Verbrauch von 8 Litern pro 100 km zurücklegen?

(1) Welche Art von Zuordnung liegt vor?
Benzinverbrauch pro 100 km und maximale Fahrstrecke mit einer Tankfüllung sind zueinander indirekt proportional.

(2) Aufstellen einer Zuordnungstabelle:

Fahrstrecke in km	x	720
Verbrauch l/100 km	8	9

(3) Angeben einer Produktgleichung: $x \cdot 8 = 720 \cdot 9$

(4) Lösen der Produktgleichung: $x = \frac{720 \cdot 9}{8} = 810$

(5) Die Tankfüllung reicht bei einem Verbrauch von 8 Litern auf 100 km für eine Strecke von 810 km.

AUFGABE
Begründe jeden einzelnen Rechenschritt im nebenstehenden Beispiel.

7L

Bei einer Erdbeerernte konnte eine Gruppe von 12 Helfern ein Erdbeerfeld in 2 Tagen, also 16 Arbeitsstunden abernten.
a) Welche Zeit hätten 8 Helfer zum Abernten dieses Feldes benötigt?
b) Wie viele Helfer hätten eingesetzt werden müssen, damit die Arbeit schon nach eineinhalb Tagen erledigt gewesen wäre?

Grundaufgaben der Prozentrechnung

1

Ein Tagebau beanspruchte eine Fläche von nahezu 2000 ha. Nach seiner Stilllegung sollen durch Sanierung und Landschaftsgestaltung Voraussetzungen für einen Badesee geschaffen werden.

a) Um die spätere Flutung des Tagebaugeländes vorzubereiten, wurden bereits 22,5 % des Kippengeländes beräumt und planiert. Gib diese Fläche in Hektar an.

b) Weitere 300 Hektar wurden zum Schutz vor Staub begrünt. Wie viel Prozent der gesamten ehemaligen Tagebaufläche sind das?

c) 45 % einer zu bewaldenden Fläche, das sind 27 Hektar, wurden bereits mit Jungkiefern aufgeforstet. Wie viel Hektar soll dieses Waldstück einnehmen?

Braunkohlentagebau Jänschwalde

WUSSTEST DU SCHON?
Ein bedeutsames Vorhaben des Umweltschutzes ist es, stillgelegte Tagebaue und Braunkohleveredlungsanlagen zu sanieren bzw. zurückzubauen. In Anspruch genommene Flächen werden wieder wirtschaftlich oder für Erholungszwecke nutzbar gemacht. Dabei ist wichtig, dass wieder ein ausgeglichener, sich selbst regulierender Wasserhaushalt hergestellt wird.

WISSEN

FACHWÖRTER

15 %	von	320 Hektar	sind	48 Hektar.
Prozentsatz $p\,\%$		**Grundwert G**		**Prozentwert W**
(Anteil am Ganzen)		(das Ganze)		(Größe des Anteils)

Im Beispiel sind $p\,\% = 15\,\%$, $G = 320$ ha und $W = 48$ ha.

BEACHTE
$p\,\% = \frac{p}{100}$
Beispielsweise ist
$15\,\% = \frac{15}{100} = 0{,}15$.

Erste Grundaufgabe: Berechnen des Prozentwertes

2

Im Jahr 2001 betrug die Gesamtfläche Deutschlands 35 703 100 Hektar. Davon waren 29,5 % mit Wald bedeckt. Wie viel Hektar waren das?

BEISPIEL

Rund 53,5 % der 35 703 100 Hektar Gesamtfläche Deutschlands wurden 2001 landwirtschaftlich genutzt. Wie groß war dieser Flächenanteil?

1. Lösungsweg (mittels Dreisatz)

100 %	35 703 100 ha
1 %	35 703 100 ha : 100 = 357 031 ha
53,5 %	357 031 ha · 53,5 = 19 101 159 ha

2. Lösungsweg
Zum gleichen Ergebnis kommen wir schneller, wenn wir 35 703 100 ha gleich mit $\frac{53{,}5}{100}$ multiplizieren:

$$35\,703\,100 \text{ ha} \cdot \frac{53{,}5}{100} = 35\,703\,100 \text{ ha} \cdot 0{,}535 = 19\,101\,159 \text{ ha}$$

2001 betrug die landwirtschaftliche Nutzfläche in Deutschland 19 101 159 ha.

HINWEIS
Der Prozentwert und der Prozentsatz sind zueinander proportional.
Deshalb können wir den Dreisatz verwenden.
Dreisatzüberlegungen:
1. 100 % entspricht dem Grundwert, also 35 703 100 ha.
2. 1 % entspricht dem hundertsten Teil des Grundwertes, also 357 031 ha.
3. 53,5 % entspricht dem 53,5fachen des zuvor ermittelten Wertes, also 19 101 159 ha.

WISSEN

Allgemein gilt: $W = G \cdot \frac{p}{100}$

3

Berechne der Reihe nach die Prozentwerte im Kopf.
1 %, 20 %, 75 %, 25 %, 5 %, 40 %, 60 %, 12,5 %, 2 %, 80 % von

a) 800 €, **b)** 2 000 kg, **c)** 2 h, **d)** 400 s,
e) 160 m, **f)** 1 dt, **g)** 4 l, **h)** 0,04 kg.

4L

Berechne jeweils den Prozentwert.

a)	3 %	von	150 €	**b)**	20 %	von	16 km
c)	54 %	von	850 kg	**d)**	31 %	von	200 cm
e)	13 %	von	1 800 €	**f)**	8 %	von	42 400 Einwohnern
g)	80 %	von	5,1 m²	**h)**	2 %	von	82,45 €
i)	14 %	von	3,0 l	**j)**	27 %	von	10,9 t

WAS MEINST DU DAZU?

In einer Zeitung war zu lesen:
„Fuhr vor einigen Jahren noch jeder zehnte Autofahrer zu schnell, so ist es heute nur noch jeder fünfte. Doch auch fünf Prozent sind zu viele Schnellfahrer."

5

Berechne den Prozentwert. Fertige zunächst einen Überschlag an. Versuche dabei bequeme Prozentsätze zu verwenden. Prüfe die Größenordnung deines Ergebnisses.

a)	23,7 %	von	3 900 hl	**b)**	51,3 %	von	158 km
c)	19,8 %	von	2 250 min	**d)**	0,8 %	von	2,75 m³
e)	11,4 %	von	4 205 g	**f)**	76,0 %	von	1 498 €
g)	1,3 %	von	4,5 t	**h)**	32,5 %	von	3,3 cm

BEISPIEL

24 % von 180 Euro soll mithilfe eines Taschenrechners berechnet werden.

Überschlag: 180 : 4 = 45

180 [×] 24 [÷] 100 [=] [43.2] oder 180 [×] 0,24 [=] [43.2]

24 % von 180 Euro sind also 43,20 Euro.

HINWEIS

Viele Taschenrechner haben eine Prozenttaste [%].

Im Allgemeinen führt nur einer der folgenden Wege zum richtigen Ergebnis:

180 [×] 24 [%]

180 [×] 24 [%] [=]

Probiere, wenn möglich, beide Wege auf deinem Taschenrechner aus.

6

In der Tabelle sind Grundwerte und Prozentsätze vorgegeben. Gesucht sind die dazugehörigen Prozentwerte. Überschlage das zu erwartende Ergebnis und rechne dann mit dem Taschenrechner. Übertrage die Tabelle ins Heft und notiere den Überschlag unter Ü sowie das genaue Ergebnis unter E.

G \ p %	4,5 %		27,1 %		88,5 %		92 %		120 %	
	Ü	E	Ü	E	Ü	E	Ü	E	Ü	E
5 390 m										
423 ha										
95,62 €										
$4\frac{3}{4}$ h										
2,07 hl										

Zweite Grundaufgabe: Berechnen des Grundwertes

7

Der Braunkohlentagebau in der Lausitz hat seit über 100 Jahren viele Hektar Land in Anspruch genommen. Von der wieder nutzbar gemachten Tagebaufläche in der Lausitz dienen 23 %, das sind etwa 8 740 Hektar, der landwirtschaftlichen Nutzung. Wie viel Hektar Tagebaufläche wurden bereits wieder nutzbar gemacht?

BEISPIEL

Die derzeit vom Braunkohlentagebau in der Lausitz beanspruchte Fläche setzt sich aus noch produzierenden Tagebauen, aus Kippenflächen, die später Seen werden sollen, und aus noch zu rekultivierenden Flächenstücken zusammen. Auf 5 600 Hektar, das sind 16 % dieser Fläche, wird noch aktiv Braunkohle gefördert. Wie groß ist die derzeit vom Braunkohlentagebau in der Lausitz beanspruchte Fläche insgesamt?

1. Lösungsweg (mittels Dreisatz)

16 %	5 600 ha
1 %	5 600 ha : 16 = 350 ha
100 %	350 ha · 100 = 35 000 ha

2. Lösungsweg

Zum gleichen Ergebnis kommen wir schneller, wenn wir 5 600 ha gleich durch $\frac{16}{100}$ dividieren:

$5\,600\text{ ha} : \frac{16}{100} = 5\,600\text{ ha} \cdot \frac{100}{16} = 35\,000\text{ ha}$ oder $5\,600\text{ ha} : 0{,}16 = 35\,000\text{ ha}$

Die vom Lausitzer Braunkohlentagebau beanspruchte Gesamtfläche beträgt insgesamt 35 000 ha.

WISSEN

Allgemein gilt: $G = W \cdot \frac{100}{p}$

WUSSTEST DU SCHON?

Die Lausitz ist ein Landschaftsgebiet zwischen Elbe und Neiße.
Den Landschaftscharakter der Lausitz bestimmen sandige Böden und sumpfige Niederungen. 77 % der heutigen Waldstandorte sind nährstoffarm und haben ein geringes Wasserhaltevermögen.
Der Wald bedeckt heute ca. 40 % der Landschaft, wobei die Kiefer 87 % und die Erle 2 % der Fläche einnehmen.

Rekultivierte Tagebaufläche

8

Berechne den Grundwert G im Kopf.

a) 50 % von G sind 17 a
b) 1 % von G sind 2 €
c) 20 % von G sind 35 kg
d) 75 % von G sind 120 h
e) 25 % von G sind $\frac{2}{5}$ l
f) 5 % von G sind 4 Wochen
g) $33\frac{1}{3}$ % von G sind 67 m^3
h) 120 % von G sind 2 400 km

9

Berechne jeweils den Grundwert. Fertige zunächst einen Überschlag an.

a) 3 % von G sind 35 kg
b) 12 % von G sind 22,50 €
c) 26 % von G sind 105 m
d) 12,5 % von G sind 84 dm^2
e) 5 % von G sind 0,75 €
f) 42 % von G sind 0,42 Mio. €
g) 17 % von G sind 3,4 l
h) 53 % von G sind 1 440 a
i) $33\frac{1}{3}$ % von G sind 54,20 dm
j) 2,5 % von G sind 22 h

BEISPIEL

12 % von G sind 13,80 €.
Es soll G mithilfe eines Taschenrechners berechnet werden.

Überschlag: 12,5 % wäre $\frac{1}{8}$, also $14 \cdot 8 = 112$

13,8 [÷] 12 [×] 100 [=] [115] oder 13,8 [÷] 0,12 [=] [115]

$G = 115$ €

HINWEIS
Hat dein Taschenrechner eine Prozenttaste, so kannst du entweder

13,8 [÷] 12 [%]

oder

13,8 [÷] 12 [%] [=]

rechnen.

10

Ermittle mithilfe des Taschenrechners den jeweiligen Grundwert.
Überschlage den zu erwartenden Grundwert, indem du bequeme Prozentsätze nutzt.

W / p%	15 € Ü	15 € E	142 l Ü	142 l E	258 t Ü	258 t E	500,50 km Ü	500,50 km E	2 040,25 m Ü	2 040,25 m E
95 % 0,232 $\frac{45}{100}$ 77,9 %										

Dritte Grundaufgabe: Berechnen des Prozentsatzes

11

Im Jahr 2003 wurden in der Bundesrepublik Deutschland 179,1 Millionen Tonnen Rohbraunkohle gefördert. Auf das Lausitzer Revier entfielen davon 57,4 Millionen Tonnen. Wie viel Prozent der Rohbraunkohle Deutschlands wurden 2003 in der Lausitz gefördert?

BEISPIEL

Im Jahr 1995 wurden in der BRD noch 192,8 Mio. t Braunkohle gefördert und 5,0 Millionen Tonnen Briketts aus Rohbraunkohle erzeugt. Davon erbrachten die Brikethersteller der Lausitz 2,75 Millionen Tonnen.
Wie viel Prozent der Gesamtproduktion an Briketts brachte das Lausitzer Revier auf?

1. Lösungsweg (mittels Dreisatz)

5 Mio. t	100 %
1 Mio. t	100 % : 5 = 20 %
2,75 Mio. t	20 % · 2,75 = 55 %

2. Lösungsweg
Den Prozentsatz, also den Anteil am Ganzen, können wir auch als Quotienten von W und G berechnen.

$$\frac{2{,}75 \text{ Mio. t}}{5{,}0 \text{ Mio. t}} = \frac{275}{500} = \frac{55}{100} = 55\,\%$$

1995 wurden im Lausitzer Revier 55 % der in der BRD aus Rohbraunkohle erzeugten Briketts hergestellt.

ANREGUNG
Diskutiert in der Klasse zu folgendem Problem:
Die Braunkohlenlagerstätten sind von großem Wert für die Länder Brandenburg und Sachsen. Braunkohle ist ein einheimischer Energieträger, der international konkurrenzfähig ist und in großem Maße zur Gewinnung von Elektroenergie eingesetzt werden kann. Diese Vorteile müssen gegenüber den Nachteilen, die z.B. durch Abtragen von landwirtschaftlichen Nutzflächen, Rodung von Wäldern oder Umsiedlung von Dörfern entstehen, abgewogen werden.

WISSEN

Allgemein gilt: $p\,\% = \frac{p}{100} = \frac{W}{G}$

12

Berechne den Prozentsatz im Kopf.

a) $G = 1200$ € ($W = 600$ €, $W = 12$ €, $W = 900$ €, $W = 240$ €, $W = 120$ €)
b) $G = 90$ cm ($W = 9$ cm, $W = 30$ cm, $W = 0{,}45$ m, $W = 67{,}5$ cm)
c) $W = 100$ g ($G = 400$ g, $G = 1$ kg, $G = 0{,}2$ t, $G = 300$ g, $G = 250$ g)
d) $W = 20$ min ($G = 1$ h, $G = 3$ h 20 min, $G = 2400$ s, $G = 80$ min, $G = \frac{1}{6}$ h)

13[L]

Berechne jeweils den Prozentsatz.

a) 22,50 € von 90,00 €
b) 16 m von 120 m
c) 48 l von 60 l
d) 73 Tage von 1 Jahr
e) 20 min von 3 h
f) 3 Treffer auf 27 Würfe
g) 48 Kinder von 100 Kindern
h) 80 km von 500 km
i) 3,7 ha von 10 ha
j) 15 € von 7,50 €

BEISPIEL

Gegeben sind $G = 3450$ Personen und $W = 745$ Personen.
Es soll der Prozentsatz $p\,\%$ mithilfe eines Taschenrechners berechnet werden.

Überschlag: $\frac{700}{3500} = \frac{1}{5} = 20\,\%$

745 [÷] 3450 [×] 100 [=] [21.5942029] $p\,\% \approx 21{,}6\,\%$

HINWEIS
Hat dein Taschenrechner eine Prozenttaste, so kannst du entweder

745 [÷] 3450 [%]

oder

745 [÷] 3450 [%] [=]

rechnen.

14

Berechne den Prozentsatz. Überschlage zunächst und runde das Ergebnis sinnvoll.

a) 310 kg von 410 kg
b) 36 € von 217 €
c) 37 h von 3 Tagen
d) 24,5 km von 306 km
e) 4,5 cm^3 von 8,12 dm^3
f) 49,2 l von 2550 l
g) 24,70 € von 102,40 €
h) 6,5 s von 21 min
i) 5,28 t von 529,59 t
j) 912,00 € von 844,50 €

15

Berechne für die vorgegebenen Prozentwerte und Grundwerte jeweils den Prozentsatz. Übertrage die Tabelle ins Heft und trage die Ergebnisse ein. Vergiss nicht den Überschlag, auch wenn du den Taschenrechner nutzt.

G / *W*	27,00 €		207,55 €		457 €		783,80 €		5 020,15 €	
	Ü	E	Ü	E	Ü	E	Ü	E	Ü	E
0,90 €										
4,83 €										
13,50 €										
22,65 €										
54,87 €										

Eine weitere Möglichkeit zum Lösen der Grundaufgaben

16

a) Welche Prozentwerte sind bei einem Grundwert von 600 € den folgenden Prozentsätzen zugeordnet?
b) Veranschauliche diese Zuordnung in einem geeigneten Koordinatensystem.

$p\,\%$	10 %	12,5 %	30 %	50 %	75 %	87,5 %	120 %
W in €							

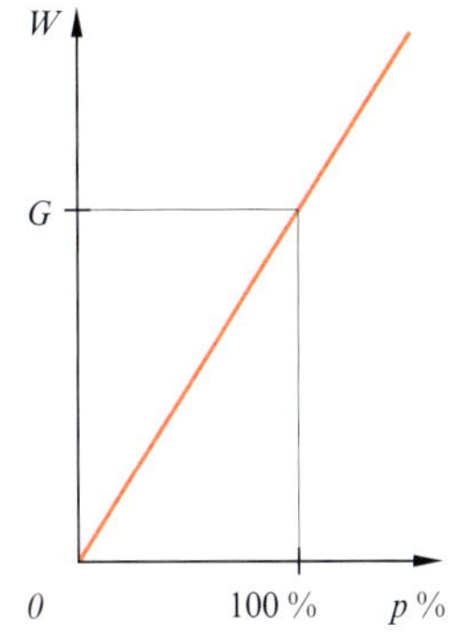

Grafische Darstellung des Zusammenhangs zwischen W und $p\,\%$

WISSEN

Prozentwert W und Prozentsatz $p\,\%$ sind direkt proportional zueinander (bei gegebenem Grundwert).

Dem Prozentwert W entspricht der Prozentsatz $p\,\%$.
Dem Grundwert G entspricht der Prozentsatz 100 %.
Da der Prozentwert W und der Prozentsatz $p\,\%$ direkt proportional zueinander sind, muss u.a. folgende Verhältnisgleichung gelten:

$\frac{W}{p\,\%} = \frac{G}{100\,\%}$ bzw. $\frac{W}{p} = \frac{G}{100}$.

Da der Prozentwert W und der Prozentsatz $p\,\%$ direkt proportional zueinander sind, kann man die Grundaufgaben auch über das Aufstellen von Verhältnisgleichungen lösen (also ohne Dreisatz und ohne Verwendung einer Formel).

17

Zeige, dass man durch Umformen aus der Verhältnisgleichung $\frac{W}{p} = \frac{G}{100}$ die drei Formeln von den Seiten 25, 26 und 28 erhält:

$W = G \cdot \frac{p}{100}$, $G = W \cdot \frac{100}{p}$ und $\frac{p}{100} = \frac{W}{G}$.

HINWEIS
Präge dir die Verhältnisgleichung
$\frac{W}{p} = \frac{G}{100}$
gut ein. Aus ihr kannst du die Formeln zur Lösung der Grundaufgaben gewinnen.

BEISPIEL

Berechnung des Prozentwertes

Eine Kreisstadt hat 31520 wahlberechtigte Bürgerinnen und Bürger. Davon beteiligten sich an der letzten Kommunalwahl 67,5 %.
Wie viele Einwohner machten von ihrem Stimmrecht Gebrauch?

Zusammenstellen der Daten:
31520 ≙ 100 %
W ≙ 67,5 %

Ü: $67{,}5\,\% \approx \frac{2}{3}$; $30\,000 \cdot \frac{2}{3} = 20\,000$

Aufstellen einer Verhältnisgleichung (Beginne zweckmäßig mit der gesuchten Größe!):

$\frac{W}{31520} = \frac{67{,}5\,\%}{100\,\%}$

Lösen der Verhältnisgleichung:

$W = \frac{31\,520 \cdot 67{,}5\,\%}{100\,\%} = 21276 \approx 21300$ (Ergebnis sinnvoll gerundet)

Es nahmen etwa 21300 Bürgerinnen und Bürger an der Wahl teil.

HINWEIS
Das Zeichen ≙ wird gelesen: „entspricht“.
Das Gleichheitszeichen kann man hier nicht verwenden.

BEISPIEL

Berechnung des Grundwertes

Beim Räumungsverkauf eines Sportgeschäfts werden Inlineskates für 91 € verkauft. Das sind 70 % des ursprünglichen Preises. Berechne diesen.

$G \;\hat{=}\; 100\,\%$
$91\,€ \;\hat{=}\; 70\,\%$

Ü: $70\,\% \approx \frac{2}{3}$; $90 \cdot \frac{3}{2} = 135$

$\frac{G}{91\,€} = \frac{100\,\%}{70\,\%}$; $G = 130\,€$

Die Inlineskates kosteten ursprünglich 130 €.

Berechnung des Prozentsatzes

In einem Gymnasium haben an den letzten Abiturprüfungen 108 Schülerinnen und Schüler teilgenommen. Davon haben 23 Abiturienten einen Durchschnitt von 2,0 und besser erreicht. Wie viel Prozent sind das?

$108 \;\hat{=}\; 100\,\%$
$23 \;\hat{=}\; p\,\%$

Ü: $\frac{20}{100} = 20\,\%$

$\frac{p\,\%}{100\,\%} = \frac{23}{108}$; $p\,\% = 21{,}3\,\%$

21,3 % der Schülerinnen und Schüler bestanden das Abitur mit 2,0 und besser.

Inlineskaten

WISSEN

Dreisatz, Formeln und Verhältnisgleichungen sind mögliche Ansätze zur Lösung von Aufgaben der Prozentrechnung. Auch künftig kannst du zwischen ihnen wählen.

Weitere Übungen zu den Grundaufgaben der Prozentrechnung

18

An einem Gymnasium lernen 950 Schülerinnen und Schüler. Der Anteil der Mädchen beträgt 64 %. Wie viele Schülerinnen sind an diesem Gymnasium?

19

Der Wohnraumbestand einer Stadt umfasst 10 265 Genossenschaftswohnungen, 15 628 Wohnungen einer Wohnungsgesellschaft, 184 Werkswohnungen und 3 596 Eigentumswohnungen. Ermittle den prozentualen Anteil jeder Wohnungsart.

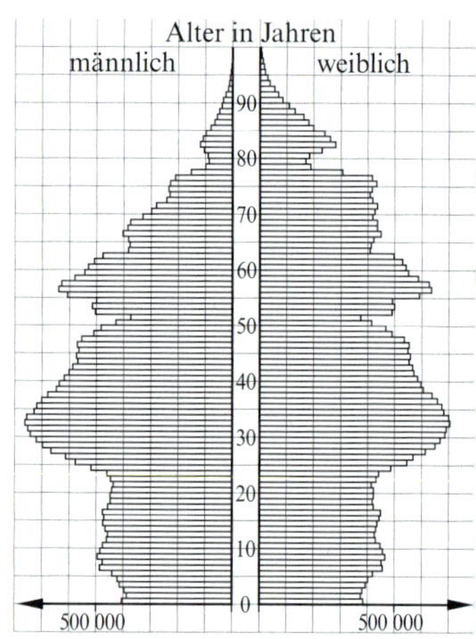

„Lebensbaum" der Bevölkerung der BRD im Jahre 1996

20

Bei der Wahl zum Klassensprecher entfielen auf Anne 16 Stimmen, das sind ca. 57 % der abgegeben Stimmen.
Wie viele Schülerinnen und Schüler der Klasse 7 d nahmen an der Wahl teil?

21

Gegeben ist ein Rechteck mit den Seitenlängen $a = 19{,}5$ cm und $b = 4{,}2$ cm.

a) Ermittle der Reihe nach 20 %, 32,5 % und 84 % der Rechteckfläche.
b) Ermittle der Reihe nach 27,5 %, 63 % und 95 % des Rechteckumfangs.

Zufall und Statistik

1

Nehmt noch einmal die Tabelle aus Aufgabe 1 von Seite 6 zum Spiel „Stadt – Land – Fluss“ vor. (Ihr könnt natürlich auch eine neue Runde spielen, wenn Zeit genug dafür ist.)

a) Wie oft kommt jede überhaupt genannte Stadt (jedes Land, jeder Fluss) in der Tabelle vor?

b) Berechne für jede Stadt (jedes Land, jeden Fluss) welcher *Anteil* der Schüler deiner Klasse sich für diese Stadt (dieses Land, diesen Fluss) entschieden hat. Gib diesen Anteil als Bruch und als Prozentsatz an.

c) Stelle die folgenden Zuordnungen in einem Diagramm grafisch dar.
Name einer Stadt → *Anzahl seiner Nennungen*
Name einer Stadt → *Anteil seiner Nennungen bezogen auf die Anzahl der Spieler*

2

Uli hat einen Zollstock mit in die Klasse gebracht. Alle Schüler haben gegenseitig ihre Körpergröße damit gemessen. Bianca hat die Werte in der folgenden Urliste zusammengestellt (alle Angaben in Zentimeter).

138, 145, 150, 121, 130, 134, 152, 148, 130, 134, 140, 151, 125, 147, 133, 142, 144, 129, 155, 142, 139, 146, 139, 153, 149, 137, 135, 147

a) Berechne die **Spannweite** der Körpergrößen. (Unter der Spannweite einer Datenreihe versteht man die Differenz zwischen dem größten und dem kleinsten Wert der Datenreihe.)

b) Bei den Körpergrößen kommen viele verschiedene Werte von 121 cm bis 155 cm vor. Die Darstellung der Werte wird übersichtlicher, wenn wir z. B. vier Bereiche bilden: von 121 cm bis 130 cm; von 131 cm bis 140 cm, von 141 cm bis 150 cm, von 151 cm bis 160 cm. Man nennt diese Bereiche **Klassen**.
Ordne jeder Klasse die Anzahl der Messwerte aus der Urliste zu, die zur Klasse gehören.
Zeichne dazu ein Streifendiagramm in einem geeigneten Maßstab.

3

a) Wirf einen Spielwürfel zwölfmal und notiere für jeden Wurf die erhaltene Augenzahl.
Lege eine Zuordnungstabelle an, aus der man ablesen kann, wie oft jede mögliche Augenzahl bei den zwölf Würfen aufgetreten ist und welchen Anteil an allen zwölf Ergebnissen jede einzelne Augenzahl erzielt hat.

b) Nutzt die Würfelergebnisse der ganzen Klasse und berechnet für jede Augenzahl, wie oft sie im Durchschnitt bei zwölf Würfen aufgetreten ist. Stellt das Ergebnis in einer Tabelle und als Diagramm dar.

4

Wenn man einen Spielwürfel wirft, weiß man nicht, welche Augenzahl er zeigen wird, nachdem er zur Ruhe gekommen ist. Man sagt, der Vorgang des Würfelns hat ein *zufälliges Ergebnis.*
Nenne weitere Beispiele für Vorgänge mit zufälligem Ergebnis. Nenne auch Beispiele für Vorgänge, die *kein* zufälliges Ergebnis haben.

WISSEN

Werden zu einer bestimmten Fragestellung Daten gesammelt oder wird eine vorhandene (große) Datenmenge nach bestimmten Merkmalen ausgewertet, so spricht man von einer **statistischen Erhebung.**
Zu einer statistischen Erhebung gehört immer die Festlegung einer zu untersuchenden **Grundgesamtheit.** Ist diese Menge zu groß, um alle ihre Elemente auf ein bestimmtes Merkmal zu prüfen, so muss man sich auf die Überprüfung einer **Stichprobe** beschränken. Die Stichprobe sollte so gewählt werden, dass man von ihr auf die Grundgesamtheit schließen kann.

Einen Vorgang, der mehrere mögliche Ergebnisse besitzt und dessen Ergebnis nicht sicher vorhersehbar ist, nennt man **Vorgang mit zufälligem Ergebnis** oder **Zufallsversuch** oder **Zufallsexperiment.**

Man interessiert sich in vielen Fällen dafür, wie oft jedes mögliche Ergebnis bei einer bestimmten Anzahl von Versuchen auftritt, oder wie oft jedes bei einer statistischen Erhebung interessierende Merkmal in einer Stichprobe vorkommt.

Die Anzahl der Beobachtungen eines Ergebnisses oder eines Merkmals wird als **absolute Häufigkeit** des Ergebnisses oder Merkmals bezeichnet.

Die absolute Häufigkeit im Verhältnis zur Gesamtzahl der Beobachtungen heißt **relative Häufigkeit.** Diese wird oft in Prozent angegeben.

In einer **Häufigkeitstabelle** wird jedem Ergebnis bzw. jedem Merkmal seine (absolute oder relative) Häufigkeit zugeordnet.

BEISPIELE
Bei den Sachverhalten aus den Aufgaben 1 und 2 handelt es sich um statistische Erhebungen. Die Schüler eurer Klasse könnten dabei z. B. als Stichprobe für die Schüler aller siebten Klassen eurer Schule angesehen werden. Das Werfen eines Spielwürfels (Aufgabe 3) ist ein Zufallsexperiment.

$$\text{relative Häufigkeit} = \frac{\text{absolute Häufigkeit}}{\text{Gesamtzahl der Beobachtungen}}$$

5

Welche der folgenden Situationen sind Vorgänge mit zufälligem Ergebnis?

a) Ziehen der ersten Kugel beim Lotto 6 aus 49.
b) Ziehen einer Karte eines Skatspieles.
c) Ermitteln der Masse einer Stahlkugel bei bekanntem Volumen.
d) Ermitteln der Summe zweier vorgegebener Zahlen.
e) Ausfüllen eines Kreuzworträtsels.
f) Treffen eines Freundes auf der Straße ohne vorherige Verabredung.

BEISPIEL

Die Schülerinnen und Schüler einer siebten Klasse wurden über ihr Freizeitverhalten befragt.
Frage: Welche Spiele sind dir am liebsten?
Ergebnismenge: {Brettspiele; Sportspiele; Computerspiele; andere}

Zur Auswertung der Umfrage wird eine **Strichliste** angefertigt.

Die Anzahl der Striche ergibt die **absolute Häufigkeit** eines Ergebnisses.

Die absolute Häufigkeit im Verhältnis zur Gesamtzahl der Beobachtungen entspricht der **relativen Häufigkeit**.

Brett	Sport	Computer	andere
||	卌 卌 卌	卌 卌	|||
2	15	10	3
$\frac{2}{30} = \frac{1}{15}$ $\approx 0{,}067$	$\frac{15}{30} = \frac{1}{2}$ $= 0{,}500$	$\frac{10}{30} = \frac{1}{3}$ $\approx 0{,}333$	$\frac{3}{30} = \frac{1}{10}$ $= 0{,}100$

6

Die Tabelle zeigt die Notenverteilung einer Klassenarbeit.
Berechne die relativen Häufigkeiten der einzelnen Noten und stelle sie in einem Streifendiagramm dar.

1	2	3	4	5	6
5	7	10	6	3	1

7

Arbeitet bei den folgenden statistischen Erhebungen in Gruppen.

Gruppenarbeit

a) Ermittelt die relativen Häufigkeiten der Farben der auf dem schulnahen Parkplatz abgestellten Autos.
b) Untersucht, wie viele Wochenstunden eure Mitschülerinnen und Mitschüler mit Lesen, Sport, Fernsehen und Musik hören verbringen. Stellt eure Ergebnisse in einem Diagramm dar.

8

Die Schülerinnen und Schüler der Bela-Bartok-Schule erreichen die Schule folgendermaßen: 314 gehen zu Fuß, 237 fahren mit dem Fahrrad, 86 mit einem motorisierten Zweirad, 41 mit dem Auto und 197 kommen mit dem Bus.
Gib die relativen Häufigkeiten als Dezimalbruch und in Prozent an.

9

Erfasse die Anzahl der 11-, 12-, 13-, 14- und 15-Jährigen eurer Klasse in einer Häufigkeitstabelle. Ermittle den Anteil, den die jeweilige Altersgruppe an der Gesamtzahl der Schülerinnen und Schüler der Klasse hat

a) in Form eines gemeinen Bruchs,
b) in Form eines (auf 2 Kommastellen gerundeten) Dezimalbruchs,
c) in Prozentschreibweise.

ERINNERE DICH
$\frac{3}{8} = 0{,}375 = 37{,}5\,\%$

10

In einem Tempo-30-Bereich wurden die Geschwindigkeiten von 250 Fahrzeugen kontrolliert. Die Tabelle zeigt die Ergebnisse in Form von relativen Häufigkeiten.

bis 30 km/h	31 bis 40 km/h	41 bis 50 km/h	über 50 km/h
24 %	40 %	26	10 %

a) Berechne die zugehörigen absoluten Häufigkeiten.
b) Wie viele Pkw-Fahrer hielten sich an die Geschwindigkeitsbegrenzung, wie viele taten es nicht?

11

Im Finale des Fußballpokalendspiels wird ein Schütze für den wahrscheinlich entscheidenden Elfmeter gesucht. Im Laufe der Saison hat Tom A. bei 10 Versuchen 8-mal getroffen, Achmed H. bei 5 Versuchen 3-mal und Markus M. bei 7 Versuchen 5-mal.
Ermittle, wer die beste Trefferquote hatte. Gib die Trefferquote als gemeinen Bruch, als Dezimalzahl und in Prozent an. Wer sollte den Elfmeter schießen? Ist die berechnete Trefferquote eine „solide Entscheidungsgrundlage" für die Beantwortung dieser Frage?

12[L]

a) Ralf und Peter spielen Fußball. In der letzten Saison hat Ralf von 12 Elfmetern 3 verschossen, Peter hat von 14 Elfmetern 8 in Tore umgewandelt. Wer von den beiden war in dieser Saison der bessere Elfmeterschütze?

b) Rita hat beim Tennisaufschlag von oben bei 15 Versuchen schon 7 Fehler gemacht, beim Aufschlag von unten von 30 Versuchen 9 Fehler. Sie schlägt zum Matchgewinn auf und will dafür ihren sicheren Aufschlag einsetzen.
Welcher ist das?

WISSEN

Will man die Chancen für das Eintreten eines Ergebnisses voraussagen, so verwendet man zur Einschätzung oft die relativen Häufigkeiten, die aus zurückliegenden Beobachtungen hervorgegangen sind.

13

Baue dir ein Glücksrad, wie es im Bild zu sehen ist.
Drehe das Glücksrad 50-mal und notiere dabei in einer Strichliste das jeweilige Ergebnis. Dazu musst du nur feststellen, welche Zahl in dem Sektor steht, der an der Bleistiftspitze stehen bleibt.
Kontrolliere, ob du insgesamt 50 Striche gezeichnet hast.
Vervollständige dann die folgende Tabelle.

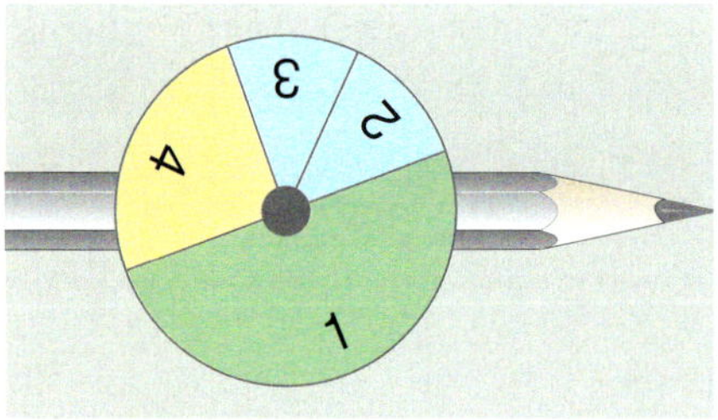

Ergebnis	Sektor 1	Sektor 2	Sektor 3	Sektor 4
Strichliste				
absolute Häufigkeit				
relative Häufigkeit				

BAUANLEITUNG
Du benötigst dazu lediglich ein kreisrundes Stück Pappe, etwa so groß wie der Deckel eines Marmeladenglases. Auf einer der beiden Kreisflächen zeichnest du die Sektoren ein und färbst bzw. nummerierst sie wie im Bild links. Wenn die Pappe zu dunkel dafür ist, klebst du vorher weißes Papier auf die Pappe. Mithilfe einer Reißzwecke befestigst du die Pappscheibe dann auf einem Sechskantbleistift.

14

Arbeitet bei dieser Aufgabe in Gruppen.

a) Werft zwei Würfel gleichzeitig und notiert die Augensumme.
Führt diesen Versuch hundertmal durch. Erfasst die Ergebnisse in einer Strichliste und berechnet anschließend zu jeder Augensumme die relative Häufigkeit.

b) Fertigt ein Streifendiagramm für die Augensummen-Häufigkeiten an.

c) Welche Augensumme tritt am häufigsten auf? Wie erklärt ihr euch das?

15

Ein Experiment: Wirf eine Reißzwecke 100-mal und notiere, wie oft sie auf der Spitze und wie oft sie auf der Platte liegen bleibt. Du kannst auch 10-mal gleichzeitig 10 Reißzwecken werfen.
Gib zu jedem der beiden möglichen Ergebnisse deines Experimentes die relative Häufigkeit an.

ANREGUNG
Statt mit einer Reißzwecke kannst du auch mit anderen Gegenständen experimentieren, z. B. mit dem Verschluss einer Mineralwasserflasche.

Prozentuale Zu- und Abnahme

1

Die jährliche Produktion von Papier und Pappe stieg in Deutschland im Zeitraum von 1970 bis 2002 auf 345 % an. Im Jahre 1970 wurden ca. 5,5 Mio. Tonnen Papier und Pappe produziert.

a) Wie viel Millionen Tonnen Papier und Pappe wurden 2002 in Deutschland produziert?

b) Versuche herauszubekommen, um wie viel Prozent der Pro-Kopf-Verbrauch an Papier 1990 unter dem von 2002 lag (siehe Diagramm)?

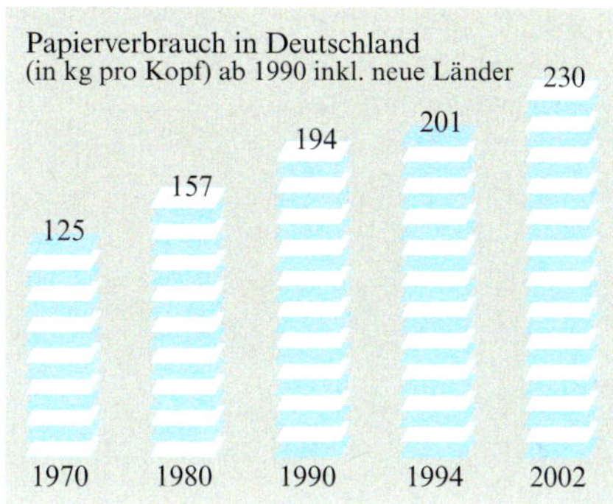

WUSSTEST DU SCHON?

Deutschland ist das größte europäische Erzeugerland von Papier und Pappe.
Weltweit liegt Deutschland nach den USA, Japan, Kanada und China auf Platz 5.

2

Stefanie ärgert sich. Sie hat im Winter ein Fahrrad für 225 € gesehen, das sie nach ihrem Geburtstag kaufen wollte. Als sie nun in den Laden kommt, muss sie feststellen, dass das Fahrrad um 10 % teurer geworden ist.
Was muss Stefanie jetzt für ihr Wunschrad bezahlen?

3

Suche selbst Beispiele für Preise, die saisonbedingt geändert werden.

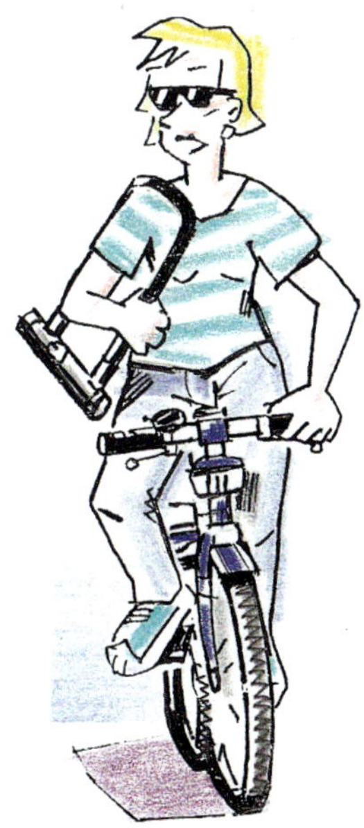

BEISPIEL

Der alte Preis eines Sicherheitsfahrradschlosses betrug 40 €. Der Preis wird um 5 % erhöht.
Wie viel Euro beträgt die Preiserhöhung? Was kostet das Schloss jetzt?

1. Lösungsweg
Wir rechnen:
5 % von 40 € sind 2 €.
Die Preiserhöhung beträgt 2 €,
das Fahrradschloss kostet jetzt 42 €.
42 € sind 105 % des alten Preises.

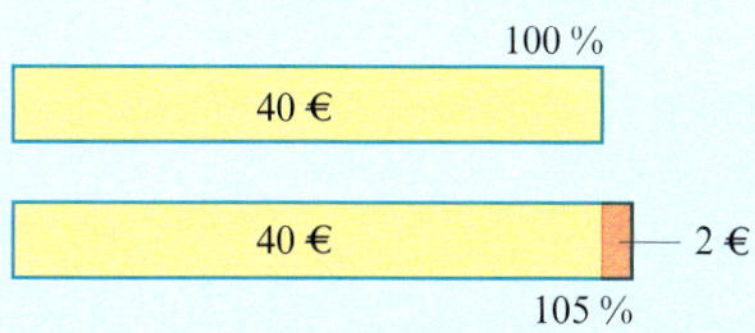

2. Lösungsweg
Wir wissen: $105\,\% = \frac{105}{100} = 1{,}05$
Den neuen Preis erhalten wir auch, indem wir rechnen: $40\,€ \cdot 1{,}05 = 42\,€$
Das Fahrradschloss kostet nach der Preiserhöhung 42 €.

4[L]

Ermittle die neuen Preise.

	a)	b)	c)	d)	e)
alter Preis	450 €	675 €	1080 €	548 €	2405 €
Erhöhung	10 %	20 %	7,5 %	12 %	12,5 %

5

Die Miete wird um 5 % erhöht. Berechne jeweils die neue Miete, wenn die alte Miete a) 460 €, b) 540 €, c) 336 € betrug.

6

Herr Maier stöhnt. Erst wurde die Miete von 370 € um 10 % erhöht und dann noch einmal um 5 %, da das Haus modernisiert wurde.

a) Berechne die Miete nach der ersten Mieterhöhung.
b) Berechne die Miete nach der zweiten Mieterhöhung.
c) Um wie viel Prozent ist die ursprüngliche Miete insgesamt erhöht worden.

WUSSTEST DU SCHON?
In vielen großen Städten gibt es einen Mietspiegel. Das ist eine Übersicht über die in Abhängigkeit von Wohnlage, Alter und Ausstattung der Wohnung zu zahlende durchschnittliche Miete pro Quadratmeter.
Der Mieter kann dies als Vergleich bei der Suche nach neuem Wohnraum nutzen.

BEISPIEL

Frau Müller hat nach ihrer letzten Gehaltserhöhung auch das Taschengeld von Max erhöht. Statt 12 € erhält er nun 15 €.
Um wie viel Prozent wurde das Taschengeld von Max erhöht?

1. Lösungsweg
Wir überlegen: Das Taschengeld von Max wurde um 3 € erhöht.
3 € sind $\frac{1}{4}$ von 12 €, also 25 %.
15 € sind demnach 125 % von 12 €.

2. Lösungsweg
Wenn wir 15 € durch 12 € dividieren, erhalten wir den Faktor, mit dem wir multiplizieren müssen, um das neue Taschengeld zu erhalten:
15 € : 12 € = 1,25   15 € sind also 125 % von 12 €.

Das Taschengeld von Max wurde **um 25 %** erhöht.
Man sagt auch: Es wurde **auf 125 %** erhöht.

7[L]

Ermittle für alle Fahrscheinarten die Preiserhöhung in Prozent.
Bei welcher Fahrscheinart war die prozentuale Preiserhöhung am niedrigsten (am höchsten)?

	alter Preis	neuer Preis
Einzelfahrschein E	1,60 €	1,90 €
Einzelfahrschein K	1,25 €	1,40 €
Sammelkarte 4 Fahrten	6,00 €	6,50 €
Wochenendticket	6,25 €	7,50 €

INFORMATION
Die Mehrwertsteuer wird zusätzlich zum Wert der Ware erhoben und an den Staat abgeführt. In den einzelnen europäischen Ländern ist der Mehrwertsteuersatz unterschiedlich.
Am 1. Februar 2008 betrug er für Industriewaren und Dienstleistungen in Luxemburg 15 %, in Deutschland 19 %, in Spanien 16 %, in Italien und Österreich 20 %, in Dänemark und Schweden 25 %.

8

Bei den letzten Tarifverhandlungen sind Lohnerhöhungen vereinbart worden. Frau Mademann bekommt zu ihrem bisherigen Lohn von 1800 € jetzt 90 € hinzu.

a) Um wie viel Prozent wurde der Lohn erhöht?
b) Herr Lehmann und Frau Schmidt bekommen bei dieser Lohnerhöhung 60 € bzw. 75 € hinzu. Berechne von beiden das alte und das neue Gehalt.

9

Berechne für die angegebenen Nettopreise die Endpreise für verschiedene Mehrwertsteuersätze. (Siehe rechts.)

a) 735 €   **b)** 54,50 €   **c)** 2098 €   **d)** 12,90 €

10

Herr Kurz will sein Bad neu mit Fliesen auslegen lassen. Die Fliesen hat er bereits gekauft. Für welchen Handwerker soll er sich entscheiden?

Aktionswoche neues Bad Fliesenlegen: **m^2 nur 32 €** (zuzüglich Mehrwertsteuer)	**Handwerksmeister Turm** Fliesenlegen: **m^2 für 36 €** (inklusive Mehrwertsteuer)

HINWEIS
Erkundige dich nach dem aktuellen Mehrwertsteuersatz.

11

Berechne die neuen Preise für die einzelnen Waren beim Räumungsverkauf.

BEISPIEL

Ein Pulli für 60 € wird im Schlussverkauf um 30 % verbilligt angeboten.
Um wie viel Euro ist der Pulli billiger? Wie viel kostet der Pulli jetzt?

1. Lösungsweg
Wir überlegen:
30 % von 60 € sind 18 €.
Der Pulli ist um 18 € billiger und kostet jetzt 42 €.

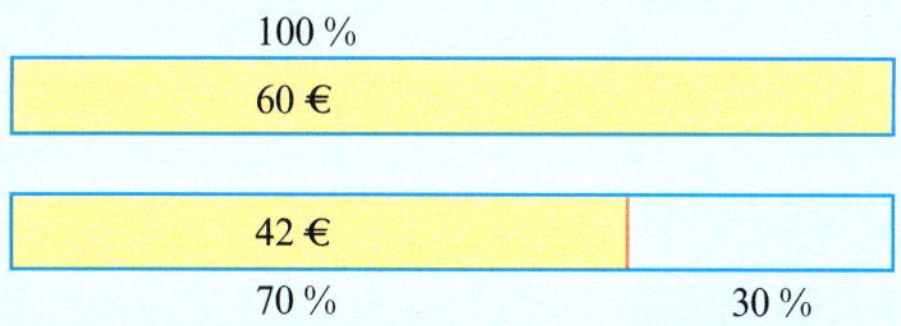

2. Lösungsweg
Der neue Preis beträgt 70 % des alten Preises; 70 % = 0,7.
Wir erhalten den neuen Preis auch, indem wir gleich rechnen: 60 € · 0,7 = 42 €.

Statt: „Der Preis wurde um 30 % reduziert“, sagt man auch: „Der Preis wurde auf 70 % (des alten Preises) vermindert.“

WUSSTEST DU SCHON?
Zweimal im Jahr darf der Handel Saisonschlussverkäufe durchführen, den Winter- und den Sommerschlussverkauf. Zwei Wochen lang werden Waren preisgesenkt angeboten, um in den Lagern Platz für neue Waren zu schaffen.

12^L

Ermittle die neuen Preise.

	a)	b)	c)	d)	e)
alter Preis	235 €	147 €	19,80 €	735 €	4 568 €
Preisnachlass	15 %	25 %	8 %	11 %	12,5 %
	f)	g)	h)	i)	j)
alter Preis	365 €	472 €	98,50 €	116 €	6 805 €
Verminderung auf	90 %	80 %	75 %	82 %	82 %

13^L

In den folgenden Preisen ist die Mehrwertsteuer von 19 % bereits enthalten.
Wie viel Euro beträgt jeweils die Mehrwertsteuer?

a) 246 € **b)** 360 € **c)** 189 € **d)** 1 085 €
e) 4 505 € **f)** 23 125 € **g)** 220 € **h)** 550 €
i) 179 € **j)** 2 906 € **k)** 5 045 € **l)** 34 782 €

TIPP
Wenn in 246 € die Mehrwertsteuer von 19 % enthalten ist, dann gilt:
246 € ≙ 119 %

14

Herr Hartmann erhält eine Rechnung über 1 820 €. Auf der Rechnung steht der Zusatz: Bei Zahlung innerhalb von 10 Tagen wird ein Skonto von 2 % des Rechnungsbetrages gewährt. Wie viel Euro kann Herr Hartmann sparen, wenn er die Rechnung innerhalb der gestellten Frist bezahlt?

WUSSTEST DU SCHON?
Der **Skonto** ist eine prozentuale Vergütung für vorzeitige Zahlung.
Er enthält auch eine Prämie für die Ersparung von Risiko und Aufwand.
Es wird bis zu 3 % Skonto gewährt.
Rabatt ist ein Preisnachlass, der z. B. in folgenden Fällen gewährt wird:
Bei Abnahme größerer Mengen (Mengenrabatt), an Stammkunden (Treuerabatt), an den Handel (Wiederverkaufsrabatt), bei Räumungsverkäufen (Sonderrabatt) oder beim Verkauf an Betriebsangehörige (Personalrabatt).

15^L

Das Autohaus „Flitzer“ gewährt Kunden einen Barzahlungsrabatt von 8 %.
Wie viel Euro muss man statt der angegebenen Preise bezahlen, wenn man diesen Rabatt in Anspruch nimmt?

a) 11 900 € **b)** 9 850 € **c)** 21 200 €

16

Wie viel Prozent betrug jeweils der gewährte Rabatt?

	a)	b)	c)	d)	e)
Rechnungsbetrag	980 €	724 €	635 €	1 490 €	1 898 €
gezahlter Betrag	882 €	615,40 €	582,20 €	1 117,50 €	1 803,10 €

17

Familie Muster will sich ein neues Auto kaufen. Für ein und denselben Typ haben sie drei unterschiedliche Angebote erhalten. Suche das günstigste Angebot heraus.

1. Angebot: 13 910 € ohne Abzug
2. Angebot: 14 100 €, bei Zahlung innerhalb einer Woche 2 % Skonto
3. Angebot: 14 230 €, bei sofortiger Barzahlung 4 % Rabatt

18

Autos verlieren sehr schnell an Wert. Im ersten Jahr sind es abhängig vom Autotyp bis zu 30 % des Neuwertes und im zweiten Jahr noch einmal bis zu 25 % des Wertes nach einem Jahr.
Welchen Preis kann man für ein 1 Jahr (2 Jahre) altes Auto verlangen, das ursprünglich **a)** 13 700 €, **b)** 9 820 €, **c)** 12 340 € gekostet hat?
(Rechne mit 30 % Wertverlust im 1. Jahr und 25 % im zweiten Jahr.)

19

Beim Ausverkauf in einem Schreibwarenladen werden alle Waren um 40 % im Preis reduziert. Steffen nutzt das günstige Angebot und kauft:
5 Schreibblöcke für 2,49 €; 10 Bleistifte für 2,34 €; 1 Bleistiftspitzmaschine für 9,99 € und 1 großen Zeichenblock für 2,67 €. Wie viel Euro hätte Steffen für die gleichen Waren vor der Preissenkung bezahlen müssen?

20[L]

Wie viel Prozent beträgt jeweils die Preisminderung beim Räumungsverkauf?

	a)	b)	c)	d)	e)
alter Preis	320 €	480 €	65 €	150 €	90 €
neuer Preis	240 €	384 €	45,50 €	90 €	67,50 €

21

Bei Konservendosen findet man Angaben zur Füllmenge und zum Abtropfgewicht. Berechne, wie viel Prozent der Füllmenge das Abtropfgewicht beträgt.

	a)	b)	c)	d)	e)
Füllmenge	400 g	290 g	340 g	400 g	190 g
Abtropfgewicht	250 g	170 g	285 g	230 g	115 g

INFORMATION
Die Füllmenge wird je nach Nahrungsmittel als Volumen oder Masse angegeben.
Beim Abtropfgewicht handelt es sich um eine Masseangabe.

22

Im Preis von 1 l Benzin sind 70 % Mineralölsteuer enthalten. Frau Heilmann tankt 43 l Benzin für 1,459 € pro Liter. Wie viel Euro von dem zu bezahlenden Preis beträgt die Mineralölsteuer?

WUSSTEST DU SCHON?
Der auf den Kraftverkehr entfallende Anteil der Mineralölsteuer wird weitgehend für den Straßenbau verwendet.

Die Kraftfahrzeughaftpflichtversicherung ist wegen der Gefährdungshaftung des Autohalters im Interesse des Geschädigten durch ein Gesetz vom 7. 11. 1939 zwangsweise vorgeschrieben.
Sie wird wirksam, wenn durch den Betrieb eines Kraftfahrzeugs Personen-, Sach- oder Vermögensschäden entstehen.

23[L]

Frau Henntig fährt schon lange unfallfrei und muss deshalb bei der Kraftfahrzeughaftpflichtversicherung nur 40 % des vollen Beitragssatzes bezahlen. Im vergangenen Jahr waren das 221,19 €. Durch Tarifänderungen wurde dieser Beitrag in diesem Jahr auf 278,70 € erhöht.

a) Um wie viel Prozent des alten Beitrags wurde der neue Beitrag heraufgesetzt?

b) Bereits bei geringfügigen Schäden, die man an fremden Autos verursacht, wird man in eine andere Schadensfreiheitsklasse eingestuft. Wie viel Euro müsste Frau Henntig in diesem Jahr mehr bezahlen, wenn sie 60 % des vollen Beitragssatzes bezahlen sollte?

c) Wie viel Euro müsste ein Anfänger für ein Auto gleichen Typs in diesem Jahr bezahlen, wenn er mit 225 % eingestuft wird?

24

Herr Schmidt kauft sich einen Computer für 1 800 €, den er in vier gleich großen Raten bezahlen möchte. Für den Ratenkauf verlangt der Händler 5 % Aufschlag.

a) Wie hoch sind die einzelnen Ratenbeträge?

b) Bei sofortiger Barzahlung hätte Herr Schmidt 3 % Skonto erhalten.
Wie viel Euro hätte er bei Nutzung dieses Angebots gespart?

25

Herr Krause holt täglich frisches Obst und Gemüse beim Großmarkt und verkauft es dann auf dem Markt. Er hat Ware für 4 000 € gekauft. Die Hälfte der Ware verkauft er mit 30 % Gewinn. Die Hälfte des Restes kann er mit 10 % Gewinn verkaufen und den verbleibenden Rest verkauft er zu Geschäftsschluss mit 15 % Verlust.
Wie hoch sind die Einnahmen von Herrn Krause, wenn er vom Gesamtgewinn 2 % als Standmiete bezahlen muss?

Überall Prozente – Anwendungen zur Prozentrechnung

Geographisches

1

a) Ermittle den prozentualen Anteil der Einwohner der in der Tabelle aufgeführten Bundesländer an der Gesamteinwohnerzahl Deutschlands.

b) Wie viel Quadratkilometer „besitzt" jeder Einwohner von „seinem" Bundesland?

Land	Fläche in km²	Einwohner
BRD (gesamt)	357 022	82 163 000
Brandenburg	29 476	2 601 000
Mecklenburg-Vorpommern	23 171	1 789 000
Sachsen	18 413	4 460 000
Sachsen-Anhalt	20 447	2 649 000
Thüringen	16 172	2 449 000

Nationalpark Unteres Odertal

2

Von 1990 bis 1999 wurde in Mecklenburg-Vorpommern die Anzahl der Naturschutzgebiete von 196 auf 240 erhöht, ihre Gesamtfläche stieg in dieser Zeit von 392 km² auf 622 km². Im selben Zeitraum stieg in Brandenburg die Anzahl von 171 auf 303 und die Fläche von 215 km² auf 1082 km².

a) Wie viel Prozent der Landesfläche Mecklenburg-Vorpommerns bzw. Brandenburgs nahmen 1990 und 1999 die Naturschutzgebiete ein?

b) Um wie viel Prozent nahm die Fläche der Naturschutzgebiete in Mecklenburg-Vorpommern und in Brandenburg von 1990 bis 1999 zu?

c) Informiere dich über Schutzgebiete in deiner Nähe.

WUSSTEST DU SCHON?
In Naturschutzgebieten sind Eingriffe und Nutzungen nur zum Erhalt des natürlichen Zustandes erlaubt. Seltene Tierarten und wild wachsende Pflanzen sollen geschützt werden. Insgesamt gibt es in der BRD mehr als 6 200 Naturschutzgebiete mit einer Gesamtfläche von ca. 8 200 km².
Dem Schutz der Natur und der Erholung des Menschen dienen auch Nationalparks, Biosphärenreservate, Landschaftsschutzgebiete und Naturparks.

3

Die Bundesrepublik Deutschland ist unter den Ländern der EU eines der waldreichsten. Rund 10,7 Mio. Hektar des Landes sind mit Wald bedeckt.
Die nebenstehende Tabelle zeigt die Verteilung der Baumarten in Deutschland.

Baumart	Anteil
Fichte und anderes Nadelholz	35,4 %
Kiefer, Lärche	30,7 %
Buche und anderes Laubholz	25,3 %
Eiche	8,6 %

a) Berechne den Anteil der einzelnen Baumarten am Waldbestand in Mio. Hektar.

b) Veranschauliche den Baumartenanteil grafisch durch ein Kreisdiagramm.

4

In Kanada und in den USA gab es ursprünglich weite Gebiete, die von Urwald bedeckt waren. Eine Statistik aus dem Jahr 1993 gibt an, dass die Urwaldfläche von Kanada nur noch 274 Mio. Hektar einnimmt, das sind 51,7 % der ursprünglichen Fläche. In den USA waren ursprünglich 438 Mio. Hektar vom Urwald bedeckt, 1993 waren es nur noch 296 Mio. Hektar.

a) Wie viel Mio. Hektar betrug die ursprüngliche Urwaldfläche in Kanada?

b) Um wie viel Prozent verringerte sich die Urwaldbedeckung in den USA?

5

Die gesamte Waldfläche der Erde wurde im Jahr 2005 mit etwa 3,5 Mrd. Hektar angegeben. Nach Schätzungen ging die Waldfläche der Erde in den letzten 20 Jahren um rund 290 Mio. ha zurück.

a) Berechne die prozentuale Abnahme des weltweiten Waldbestandes in diesem Zeitraum.

b) Berechne für das Jahr 2010 den voraussichtlichen Waldbestand in Mrd. Hektar, wenn weiterhin jährlich etwa 15 Mio. Hektar Waldfläche verschwinden.

INFORMATION UND AUFGABE

Trotz des Rückgangs der gesamten Waldfläche der Erde war in Europa und in Nordamerika in den letzten Jahrzehnten eine Zunahme des Waldbestandes zu verzeichnen, in Europa seit 1960 immerhin um rund 10 %. Informiere dich über die Waldentwicklung in Europa und speziell auch in Deutschland.

6

Die Gesamtoberfläche der Erde beträgt 510 Mio. km². Das Festland nimmt 147,9 Mio. km² ein.

a) Berechne, wie viel Prozent der Erdoberfläche mit Wasser bedeckt sind.

b) Informiere dich in deinem Atlas, welche Flächenanteile der Pazifische Ozean, der Atlantische Ozean und der Indische Ozean einnehmen. Erstelle grafisch einen geeigneten prozentualen Größenvergleich.

7

Wasservorräte der Erde	Volumen in km³	Anteil in %
Weltmeere	1 348 000 000	
Polareis, Meereis, Gletscher	27 820 000	
Grundwasser, Bodenfeuchte	8 062 000	
Seen, Flüsse	225 000	
Atmosphäre	13 000	

a) Welche Gesamtmenge an Wasser ist auf unserer Erde vorrätig?

b) Übertrage die Tabelle in dein Heft und ergänze die Werte der 3. Spalte.

c) Prüfe, ob deine errechneten prozentualen Anteile in der Summe 100 % ergeben. Findest du einen Weg, evtl. „Fehler" in deiner Statistik noch auszugleichen?

d) Nur 2,8 % der Wasservorräte der Erde sind Süßwasser, das zum größten Teil im Polareis und in Gletschern gebunden ist. Vom Menschen sind nur rund 10 % des Süßwassers nutzbar. Wie viel Kubikkilometer sind das?

WUSSTEST DU SCHON?

Wenn es sich bei den Wasservorräten der Erde auch um gigantische Mengen handelt, so ist das verfügbare Süßwasser dennoch begrenzt.
Man benötigt z. B. für die Herstellung folgender Produkte erstaunliche Wassermengen:

1 l Bier	20 l
1 Getränkedose	40 l
1 kg Stahl	25 – 200 l
1 kg Papier	400 – 1 000 l
1 Pkw	bis 380 000 l

8

Voraussichtliche Zunahme der Weltbevölkerung von 1990 bis 2025
Angaben in Mio. Menschen; Angaben für 2000 und 2025 nach UNO-Schätzungen

Gebiet/Region	1990	2000	2025
Entwicklungsländer	4 085,6	4 996,7	7 150,3
Industrieländer	1 206,6	1 264,1	1 353,9

a) Auf wie viel Prozent steigt die Weltbevölkerung laut dieser statistischen Schätzung bis zum Jahr 2025 gegenüber 1990 an?

b) Erstelle einen grafischen Vergleich des Bevölkerungswachstums in den aufgeführten Gebieten.

c) Informiere dich über die Energiereserven unserer Welt sowie den derzeitigen und geschätzten künftigen Energieverbrauch pro Kopf der Weltbevölkerung.

Haushalt und Finanzen

9

Sandro benutzt als Student an seinem Studienort die öffentlichen Verkehrsmittel. Eine Monatskarte kostet 19 €. Studenten können jedoch auch ein 4 Monate gültiges Semesterticket für 71 € erwerben.
Wie viel Prozent kann er sparen?

10

Frau Schneider beschließt, eine neue Rosenrabatte im Garten anzulegen. Sie sichtet zunächst die Angebote im Gartenkatalog. Das unten stehende Angebot sagt ihr zu. Sie möchte 8 Rosen zu kaufen.

a) Wie viel Prozent spart sie beim Kauf von je einer Packung zu 3 und zu 5 Rosen gegenüber Einzelkauf?
b) Wie groß ist der Anteil des Portos an der Gesamtrechnung bei Sofortzahlung?
c) Im Bau- und Gartenmarkt könnte sie eine ähnliche Rosensorte für 4,45 € pro Stück erwerben, jedoch nur im Einzelverkauf. Allerdings gewährt ihr das Gartencenter einen Kundentreuerabatt von 6 %. Könnte Frau Schneider im Gartencenter preislich vorteilhafter einkaufen?

Neu im Katalog
Zwergrosen

1 Stück	4,15 €
3 Stück	9,95 €
5 Stück	19,90 €
10 Stück	38,25 €

Bei Sofortzahlung durch Nachnahme: 3 % Skonto
Verpackung, Porto: 2,85 €

11

Nachdem in der Wohnung der Familie Maier das Bad modernisiert wurde, hebt der Vermieter die Monatsmiete um 4,5 % an. Die Modernisierung kostete 2 140 €.

a) Wie viel Geld müssen die Maiers jetzt jeden Monat mehr einplanen, wenn die bisherige Miete 435,50 € betrug?
b) Der Vermieter darf 11 % der Modernisierungskosten pro Jahr auf die Miete umlegen. Ist die vorgenommene Mieterhöhung berechtigt?

12

Herr und Frau Graul kaufen am Sonderangebotstag in ihrem Supermarkt ein Paket Waschpulver für 4,99 € statt 6,25 €, 2 Päckchen Kaffee zu je 4,33 € statt 4,59 €, einen tiefgefrosteten Apfelstrudel zu 0,99 € statt 1,49 € und Broccolisalat statt 1,39 € ebenfalls nur für 0,99 €.

a) Berechne, wie viel Prozent des ursprünglichen Preises für jeden dieser Artikel Familie Graul am Sonderangebotstag einspart.
b) Wie viel haben die Grauls insgesamt gespart?

13

Opa Klein musste im laufenden Kalenderjahr für eine Hausratsversicherung 49,40 € und für eine Haftpflichtversicherung 48,25 € zahlen. Aus Überschüssen, die sich durch eine günstige Schadensentwicklung des laufenden Kalenderjahres ergeben haben, erhält er 9 % Beitragsrückerstattung bei der Hausratsversicherung und 12 % bei der Haftpflichtversicherung. Gleichzeitig erhöht sich die Versicherungssumme für Hausrat im neuen Beitragszeitraum dynamisch um 1 %.
Wie viel Euro werden vom Konto unter Berücksichtigung der Gutschrift noch für das neue Beitragsjahr abgebucht?

Freizeit und Urlaub

14

Auf dem Campingplatz am Birkensee werden aus betriebstechnischen Gründen die Stellplatzgebühren für das kommende Kalenderjahr um 12 % angehoben.
Berechne den neuen Stellplatzpreis, wenn Karins Großeltern bisher für ihren Wohnwagen pro Saison 410 € zahlen mussten.

15

Fred berichtet am Abend begeistert von seiner Schulexkursion: „Wusstet ihr schon, dass die Fichte bei uns in Europa der höchste Baum mit etwa 30 bis 50 Metern ist, wobei die größten Exemplare eine Höhe von 70 Meter erreichen? Aber in Kalifornien ist der höchste Küstenmammutbaum (Sequoia) noch um 58,6 % höher als die höchsten unserer einheimischen Fichten.“
Freds Vater greift schnell zum Taschenrechner, um die Höhe des Mammutbaumes zu ermitteln. Zu welchem Ergebnis kommt er?

16

Herr Bergmann entdeckt zwei interessante Angebote für 8 Tage Winterurlaub in den Bergen mit Übernachtung und Frühstück bei eigener Anreise.
Vergleiche die Preisangebote beider Pensionen, wenn Herr und Frau Bergmann mit der 10-jährigen Tochter und dem 13-jährigen Sohn eine Urlaubsfahrt unternehmen wollen.

Pension Bergdorf
pro Person 133 €
Sonderkinderermäßigung:
4 – 9 Jahre 50 %
10 – 12 Jahre 30 %
13 – 16 Jahre 10 %

Pension Bergblick
pro Person 151 €
Sonderkinderermäßigung:
Kinder bis 6 Jahre 100 %
7 – 12 Jahre 50 %
13 – 16 Jahre 30 %

Ferienpension im Allgäu

17

Frau Bergmann informiert sich im Tourenatlas und in Regionalkarten schon mal für die Fahrtroute zum Urlaubsort. Sie entdeckt, dass auf dem letzten Streckenabschnitt im Winter unbedingt Schneeketten erforderlich sind.
Von der Hauptstraßenabzweigung bis zur Pension Bergdorf ist auf der Karte eine Entfernung von 1,5 km angegeben und es wird auf eine Steigung von 20 % hingewiesen. Bei Anfahrt zur Pension Bergblick ist auf 2 Kilometer ein Höhenunterschied von 450 Metern zu überwinden.

a) Veranschauliche an einer Zeichnung, was 20 % Steigung bedeutet.
b) Ermittle den Höhenunterschied vom Abzweig bis zur Pension Bergdorf.
c) Wie groß ist die Steigung der Zufahrtsstraße zur Pension Bergblick?

BEISPIEL
10 % Steigung bedeutet, dass auf einer Strecke von 100 m ein Höhenunterschied von 10 m zu überwinden ist.

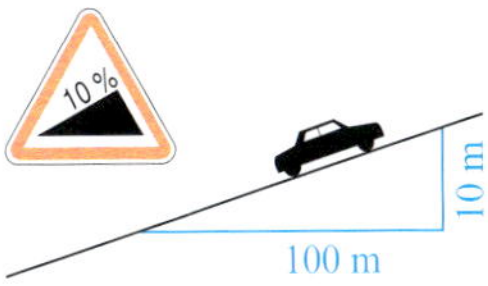

18

Andreas and his friends are going on a bicycle tour from Dresden to Hamburg, a distance of 498 kilometres. After one day of cycling they have covered twenty-two per cent of the entire distance. How many kilometres are still ahead of Andreas?

VOKABELN
per cent: Prozent
entire: gesamt

Kleine Anteile – Promille

1

Caroline interessiert sich sehr für Geographie. Zum Geburtstag schenken ihr die Eltern ein neues Computerprogramm mit vielen wissenswerten Informationen. Beim Arbeiten mit dem Computerprogramm stößt sie auf folgende Angaben:
Salzgehalt des Nordseewassers: 35 Promille
Salzgehalt des Ostseewassers: 7 Promille
Was bedeutet die Zahlenangabe in Promille?

WISSEN

Sehr kleine Anteile gibt man mitunter in **Promille (‰)** an.
Ein Ganzes sind 1000 ‰.
1 Promille (1 ‰) ist ein Tausendstel des Ganzen.

$1‰ = \frac{1}{1000} = 0{,}001$

BEISPIEL

Es sind 5 ‰ von 7 Liter zu berechnen.

Wir rechnen:
1 ‰ von 7 l sind $\frac{1}{1000}$ von 7 l, also 0,007 l bzw. 7 ml.
5 ‰ von 7 l sind 5 · 7 ml = 35 ml.

5 ‰ nennt man den Promillesatz, 7 l den Grundwert und 35 ml den Promillewert.

INFORMATION
In Geographielehrbüchern wird der Salzgehalt von Wasser im Allgemeinen in Gramm pro Liter angegeben.
Bei der Angabe des Salzgehalts in Promille geht man davon aus, dass 1 Liter Salzwasser eine Masse von rund 1 kg hat.

WUSSTEST DU SCHON?
„585er Gold“ bedeutet: Der reine Goldanteil beträgt 585 ‰.
Wie viel Gramm reinen Goldes enthält z. B. ein Ring aus 585er Gold, der $7\frac{1}{2}$ g wiegt?

2

Wie viel Gramm Salz sind in einem 10-Liter-Eimer gefüllt mit Nordseewasser und in einer 0,7-Liter-Flasche gefüllt mit Ostseewasser enthalten?
(Entnimm die notwendigen Angaben der Aufgabe 1.)

3L

Schreibe als Promille.

a) $\frac{27}{1000}$ **b)** $\frac{3}{4}$ % **c)** $\frac{5}{10\,000}$ **d)** $\frac{3}{100}$
e) 0,981 00 **f)** 0,004 **g)** 0,035 % **h)** 5,002 %

4L

Schreibe als Dezimalbruch.

a) 9 ‰ **b)** 1,12 ‰ **c)** 52 ‰ **d)** $1\frac{1}{4}$ ‰
e) 0,75 ‰ **f)** 5050 ‰ **g)** 200 ‰ **h)** 0,000 01 ‰

5L

Berechne den Promillesatz.

a) 150 mg von 120 g **b)** $1\frac{1}{2}$ cm von 3 m **c)** 21 g von 4,5 kg
d) 3 m von 6,3 km **e)** 34 Cent von 12 500 € **f)** 3,4 von 2059
g) 0,9 ml von 9 l **h)** 50 von 1 Mio. **i)** 0,8 mg von 11 g

BEACHTE
bei Aufgabe 5:
Für 17 mg von 35 g sei der Promillesatz zu berechnen:
35 g = 35 000 mg
Rechnet man mit einem Taschenrechner 17 : 35 000, so zeigt er evtl. Folgendes an:
4.857142857E-04 oder
4.857142857^{-04}.
Die „-04“ bedeutet: Du musst 4 Nullen vor die Zahl setzen und das Komma um 4 Stellen nach links verschieben:
0,0004857142857.
Wegen 0,001 = 1 ‰ ist dann das Ergebnis rund 0,49 ‰.

6

Jeanettes Vater staunt über eine Zeitungsmeldung: „Da hat man doch bei einer Verkehrskontrolle einen Autofahrer mit einem Alkoholgehalt von 3,7 Promille geschnappt!“ Jeanette überlegt: „Der menschliche Körper beinhaltet etwa 5 Liter Blut, das bedeutet ja, dass der Kraftfahrer … Milliliter Alkohol im Blut hatte.“
Zu welchem Ergebnis kommt sie?

WUSSTEST DU SCHON?
Bereits bei 0,5 ‰ Alkoholgehalt im Blut sind manche Personen fahruntüchtig.
Bei Werten über 0,5 ‰ ist Fahren unter Alkohol in Deutschland strafbar.
Bei einem Unfall bewirkt jeder nachweisbare Alkoholgehalt eine Mitschuld.

7

a) Familie Schütze hat ihren Hausrat mit 55 000 € versichert. Der jährlich zu bezahlende Versicherungsbeitrag beträgt 1,6 ‰ der Versicherungssumme.
Welchen Jahresbeitrag zahlt Familie Schütze für die Hausratsversicherung?

b) Der Besitzer eines Einfamilienhauses zahlt im Jahr für sein Haus 350 € Versicherungsprämie, das sind 2 ‰ der Versicherungssumme für eine Hausratsversicherung. Ermittle die Höhe der Versicherungssumme.

WISSEN

Für extrem kleine Anteile verwendet man in Wissenschaft und Technik folgende Abkürzungen, die sich aus dem Amerikanischen ableiten:

$1\text{ ppm} = \frac{1}{1\,000\,000} = 0{,}000\,001$	für 1 pro Million	(part per million)
$1\text{ ppb} = 0{,}000\,000\,001$	für 1 pro Milliarde	(part per billion)
$1\text{ ppt} = 0{,}000\,000\,000\,001$	für 1 pro Billion	(part per trillion)
$1\text{ ppq} = 0{,}000\,000\,000\,000\,001$	für 1 pro Billiarde	(part per quadrillion)

Beispielsweise sind 0,4 mg von 200 kg

$$\frac{0{,}4\text{ mg}}{2\text{ kg}} = \frac{0{,}4\text{ mg}}{2\,000\,000\text{ mg}} = 0{,}000\,000\,2 = 0{,}000\,2\,‰ = 0{,}2\text{ ppm} = 200\text{ ppb}.$$

BEISPIELE
zur Veranschaulichung extrem kleiner Anteile
1 ppm
Eine Stecknadel in 1 t Heu
1 ppb
5 Personen unter der Weltbevölkerung
1 ppt
Ein Abschnitt von 0,4 mm Länge auf der Strecke Erde – Mond
1 ppq
1 Roggenkorn in einem 20 000 km langen Güterzug voller Weizen

8[L]

Berechne bei Aufgabe 5 die Anteile in parts per million (ppm).

AUFGABEN ZUR WIEDERHOLUNG

1. Gegeben sind die Zahlen
$4{,}5;\ 7;\ 98;\ \frac{1}{3};\ \frac{8}{4};\ 45;\ 0{,}78;\ \frac{3}{1};\ 78;\ 9{,}08;\ \frac{56}{3};\ 32;$
$0{,}333\,33;\ 7{,}0;\ 8\,654;\ 6\,543{,}987;\ 0.$
   a) Welche dieser Zahlen sind natürliche Zahlen?
   b) Schreibe auf, welche dieser Zahlen gebrochene, aber keine natürlichen Zahlen sind.

2. Entscheide, ob die folgenden Aussagen für natürliche und für gebrochene Zahlen gelten.
   a) Jede Zahl hat einen Nachfolger.
   b) Zwischen zwei beliebigen Zahlen liegen immer noch weitere Zahlen.
   c) Durch null kann man nicht dividieren.
   d) Die kleinere von zwei Zahlen liegt auf dem Zahlenstrahl weiter links.

3. Untersuche, ob die Gleichungen im Bereich der natürlichen und im Bereich der gebrochenen Zahlen lösbar sind. Gib ggf. die Lösung an.
   a) $3x = 7$ **b)** $7x + 4 = 25$
   c) $8x + 7 = 11$ **d)** $x + 7 = 3$
   e) $6x - 1 = 11$ **f)** $3x = 7x$

4. Entscheide, ob die gegebenen Zahlen Elemente der genannten Teilermenge sind. (z. B. $3 \in T_6$, $4 \notin T_6$).
   a) 1, 2, 3, 5, 6; T_{12} **b)** 2, 3, 5, 8, 11; T_{72}
   c) 2, 3, 9, 13; T_{117} **d)** 1, 3, 9, 13, 127; T_{127}

5. Gegeben sind die Teilermengen T_3, T_4, T_5, T_6, T_8 und T_{12}. Welche dieser Teilermengen sind eine Teilmenge einer anderen gegebenen Teilermenge?
Zum Beispiel gilt $T_3 \subset T_6$.

Umwelt

Regenwälder – vernichteter Reichtum

Tropischer Regenwald in Neuseeland

Es war 1989, als ein neunjähriger Grundschüler aus Schweden einen Diavortrag über den Regenwald und dessen Zerstörung sah. Anschließend hatte er die Idee Geld zu sammeln und davon ein Stück des Regenwaldes zu kaufen, um es vor der Vernichtung zu schützen. Seine Schule erwarb ein 1600 Hektar großes Waldstück, das mittlerweile zum Naturschutzgebiet erklärt wurde. Viele Kinder schlossen sich an. Der Regenwald der Kinder – er befindet sich in Costa Rica – war bis 1995 auf 25 000 Hektar angewachsen.
Auf diesen zwei Seiten wollen wir einige Anregungen zur Beantwortung folgender Fragen geben:
- Was ist das Besondere am tropischen Regenwald?
- Warum müssen wir sehr an seiner Erhaltung interessiert sein?
- Wodurch ist er so stark gefährdet?

1

Zur Vorbereitung; an die ganze Klasse:

a) Informiert euch in einem Lexikon, wo sich die größten Regenwälder unserer Erde befinden. Sucht diese Gebiete auch in einem Atlas auf.
Sammelt aus Zeitschriften Material über tropische Regenwälder. Tragt die Fragen zusammen, um die es in diesen Artikeln geht. Wie weit betreffen auch euch die Probleme des Regenwaldes?

b) Veranschaulicht euch die Größe des „Waldes der Kinder“:
Der Größe wie vieler Fußballfelder von 100 Meter mal 75 Meter entspricht der „Wald der Kinder“. Oder: Welche Seitenlängen könnte ein Rechteck haben, dessen Inhalt so groß ist wie der „Wald der Kinder“?

Orang Utan im Regenwald Indonesiens

Artenvielfalt im Regenwald: Sicher weißt du, dass es im Regenwald das ganze Jahr über warm und feucht ist und die Pflanzen deshalb in einer Vielfalt, Größe und Schönheit gedeihen, wie es das auf der gesamten Erde nicht noch einmal gibt. Auch Tiere, vor allem Vögel und Insekten, haben sich im Laufe der 60 bis 100 Millionen Jahre währenden Entwicklung des Regenwaldes in einem einzigartigen Artenreichtum herausgebildet.
Es ist den Forschern noch nicht genau bekannt, wie viele Pflanzen- und Tierarten es auf der Erde gibt. Es wird geschätzt, dass es zwischen 3 und 10 Millionen sind, von denen 25 bis 40 Prozent in den Tropischen Regenwäldern beheimatet sind.
Die größte Artenvielfalt ist in den Regenwäldern Südamerikas vorhanden. Mindestens 30 000 höhere Pflanzenarten sind dort bekannt. In den Regenwäldern Südostasiens sind es etwa 25 000 und in denen Afrikas „nur“ rund 17 000.
In Deutschland findet man höchstens 2 500 Arten von Blütenpflanzen und Bäumen.

Aufsitzerpflanzen im Regenwald auf Guadeloupe (Kleine Antillen)

Vernichtung von Regenwald: Bis 1980 wurde der ursprüngliche Bestand des Regenwaldes etwa auf die Hälfte reduziert. Er nahm damals noch eine Fläche von ca. 19,5 Millionen Quadratkilometer ein. Das waren rund 13 Prozent der Landoberfläche der Erde.
Im Jahr 1980 wurden 115 000 Quadratkilometer Regenwald vernichtet. In den Jahren 1980 bis 1989 wurden etwa 1,5 Millionen Quadratkilometer vernichtet. Dabei waren es im Jahr 1989 sogar 90 Prozent mehr als 1980.

2

a) Wie viele Tier- und Pflanzenarten sind nach der genannten Schätzung mindestens im Regenwald zu finden? Wie viele könnten es sogar maximal sein?
b) In welchem Verhältnis steht die Artenzahl in Deutschland zu der Anzahl von Arten in den Regenwäldern Afrikas, Südostasiens und Südamerikas?
c) Durch die fortschreitende Vernichtung des Regenwaldes sind bis zum heutigen Tage etwa 15 Prozent der Arten vernichtet worden.
Berechne, wie viele das in den drei genannten Regenwaldgebieten wären und vergleiche diese Zahl mit der Artenzahl in Deutschland.

Geht die Vernichtung des Regenwaldes mich etwas an? Kann ich etwas zum Erhalt tun? Was sind die Ursachen der Waldvernichtung?

3

a) Wie viel Quadratkilometer wurden im Jahr 1989 vernichtet? Wie viel Quadratkilometer waren am Anfang des Jahres 1989 noch vorhanden?
b) Wie viel Prozent der am Jahresanfang noch vorhandenen Fläche wurde 1989 vernichtet?

4

Wissenschaftler versuchen die weitere Entwicklung des Regenwaldes abzuschätzen. Sie kommen dabei zu unterschiedlichen Schätzungen, z. B.:
A: Die jährlich vernichtete Fläche bleibt gleich groß.
B: Der prozentuale Anteil der pro Jahr vernichteten Fläche bleibt gleich groß.
Bei Berechnungen nach diesen Schätzungen kann man von etwa 17,8 Mio. km^2 Regenwald im Jahre 1990 ausgehen. Nach den Werten der 90er-Jahre müsste man bei A annehmen, dass alle 10 Jahre 1,15 Mio. km^2 Regenwald vernichtet werden, bei B wären es alle 10 Jahre 6 % der jeweils verbliebenen Regenwaldfläche.
a) Überlege ohne zu rechnen: Nach welcher der beiden Prognosen nimmt die Fläche des Regenwaldes schneller ab? Begründe deine Antwort.
b) Berechne nach beiden Schätzungen die Größe des verbleibenden Regenwaldes in den Jahren 2000, 2010, 2020, 2030, 2040 und 2050.
c) Fertige mit den Daten aus b) ein anschauliches Diagramm an.

ANREGUNG
Versuche aktuelles Material über den Verlauf der Vernichtung tropischer Regenwälder zu erhalten. Kann man daraus schon erkennen, welche der beiden Schätzungen den wirklichen Verlauf besser vorher sagt?

Böden im tropischen Regenwald: Organische Abfallprodukte werden im tropischen Regenwald in kurzer Zeit abgebaut, da es keinen Winter gibt. Deshalb besitzt der Boden des Regenwaldes im Gegensatz zu Wäldern in gemäßigten Klimazonen nur einen geringen Nährstoffgehalt (s. Bild 2). Die Nährstoffvorräte sind zu einem großen Teil in den lebenden Pflanzen selbst gespeichert.
Die Nährstoffarmut des Bodens führt zu einem sehr schnellen Ertragsrückgang auf gerodeten feuchttropischen Böden. Bild 1 zeigt das für den Maisanbau.

5

a) Lies aus den Diagrammen im Bild 2 ab, wie viel Prozent der Nährstoffe jeweils in der Erde, in den abgestorbenen Pflanzen und in den lebenden Pflanzen gebunden sind. Lies aus dem Diagramm im Bild 1 ab, auf wie viel Prozent die Erträge jeweils zurückgehen.
b) Fertige ein dem Bild 1 entsprechendes Diagramm für Baumwollerträge an: 2. Jahr 100 %, 3. Jahr 88 %, 4. Jahr 58 %, 5. Jahr 42 %.
c) Welche Probleme ergeben sich aus dem schnellen Ertragsrückgang auf gerodeten feuchttropischen Böden?

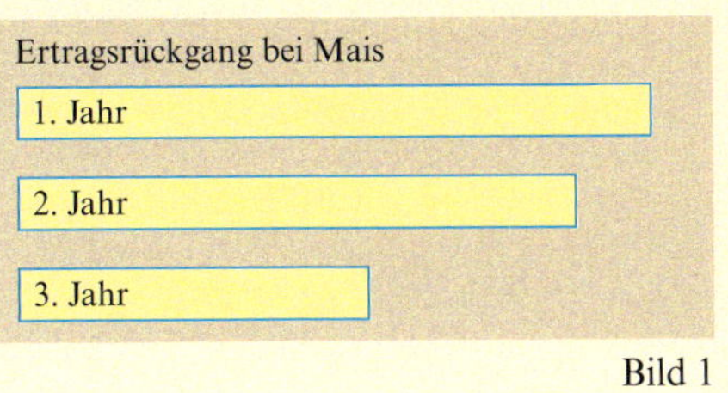

Bild 1

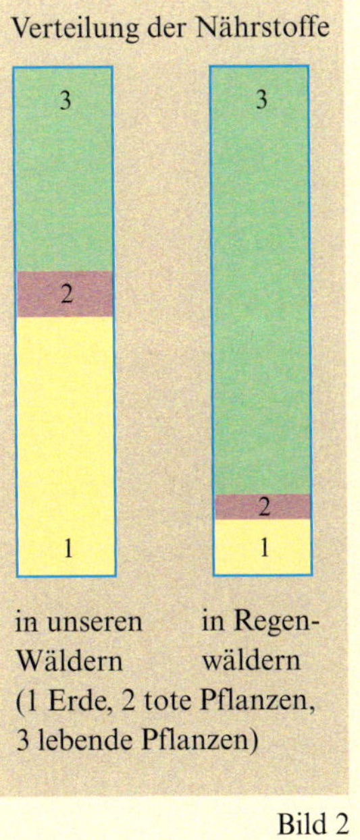

Bild 2

Zinsrechnung

1

Tobias hat von seinen Großeltern zu seinem 14. Geburtstag ein Sparbuch mit einem Guthaben von 500 € geschenkt bekommen.
Versuche herauszubekommen, wie viel Euro er zu seinem 18. Geburtstag abholen kann, wenn jährlich 3 % Zinsen gezahlt wurden, die zum Guthaben hinzukommen, und sonst nichts abgeholt und nichts eingezahlt wurde.

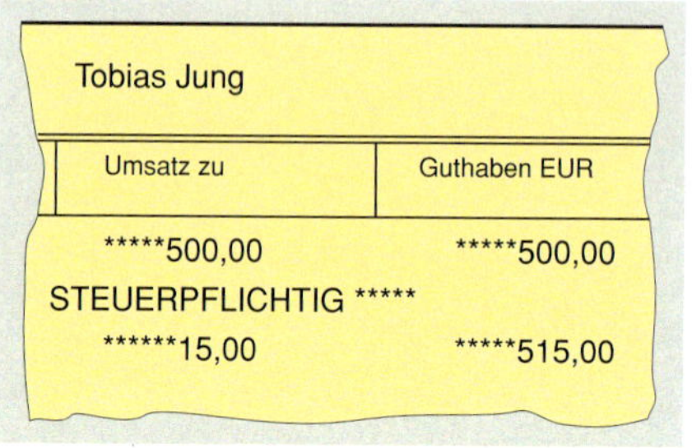

BEISPIEL

a) Mathias hat ein Festgeldkonto über 400 €, das mit 5,5 % verzinst wird. Wie viel Zinsen bekommt er nach einem Jahr?

b) Martina freut sich, dass sie von den Zinsen, die sie für das vergangene Jahr erhalten hat, den gewünschten Walkman für 30 € kaufen kann. Wie viel Geld hatte Martina auf dem Konto, wenn der Zinssatz 5 % betrug?

Es handelt sich hier um Grundaufgaben der Prozentrechnung.

a) Hier ist der Prozentwert gesucht: $W = 400\,€ \cdot 0{,}055 = 22\,€$
Mathias erhält 22 € Zinsen gutgeschrieben.

b) Hier ist der Grundwert auszurechnen:
$G = 30\,€ : 0{,}05 = 600\,€$ oder $G = 30\,€ \cdot \frac{100}{5} = 600\,€$

Martina hatte also 600 € auf ihrem Konto.

WISSEN

Bei Geldgeschäften wird anstelle von Prozentrechnung von Zinsrechnung gesprochen und es werden folgende Begriffe verwendet:

Zinsrechnung:	**Kapital** K oder **Guthaben**	**Zinssatz** $p\,\%$	**Jahreszinsen** Z
	↕	↕	↕
Prozentrechnung:	Grundwert G	Prozentsatz $p\,\%$	Prozentwert W

Der Zinssatz wird meist für ein Jahr vereinbart. Häufig findet man deshalb die Schreibweise „5 % p.a.“, wobei „p.a.“ eine Abkürzung des lateinischen *per annum* ist und „pro Jahr“ bedeutet.

Genau wie bei der Prozentrechnung gibt es auch hier 3 Grundaufgaben:

Es werden die Jahreszinsen gesucht.
Das entspricht dem Berechnen des Prozentwertes. $Z = K \cdot \frac{p}{100}$

Es wird das Kapital gesucht.
Das entspricht der Berechnung des Grundwertes. $K = Z \cdot \frac{100}{p}$

Es wird der Zinssatz gesucht.
Das entspricht der Berechnung des Prozentsatzes. $p\,\% = \frac{p}{100} = \frac{Z}{K}$

WUSSTEST DU SCHON?
Zins im weiteren Sinne bedeutet Miete oder Pacht und wird auch zur Bezeichnung von Tributleistungen (z. B. Abgaben oder Steuern) verwendet. Im engeren Sinne sind Zinsen eine Vergütung für geliehenes Geld. Das Zinsennehmen wurde von Aristoteles und später von den Scholastikern als Wucher abgelehnt, da aus Geld kein Erwerb gezogen werden sollte.

2

Ermittle die in der Tabelle fehlenden Werte.

	a)	b)	c)	d)	e)
Kapital	750 €	1 245 €		68,90 €	
Zinssatz	3,5 %		2,5 %	3,75 %	3,25 %
Jahreszinsen		49,80 €	14,20 €		21,25 €

3

Wie hoch war der jeweilige Zinssatz?

	a)	b)	c)	d)	e)
Kapital am Jahresanfang	142 €	987 €	3 564 €	19 685 €	245 €
Kapital am Jahresende	146,26 €	1 021,54 €	3 760,02 €	20 570,82 €	249,90 €

4L

Esther hat zur Konfirmation 400 € geschenkt bekommen, die sie sparen möchte. In der Bank entdeckt sie das abgebildete Angebot.

a) Berechne die Jahreszinsen für jedes der Angebote.

b) Esther will, dass die Jahreszinsen jeweils als Guthaben auf dem Sparbuch bleiben. Berechne das Guthaben, das Esther nach Ablauf von 4 Jahren bei jedem der Angebote haben könnte.

Zinssätze für Spareinlagen

3-monatige Kündigungsfrist:	2 %
Kündigungsfrist 1 Jahr	2,5 %
Kündigungsfrist 3 Jahre	4 %
Kündigungsfrist 4 Jahre	4,5 %

5

Herr Kurz will sich für ein Jahr 5 000 € leihen. Er hat drei Angebote.
1. Angebot: Zinssatz 8,5 %
2. Angebot: Zinssatz 7,5 % plus 150 € Bearbeitungsgebühren
3. Angebot: Rückzahlung nach einem Jahr 5 445 €

Für welches Angebot soll Herr Kurz sich entscheiden? Um wie viel Prozent liegt der bei diesem Angebot zu zahlende Betrag unter dem des ungünstigsten Angebots?

6L

a) Wie viel Euro Zinsen muss Herr Peters zahlen, wenn er seinen Kredit von 3 000 € für einen Zinssatz von 7,5 % p. a. bereits nach einem halben Jahr zurückzahlen kann?

b) Frau Neitzel hat ein günstiges Angebot für ihr Wunschauto gesehen. Deshalb holt sie ihr Guthaben von 12 000 € bereits nach einem Vierteljahr bei der Bank ab. Wie viel Zinsen erhält sie, wenn das Guthaben mit 3,5 % p. a. verzinst war?

c) Familie Sorge hat eine Autoreparatur bezahlen müssen und deshalb das Girokonto um 325 € überzogen. Die Bank hat der Familie einen Dispokredit eingeräumt, der mit 11,9 % p. a. verzinst wird. Wie viel Euro Zinsen müssen bezahlt werden, wenn das Konto nach 10 (5, 25) Tagen wieder ausgeglichen ist?

WUSSTEST DU SCHON?
Ein Dispositionskredit kann einem Bankkunden über eine bestimmte Summe eingeräumt werden. Er gestattet es, ein Konto bis zu diesem Betrag zu belasten (zu überziehen), wobei allerdings in der Regel ziemlich hohe Schuldzinsen zu zahlen sind.

WISSEN

Zinssätze werden in der Regel für Jahre vereinbart. Die zu zahlenden Zinsen richten sich nach der Zeitdauer, für die man Geld leiht oder anlegt.
So wird für $\frac{1}{2}$ Jahr die Hälfte, für $\frac{1}{4}$ Jahr ein Viertel für einen Monat $\frac{1}{12}$ der jährlichen Zinsen gezahlt.
Für T Tage werden $\frac{T}{360}$ der Jahreszinsen gezahlt.

MERKE
Werden Zinsen für Monate oder Tage berechnet, so werden zunächst Jahreszinsen berechnet und diese dann mit dem jeweiligen Zeitfaktor multipliziert.
Der Zeitfaktor für T Tage ist $\frac{T}{360}$.

BEISPIEL

Herr Winzer zahlt seinen Kredit von 1 100 € bereits nach einem Vierteljahr zurück. Wie viel Euro Zinsen muss er bei einem Zinssatz von 7,5 % zahlen?

Zinsen für ein Jahr: $Z = 1100\,€ \cdot 0{,}075 \approx 82{,}50\,€$

Zinsen für ein Vierteljahr: $82{,}50\,€ \cdot \frac{1}{4} = 20{,}63\,€$ $\left(\text{Zeitfaktor: } \frac{1}{4}\right)$

Herr Winzer muss 20,63 € Zinsen zahlen.

7[L]

(I) Berechne die Zinsen für den angegebenen Zeitraum.

	a)	b)	c)	d)	e)	f)
K	450 €	1 200 €	980 €	2 500 €	3 200 €	12 000 €
$p\,\%$	3 %	3,5 %	2 %	2,5 %	4 %	3,25 %
Zeit	$\frac{1}{2}$ Jahr	$\frac{1}{4}$ Jahr	10 Monate	2 Monate	$\frac{3}{4}$ Jahr	7 Monate

(II) Wie hoch war das Guthaben?

	a)	b)	c)	d)	e)	f)
$p\,\%$	3 %	3,5 %	4 %	3,75 %	4,25 %	7,25 %
Zinsen	90 €	428,75 €	25 €	253,12 €	253,22 €	229,07 €
Zeit	$\frac{1}{4}$ Jahr	7 Monate	30 Tage	$\frac{3}{4}$ Jahr	11 Monate	175 Tage

(III) Wie viele Monate war das Guthaben jeweils verzinst?

	a)	b)	c)	d)	e)
Guthaben	1 500 €	800 €	4 800 €	840 €	12 000 €
Zinssatz	3 %	4 %	3 %	3,5 %	4,5 %
Zinsen	15 €	8 €	12 €	22,05 €	315 €

MERKE
Auch wenn die Zinszeit gesucht ist, bestimmt man zunächst stets die Jahreszinsen

8

Ermittle die in der Tabelle fehlenden Werte.

	a)	b)	c)	d)	e)	f)
Kapital	2 400 €		3 600 €			16 000 €
Zinssatz	3 %	4,5 %	4 %	3,5 %	6 %	
Jahreszinsen		225 €				720 €
Laufzeit	7 Monate	$\frac{3}{4}$ Jahr		20 Tage	2 Monate	
Zinsen			24 €	12,44 €	4 €	470 €

AUFGABE
Formuliere zu jeder der Teilaufgaben aus Aufgabe 8 eine Textaufgabe und stelle sie deiner Nachbarin oder deinem Nachbarn. Kontrolliert eure Lösungen gegenseitig.

9

a) Karsten hat ein Guthaben von 250 €. Wie viel Geld kann er nach 9 Monaten abholen, wenn der Zinssatz 3,75 % beträgt?
b) Herr Kunstmann leiht sich für ein Vierteljahr 1200 € zu einem Zinssatz von 8,25%. Wie viel Euro muss er nach dem Vierteljahr insgesamt zurückzahlen?
c) Frau Brieger hat ein Darlehen zu 8 % Zinsen bei ihrer Bank aufgenommen. Als sie es nach einem halben Jahr zurückzahlt, muss sie außer dem geliehenen Betrag noch 240 € Zinsen bezahlen. Wie hoch war das Darlehen?

10[L]

a) Frau Stock bringt 980 € zur Bank. Das Guthaben wird mit 4 % verzinst. Nach welcher Zeit ist das Guthaben auf 1 000 € angewachsen?
b) 1 800 € werden mit 5 % verzinst. Wann beträgt das Guthaben 2 000 €?

BEISPIEL

Frau Stein hat 20 000 € geerbt. Sie bringt das Geld zur Bank, wo es mit 4,5 % verzinst wird. Auf welche Summe ist das Kapital nach 3 Jahren angewachsen, wenn Frau Stein von dem Konto kein Geld abhebt?

1. Lösungsweg
Zinsen für das erste Jahr: $Z = 20\,000\,€ \cdot 0{,}045 = 900\,€$
Das zu verzinsende Kapital beträgt im zweiten Jahr 20 900 €.

Zinsen für das zweite Jahr: $Z = 20\,900\,€ \cdot 0{,}045 = 940{,}50\,€$
Das Kapital beträgt nach zwei Jahren
$20\,900\,€ + 940{,}50\,€ = 21\,840{,}50\,€$.

Zinsen für das dritte Jahr: $Z = 21\,840{,}50\,€ \cdot 0{,}045 = 982{,}82\,€$
Nach drei Jahren beträgt das Kapital
$21\,840{,}50\,€ + 982{,}82\,€ = 22\,823{,}32\,€$.

2. Lösungsweg
Das Kapital nach dem ersten Jahr erhalten wir, indem wir das Ausgangskapital mit dem **Zinsfaktor** 1,045 multiplizieren: $20\,000\,€ \cdot 1{,}045 = 20\,900\,€$.
Für die weiteren Jahr erhalten wir auf diese Weise:
Kapital nach zwei Jahren: $20\,900\,€ \cdot 1{,}045 = 21\,840{,}50\,€$
Kapital nach 3 Jahren: $21\,840{,}50\,€ \cdot 1{,}045 = 22\,823{,}32\,€$

Damit beträgt das Kapital nach drei Jahren 22 823,32 €.
Frau Stein hat insgesamt 2 823,32 € Zinsen erhalten.

11[L]

Cindy hat zu ihrem 10. Geburtstag ein Sparbuch mit 150 € geschenkt bekommen.
a) Auf welche Summe ist das Geld bis zu ihrem 18. Geburtstag angewachsen, wenn das Guthaben mit 4 % verzinst wird?
b) Nach welcher Zeit hat sich das Geld beim gleichen Zinssatz verdoppelt?

12

Frau Friedrich legt 5 000 € für 3 Jahre mit einem steigenden Zinssatz an:
1. Jahr 3 %; 2. Jahr 3,5 % und 3. Jahr 4,5 % Zinsen.
Wie viel Euro erhält Frau Friedrich nach Ablauf der 3 Jahre von ihrer Bank, wenn die jährlichen Zinsen auf dem Konto bleiben und mitverzinst werden?

INFORMATION
Von **„Zinseszinsen"** spricht man, wenn die angefallenen Zinsen wieder mit verzinst werden.
Dazu werden häufig die im Laufe eines Jahres angefallenen Zinsen am Anfang des nächsten Jahres dem Kapital hinzu addiert.
Manchmal werden die Zinsen aber auch nach kürzeren Zeiten, z. B. nach 3 Monaten, berechnet und dem Kapital hinzu addiert.
Warum sind kurze Zeiten der Zinsberechnung für den Sparer günstig?

ANREGUNG
Mithilfe eines Tabellenkalkulationsprogramms könnt ihr das Anwachsen des Kapitals z. B. über 25 Jahre automatisch berechnen lassen.
(Gebt euch ein Ausgangskapital und einen Zinssatz vor.)
Aus der berechneten Tabelle könnt ihr u. a. sehen, nach wie vielen Jahren sich das Kapital verdoppelt haben wird.
Lasst die Zinsen nicht nur jährlich, sondern zum Vergleich auch 3-monatlich berechnen.
Ihr erkennt so gut die Auswirkung eines kürzeren Berechnungszeitraumes der Zinsen.

Teste dich!

Grundwissen

1

a) Wann heißt eine Zuordnung eindeutig, wann mehrdeutig und wann eineindeutig?

b) Entscheide für jede der folgenden Zuordnungen, ob sie eindeutig, mehrdeutig oder eineindeutig ist. Begründe deine Entscheidung.
(1) Jedem Auto wird sein Baujahr zugeordnet.
(2) Jedem periodischen Dezimalbruch wird ein gemeiner Bruch zugeordnet, der dieselbe gebrochene Zahl darstellt.
(3) Jedem Turm wird seine Höhe zugeordnet.
(4) Jeder ganzen Zahl a wird ein Rechteck mit dem Flächeninhalt $a\text{ cm}^2$ zugeordnet.
(5) Jeder Quadratzahl a wird ein Quadrat mit dem Flächeninhalt $a\text{ cm}^2$ zugeordnet.

2

a) Erstelle zu dem Diagramm eine Wertetabelle und ermittle eine Rechenvorschrift.

b) Welcher Wert gehört zu $x = 10$?

c) Ist die Zuordnung proportioinal? Begründe.

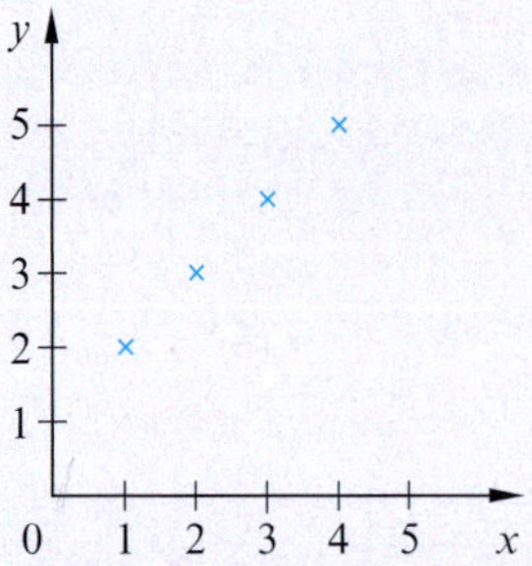

3

a) Skizziere je einen Graphen einer proportionalen und einer antiproportionalen Zuordnung.

b) Nenne einen Sachverhalt, der durch eine proportionale Zuordnung und einen Sachverhalt, der durch eine antiproportionale Zuordnung beschrieben werden kann. Erläutere.

4

Herr Stock hat sich für 5 Monate bei einem Bekannten 6 000 € geliehen. Nach Ablauf der Frist zahlt er 6 081,25 € zurück. Wie hoch war der Zinssatz?

5

a) Bei einer Ausverkaufsaktion wurden die Preise verschiedener Kleidungsstücke um 60 % reduziert. Welchen ursprünglichen Preis hatte ein Pullover, der im Ausverkauf 65 € kostet?

b) Der Benzinpreis von 1,17 € pro Liter erhöhte sich vorige Woche um 5 %. Es ist mit einer nochmaligen Erhöhung um 2 % zu rechnen. Was wird ein Liter Benzin dann voraussichtlich kosten?

c) Ein Pokerspieler erhöht seinen Einsatz um 50 % auf 270 % des vereinbarten Mindesteinsatzes von 5 €. Wie hoch war sein ursprünglicher Einsatz?

6

Der menschliche Körper besteht zu etwa 70 % aus Wasser. Wenn man annimmt, dass sich Alkohol gleichmäßig auf die gesamte Körperflüssigkeit verteilt, mit welchem Alkoholgehalt (in Promille) im Blut hätte dann eine 80 kg schwere Person höchstens zu rechnen, wenn sie 0,3 Liter Starkbier mit einem Alkoholgehalt von 6,5 % trinkt?

7

Gegeben ist ein fester Prozentwert $W = 20$. Für verschiedene Prozentsätze p soll der entsprechende Grundwert G ermittelt werden. Lege für verschiedene Werte von p eine Wertetabelle an und stelle den Zusammenhang zwischen G und p grafisch dar. Um was für eine Zuordnung handelt es sich dabei?

Sachaufgaben und Probleme

8

Ein Rechteck habe die Seiten a und b. Es sei $a = 2$ cm. Der Flächeninhalt A des Rechtecks hängt dann von der Länge der Seite b ab. Stelle die Zuordnung $b \rightarrow A$ grafisch dar. Um was für eine Zuordnung handelt es sich?

9

Ina behauptet, die Zuordnung „Anzahl der Würfe mit einem Spielwürfel" $\rightarrow$ „Anzahl der gewürfelten Sechsen" sei eine proportionale Zuordnung. Untersuche diese Zuordnung und beurteile Inas Behauptung.

10

Wer sein Geld längerfristig anlegen will, kann Bundesschatzbriefe kaufen (s. rechts). Das Bild zeigt an einem Beispiel den jährlich steigenden Zinssatz.

a) Frau Zabel kauft Bundesschatzbriefe vom Typ A im Wert von 3 000 €. Wie viel Euro Zinsen erhält sie jährlich? Wie viel Euro Zinsen erhält sie insgesamt?

b) Familie Strobel kauft für 4 000 € Bundesschatzbriefe vom Typ B. Auf wie viel Euro ist der Wert der Geldanlage nach 7 Jahren gestiegen? Welchen Gewinn macht die Familie, wenn jährlich 10 € Depotgebühren zu zahlen sind?

c) Herr Mayer überlegt, ob er 8 000 € für 7 Jahre in Bundesschatzbriefen oder zu einem festen Zinssatz von 5 % anlegt. Berechne für beide Angebote das Endkapital nach 7 Jahren.

INFORMATION

Bei Bundesschatzbriefen steigt der Zinssatz von Jahr zu Jahr.
Sie haben eine feste Laufzeit: Das angelegte Kapital wird nicht vor Ende der Laufzeit ausgezahlt. (Allerdings kann man seine Schatzbriefe an andere weiterverkaufen.)
Bundesschatzbriefe werden in zwei Typen herausgegeben:

Typ A:
Laufzeit 6 Jahre
jährliche Auszahlung der Zinsen

Typ B:
Laufzeit 7 Jahre
Zinsen und Zinseszinsen werden erst nach Ablauf, also nach 7 Jahren, ausgezahlt.

AUSWERTUNG

Zuordnungen, Proportionalität und Prozentrechnung – Überprüfe dein Wissen und Können!

Schätzt eure Leistung zunächst selbst ein, nachdem ihr die Aufgaben bearbeitet habt.

Konntest du nicht alle Aufgaben lösen? Die folgende Tabelle enthält einige Tipps, mit denen du vielleicht doch noch zum Ziel kommen kannst.

Aufgabe	Tipp
1,	Lies noch einmal aufmerksam den Wissenskasten auf Seite 8.
2, 3	Auf was für einer „Kurven" liegen alle Punkte, die zu einer proportionalen bzw. zu einer indirekt proportionalen Zuordnung gehören?
4	Sieh nach, wie du entsprechende Aufgaben im Abschnitt „Zinsrechnung" gelöst hast.
5	Was bedeutet Erhöhung/Erniedrigung *um* x %? Was bedeutet Erhöhung/Erniedrigung *auf* x %?
6	Wie viel sind 70 % von 80 kg? Wie viel Litern Wasser entspricht das? Wie viel Alkohol ist in 0,3 Litern Starkbier enthalten?
7	Hier ist eine Zuordnung zu untersuchen. Für p werden Werte eingesetzt, aus denen sich nach einer Formel (welcher?) die zugehörigen Werte von G ergeben. Was für Zuordnungen kennst du?
8	Lege eine Wertetabelle an. Berechne dazu A für verschiedene Werte von b.
9	Würfele ein paar Runden. Was sind die Merkmale einer proportionalen Zuordnung?
10	Blättere im Abschnitt „Zinsrechnung". Wie berechnet man Zinseszinsen?

Beratet mit eurer Lehrerin oder eurem Lehrer, wie ihr eventuell noch vorhandene „Wissenslücken" schließen könnt. Die Lösungen zu den Aufgaben findest du auf Seite 255.

ZUSAMMENFASSUNG

Proportionale Zuordnung

Die Verhältnisse
einander zugeordneter Zahlen sind stets gleich.

Zuordnungsvorschrift und grafische Darstellung:

$x \rightarrow y$ mit $\frac{y}{x} = m$ bzw. $y = m \cdot x$, $x \neq 0$

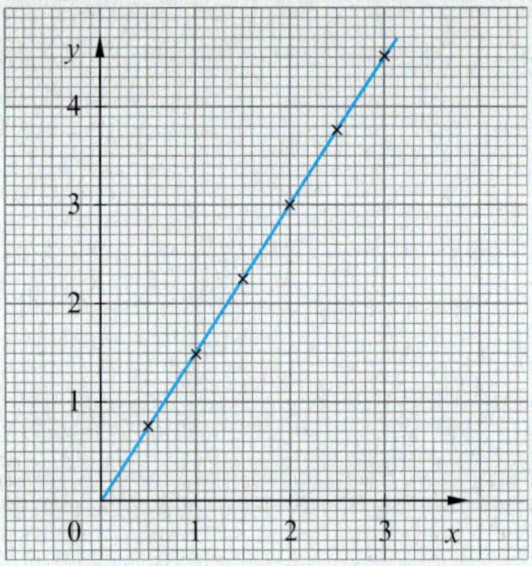

Alle Punkte liegen auf einer Geraden, die durch den Nullpunkt geht (**Ursprungsgerade**).

Antiproportionale Zuordnung

Die Produkte
einander zugeordneter Zahlen sind stets gleich.

Zuordnungsvorschrift und grafische Darstellung:

$x \rightarrow y$ mit $y \cdot x = k$ bzw. $y = \frac{k}{x}$, $x \neq 0$

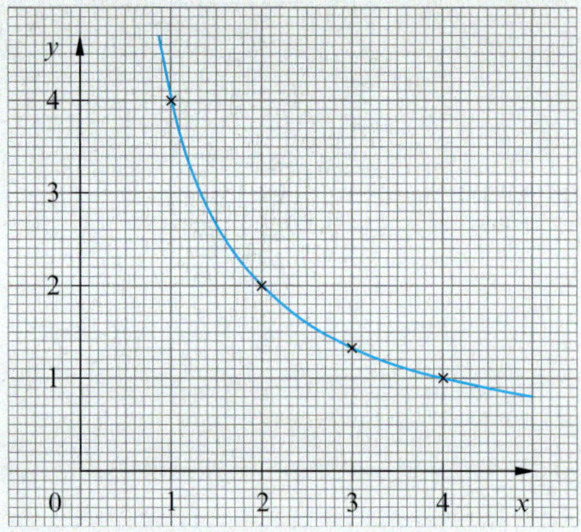

Die Punkte liegen auf einer Kurve (**Hyperbel**), die sich für sehr kleine x-Werte an die y-Achse und für sehr große x-Werte an die x-Achse „anschmiegt".

Begriffe	**bei der Prozentrechnung**	**bei der Zinsrechnung**
Das Ganze (100 %)	**Grundwert** G	**Kapital** K
der Anteil am Ganzen	**Prozentsatz** $p\,\%$ $1\,\% = \frac{1}{100} = 0{,}01$	**Zinssatz** $p\,\%$ $1\,\% = \frac{1}{100} = 0{,}01$
die Größe des Anteils	**Prozentwert** W	**Jahreszinsen** Z

Grundaufgaben der Prozent- und Zinsrechnung	**Formel in der Prozentrechnung**	**Formel in der Zinsrechnung**
Gesucht ist die Größe des Anteils (W, Z).	$W = G \cdot \frac{p}{100}$	$Z = K \cdot \frac{p}{100}$
Gesucht ist das Ganze (G, K).	$G = W \cdot \frac{100}{p}$	$K = Z \cdot \frac{100}{p}$
Gesucht ist der Anteil ($p\,\%$).	$p\,\% = \frac{p}{100} = \frac{W}{G}$	$p\,\% = \frac{p}{100} = \frac{Z}{K}$

Prozentwert und Prozentsatz (Zinsen und Zinssatz) sind bei gegebenem Grundwert (Kapital) zueinander proportional. Man kann die Grundaufgaben deshalb auch mithilfe des Dreisatzes oder über das Aufstellen einer Verhältnisgleichung lösen.

Rationale Zahlen

Jemand verfügt über ein Guthaben von 5 000 €. Für eine große Anschaffung gibt er 20 000 € aus. Rein rechnerisch beträgt sein Guthaben nun 5 000 € – 20 000 € = – 15 000 €, das heißt, er hat 15 000 € Schulden.
Diese zahlt er in vierteljährlichen Raten von 1200 € ab.

Wie lange wird es bei einem jährlichen Zinssatz von 7,5 % dauern, bis die Schuld beglichen ist? Zur Aufstellung eines vollständigen Tilgungsplanes ist im Prinzip immer wieder dieselbe Rechnung auszuführen, nur jeweils mit anderen Zahlen. Dafür ist eine Tabellenkalkulation das richtige Werkzeug.

	Rate	Zinsen	Tilgung	Restschuld
				15000,00
1	1200,00	281,25	918,75	14081,25
2	1200,00	264,02	935,98	13145,27
3	1200,00	246,47	953,53	12191
4	1200,00	228,60	971,40	112
5	1200,00	210,38	989,62	10
6	1200,00	191,83	1008,17	
7	1200,00	172,92	1027,08	
8	1200,00	153,67	1046	
9	1200,00	134,05	106	
10	1200,00	114,06	1	
11	1200,00	93,70		
12	1200,00	72		
13	1200,00			

Positive und negative Zahlen

1

a) Welche Informationen kannst du der nebenstehenden Darstellung entnehmen?

b) Findest du in einem Biologiebuch oder Lexikon auch Angaben über Höhen, in denen verschiedene Landlebewesen zu finden sind?

c) Zeichne eine Skala, in die du sowohl die Höhe des Mount Everest (8848 m) als auch die größte Meerestiefe eintragen kannst. Trage die Namen von Lebewesen an den entsprechenden Stellen deiner Skala an.

d) Welcher Höhenunterschied besteht zwischen der höchsten Erhebung der Erde und dem tiefsten Punkt am Meeresboden?

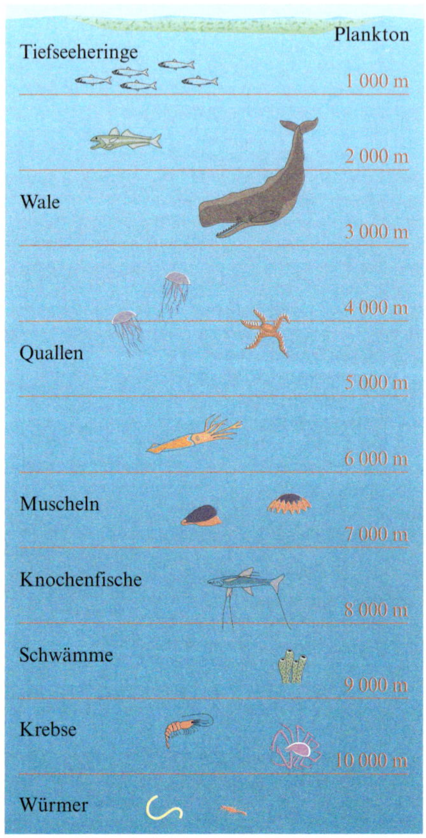

Leben in den Tiefen des Meeres

2

Justus und Hanna haben sich ein einfaches Würfelspiel ausgedacht. Sie würfeln abwechselnd 10-mal und zählen ihre Punkte zusammen. Damit es nicht allzu langweilig wird, zählen die 4 und die 5 jeweils als Minuspunkte.
Wer gewinnt bei den folgenden Würfelserien?

Hanna: 3 −4 −5 −4 2 2 6 3 2 3
Justus: 1 6 1 2 −4 3 −4 1 6 −4

INFORMATION
Die Meeresoberfläche ist die natürliche Grenze zwischen den Abgründen der Tiefsee und den Erhebungen an Land.
Die Wissenschaftler setzten deshalb den Meeresspiegel als Nullpunkt ihrer Höhenskalen fest, als „Normalnull“ (NN). Dementsprechend hat der Meeresspiegel die Höhe 0 m.
Statt der Angabe „300 m Tiefe“ oder „300 m unter dem Meeresspiegel“ schreibt man manchmal kurz „−300 m“.
Höhen über dem Meeresspiegel werden dagegen ohne Vorzeichen oder mit einem Pluszeichen angegeben (z. B. 300 m oder +300 m).

3

Mittlere Januartemperaturen an verschiedenen Orten der Erde

Adelaide (Australien)	22,6 °C	Murmansk (Russland)	−9,9 °C
Alexandria (Ägypten)	13,3 °C	Neapel (Italien)	9,0 °C
Bergen (Norwegen)	1,5 °C	Nome (Alaska, USA)	−15,3 °C
Göteborg (Schweden)	−1,1 °C	Nordpol	−31,1 °C
Havanna (Kuba)	22,2 °C	Osaka (Japan)	4,5 °C
Jakutsk (Russland)	−43,2 °C	Potsdam (BRD)	−1,1 °C
Jerusalem (Israel)	8,9 °C	Südpol	−26,7 °C
Lillehammer (Norwegen)	−9,1 °C	Zugspitze (BRD)	−11,6 °C

a) Suche die Orte aus der Tabelle in einem Atlas. Kannst du weitere Orte nennen, bei denen es im Januar kälter als 0 °C ist?

b) Zeichne eine Temperaturskala auf Millimeterpapier, auf der du alle Temperaturen aus der Tabelle eintragen kannst. Markiere die Temperaturen aus der Tabelle auf der Skala und beschrifte sie mit den dazugehörigen Ortsnamen.

c) Wie groß ist der Temperaturunterschied zwischen Murmansk und Jakutsk?

AUFGABE
Finde heraus, wieso es innerhalb Deutschlands, Norwegens und Russlands so große Temperaturunterschiede gibt.

4

Frau Klein liest auf ihrem Kontoauszug: „Gehalt 1125,15; Miete 312,50 –“
Was bedeutet das?

WISSEN

Bei vielen Sachverhalten in Alltag, Wissenschaft und Technik ist es sinnvoll, ausgehend von einem Nullpunkt zwei „Richtungen“ zu unterscheiden. Beispielsweise werden unterschieden: Temperaturen über und unter null Grad, Höhen über und Tiefen unter dem Meeresspiegel, Guthaben („Haben“) und Schulden („Soll“), Zeitpunkte nach und vor Christus, Plus- und Minuspunkte bei Spielen.

Zur Angabe, wie weit etwas unter bzw. vor dem Nullpunkt liegt, verwendet man häufig **negative Zahlen**. Sie erhalten das **Vorzeichen „–“** (z. B. – 3,7).
Zur Angabe, wie weit etwas über bzw. nach dem Nullpunkt liegt, nutzt man dagegen **positive Zahlen**.
Die natürlichen und die gebrochenen Zahlen außer der Null sind positive Zahlen.
Manchmal schreibt man die positiven Zahlen zur besseren Unterscheidung von den negativen mit dem Vorzeichen „+“ (z. B. + 3,7 statt 3,7).

Positive und negative Zahlen kann man an einer **Zahlengeraden** veranschaulichen:

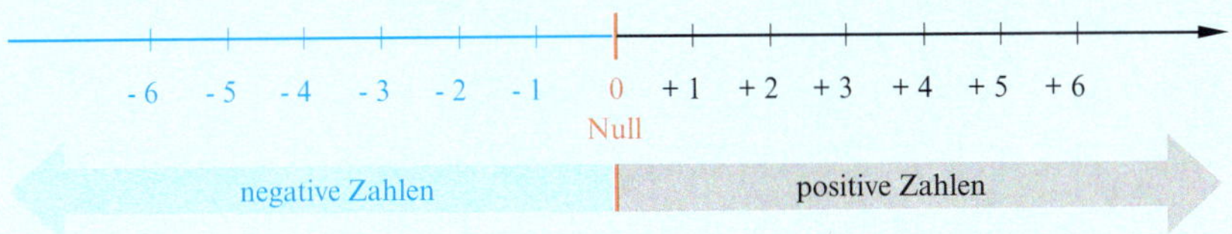

Die Zahlengerade kann man sich auf folgende Weise entstanden denken: Der Zahlenstrahl wird am Nullpunkt gespiegelt. Die Spiegelbilder der positiven Zahlen werden durch „–“ gekennzeichnet. Die Null bleibt dabei fest, sie stimmt mit ihrem Spiegelbild überein.

INFORMATION
Zur Angabe von Zeitpunkten aus der Geschichte ist es i. Allg. nicht üblich, negative Zahlen zu verwenden.
Man schreibt z. B. „300 v. Chr.“ und nicht „– 300“.
In der Technik werden dagegen auch zur Angabe von Zeitpunkten negative Zahlen verwendet.
Wird der Zeitpunkt des Zündens der Triebwerke einer Rakete mit – 5 s angegeben, so bedeutet das: 5 s vor dem Abheben.

5

Kennst du weitere Sachverhalte, bei denen die Verwendung negativer Zahlen üblich oder möglich ist? Erläutere einen solchen Sachverhalt.

6

Welche positiven bzw. negativen Zahlen gehören zu den Buchstaben?
Achte auf die unterschiedliche Einteilung der Zahlengeraden.

a)
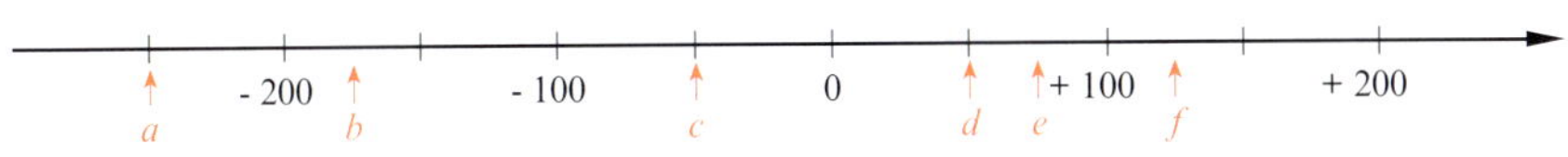

b)
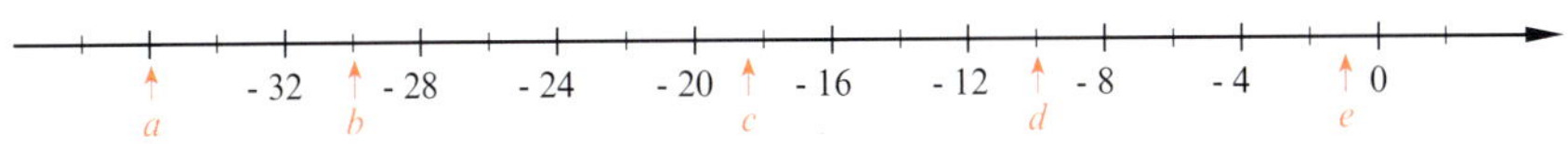

7

Zeichne eine Zahlengerade und trage folgende Zahlen ein.

a) $-13;\ +8;\ -21;\ +5$ **b)** $-2550;\ +450;\ -1000$ **c)** $+0{,}1;\ +1{,}4;\ -\frac{1}{4}$

d) $0;\ +4;\ -4;\ +15$ **e)** $+3100;\ +200;\ -550$ **f)** $-0{,}35;\ -0{,}5;\ +0{,}2$

TIPP
Wähle jeweils einen geeigneten Maßstab.

8

Im Folgenden wird die Lage von Zahlen auf der Zahlengeraden beschrieben. 1 Skalenteil entspricht dabei 1. Welche Zahl ist gemeint?

a) zwei Skalenteile links von der 0 **b)** 10 Skalenteile rechts von der −3
c) 1 Skalenteil rechts von der −1 **d)** 3 Skalenteile rechts von der −15
e) 4 Skalenteile links von der 1 **f)** 6 Skalenteile links von der −11

9

Setze die Zahlenfolgen um jeweils vier Zahlen passend fort. Begründe.

a) +10; +8; +6; +4; +2; … **b)** −100; −70; −40; −10; +20; …
c) −0,15; −0,08; −0,01; +0,06; … **d)** +4; +3; +1; −2; −6; …

10

Welche Zahl liegt in der Mitte zwischen den beiden gegebenen Zahlen?

a) 0 und +4 **b)** −2 und −5 **c)** +3 und −3
d) −14 und −9 **e)** 7 und −3 **f)** −5 und 3

11

Gib vier Zahlenpaare an, die auf der Zahlengeraden symmetrisch zur Null liegen.

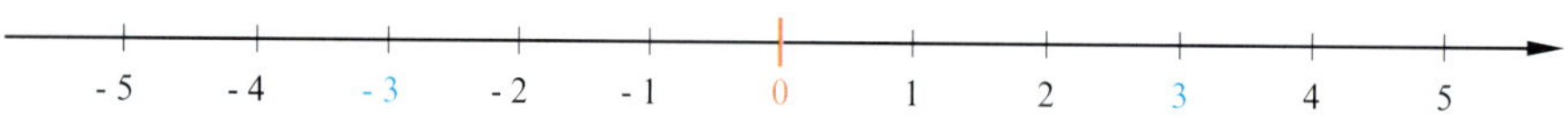

WISSEN

Zahlenpaare, die auf der Zahlengeraden symmetrisch zur Null liegen, heißen **zueinander entgegengesetzte Zahlen** oder **Gegenzahlen**.

Man sagt zum Beispiel:
−3 ist die Gegenzahl zu 3 (oder zu +3).
11 (oder +11) ist die Gegenzahl zu −11.

Für alle Zahlen m gilt: $-m$ ist die Gegenzahl zu m.

12

Trage die Zahlen 4,3; −6; 0,5; 0; $-\frac{10}{4}$; $\frac{38}{10}$ und die zu ihnen entgegengesetzten Zahlen auf einer Zahlengeraden ein. Wähle für jedes Zahlenpaar eine andere Farbe.

13

Finde die Paare von Gegenzahlen heraus.

a) −2; $+\frac{8}{2}$; +6; −4; −6; +2 **b)** +3; −0,5; −3; +1,6; $\frac{1}{2}$; $-\frac{8}{5}$

14

Schreibe die Zahlen mit dem richtigen Vorzeichen auf. Überlege, was die jeweilige Gegenzahl bedeuten würde.

a) 21 °C unter Null **b)** 1260 m unter dem Meeresspiegel **c)** 1300 € Schulden
d) 15 € Guthaben **e)** um 2 % gesunkene Produktion **f)** in 1868 m Höhe
g) 1 h Vorsprung **h)** um 1 km gekürzte Wanderung **i)** 2. Untergeschoss

TIPP
zur Aufgabe 9
Vielleicht hilft es dir, wenn du dir die Zahlenfolgen als „Sprünge“ auf der Zahlengeraden vorstellst.

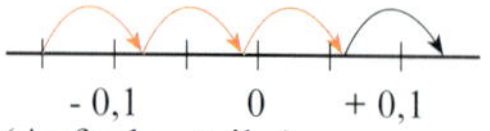

(Aufgabenteil c)

BEACHTE
Die Null ist zu sich selbst entgegengesetzte Zahl.
Wenn m positiv ist, dann ist $-m$ negativ.
Wenn m negativ ist, dann ist $-m$ positiv.
Das Zeichen „−“ ist hier weder Vorzeichen noch Zeichen für Subtraktion. Es ist hier das Zeichen für die Bildung der entgegengesetzten Zahl.

NACHGEDACHT
Warum ist $-(-m) = m$?

15

Löse die folgenden Aufgaben. Ist das im Bereich der gebrochenen Zahlen nicht möglich, so schreibe „n. l." für „nicht lösbar".

a) $174 + 83$ **b)** $45{,}6 - 29{,}7$ **c)** $15 - 18{,}3$ **d)** $16 : 5$

e) $0{,}078 - \frac{1}{4}$ **f)** $\frac{4}{9} + \frac{17}{3}$ **g)** $\frac{4}{5} - \frac{17}{20}$ **h)** $\frac{12}{13} : \frac{4}{39}$

BEISPIEL
Abgelesen: 9 °C
Rechnung: 9 – 8 = 1
Antwort: 1 °C

Abgelesen: 3 °C
Rechnung: 3 – 8 = ?

16

Mittags hört Steffi im Radio, dass am nächsten Tag die Mittagstemperaturen 8 Grad unter den Mittagstemperaturen von heute liegen werden. Sie blickt aufs Thermometer. Welche Mittagstemperatur ist am nächsten Tag zu erwarten, wenn Steffi den folgenden Wert abliest?

a) 23 °C **b)** 17 °C **c)** 0 °C **d)** 7 °C **e)** –3 °C

WISSEN

Die gebrochenen Zahlen und die zu ihnen entgegengesetzten Zahlen bilden zusammen den Bereich der **rationalen Zahlen**.
Für den Bereich der rationalen Zahlen verwenden wir das Symbol $\mathbb{Q}$.

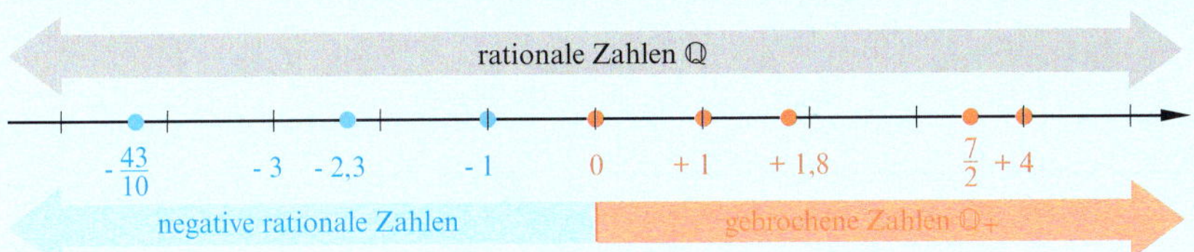

Die Null und die positiven rationalen Zahlen ergeben zusammen die gebrochenen Zahlen. Wir verwenden für den Bereich der gebrochenen Zahlen das Symbol $\mathbb{Q}^+$.

Die natürlichen Zahlen und die zu ihnen entgegengesetzten Zahlen bilden zusammen den Bereich der **ganzen Zahlen**.
Für den Bereich der ganzen Zahlen verwenden wir das Symbol $\mathbb{Z}$.

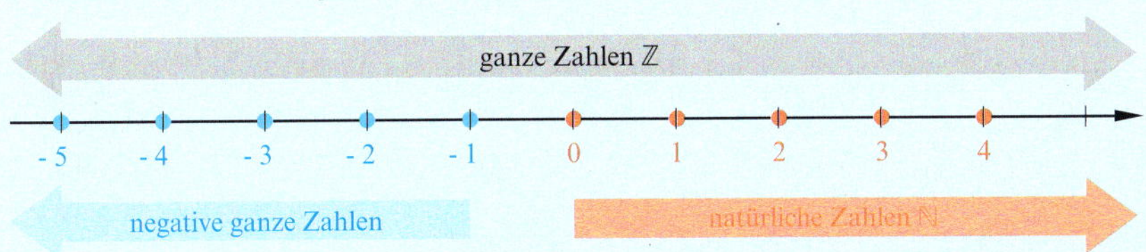

Die Null und die positiven ganzen Zahlen ergeben zusammen die natürlichen Zahlen. Wir verwenden für den Bereich der natürlichen Zahlen das Symbol $\mathbb{N}$.
Die ganzen Zahlen sind eine Teilmenge der rationalen Zahlen ($\mathbb{Z} \subset \mathbb{Q}$). Das heißt: Jede ganze Zahl ist zugleich auch eine rationale Zahl. Es gibt aber rationale Zahlen, die keine ganzen Zahlen sind (z.B. $-\frac{43}{10}$; $-2{,}3$; $1{,}8$ oder $\frac{7}{2}$).
Die Zusammenhänge zwischen den Zahlenbereichen $\mathbb{Q}^+$, $\mathbb{Z}$ und $\mathbb{Q}$ sind im nebenstehenden Diagramm dargestellt.

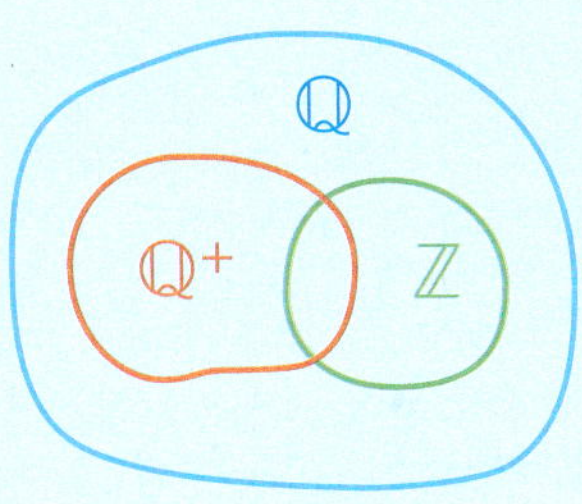

BEACHTE
Die Bedeutung der Erweiterung des Bereichs der natürlichen Zahlen zum Bereich der ganzen Zahlen bzw. des Bereichs der gebrochenen Zahlen zum Bereich der rationalen Zahlen liegt unter anderem auch darin, dass dadurch auch Subtraktionsaufgaben lösbar sind, bei denen der Subtrahend größer ist als der Minuend. Zum Beispiel ist die Aufgabe 3 – 8 im Bereich der natürlichen Zahlen oder im Bereich der gebrochenen Zahlen nicht lösbar, denn es ist 3 – 8 = –5, und –5 ist keine natürliche und auch keine gebrochene Zahl.

17[L]

Entscheide, ob eine natürliche, eine gebrochene, eine ganze oder eine rationale Zahl vorliegt. Schreibe deine Ergebnisse wie im Beispiel auf.

a) 11,6 **b)** -13 **c)** $-\frac{11}{3}$ **d)** $\frac{5}{7}$ **e)** $-0,\overline{3}$ **f)** 0 **g)** $\frac{12}{3}$ **h)** $-\frac{125}{5}$

BEISPIEL
$7 \in \mathbb{N},\ 7 \in \mathbb{Q}^+,$
$7 \in \mathbb{Z},\ 7 \in \mathbb{Q}$
$-1,3 \notin \mathbb{N},\ -1,3 \notin \mathbb{Q}^+,$
$-1,3 \notin \mathbb{Z},\ -1,3 \in \mathbb{Q}$

18[L]

Gib – wenn möglich – jeweils drei Zahlen für x an, die alle Bedingungen erfüllen. Begründe, wenn es keine Zahl gibt, die alle Bedingungen erfüllt.

a) $x \notin \mathbb{N},\ x \in \mathbb{Q}^+,\ x \notin \mathbb{Z},\ x \in \mathbb{Q}$
b) $x \notin \mathbb{N},\ x \notin \mathbb{Q}^+,\ x \in \mathbb{Z},\ x \in \mathbb{Q}$
c) $x \in \mathbb{N},\ x \in \mathbb{Q}^+,\ x \in \mathbb{Z},\ x \in \mathbb{Q}$
d) $x \notin \mathbb{N},\ x \notin \mathbb{Q}^+,\ x \notin \mathbb{Z},\ x \in \mathbb{Q}$
e) $x \in \mathbb{N},\ x \notin \mathbb{Q}^+,\ x \in \mathbb{Z},\ x \in \mathbb{Q}$
f) $x \in \mathbb{N},\ x \in \mathbb{Q}^+,\ x \notin \mathbb{Z},\ x \in \mathbb{Q}$
g) $x \notin \mathbb{N},\ x \notin \mathbb{Q}^+,\ x \in \mathbb{Z},\ x \notin \mathbb{Q}$
h) $x \notin \mathbb{N},\ x \in \mathbb{Q}^+,\ x \in \mathbb{Z},\ x \in \mathbb{Q}$

19

a) Übertrage das Mengendiagramm aus dem Wissenkasten der vorigen Seite ins Heft und kennzeichne darin den Bereich der natürlichen Zahlen $\mathbb{N}$. Begründe.
b) Welche Teilmengenbeziehungen erkennst du in dem Diagramm?

20

Das nebenstehende Bild zeigt verschiedene Pegelstände der Elbe an einer Stelle.
a) Wann war der niedrigste, wann der höchste Wasserstand an dieser Stelle?
b) Bis zu einem Pegelstand von $\pm 0,50$ m bestehen keine Probleme für den Schiffsverkehr. An welchen Tagen wurde diese Grenze überschritten?

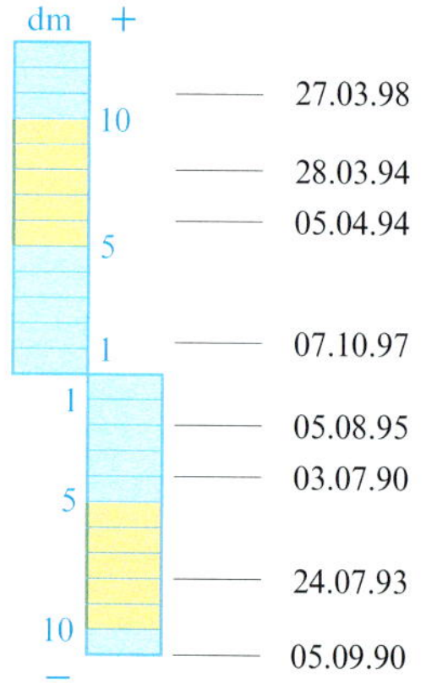

21[L]

Ermittle aus der in Klammern angegebenen Veränderung des Pegelstandes und dem dahinter angegebenen neuen Pegelstand den vorhergehenden Pegelstand.

a) (+5 cm) +20 cm **b)** (–8 cm) +2 cm **c)** (–6 cm) +2 cm
d) (+13 cm) –1 cm **e)** (–7 cm) –5 cm **f)** (+6 cm) 0 cm

22

	1. Woche	2. Woche	3. Woche	4. Woche
Montag	9 €	1,50 €	7 €	5,50 €
Dienstag	6,50 €	0,20 €	6 €	9,50 €
Mittwoch	2,75 €	0 €	5,50 €	6 €
Donnerstag	–3,25 €	–4 €	5,50 €	6 €
Freitag	–3,25 €	2 €	5,50 €	6 €
Sonnabend	–3,25 €	2 €	0,50 €	6 €
Sonntag	–3,50 €	2 €	0,50 €	–1,25 €

Jan hat sich 4 Wochen lang jeden Morgen aufgeschrieben, wie viel Geld er hat.
a) Wann besaß er das meiste Geld, wann waren seine Schulden am größten?
b) Jeden Montag früh gibt es Taschengeld. Wie viel?
c) In der ersten Woche war Jan am Mittwoch in der Eishalle. In der dritten Woche am Freitag im Kino und in der vierten Woche am Sonnabend mit Freunden in der Disko. Wie viel Geld kosteten diese „Ausflüge“ jeweils?

23

a) Übertrage das Koordinatensystem und das Viereck $ABCD$ in das rechte obere Viertel deines Hefts.
Welche Koordinaten haben die Eckpunkte des Vierecks?

b) Spiegele das Viereck $ABCD$ an der y-Achse. Das Bild ist das Viereck $A'B'C'D'$. Spiegele dann $A'B'C'D'$ an der x-Achse. Du erhältst $A''B''C''D''$.

c) Suche nach Möglichkeiten, um die Lage der Eckpunkte der beiden Bildfiguren zu beschreiben.

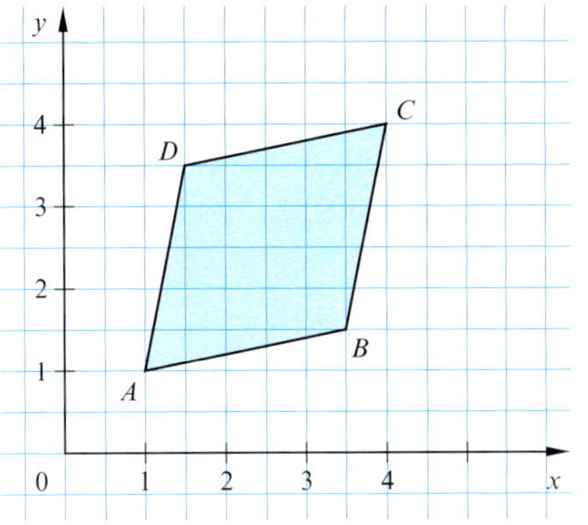

ERINNERE DICH
Zur x-Achse sagt man auch Abszissenachse, zur y-Achse auch Ordinatenachse.
Die x-Koordinate eines Punktes heißt auch Abszisse.
Die y-Koordinate nennt man auch Ordinate.

So wie wir den Zahlenstrahl zu einer Zahlengeraden erweitert haben, können wir auch die x- und die y-Achse des Koordinatensystems zu Geraden erweitern. Mithilfe eines so erweiterten Koordinatensystems kann man jeden Punkt einer Ebene durch Koordinaten beschreiben.

24

Gib die Koordinaten der Eckpunkte aller eingezeichneten Figuren an.

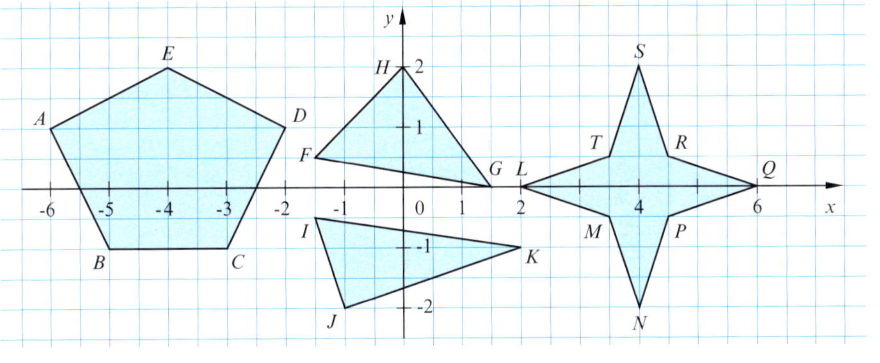

BEISPIEL
$F(-1{,}5|0{,}5)$, $J(-1|-2)$
Denke daran, dass an der ersten Stelle stets die x-Koordinate, also die Abszisse, steht.

25

Gegeben sind $A(2|1)$, $B(-1|1)$, $C(-1|-2)$, $D(0|-1)$, $E(3|-4)$, $F(4|-3)$, $G(1|0)$.
Zeichne den geschlossenen Streckenzug $ABCDEFG$ in ein Koordinatensystem.
Welche Figur ist entstanden?

26

Zur Partnerarbeit:
Schneidet jeder eine Figur aus Pappe oder Papier aus und legt sie auf ein Koordinatensystem. Teilt euch gegenseitig die Koordinaten markanter Randpunkte mit. Wer erkennt zuerst die Figur der/des anderen?

27

Ein Kreis mit dem Radius von 5 cm habe seinen Mittelpunkt im Koordinatenursprung. In welchen Punkten schneidet er die Koordinatenachsen?

NACHGEDACHT
In welchem Teil des Koordinatensystems findet man alle Punkte mit gebrochenen Zahlen als Koordinaten?
Wo findet man alle Punkte mit positiven Zahlen als Koordinaten?

Betrag rationaler Zahlen

1 L

Die Schülerinnen und Schüler der 7c schätzen die Länge der Donau. Schätze auch du die Länge der Donau.
Die Werte der Schülerinnen und Schüler weichen von der wirklichen Länge ganz unterschiedlich ab (s. Lösungsteil). Einige Abweichungen findest du in der Tabelle. Dabei bedeutet z. B. +150 km (–150 km): Die Donau wurde um 150 km zu lang (zu kurz) geschätzt.

a) Wie stark weicht dein Schätzwert ab?
b) Welche Abweichungen findest du noch „in Ordnung“?
c) Wer weicht am meisten und wer am wenigsten vom wirklichen Wert ab?
d) Welche Rolle spielt es für die Genauigkeit der Schätzung, ob man 250 km zu wenig (–250 km) oder zu viel (+250 km) schätzt?

Name	Abweichung
Anne	–450 km
Jens	+250 km
Lisa	–750 km
Nele	–50 km
Arne	+50 km
Max	+150 km
Eva	–250 km
Sonja	+550 km

WISSEN

Der **Betrag $|a|$** einer rationalen Zahl a gibt ihren Abstand von null an.

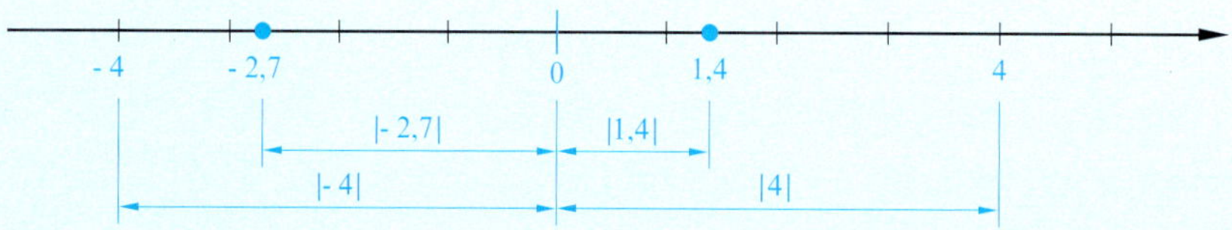

Zum Beispiel ist: $|-2{,}7| = 2{,}7$; $|1{,}4| = 1{,}4$; $|-4| = |4| = 4$; $|0| = 0$.
Der Betrag ist insbesondere dann von Bedeutung, wenn man sich nur für die Abweichung von einem festgelegten Wert interessiert.

Merke: Der Betrag einer Zahl ist nie negativ.

BEACHTE

Für den Abstand $|a|$ einer Zahl a von null gilt:

$$|a| = \begin{cases} a, & \text{falls } a \text{ positiv} \\ 0, & \text{falls } a = 0 \\ -a, & \text{falls } a \text{ negativ} \end{cases}$$

Beispielsweise ist $|-4| = -(-4)$.
$-(-4)$ ist die entgegengesetzte Zahl zu -4, also 4.
Daraus folgt: $|-4| = 4$.

2

a) Gib den Betrag der folgenden Zahlen an: –1; –67; –19; 5,4; –7; 0,6; 2; 1000.
b) Gib alle Zahlen an, deren Betrag $\frac{1}{7}$; 8; $\frac{67}{8}$; 99; 0; $\frac{3}{2}$; 0,000 5 ist.

3

Zeichne einen Zahlenstrahl. Trage die folgende Zahlen und ihre Gegenzahlen ein. Gib jeweils den Betrag der Zahlen an.

a) 2,7; 7; –4; 0; –0,8 **b)** 65; 20; –35; –100; 10

4

Gib alle rationalen Zahlen an, die die Gleichung erfüllen.

a) $|b| = 4$ **b)** $|m| = 0$ **c)** $|x| = -6$ **d)** $-|a| = -9$

5

Welchen Abstand haben die zueinander entgegengesetzten Zahlen voneinander?

a) –6 und 6 **b)** +3,4 und –3,4 **c)** $-\frac{1}{2}$ und $\frac{1}{2}$ **d)** –543 und 543
e) –13 und +13 **f)** +4,6 und –4,6 **g)** 0,87 und –0,87 **h)** –15 und 15

6

Übertrage die Tabelle ins Heft und ergänze sie.

Zahl	5			$-\frac{1}{3}$		
entgegengesetzte Zahl		+1,7			−0,8	
Betrag			3			0

7

a) Welche Zahlen haben einen doppelt so großen Betrag wie −3?
b) Trage auf einer Zahlengeraden die ganzen Zahlen von −10 bis +10 ein. Markiere die ganzen Zahlen mit einem Betrag größer als 5 rot und kleiner als 5 blau.

8

Stichpunktartig wurden 10 Mehltüten geprüft, ob sie wie aufgedruckt 1000 g Mehl enthalten. Geringe Abweichungen sind normal. Unzulässig sind Abweichungen nach unten oder oben von mehr als 20 g. Die Wägungen ergaben:
998 g; 1019 g; 1007 g; 978 g; 1024 g; 1057 g; 964 g; 999 g; 1000 g; 1001 g.
a) Wie viel Prozent der kontrollierten Tüten waren in Ordnung?
b) Welche größte Abweichung wurde festgestellt?

9

Arbeitet in Gruppen.

Gruppenarbeit

a) Ermittelt die Körpergrößen eurer Mitschüler/innen und errechnet die durchschnittliche Körpergröße.
b) Stellt in einer Tabelle die Abweichungen vom Durchschnittswert dar.
c) Welche Größen wichen am stärksten (wenigsten) vom Durchschnittswert ab?
d) Sucht weitere Beispiele, bei denen es eigentlich um den Betrag einer Zahl und nicht um die Zahl selbst geht.

AUFGABEN ZUR WIEDERHOLUNG

1. **a)** Vergleiche die Streckenlängen ohne zu messen und ordne sie der Größe nach.
   b) Schätze die Längen der kürzesten und der längsten Strecke.
   c) Miss die Streckenlängen und überprüfe deine Ergebnisse von a) und b).

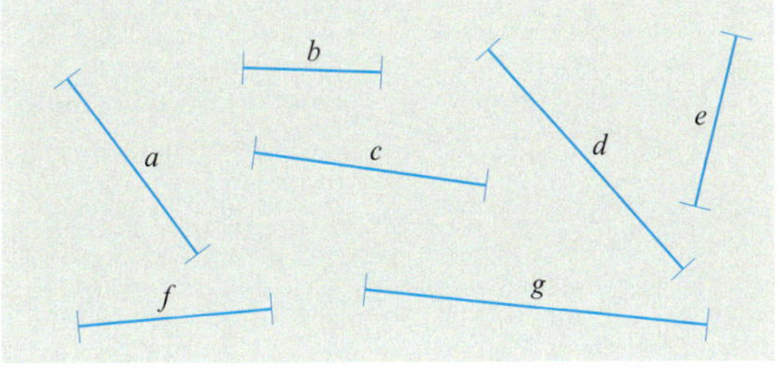

2. Welche Fläche hat den kleinsten Flächeninhalt? Ordne die Flächen nach ihrem Flächeninhalt.

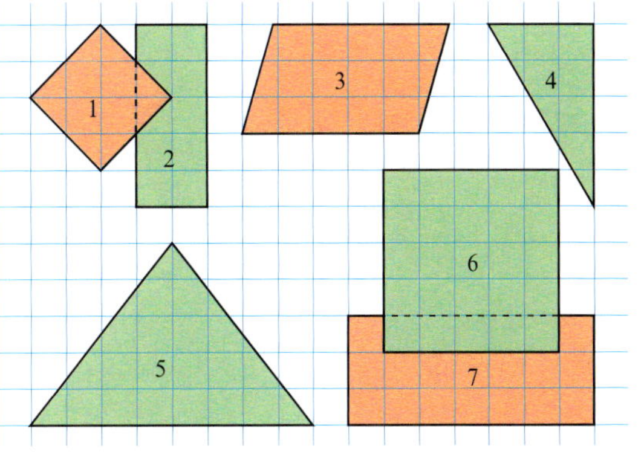

Die Ordnung rationaler Zahlen

1

Höhe in km	0	1	2	3	10	50	80	150
Temperatur in °C	+15	+8,6	+2,3	−4,6	−60	0	−90	+1000

Die Tabelle gibt die in verschiedenen Höhen gemessenen Temperaturen an.

a) In welcher Höhe herrschen die niedrigsten bzw. höchsten Temperaturen?
b) Ordne die Messwerte nach der Temperatur. Beginne mit der niedrigsten.

WUSSTEST DU SCHON?
Aus Erfahrungen im Gebirge oder beim Fliegen könnte man annehmen: Je höher man kommt, desto kälter wird es. Das gilt jedoch nur in bestimmten Schichten der Erdatmosphäre: etwa von 0 km bis 12 km und von 50 km bis 80 km. Zwischen 12 km und 50 km sowie ab 80 km wird es mit zunehmender Höhe immer wärmer.

2

Ordne folgende historische Daten in zeitlicher Reihenfolge. Beginne mit dem am weitesten zurückliegenden Ereignis. Zeichne dazu eine Zeitgerade und trage die Ereignisse ein.

63 v. Chr.	Kaiser Augustus geboren	800 n. Chr.	Krönung Karls des Großen
753 v. Chr.	Gründung Roms	64 n. Chr.	Brand von Rom
50 n. Chr.	Köln gegründet	2530 v. Chr.	Bau der Cheopspyramide

WISSEN

Von zwei rationalen Zahlen ist diejenige kleiner, die auf der Zahlengeraden weiter links liegt.

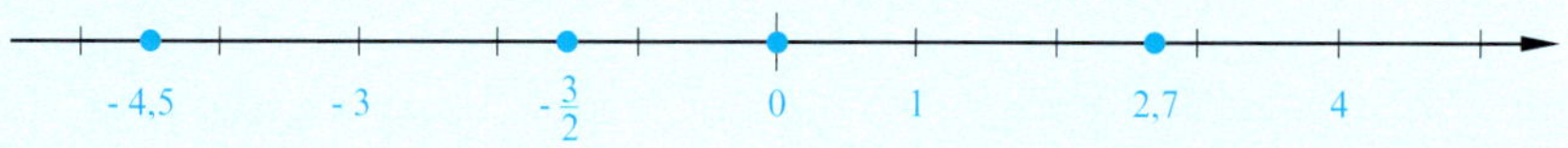

So ist z. B.: $-4{,}5 < -\frac{3}{2}$; $-4{,}5 < 0$; $-4{,}5 < 2{,}7$; $-\frac{3}{2} < 0$; $-\frac{3}{2} < 2{,}7$; $0 < 2{,}7$

Jede negative Zahl ist kleiner als jede positive Zahl.

3

Ordne die folgenden rationalen Zahlen der Größe nach. Beginne mit der kleinsten. Trage sie dann auf einer Zahlengeraden ein und überprüfe.

$+9$; -5; $-4{,}5$; 2; -2; $-\frac{9}{2}$; $+3{,}5$; $-5{,}3$

4

Setze das richtige Zeichen für □ ein (<; = ;>).

a)	-15 □ -9	$2{,}3$ □ -3	-7 □ $+1$	$-8{,}6$ □ $-6{,}8$
b)	155 □ $15{,}5$	$4{,}5$ □ $4{,}05$	$-0{,}7$ □ $+0{,}1$	-23 □ $-23{,}3$
c)	$-\frac{2}{3}$ □ $-\frac{3}{2}$	$0{,}5$ □ $+\frac{1}{2}$	12 □ $-\frac{45}{3}$	$\frac{1}{2}$ □ $-0{,}49$
d)	$-3{,}3$ □ $-3{,}33$	$0{,}95$ □ $0{,}905$	$-6{,}78$ □ $+6{,}87$	0 □ $-0{,}5$

NACHGEDACHT
Wenn man zwei negative Zahlen miteinander vergleicht, kann man an ihren Beträgen leicht erkennen, welche auf der Zahlengeraden weiter links liegt und damit kleiner ist. Überlege dir das am Beispiel der Zahlen −3,41 und −7,86. Ihre Beträge sind 3,41 und 7,86.

5

a) Wie heißt die größte negative zweistellige ganze Zahl?
b) Nenne die kleinste negative dreistellige Zahl, deren Betrag kleiner als 200 ist.
c) Wie heißt der Vorgänger der kleinsten positiven ganzen Zahl?

6

Ordne der Größe nach. Beginne mit der kleinsten Zahl.

a) $-5; -6{,}2; -9; -0{,}6; 7{,}5; 4; -3$ **b)** $-3{,}4; -4{,}3; -4{,}03; -3{,}04; -\frac{3}{4}; -\frac{4}{3}$

c) $-346; -564; -987; 56; -32; -324; 765$ **d)** $0{,}1; -0{,}54; -0{,}08; -0{,}006\,5; 0{,}78$

e) $\frac{4}{7}; -\frac{1}{5}; \frac{3}{4}; -\frac{2}{10}; \frac{6}{8}$ **f)** $-\frac{14}{3}; \frac{6}{36}; \frac{6}{42}; -\frac{7}{2}; -3$

7

Kleiner oder größer, weniger oder mehr, niedriger oder höher?
Ordne der Größe nach. Beginne jeweils mit dem kleinsten Wert.

a) –8 °C, 19 °C; –12 °C; 0 °C; –4,5 °C, 100 °C
b) 34 m über NN, 345 m unter NN; 87 m unter NN, 56 m über NN
c) 10 € Schulden; 62 € Schulden, 15 € Schulden, 17 € Schulden, 56 432 € Schulden, 78 € Guthaben, 456 € Schulden; 67 890 € Schulden

8

Überprüfe mithilfe der Zahlengeraden.

a) Liegt –4,5 näher an –4,7 oder an –4? **b)** Liegt –7,8 näher an –8 oder an –9?
c) Liegt –2,6 näher an –5 oder an 1? **d)** Liegt 0 näher an 1 oder an +0,1?
e) Liegt –5,3 näher an –6 oder an –5? **f)** Liegt 9,1 näher an –18 oder an 28?

9

Suche jeweils 3 rationale Zahlen, die zwischen den beiden vorgegebenen liegen.
Findest du noch mehr Zahlen, die dazwischen liegen?

a) 15 und 19 **b)** 2 und 3 **c)** –2 und –2,31
d) –5 und –4,9 **e)** –0,01 und 0 **f)** –6 und 2
g) –0,004 und –0,005 **h)** 0,333 3 und $0{,}\overline{3}$ **i)** –1 und –0,999 999

WISSEN

Zu zwei beliebigen verschiedenen rationalen Zahlen findet man immer eine, die dazwischen liegt (egal wie eng die Zahlen nebeneinander liegen).
Man sagt: **Die rationalen Zahlen liegen dicht.**

ZUM KNOBELN

Wenn du die Zahlen richtig ordnest, ergeben die Buchstaben ein fernes Ferienparadies.

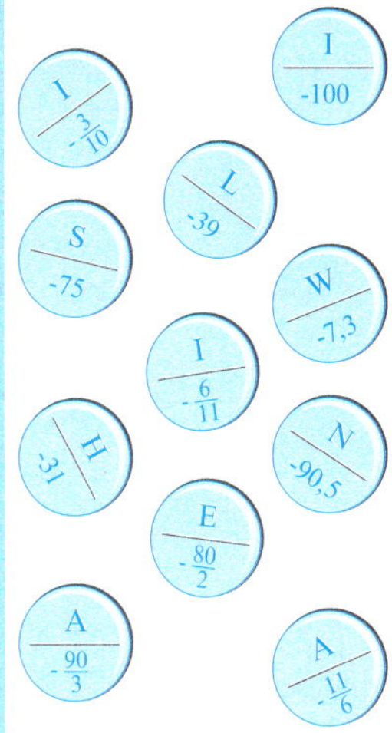

ERINNERE DICH

Auch die gebrochenen Zahlen liegen dicht. Wenn die Zahlen eines Zahlenbereichs dicht liegen, dann findet man zwischen zwei Zahlen sogar beliebig viele weitere Zahlen.

AUFGABEN ZUR WIEDERHOLUNG

1. Rechne im Kopf.

a) $\frac{1}{2} + \frac{4}{2} + \frac{8}{4} + \frac{1}{4}$ **b)** $\frac{3}{7} + \frac{1}{14} + 1$
c) $\frac{5}{6} - \frac{3}{2} + \frac{3}{4}$ **d)** $\frac{1}{9} + \frac{2}{7}$
e) $5 - \frac{5}{2} + \frac{1}{4}$ **f)** $\frac{3}{8} + \frac{9}{4} - 3$

2. Rechne im Kopf.

a) 0,75 + 2,1 – 3,8 + 0,01 **b)** 0,1 + 0,01 + 1,01
c) 4,7 + 4,07 – 3 + 0,4 **d)** 10,2 + 102 + 1,02
e) 6 – 3,2 – 2,1 + 5,6 **f)** 15,7 – 7,5 – 5,7
g) 99,9 + 0,2 – 30,5 + 1 **h)** 999 – 9,9 + 99,9
i) 14 – 2,2 + 3,003 – 5 **j)** 18 + 81 – 8,12
k) 101 – 3,7 – 4 – 0,8 **l)** 33 – 5,7 + 19

3. Ein Spiel zu zweit: „Dominobrüche"
Entfernt aus einem Dominospiel alle Steine, die nur eine Augenzahl enthalten. Die verbleibenden Steine könnt ihr als Brüche interpretieren.

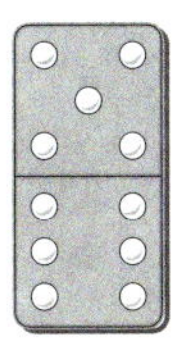 bedeutet z. B. $\frac{5}{6}$ und 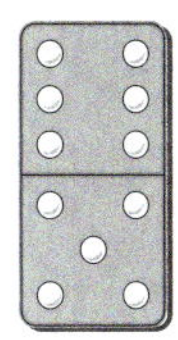 $\frac{6}{5}$

Jeder zieht drei verdeckt liegende Dominosteine. Es gewinnt, wer die kleinere (größere) Summe legen kann.

Addition und Subtraktion rationaler Zahlen

1

Den Übergang vom festen zum flüssigen Zustand nennt man Schmelzen, den Übergang vom flüssigen zum gasförmigen Zustand Sieden. Die drei Formen fest, flüssig und gasförmig nennt man auch die Aggregatzustände eines Stoffes.

	Schmelzpunkt	Siedepunkt
Wasser	0 °C	+ 100 °C
Quecksilber	– 39 °C	+ 357 °C
Stickstoff	– 210 °C	– 196 °C
Alkohol	– 114 °C	+ 78 °C
Benzol	+ 5,5 °C	+ 80 °C

a) In welchem Aggregatzustand befinden sich die in der Tabelle aufgeführten Stoffe bei – 20 °C?

b) Berechne die Temperaturdifferenz zwischen Schmelz- und Siedepunkt bei den aufgeführten Stoffen in Kelvin (s. Information).

c) Warum wird statt Quecksilber in Thermometern häufig auch Alkohol benutzt?

INFORMATION
In der Physik ist es üblich, Temperaturdifferenzen mit der Einheit Kelvin (K) anzugeben. Beispielsweise wird die Temperaturdifferenz zwischen 25 °C und 32 °C mit 7 K angegeben.
Die Einheit der Temperaturänderung ist nach dem englischen Physiker Lord Kelvin (1824–1907) benannt.

2

Bei einem Kartenspiel werden Plus- und Minuspunkte verteilt. Beim aktuellen Spielstand haben Anita 40 Punkte, Brigitte – 120 Punkte und Christel – 20 Punkte. Das nächste Spiel verliert Anita und die beiden anderen erhalten jeweils + 80 Punkte. Wie lautet dann der neue Punktestand?

3

Am 10. Oktober hatte Herr Königsfeld einen Kontostand von + 500,00 € (Haben). Am 17. Oktober zeigte der Kontoauszug – 200,00 € (Soll).

a) Welche Gesamtveränderung hat das Konto inzwischen erfahren?

b) Ein Kontoauszug vom 15. Oktober ist verloren gegangen. Er enthielt zwei Buchungen, eine davon war eine Gutschrift von + 250,00 €.
Wie lautete dann die andere Buchung? Wie rechnest du?

c) Am 18. Oktober erhält Herr Königsfeld einen neuen Kontoauszug. Ihm wurde Geld überwiesen und sein Konto weist nun ein Guthaben von + 170,00 € aus. Welchen Betrag hat er erhalten?

4

Ein Abschnitt des Europäischen Fernwanderweges E 5 führt vom Pitztal über die Braunschweiger Hütte (2 759 m) und dem Pitztaler Jöchl (2 995 m) wieder hinunter ins Ötztal. (Vergleiche mit der Skizze in der Randspalte).

a) Das Pitztal (P) hat eine Höhe von 1740 m. Welchen Höhenunterschied muss man beim Aufstieg vom Tal zur Braunschweiger Hütte (B) bewältigen?

b) Wie hoch ist der Aufstieg von der Hütte zum Pitztaler Jöchl (J)?

c) Zum Ötztal (Ö) ist vom Jöchl ein Abstieg von 1 545 m nötig. Welche Höhe hat das Ötztal? Wie groß ist der Höhenunterschied zwischen Ötztal und Pitztal?

5

Welche Gesamtänderung ergibt sich jeweils?

a) Ein Wasserstand (Staubecken) fällt um 15 cm, dann noch einmal um 12 cm.

b) Ein Aufzug fährt 6 Etagen hoch, dann wieder 3 Etagen runter.

c) Abbuchung von 500 Euro, dann eine Gutschrift von 230 Euro.

d) Aus einem Bus steigen 8 Personen aus und 12 Personen wieder ein.

BEISPIEL

Veranschaulichung rationaler Zahlen durch Pfeile:

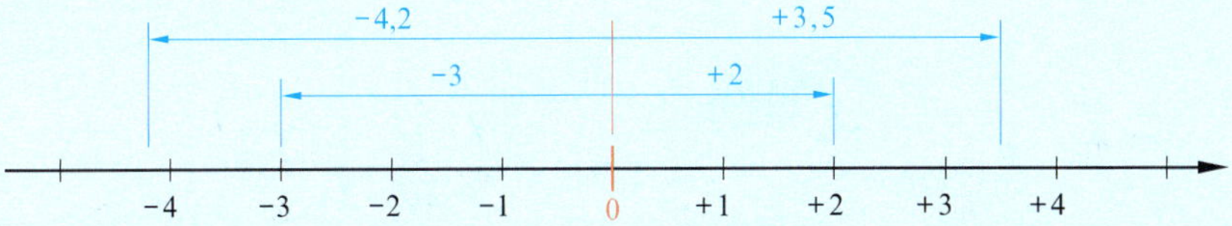

Der Null entspricht ein Pfeil der Länge 0.

Der Addition rationaler Zahlen entspricht das Aneinanderlegen der Pfeile:

1. Addition zweier rationaler Zahlen mit gleichen Vorzeichen

Wie die Veranschaulichung zeigt ist:

$(+2) + (+3) = +(2+3) = +5$ $\qquad$ $(-1) + (-3) = -(1+3) = -4$

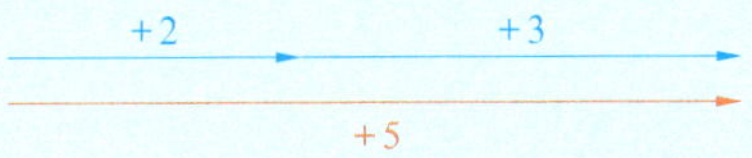

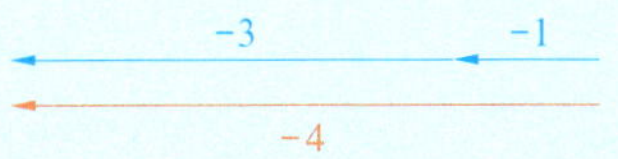

2. Addition zweier rationaler Zahlen mit verschiedenen Vorzeichen

Wie die Veranschaulichung zeigt ist:

$(+3) + (-5) = -(5-3) = -2$ $\qquad$ $(-2) + (+4) = +(4-2) = +2$

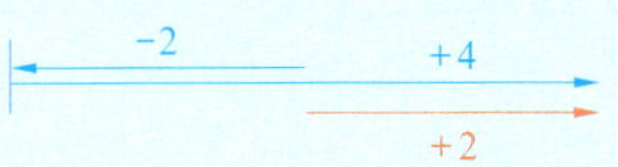

BEACHTE

Die Länge des Pfeiles gibt den Betrag der rationalen Zahl an, die Richtung gibt das Vorzeichen an.

MERKE

Bei der grafischen Addition gilt:

Anfang des 2. Pfeils an Spitze des 1. Pfeils.

6

Zeichne und berechne.

a) $(-1) + (-4)$ **b)** $(-3) + (-6)$ **c)** $(+2) + (+4)$ **d)** $(-6) + (-1)$
e) $(-4) + (-4)$ **f)** $(+6) + (+1{,}5)$ **g)** $(-1) + (-5{,}5)$ **h)** $(-2{,}5) + (-3{,}5)$

7

Zeichne und berechne.

a) $(+4) + (-6)$ **b)** $(-1) + (+3)$ **c)** $(+6) + (-3)$ **d)** $(+4) + (-4)$
e) $(-3) + (+2)$ **f)** $(+5) + (-7)$ **g)** $(-4{,}2) + (+6{,}5)$ **h)** $(+10{,}5) + (-8{,}4)$

WISSEN

Bei der **Addition zweier rationaler Zahlen mit gleichen Vorzeichen** gilt:
Die Summe hat dasselbe Vorzeichen wie die Summanden.
Der Betrag der Summe ist die Summe der Beträge beider Zahlen.

Bei der **Addition zweier rationaler Zahlen mit verschiedenen Vorzeichen** gilt:
Die Summe hat dasselbe Vorzeichen wie der Summand mit dem größeren Betrag. Der Betrag der Summe ist die Differenz der Beträge beider Zahlen (größerer minus kleinerer Betrag).
Haben beide Zahlen denselben Betrag, so ist die Summe null.

MERKE

Für alle rationalen Zahlen a gilt:

$a + (-a) = (-a) + a = 0$

$0 + a = a + 0 = a$

Im Weiteren werden die positiven Zahlen ohne das Vorzeichen „+“ geschrieben. Steht die negative Zahl an erster Stelle, werden die Klammern weggelassen.

8 L

Berechne die Summe im Kopf.

a) $2 + (-5)$ **b)** $-4 + (-6)$ **c)** $-2 + 5$ **d)** $-2 + (-2)$
e) $-3 + 6$ **f)** $8 + (-10)$ **g)** $-6 + 6$ **h)** $7 + (-8)$
i) $1 + (-4)$ **j)** $-1 + (-3)$ **k)** $5 + (-5)$ **l)** $-10 + (-5)$

9

Berechne im Kopf.

a) $11 + (-13)$ **b)** $-10 + (-12)$ **c)** $19 + (-12)$
d) $-60 + 25$ **e)** $29 + (-28)$ **f)** $-33 + 22$
g) $-14 + (-58)$ **h)** $-99 + 90$ **i)** $-78 + 78$

10

a) Der Dichter Ovid wurde im Jahre 43 v. Chr. geboren und starb mit 59 Jahren. In welchem Jahr?
b) Der römische Staatsmann Cäsar wurde im Jahre 100 v. Chr. geboren und war bei seinem Tod 56 Jahre alt. In welchem Jahr wurde er ermordet?

11

Berechne.

a) $875 + (-225)$ **b)** $-1470 + 580$ **c)** $444 + (-545)$
d) $-124 + 670$ **e)** $-868 + 428$ **f)** $-190 + (-810)$
g) $-1250 + 1070$ **h)** $2500 + (-1865)$ **i)** $-1500 + (-1250)$

12

a) Das Death Valley (Kalifornien) hat eine geografische Höhe von –85 m. Ein Heißluftballon steigt vom Boden des Tales um 150 m hoch. Welche Höhe hat der Ballon dann über dem Meeresspiegel?
b) Der Meeresspiegel des Toten Meeres hat die geografische Höhe von –397 m. Die größte Wassertiefe beträgt 432 m. Auf welcher Höhe liegt der Meeresgrund?

13

Berechne.

a) $6{,}2 + (-2{,}4)$ **b)** $-11{,}5 + 2{,}5$ **c)** $-8{,}7 + (-2{,}3)$
d) $-40{,}9 + 81{,}8$ **e)** $20{,}4 + (-15{,}2)$ **f)** $30{,}1 + (-31{,}1)$
g) $0{,}05 + (-1{,}07)$ **h)** $-23{,}08 + (-45{,}97)$ **i)** $11{,}11 + (-22{,}12)$

14 L

Berechne.

a) $\frac{3}{4} + \left(-\frac{1}{4}\right)$ **b)** $-\frac{5}{8} + \frac{3}{8}$ **c)** $-\frac{6}{11} + \left(-\frac{4}{11}\right)$ **d)** $\frac{4}{7} + \left(-\frac{5}{7}\right)$
e) $\frac{7}{8} + \left(-\frac{3}{4}\right)$ **f)** $-\frac{4}{5} + \left(-\frac{7}{10}\right)$ **g)** $-\frac{5}{12} + \left(-\frac{2}{3}\right)$ **h)** $\frac{8}{15} + \left(-\frac{8}{5}\right)$
i) $3\frac{1}{2} + \left(-5\frac{1}{2}\right)$ **j)** $-2\frac{3}{4} + \left(-4\frac{1}{4}\right)$ **k)** $-4\frac{2}{9} + 7\frac{1}{3}$ **l)** $-12\frac{4}{5} + 4\frac{3}{10}$

ZUM KNOBELN

Die Summe in allen Waagerechten, Senkrechten und Diagonalen soll –3 sein.

–4		–2
	–1	

BEACHTE

Es gibt kein Jahr „null“. Dem Jahr 1 v. Chr. folgt das Jahr 1 n. Chr. Die Zahlen auf der Zeitgeraden kennzeichnen den Anfang bzw. das Ende eines Jahres.

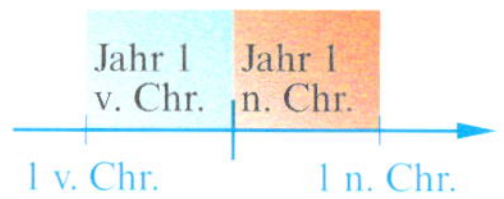

WUSSTEST DU SCHON?

Abflusslose Landsenken, die bis unter die Höhe des Meeresspiegels reichen, nennt man Depressionen. Das Tote Meer ist die tiefste Depression der Erde.

ZUM KNOBELN

Ergänze den Additionsturm.

–0,1			
1,2	–0,8	3,5	–9,4

15

Der Wasserstand eines Flusses ist noch 13 cm unter der Höchstmarke 5,55 m, bei der die Altstadt überflutet wird. Über Nacht fällt das Wasser um 21 cm.
Am Morgen wird wieder Hochwasserwarnung gegeben und die Flut steigt wieder um 29 cm. Welchen Stand hat das Wasser? Wie viel darf es noch steigen, bis die Altstadt überflutet wird?

BEISPIEL

Addieren rationaler Zahlen mit dem Taschenrechner

a) $-734{,}5 + 183{,}7$
Ü: $-700 + 200 = -500$

734,5 [+/-] [+] 183,7 [=]

Ergebnis: $-550{,}8$

b) $0{,}0356 + (-0{,}2091)$
Ü: $0{,}04 + (-0{,}21) = -0{,}17$

0,0356 [+] 0,2091 [+/-] [=]

Ergebnis: $-0{,}1735$

BEACHTE
bei der Eingabe negativer Zahlen:
Zuerst wird die Zahl ohne das Vorzeichen „–“ eingegeben. **Anschließend** wird die Vorzeichenwechseltaste [+/-] gedrückt.
Aber aufgepasst:
Es gibt Rechner mit einer Vorzeichentaste [–].
Diese wird **vor** der Zahleneingabe betätigt.

16L

Berechne mithilfe eines Taschenrechners.

a) $17\,301 + (-111\,023)$ **b)** $-47\,825 + (-599)$ **c)** $-999\,003 + 1\,000\,031$
d) $-35{,}47 + 12{,}26$ **e)** $135{,}11 + (-10{,}99)$ **f)** $-1{,}9987 + (-3{,}4421)$
g) $-12{,}48 + (-57{,}8)$ **h)** $-0{,}000\,023 + 0{,}0094$ **i)** $777{,}11 + (-111{,}77)$

17L

Überlege, für welche Zahlen die Gleichung gilt.

a) $-4 + x = 5$ **b)** $x + (-3) = -8$ **c)** $x + 4 = -6$
d) $-10 + x = -4$ **e)** $x + (-14) = 0$ **f)** $18 + x = 0$
g) $12 + x = 9$ **h)** $-25 + x = 25$ **i)** $x + (-10) = -5$
j) $x + 12 = 12$ **k)** $x + (-56) = -65$ **l)** $x + 198 = 99$

18

a) Das Thermometer steigt über Nacht von −5 °C auf +4 °C. Wie groß ist die Temperaturdifferenz?
b) Abends zeigt das Thermometer +3 °C und am nächsten Morgen −7 °C. Wie groß war der Temperatursturz?

19

Gib an, welche Änderung das Konto erfahren hat.

	a)	b)	c)	d)
Neuer Kontostand	+ 500 €	− 800 €	0 €	− 200 €
Alter Kontostand	− 250 €	− 250 €	+ 720 €	+ 700 €

20

Bei den Aufgaben 18 und 19 waren jeweils Differenzen zwischen zwei Zahlen zu berechnen. Wie habt ihr diese Differenzen gebildet? Könnte es auch sinnvoll sein, Subtrahend und Minuend zu vertauschen? Wie würde sich das auf das Ergebnis auswirken?
Diskutiert diese Fragen gemeinsam mit eurem Lehrer in der Klasse.

INFORMATION
Die negativen Zahlen wurden (wie die Null), von den indischen Mathematikern eingeführt. Brahmagupta (geb. 598) verwendete die Begriffe Vermögen (positiv) und Schuld (negativ) und gab Regeln für das Rechnen mit diesen, wie wir heute sagen, rationalen Zahlen an.

BEISPIEL

Berechnen von $2 - 5$ und $-5 - (-3)$ im Bereich der rationalen Zahlen

1. Möglichkeit

Wir wollen die nachfolgenden Gleichungen lösen.

$x = 2 - 5$ | $x = -5 - (-3)$

Wir nutzen, dass die Subtraktion die Umkehrung der Addition ist (und umgekehrt). Demnach muss gelten:

$x + 5 = 2$ | $x + (-3) = -5$

Diese Gleichungen können wir im Bereich der rationalen Zahlen bereits lösen:

$x = -3$, denn $-3 + 5 = 2$ | $x = -2$, denn $-2 + (-3) = -5$

Also ist im Bereich der rationalen Zahlen:

$2 - 5 = -3$ | $-5 - (-3) = -2$

2. Möglichkeit

Statt von 2 die 5 zu subtrahieren, kann man auch zu 2 die entgegengesetzte Zahl von 5, also -5, addieren.
$2 - 5 = 2 + (-5) = -3$.

Statt von -5 die -3 zu subtrahieren, kann man auch zu -5 die entgegengesetzte Zahl von -3, also 3, addieren.
$-5 - (-3) = -5 + 3 = -2$

ERINNERE DICH
Die Gleichung $x = a - b$ ist gleichwertig zur Gleichung $x + b = a$.

21[L]

Berechne.

a) $7 - 8$ **b)** $4 - 9$ **c)** $-5 - 1$ **d)** $2 - 3$
e) $3 - (-2)$ **f)** $5 - (-3)$ **g)** $6 - (-1)$ **h)** $-2 - (-3)$
i) $5 - 7$ **j)** $-4 - 6$ **k)** $-4 - (-2)$ **l)** $5 - (-5)$
m) $-3 - 1$ **n)** $-9 - (-7)$ **o)** $1 - 20$ **p)** $0 - (-4)$

WISSEN

Im Bereich der rationalen Zahlen ist die Subtraktion immer ausführbar.

Statt eine rationale Zahl zu subtrahieren, kann man die Gegenzahl addieren.

MERKE
Sind a und b rationale Zahlen, so gilt:
$a - b = a + (-b)$

22

Berechne im Kopf.

a) $3 - (-3)$ **b)** $6 - 8$ **c)** $-4 - 5$ **d)** $2 - (-5)$
e) $-9 - (-9)$ **f)** $12 - 11$ **g)** $-8 - 8$ **h)** $-1 - (-9)$
i) $5 - 8$ **j)** $-10 - (-20)$ **k)** $13 - (-13)$ **l)** $-30 - 30$

23

Schreibe wie im Beispiel als Summe und berechne.

a) $32 - 44$ **b)** $-24 - (-12)$ **c)** $11 - 23$
d) $-43 - (-14)$ **e)** $54 - (-45)$ **f)** $-100 - (-50)$
g) $125 - (-176)$ **h)** $-948 - 761$ **i)** $-556 - 122$

BEISPIEL
$26 - 30 = 26 + (-30)$
$= -4$

24

Unter welchen Bedingungen ist der Betrag der Differenz zweier Zahlen größer als der Betrag jeder der beiden Zahlen?
Gib Beispiele an und begründe allgemein.

25

a) Der größte See der Welt ist das Kaspische Meer. Die Oberfläche hat die geografische Höhe von – 28 m, die tiefste Stelle hat die geografische Höhe von – 1 008 m. Welche größte Tiefe hat der See?

b) Der Obere See in Kanada hat eine Tiefe von 406 m. Die Wasseroberfläche liegt auf + 183 m. Auf welcher geografischen Höhe befindet sich sein Grund?

26

Welche Höhe muss ein Hubschrauber überwinden, wenn er

a) vom Bodensee (+ 396 m) aufsteigt und zum Pfänder (+ 1 064 m) fliegt;

b) vom See Genezareth (– 212 m) nach Nazareth (+ 298 m) fliegt?

27

Berechne.

a) $6{,}1-(-2{,}5)$ **b)** $-5{,}9-3{,}6$ **c)** $2{,}8-4{,}9$

d) $-11{,}9-(-2{,}9)$ **e)** $23{,}5-14{,}5$ **f)** $-30{,}5-(-31{,}6)$

g) $5{,}55-(-4{,}44)$ **h)** $-2{,}78-(-3{,}22)$ **i)** $-4{,}98-3{,}89$

28[L]

Berechne mithilfe eines Taschenrechners. Kontrolliere durch einen Überschlag.

a) $735{,}2-1\,028{,}1$ **b)** $3\,208-(-2\,999)$ **c)** $-4\,015-6\,731$ **d)** $-10\,344-(-729)$

e) $-0{,}788-(-0{,}93)$ **f)** $0{,}072-2{,}856$ **g)** $84{,}23-(-44{,}85)$ **h)** $-111{,}1-2\,369{,}4$

i) $-23\,007-13\,629$ **j)** $7\,392-(-4\,681)$ **k)** $-2{,}83-(-18{,}96)$ **l)** $0{,}152-0{,}922$

HINWEIS
Denke daran, dass du das Vorzeichen „–" nicht mit der Operationstaste [–] eingeben kannst.

29

Berechne.

a) $\frac{1}{4}-\frac{3}{4}$ **b)** $-\frac{3}{8}-\left(-\frac{5}{8}\right)$ **c)** $\frac{5}{11}-\left(-\frac{3}{11}\right)$ **d)** $\frac{6}{7}-\frac{4}{7}$

e) $-\frac{3}{4}-\left(-\frac{5}{8}\right)$ **f)** $-\frac{3}{5}-\frac{7}{10}$ **g)** $-\frac{7}{12}-\left(-\frac{2}{3}\right)$ **h)** $-\frac{7}{15}-\left(-\frac{7}{5}\right)$

i) $-3\frac{1}{4}-5\frac{3}{4}$ **j)** $-2\frac{3}{5}-\left(-4\frac{4}{5}\right)$ **k)** $-4\frac{3}{8}-2\frac{5}{8}$ **l)** $2\frac{3}{4}-5\frac{5}{8}$

ZUM KNOBELN
Die Differenz der nebeneinander stehenden Zahlen (linke minus rechte) ergibt jeweils die Zahl darunter.

–12 | 8 | –26 | [ ]
[ ] | [ ] | –71
[ ] | [ ]
–159

30

Übertrage ins Heft und ergänze die Tabelle.

Minuend	–14		18	26	–100			2,5	–4,1
Subtrahend	12	–16		–54		18	–87		8,7
Differenz		–9	–67		–50	–26	–12	6	

31[L]

Löse die Gleichungen.

a) $x-(-12)=25$ **b)** $-32-x=30$ **c)** $-75-x=-10$

d) $x-45=-45$ **e)** $66-x=0$ **f)** $-99-x=-99$

g) $-60-x=-100$ **h)** $-12-x=24$ **i)** $x-(-45)=20$

ERINNERE DICH
$x-a=b$ ist gleichwertig zu $x=a+b$.
$a-x=b$ ist gleichwertig zu $x+b=a$ und $x=a-b$.

32

a) Wie weit sind die folgenden Zahlen auf der Zahlengeraden voneinander entfernt: (1) – 28,5 und 125,5 (2) – 67 und – 11,2 (3) 123,1 und – 321,2?
b) Wie lauten die beiden Zahlen, die von 15,5 den Abstand 30 haben?
c) Welche Zahl ist von 55 genau so weit entfernt wie – 10?

33

a) Um wie viel Grad müssen die Stoffe aus der Tabelle mindestens erhitzt werden, um vom festen in den gasförmigen Zustand gebracht zu werden?
b) Wolfram wird häufig als Glühfaden in Glühbirnen benutzt. Warum wohl?

Stoff	Schmelzpunkt	Siedepunkt
Chlor	– 103 °C	– 34 °C
Äther	– 120 °C	+ 34,6 °C
Zinn	+ 232 °C	+ 2 680 °C
Wolfram	+ 3 390 °C	+ 5 500 °C

34

Übertrage die Tabellen ins Heft und fülle sie aus.

⊕	5		11	– 31
			10	
3		– 3		
				– 36
31				

⊖	2,5	– 6,9	15,7	– 25
1,8				
– 8,7				
15,1				
– 2,5				

35

Es gibt 3 verschiedene Bedeutungen des Minuszeichens:
1. als Vorzeichen bei negativen Zahlen: – 4; – 2,5
2. als Rechenzeichen für die Subtraktion: 6 – 4; 3 – (– 4)
3. als Zeichen für die entgegengesetzte Zahl: – 2 zu + 2; – (– 4) zu (– 4); $-a$ zu a

Bei negativen Zahlen wie zum Beispiel – 3 ist das Minuszeichen sowohl Vorzeichen als auch das Zeichen für die entgegengesetzte Zahl zu 3.

a) Erläutere die jeweilige Bedeutung der Minuszeichen und berechne.
(1 – 5) – (– 2) 1 – (1 – (1 – (– 1))) 5 – (– (– (– 5)))
b) Welche Aussagen sind wahr?
$-a$ ist immer negativ. $-a-(-a)=0$ $|a|=-a$ für negative a

MERKE
dir die drei Bedeutungen des Minuszeichens.

36

Ein Bürogebäude hat ein Erdgeschoss, 12 Ober- und zwei Untergeschosse. Der Aufzug steht im 4. Obergeschoss. Er fährt 6 Etagen hoch, dann 5 Etagen abwärts, dann weiter 3 Stationen abwärts und wieder 7 Etagen hoch. Auf welcher Etage steht er jetzt? Wie viele Stationen sind es jetzt nach unten ins zweite Untergeschoss?

ZUM KNOBELN
Welches ist die magische Zahl im Quadrat? Übertrage ins Heft und vervollständige.

$-\frac{3}{2}$		$-\frac{7}{2}$
	-2	
$-\frac{1}{2}$		

37

Herr Bousonville hat bei seiner Bank einen Dispositionskredit von 6 000,00 €. Er kann deshalb sein Konto bis zu diesem Betrag überziehen. Der letzte Kontostand war 2 487,00 € Soll. Danach wurden Rechnungen über 1 830,00 € und 1 119,00 € bezahlt. Wie viel darf er noch ohne Rücksprache mit der Bank abheben?

38

Berechne und vergleiche jeweils **a)** $a + b$ mit $b + a$ sowie **b)** $a - b$ mit $b - a$.

a	3	−8	18	−35	45	155	−2,5	0,15
b	−12	−15	−25	54	−54	−266	4,9	−1,25

ERINNERE DICH
Für die Addition gebrochener Zahlen gelten das Kommutativgesetz und das Assoziativgesetz. Mache dir die Aussagen dieser Gesetze noch einmal klar.

39

Berechne jeweils und vergleiche $(a + b) + c$ mit $a + (b + c)$.

a	−4	15	28	−6,5	19,7	0,001
b	−8	−7	19	4,3	−12,3	−0,002
c	10	9	−35	−2,1	−5,5	0,005

WISSEN

Man darf auch bei rationalen Zahlen die Summanden vertauschen und bei der Addition beliebig Klammern setzen, ohne dass sich die Summe ändert.

Kommutativgesetz der Addition
Für alle rationalen Zahlen a, b gilt :
$\boldsymbol{a + b = b + a}$

Assoziativgesetz der Addition
Für alle rationalen Zahlen a, b, c gilt:
$\boldsymbol{a + (b + c) = (a + b) + c}$

40

Berechne möglichst geschickt.

a) $16 - 5 + 14$ **b)** $-28 - 22 + 25$ **c)** $-34 + 17 - 66$
d) $44 + 34 - 78$ **e)** $-11 - 89 + 43$ **f)** $-82 + 32 + 50$

TIPP
Benutze das Kommutativ- oder das Assoziativgesetz.

AUFGABEN ZUR WIEDERHOLUNG

1. Welche der dargestellten Bauteile gehören zusammen und bilden einen Würfel?

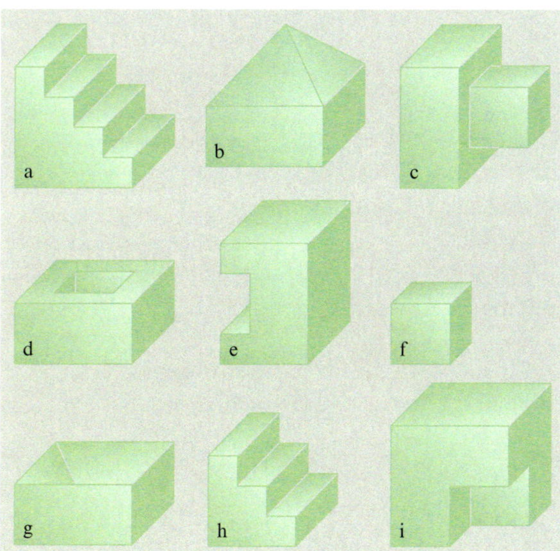

2. Ein hölzerner Würfel mit einer Kantenlänge von 3 cm ist außen rot angestrichen. Er soll in Würfel mit 1 cm Kantenlänge zerlegt werden. Überlege:
   a) Wie viele Schnitte sind dazu notwendig?
   b) Wie viele Würfel entstehen dabei?
   c) Wie viele haben vier rote Flächen?
   d) Wie viele haben drei rote Flächen?
   e) Wie viele haben zwei rote Flächen?
   f) Wie viele haben gar keine rote Fläche?

3. Welche Quader gehören zu dem Netz?

Multiplikation und Division rationaler Zahlen

1

Jörn, Nicole und Yvonne diskutieren vor der Tafel, was $3 \cdot (-2)$ und was $(-2) \cdot 3$ ergeben könnte.
Sie kommen zu dem Schluss:
$3 \cdot (-2) = -6$
$(-2) \cdot 3 = -6$

a) Kannst du erkennen, was sie überlegt haben?
b) Was muss entsprechend diesen Überlegungen $(-4) \cdot 0$ ergeben?

2

Ein Skatspieler spielt Herz mit „Dreien". Das bedeutet bei einem Gewinn 40 Pluspunkte. Leider verliert er und bekommt doppelt so viele Minuspunkte. Wie viele Punkte werden notiert?

3

Was könnte $(-3) \cdot (-2)$ ergeben? Experimentiere mit.

a) Ergänze die fehlenden Ergebnisse in der nebenstehenden Aufgabenfolge. Nimm dabei an, dass sich die erkannte Gesetzmäßigkeit fortsetzt.
b) Versuche $(-3) \cdot (-2)$ grafisch zu lösen.
c) Wenn auch das Distributivgesetz für alle rationalen Zahlen gelten soll, muss Folgendes richtig sein:
$(-3) \cdot (-2) + (-3) \cdot 2 = (-3) \cdot ((-2) + 2) = (-3) \cdot 0 = 0.$
Wir wissen: $(-3) \cdot 2 = -6.$
Was folgt daraus für $(-3) \cdot (-2)$?

$4 \cdot (-2) = -8$
$3 \cdot (-2) = -6$
$2 \cdot (-2) = -4$
$1 \cdot (-2) = -2$
$0 \cdot (-2) = 0$
$(-1) \cdot (-2) = ?$
$(-2) \cdot (-2) = ?$
$(-3) \cdot (-2) = ?$

WISSEN

Die **Multiplikation rationaler Zahlen** wird so festgelegt, dass die von den natürlichen und den gebrochenen Zahlen bekannten Rechengesetze weiter gültig bleiben.

Das Produkt einer positiven und einer negativen rationalen Zahl ist negativ. Der Betrag des Produkts ist das Produkt der beiden Beträge.

Das Produkt zweier negativer rationaler Zahlen ist positiv. Der Betrag des Produkts ist auch in diesem Fall das Produkt der beiden Beträge.

Ist a eine rationale Zahl, so gilt:
$a \cdot 0 = 0 \cdot a = 0$ und $1 \cdot a = a \cdot 1 = a$

BEISPIELE

$5 \cdot (-14) = -(5 \cdot 14) = -70$ $(-2{,}5) \cdot 8 = -(2{,}5 \cdot 8) = -20$ $(-7{,}5) \cdot 0 = 0$

ERINNERE DICH
Sind a, b und c **natürliche oder gebrochene Zahlen,** so gilt:

$a \cdot b = b \cdot a$
(Kommutativgesetz der Multiplikation)

$a \cdot (b \cdot c) = (a \cdot b) \cdot c$
$= a \cdot b \cdot c$
(Assoziativgesetz der Multiplikation)

$a \cdot 0 = 0 \cdot a = 0$

$1 \cdot a = a \cdot 1 = a$

$a \cdot (b + c) = a \cdot b + a \cdot c$
(Distributivgesetz)

BEISPIELE

a) $(-3) \cdot (-7) = +(3 \cdot 7) = 21$ **b)** $(-0{,}5) \cdot (-8{,}4) = +(0{,}5 \cdot 8{,}4) = 4{,}2$

c) $(-2) \cdot \left(-\frac{1}{4}\right) \cdot (-10) = \left((-2) \cdot \left(-\frac{1}{4}\right)\right) \cdot (-10) = \left(+\frac{1}{2}\right) \cdot (-10) = -5$

MERKE

Präge dir die folgenden Vorzeichenregeln bei der Multiplikation rationaler Zahlen ein:

(–) · (+) = (–)
(+) · (–) = (–)
(–) · (–) = (+)
(+) · (+) = (+)

4[L]

Berechne wenn möglich im Kopf.

a) $(-12) \cdot 3$ **b)** $(-15) \cdot (-2)$ **c)** $(-25) \cdot 6$ **d)** $(-7) \cdot (-1)$
e) $(-11) \cdot (-10)$ **f)** $12{,}5 \cdot (-8)$ **g)** $(-0{,}75) \cdot 4$ **h)** $(-25) \cdot 7$
i) $\left(-\frac{3}{4}\right) \cdot (-4)$ **j)** $\left(-\frac{2}{5}\right) \cdot \left(-\frac{5}{3}\right)$ **k)** $(-1{,}5) \cdot \frac{2}{5}$ **l)** $1{,}2 \cdot \left(-\frac{10}{3}\right)$
m) $(-1) \cdot 18{,}7$ **n)** $0 \cdot (-16{,}3)$ **o)** $(-121{,}5) \cdot (-1)$ **p)** $10 \cdot (-13{,}7)$

5

Berechne.

a) $28 \cdot (-10)$ **b)** $(-50) \cdot 16$ **c)** $3 \cdot (-450)$ **d)** $(-11) \cdot 15$
e) $176 \cdot (-2)$ **f)** $(-10) \cdot (-150)$ **g)** $20 \cdot (-12)$ **h)** $(-16) \cdot 16$
i) $(-105) \cdot (-20)$ **j)** $15 \cdot (-250)$ **k)** $64 \cdot (-32)$ **l)** $(-77) \cdot (-77)$
m) $(-450) \cdot 12$ **n)** $(-36) \cdot (-200)$ **o)** $(-99) \cdot 101$ **p)** $(-100) \cdot (-100)$

6

Berechne die Produkte.

a) $6 \cdot (-1{,}2)$ **b)** $(-1{,}5) \cdot (-4)$ **c)** $(-2{,}6) \cdot 5$ **d)** $12{,}5 \cdot (-8)$
e) $(-30) \cdot 0{,}1$ **f)** $(-0{,}01) \cdot 520$ **g)** $(-10) \cdot 0{,}35$ **h)** $100 \cdot (-0{,}002)$
i) $2{,}5 \cdot (-2{,}5)$ **j)** $(-1{,}3) \cdot 3{,}1$ **k)** $(-7{,}5) \cdot (-1{,}2)$ **l)** $(-10{,}5) \cdot (-5{,}1)$
m) $0{,}1 \cdot (-0{,}002)$ **n)** $(-0{,}05) \cdot (-0{,}4)$ **o)** $0{,}7 \cdot (-0{,}8)$ **p)** $(-0{,}01) \cdot 0{,}01$

7

Berechne die Produkte.

a) $\left(-\frac{1}{2}\right) \cdot \frac{1}{3}$ **b)** $\frac{3}{4} \cdot \left(-\frac{8}{7}\right)$ **c)** $\left(-\frac{2}{3}\right) \cdot \left(-\frac{9}{8}\right)$ **d)** $\left(-\frac{3}{8}\right) \cdot \frac{5}{2}$
e) $\left(3\frac{1}{2}\right) \cdot \left(-\frac{1}{2}\right)$ **f)** $\left(-\frac{2}{3}\right) \cdot \left(2\frac{1}{5}\right)$ **g)** $\left(-1\frac{2}{7}\right) \cdot \left(-\frac{1}{9}\right)$ **h)** $\frac{11}{28} \cdot \left(-3\frac{2}{11}\right)$
i) $0{,}2 \cdot \left(-3\frac{1}{3}\right)$ **j)** $(-1{,}2) \cdot \frac{3}{4}$ **k)** $(-5{,}5) \cdot \frac{2}{5}$ **l)** $(-7{,}5) \cdot 2\frac{1}{2}$

8

Wandle in gemeine Brüche um und berechne.

a) $1\frac{1}{2} \cdot \left(-2\frac{2}{3}\right)$ **b)** $\left(-6\frac{2}{3}\right) \cdot \left(-2\frac{1}{4}\right)$ **c)** $\left(-1\frac{3}{7}\right) \cdot 17\frac{1}{2}$ **d)** $4\frac{4}{5} \cdot \left(-3\frac{3}{4}\right)$
e) $11\frac{3}{8} \cdot \left(-4\frac{10}{13}\right)$ **f)** $\left(-20\frac{2}{11}\right) \cdot \left(-3\frac{10}{37}\right)$ **g)** $3{,}6 \cdot \left(-4\frac{7}{12}\right)$ **h)** $(-11{,}25) \cdot \left(-4\frac{4}{9}\right)$

9[L]

Berechne.

a) $(-2) \cdot (-4) \cdot (-5)$ **b)** $(-1) \cdot (-5) \cdot 3$ **c)** $(-2) \cdot 7 \cdot (-8)$
d) $(-10) \cdot 12 \cdot 10$ **e)** $(-12) \cdot (-12) \cdot 2$ **f)** $(-1) \cdot 105 \cdot (-1)$
g) $2{,}5 \cdot 8 \cdot (-6)$ **h)** $(-1{,}2) \cdot 7 \cdot (-5)$ **i)** $(-0{,}5) \cdot (-18) \cdot (-4)$
j) $(-5) \cdot (-1{,}4) \cdot (-3)$ **k)** $(-2) \cdot (-1) \cdot 0$ **l)** $3 \cdot 0 \cdot (-6)$

SPIEL MIT

Wer findet den Schatz? Hinter dem Stein mit der 20 ist in einer alten Burgruine ein Schatz versteckt.
Das Produkt zweier Zahlen nebeneinander ergibt die Zahl darüber. Übertrage ins Heft und suche den Schatz.

10

Berechne mit einem Taschenrechner. Führe zuvor einen Überschlag durch.

a) $3{,}17 \cdot (-12{,}86)$ **b)** $(-23{,}65) \cdot (-7{,}19)$ **c)** $(-0{,}362) \cdot 3{,}002$
d) $(-11{,}87) \cdot (-13{,}47)$ **e)** $0{,}00728 \cdot (-0{,}893)$ **f)** $(-133{,}1) \cdot 5{,}04$
g) $11\,353 \cdot (-33)$ **h)** $7{,}803 \cdot 44{,}33$ **i)** $(-2003{,}5) \cdot (-0{,}00103)$

TIPP
Wenn du dir das Vorzeichen des Ergebnisses im Kopf überlegst, kannst du mit den Beträgen rechnen. Du brauchst dann also nicht die Vorzeichenwechseltaste.

11

a) Wann ist ein Produkt aus 3 Faktoren negativ bzw. positiv, bzw. gleich 0? Gib dazu Beispiele an.
Untersuche dieselbe Frage bei einem Produkt aus 4 Faktoren.
b) Begründe: Da das Vorzeichen eines Produkts nur von der Anzahl der Minuszeichen abhängt, gelten auch im Bereich der rationalen Zahlen das Kommutativ- und das Assoziativgesetz der Multiplikation. (Siehe dazu auch Seite 74, Randspalte.)

12^L

Berechne die folgenden Potenzen:

a) $(-5)^2$ **b)** $(-1)^2$ **c)** $(-100)^2$ **d)** $(-50)^2$ **e)** $(-2)^3$ **f)** $(-1)^4$
g) $(-4)^3$ **h)** $(-3)^4$ **i)** $(-0{,}5)^3$ **j)** $(-0{,}1)^4$ **k)** $(-0{,}01)^2$ **l)** $(-0{,}2)^4$

13^L

Berechne.

a) $\left(-\frac{1}{2}\right) \cdot \frac{2}{3} \cdot \left(-\frac{3}{7}\right)$ **b)** $\left(-\frac{2}{7}\right) \cdot \left(-\frac{2}{3}\right) \cdot \frac{3}{4}$ **c)** $\frac{3}{11} \cdot \left(-\frac{4}{5}\right) \cdot \frac{11}{6}$
d) $\left(-\frac{1}{10}\right) \cdot \left(-\frac{4}{7}\right) \cdot 10$ **e)** $\left(-\frac{1}{12}\right) \cdot \frac{2}{11} \cdot (-12)$ **f)** $(-18) \cdot \left(-\frac{11}{16}\right) \cdot \left(-\frac{1}{9}\right)$

ZUM KNOBELN
Gibt es zwei verschiedene natürliche Zahlen a und b für die gilt:
$(-a)^b = (-b)^a$?

14

Welche Zahlen erfüllen die Gleichung?

a) $x \cdot x = \frac{4}{9}$ **b)** $x^3 = -216$ **c)** $x^{10} = 1024$ **d)** $\left(-\frac{3}{4}\right) \cdot x = 1$
e) $x \cdot \frac{5}{2} = 1$ **f)** $0 = \frac{1}{2} \cdot (x-2)$ **g)** $x \cdot (x+2) = 0$ **h)** $(-0{,}4) \cdot x = 2$

15^L

In englischsprachigen Ländern wird die Temperatur nicht in Grad Celsius gemessen, sondern in Grad Fahrenheit (°F). Dabei wird der Eispunkt (0 °C) mit 32 °F und der Siedepunkt (100 °C) mit 212 °F festgelegt. Ein Grad Fahrenheit ist demnach der 180ste Teil der Temperaturdifferenz zwischen Eispunkt und Siedepunkt.

a) Es gilt $T_C = \frac{5}{9} \cdot (T_F - 32)$. Kannst du diese Gleichung erklären?
b) Welche entsprechende Gleichung gilt dann für die Umrechnung von Celsiusgraden in Fahrenheitgraden?
c) Zeichne ein Thermometer ins Heft mit zwei Skalen: links die bekannte Celsiusskala und rechts die Fahrenheitskala. Wähle die Celsiusskala von −60 °C bis +60 °C in Schritten von je 5 °C.
Gibt es eine Temperatur, die in beiden Fällen dieselbe Gradzahl hat?
d) Wie viel Grad Celsius entsprechen 131 °F, 104 °F, 59 °F, 23°F, −4 °F, −31 °F?
e) Wie viel Grad Fahrenheit sind 60 °C, 50 °C, 25 °C, 10 °C, −10 °C, −45 °C?

WUSSTEST DU SCHON?
Daniel G. Fahrenheit (1686–1736) war Physiker und stellte wissenschaftliche Thermometer her, zunächst mit Weingeist, ab 1718 auch mit Quecksilber als Thermometersubstanz. Als 100 °F hatte er ursprünglich die „normale“ Körpertemperatur des Menschen (etwa 36,8 °C) gewählt.

16

Welche Zahl erfüllt die Gleichung?

a) $x \cdot 6 = -24$ **b)** $(-12) \cdot x = -60$ **c)** $x \cdot (-9) = 81$ **d)** $x \cdot 3 = -2$
e) $(-6) \cdot x = -180$ **f)** $x \cdot 2{,}5 = -17{,}5$ **g)** $150 = (-0{,}15) \cdot x$ **h)** $0{,}01 \cdot x = 0{,}1$

17

Aus den Lösungen der Aufgabe 16 erkennt man z. B.:
Da die Gleichung $x \cdot 6 = -24$ die Lösung $x = -4$ hat, ist $(-24) : 6 = -4$.
Bilde aus den Gleichungen 16 b) bis h) und ihren Lösungen entsprechende Divisionsaufgaben. Vergleiche die Vorzeichen und Beträge der Zahlen.

WISSEN

Wir wissen bereits: Die Division ist die Umkehrung der Multiplikation.
Für gebrochene Zahlen ist die Gleichung $x \cdot b = a$ gleichwertig zu $x = a : b$.
Der Quotient $a : b$ ist die eindeutige Lösung der Gleichung $x \cdot b = a$ $(b \neq 0)$.

Es ist $a : b = a \cdot \frac{1}{b}$ $(b \neq 0)$. Man kann also durch eine rationale Zahl dividieren, indem man mit dem Kehrwert dieser Zahl multipliziert. Damit lassen sich die Regeln der Multiplikation für die Division sinngemäß übernehmen.

Der Quotient einer positiven und einer negativen rationalen Zahl ist negativ.
Der Quotient zweier negativer rationaler Zahlen ist positiv.
Der Betrag des Quotienten ist der Quotient der beiden Beträge.

ERINNERE DICH
Der Kehrwert (oder das Reziproke) einer Zahl $b \neq 0$ ist die Zahl $\frac{1}{b}$.

MERKE
Präge dir die folgenden Vorzeichenregeln für die Division rationaler Zahlen ein:
(–) : (+) = (–)
(+) : (–) = (–)
(–) : (–) = (+)
(+) : (+) = (+)

18

Berechne im Kopf.

a) $(-18) : 9$ **b)** $51 : (-17)$ **c)** $(-72) : (-9)$ **d)** $(-100) : (-10)$
e) $125 : (-25)$ **f)** $(-55) : 5$ **g)** $28 : (-1)$ **h)** $(-14) : (-14)$
i) $(-272) : (-17)$ **j)** $(-576) : (-18)$ **k)** $361 : (-19)$ **l)** $(-256) : (-16)$

19[L]

Berechne.

a) $(-12) : 0{,}2$ **b)** $3 : (-0{,}1)$ **c)** $(-8) : (-0{,}4)$ **d)** $(-5) : (-2{,}5)$
e) $25 : (-0{,}25)$ **f)** $(-2{,}4) : (-0{,}4)$ **g)** $(-1) : (-0{,}001)$ **h)** $(-30) : 0{,}6$
i) $(-0{,}35) : 0{,}07$ **j)** $91 : (-1{,}3)$ **k)** $(-0{,}05) : (-0{,}2)$ **l)** $1{,}19 : (-17)$

20

Schreibe den Quotienten als (gemeinen) Bruch und kürze so weit wie möglich.
Beispiel: $5 : (-2) = 5 \cdot \left(-\frac{1}{2}\right) = -\frac{5}{2}$.

a) $4 : (-7)$ **b)** $(-9) : (-4)$ **c)** $(-7) : 3$ **d)** $12 : (-5)$
e) $(-21) : 9$ **f)** $(-40) : (-6)$ **g)** $(-60) : (-8)$ **h)** $30 : (-12)$
i) $(-70) : 20$ **j)** $(-100) : 12$ **k)** $(-35) : (-20)$ **l)** $55 : (-55)$

ZUM KNOBELN
aus einem altägyptischen Rechenbuch:
Ein Hirte trieb 70 Rinder und sagte auf Nachfrage: „Das sind $\frac{2}{3}$ von $\frac{1}{3}$ des Viehs“.
Wie groß ist die gesamte Herde?

21

Berechne jeweils den Kehrwert als (gemeinen) Bruch und als Dezimalbruch.

a) -4 **b)** $0{,}2$ **c)** $-2{,}5$ **d)** $-0{,}8$ **e)** $1{,}6$ **f)** -10
g) $-1{,}25$ **h)** $-6{,}25$ **i)** -20 **j)** 500 **k)** $-0{,}01$ **l)** $0{,}125$

22

Berechne.

a) $\left(-\frac{1}{4}\right):2$ **b)** $\frac{3}{8}:(-3)$ **c)** $\frac{1}{2}:\left(-\frac{1}{4}\right)$ **d)** $\frac{1}{2}:\left(-\frac{1}{2}\right)$

e) $\left(-\frac{4}{7}\right):\left(-\frac{1}{7}\right)$ **f)** $\frac{3}{4}:(-7)$ **g)** $\left(-\frac{4}{7}\right):(-2)$ **h)** $(-11):\left(-\frac{1}{11}\right)$

i) $(-1):\frac{2}{3}$ **j)** $2:\frac{1}{7}$ **k)** $(-15):\frac{3}{4}$ **l)** $\frac{5}{7}:\left(-\frac{5}{2}\right)$

BEACHTE

$a:b = a\cdot\frac{1}{b}\ (b \neq 0)$

$a:\frac{1}{b} = a\cdot b\ (b \neq 0)$

23

Berechne.

a) $0{,}5:(-2)$ **b)** $3:(-0{,}2)$ **c)** $(-4):(-0{,}5)$ **d)** $2{,}5:(-0{,}1)$

e) $\frac{2}{3}:(-0{,}2)$ **f)** $(-2{,}5):\left(-\frac{1}{3}\right)$ **g)** $(-5{,}2):\frac{1}{2}$ **h)** $0{,}03:\left(-\frac{3}{10}\right)$

i) $(-1):\frac{2}{7}$ **j)** $\left(-\frac{4}{3}\right):\frac{3}{4}$ **k)** $1:\left(-\frac{2}{11}\right)$ **l)** $(-5):\frac{1}{5}$

24

Übertrage die Tabellen ins Heft und fülle sie aus.

⊙	−5			−1,5
−7		−91		
	−90			
−0,2			4	
				75

⊙	$-\frac{1}{2}$	4	−3	$\frac{2}{7}$
1				
−2		$-\frac{1}{2}$		
$\frac{3}{4}$				
$-\frac{1}{5}$				

25

Warum kann man nicht durch 0 teilen? Schreibe die Gleichungen $x = 2:0$, $x = 0:0$ und $x = 0:3$ als Produkt. Welche Zahl erfüllt jeweils die Gleichung?

Argumentieren

WISSEN

Wir wissen: Jede Zahl ergibt mit 0 multipliziert die Zahl 0. Das bedeutet, dass alle rationalen Zahlen eine Lösung der Gleichung $x\cdot 0 = 0$ sind.
Dagegen gibt es keine Lösung der Gleichung, wenn auf der rechten Seite eine von 0 verschiedene Zahl steht, zum Beispiel $x\cdot 0 = 1$.
Weil die Gleichung $x = a:0$ gleichwertig ist zu $x\cdot 0 = a$, folgt daraus:
Für $a \neq 0$ gibt es überhaupt keine Lösung der Gleichung $x\cdot 0 = a$. Für $a = 0$ wäre jede Zahl eine Lösung; es gibt also kein eindeutiges Ergebnis.
Deshalb kann die Division durch 0 nicht definiert werden.

MERKE

Auch für das Rechnen im Bereich der rationalen Zahlen gilt:
Die Division durch null kann nicht sinnvoll definiert werden.

26

a) Schreibe als Produkt und berechne x, falls möglich.
$0:5 = x$ $4:0 = x$ $0:0 = x$ $0:x = 0$

b) Schreibe als Divisionsaufgabe und berechne wenn möglich den Quotienten.
$3\cdot 0 = 0$ $(-7)\cdot 0 = 0$ $0\cdot 0 = 0$ $0\cdot 4 = 0$

27

Die Schülerinnen und Schüler der 7 b erhalten folgende Aufgabe:
Dividiere 150 durch das Produkt aus –2,5 und 0,16. Schreibe die Aufgabe mit Bruchstrich und rechne mit dem Taschenrechner.
Hans und Sabine rechnen gleich los. Sabine bekommt –375 heraus, Hans –9,6.
Kathrin, Uwe und Jens rechnen noch anders.

Hans:	150 [÷] 2.5 [+/–] [×] 0.16 [=]
Sabine:	150 [÷] 2.5 [+/–] [÷] 0.16 [=]
Kathrin:	150 [÷] [(] 2.5 [+/–] [×] 0.16 [)] [=]
Uwe:	2.5 [+/–] [×] 0.16 [=] [1/x] [×] 150 [=]

Jens überlegt sich zuerst das Vorzeichen des Ergebnisses (–) und rechnet dann:
150 [÷] 2.5 [÷] 0.16 [=]

Diskutiert in der Klasse über die verschiedenen Lösungswege: Wer rechnet richtig, wer falsch? Was wurde falsch gemacht? Welche Überlegungen liegen den richtigen Lösungswegen zugrunde? Gibt es einen besonders zweckmäßigen Lösungsweg?

INFORMATION
Die Vorzeichenwechseltaste [+/–] ändert das Vorzeichen der Zahl.
Die Kehrwerttaste [1/x] bildet den Kehrwert der Zahl.
Zum Beispiel:
Aus 5 wird 0,2, aus –0,1 wird –10.
[(] und [)] sind Klammertasten.
Die Quadrattaste [x^2] quadriert die Zahl.

28[L]

Berechne mit dem Taschenrechner. Runde das Ergebnis sinnvoll.

a) $\frac{7{,}8}{1{,}6 \cdot (-0{,}75)}$ **b)** $\frac{112 \cdot (-0{,}36)}{(-1{,}6) \cdot 0{,}09}$ **c)** $\frac{-0{,}864}{2{,}4^2}$ **d)** $\frac{(-1{,}6) \cdot (-5{,}7)}{(-9{,}12) \cdot 0{,}0625}$

e) $\frac{(-13{,}2) \cdot (-112{,}5)}{-0{,}567}$ **f)** $\frac{(-6{,}73)^2}{2{,}62 \cdot 44{,}9}$ **g)** $\frac{501 \cdot (-63{,}7)}{-1024}$ **h)** $\frac{0{,}738 \cdot (-1{,}006)}{(-1{,}345) \cdot 0{,}526}$

29

Metalle dehnen sich beim Erwärmen aus und ziehen sich beim Abkühlen wieder zusammen. Beachte dazu die Tabelle in der Randspalte.
Beispielsweise wird ein 3 m langes Eisenrohr bei Erwärmung um 250 Grad um $s = 3 \cdot 2{,}5 \cdot 1{,}2$ mm = 9 mm länger.

a) Der Eiffelturm hat eine Höhe von rund 300 m. Wie groß ist der Längenunterschied zwischen Winter (–10 °C) und Sommer (+35 °C)?
b) Um wie viel Millimeter wird die Lücke zwischen Eisenbahnschienen (der Schienenstoß) der Länge 20 m größer, wenn die Temperatur um 30 Grad fällt?
c) Wie lang ist ein Aluminiumstab (Kupferstab), der sich bei Erwärmung um 150 Grad um 18 mm ausdehnt?

Ausdehnung eines 1 m langen Metallstabes bei Erwärmung um 100 Grad (K)	
Eisen	1,2 mm
Kupfer	1,7 mm
Aluminium	2,4 mm

30

Löse die Gleichungen.

a) $x \cdot \left(-\frac{2}{7}\right) = 1$ **b)** $\frac{4}{3} \cdot x = -\frac{8}{9}$ **c)** $x : \frac{7}{8} = \frac{8}{7}$ **d)** $\frac{11}{7} : x = -\frac{11}{7}$

e) $x \cdot \left(-\frac{2}{27}\right) = \frac{4}{9}$ **f)** $\left(-\frac{5}{7}\right) : x = \frac{12}{7}$ **g)** $\frac{3}{5} \cdot x = \left(-\frac{5}{9}\right)$ **h)** $x : \left(-\frac{2}{3}\right) = \frac{2}{3}$

TIPP
Auch für die rationalen Zahlen sind gleichwertig:
$x \cdot b = a$ und $x = a : b$
$x : b = a$ und $x = a \cdot b$
$a : x = b$ und $a = b \cdot x$

31

a) Berechne von dem Produkt $\left(-\frac{1}{2}\right) \cdot \left(-\frac{2}{3}\right) \cdot \left(-\frac{3}{4}\right) \cdot \ldots$ das Ergebnis der ersten 2, 3, 4 Faktoren.
b) Vermute: Was ergibt das Produkt der ersten 10 (11) Faktoren?
c) Wie viele Faktoren muss man nehmen, damit als Ergebnis der Wert $-\frac{1}{1000}$ herauskommt?

Nacheinanderausführung verschiedener Rechenoperationen

1

Berechne und erläutere, wie du dabei schrittweise vorgehst.

a) $(-3) \cdot 4 + (-3) \cdot (-3)$ **b)** $5 \cdot (-3 + (-2))$

2

Berechne $a \cdot (b + c)$ und $a \cdot b + a \cdot c$ und vergleiche die Ergebnisse.

	a)	b)	c)	d)	e)	f)	g)	h)	i)
a	−3	5	−8	4	−6	−2	9	−4	10
b	4	−7	−5	−3	−4	8	6	0	1
c	3	2	−12	−2	5	−10	−3	7	0

WISSEN

Im Bereich der rationalen Zahlen lassen sich Addition, Subtraktion, Multiplikation und Division (außer durch 0) uneingeschränkt ausführen.
Es gelten dieselben Rechengesetze wie in den Bereichen der natürlichen und der gebrochenen Zahlen. Speziell gilt auch das **Distributivgesetz**:

Für alle rationalen Zahlen a, b und c ist $\boldsymbol{a \cdot (b + c) = a \cdot b + a \cdot c}$.

ERINNERE DICH
Die Multiplikation rationaler Zahlen sollte so erklärt werden, dass die von den natürlichen und gebrochenen Zahlen bekannten Rechengesetze auch für rationale Zahlen gelten. Davon, dass das Kommutativ- und das Assoziativgesetz der Multiplikation auch für rationale Zahlen gelten, haben wir uns bereits überzeugt (S. 76, Nr. 11).
Jetzt können wir auch das Distributivgesetz untersuchen.

BEISPIELE

Ausmultiplizieren:

$$(-5) \cdot \left(\frac{1}{2} + \left(-\frac{3}{5}\right)\right) = (-5) \cdot \frac{1}{2} + (-5) \cdot \left(-\frac{3}{5}\right) = -\frac{5}{2} + \frac{15}{5} = -\frac{5}{2} + 3 = \frac{1}{2}$$

Ausklammern:

$$\left(-\frac{4}{5}\right) \cdot 3 + \left(-\frac{4}{5}\right) \cdot (-1) = \left(-\frac{4}{5}\right) \cdot (3 + (-1)) = \left(-\frac{4}{5}\right) \cdot 2 = -\frac{8}{5}$$

BEACHTE
Beim Ausmultiplizieren und beim Ausklammern wird jeweils das Distributivgesetz genutzt.

3[L]

Berechne durch Ausmultiplizieren.

a) $(-8) \cdot \left(4 + \frac{1}{2}\right)$ **b)** $7 \cdot \left(5 + \frac{2}{7}\right)$ **c)** $(-3) \cdot \left(\frac{2}{3} + 6\right)$

d) $\left(12 - \frac{2}{3}\right) \cdot 6$ **e)** $\left(4 - \frac{1}{3}\right) \cdot (-9)$ **f)** $(-8) \cdot \left(2 - \frac{1}{4}\right)$

g) $\left(13 - \frac{5}{2}\right) \cdot (-4)$ **h)** $\left(-\frac{1}{2} + \frac{2}{3}\right) \cdot 6$ **i)** $12 \cdot \left(\frac{1}{3} - \frac{1}{4}\right)$

j) $1{,}6 \cdot (4 - 0{,}5)$ **k)** $\left(20 + \frac{10}{3}\right) \cdot (-2{,}1)$ **l)** $\left(1 - \frac{1}{7}\right) \cdot (-7)$

4[L]

Berechne durch Ausklammern.

a) $(-12) \cdot 4 + (-12) \cdot (-2)$ **b)** $2 \cdot (-7) + 2 \cdot 8$ **c)** $(-14) \cdot (-3) + 10 \cdot (-3)$

d) $21 \cdot 7 - 21 \cdot 5$ **e)** $(-3) \cdot 5 - (-3) \cdot 3$ **f)** $17 \cdot (-4) + 5 \cdot 17$

g) $\left(-\frac{3}{4}\right) \cdot 5 + \left(-\frac{3}{4}\right) \cdot 3$ **h)** $\frac{1}{3} \cdot (-4) + \frac{2}{3} \cdot (-4)$ **i)** $\left(-\frac{1}{2}\right) \cdot \frac{2}{3} + \frac{2}{3} \cdot \frac{1}{2}$

NACHGEDACHT
Wieso folgt aus dem Distributivgesetz auch die Gültigkeit der folgenden Gesetze?
Für alle rationalen Zahlen a, b und c gilt:
$(a + b) \cdot c = a \cdot c + b \cdot c$
$a \cdot (b - c) = a \cdot b - a \cdot c$
$(a - b) \cdot c = a \cdot c - b \cdot c$

5

Berechne möglichst geschickt.

a) $(-24) \cdot 15 + (-24) \cdot 5$ **b)** $5 \cdot (-4) + (-2) \cdot (-4)$ **c)** $16 \cdot 0{,}7 - 14 \cdot 0{,}7$

d) $\frac{4}{3} \cdot \frac{1}{2} - \frac{1}{3} \cdot \frac{1}{2}$ **e)** $12 \cdot \left(\frac{1}{2} + \frac{1}{3}\right)$ **f)** $\frac{8}{7} \cdot (-14) - \frac{8}{7} \cdot 14$

g) $1{,}2 \cdot 0{,}9 - 0{,}9 \cdot 2$ **h)** $(-5) \cdot (-3 + 2)$ **i)** $(-4) \cdot (2{,}2 - 3{,}7)$

j) $3\frac{2}{3} \cdot 6$ **k)** $20 \cdot 5\frac{1}{2}$ **l)** $8\frac{2}{7} \cdot 14$

6

Begründe, warum für alle rationalen Zahlen a, b und c ($c \neq 0$) gilt:

a) $(a + b) : c = a : c + b : c$ **b)** $(a - b) : c = a : c - b : c$

7^L

Berechne.

a) $(35 + 42) : 7$ **b)** $(18 + 81) : (-9)$ **c)** $(120 - 48) : 12$

d) $(2{,}4 - 5{,}6) : (-8)$ **e)** $(12{,}5 + 7{,}5) : 2{,}5$ **f)** $(4{,}4 - 11) : 1{,}1$

g) $\frac{16 - 44 + 28}{4}$ **h)** $\frac{28 - 70 - 56}{14}$ **i)** $\frac{14 - 35 + 21}{7}$

8

Was macht der Taschenrechner?

a) Helga und Udo haben zwei unterschiedliche Taschenrechner. Beide geben für die Aufgabe $-7 + 3 \cdot (-4)$ die Tastenfolge 7 [+/–] [+] 3 [×] 4 [+/–] [=] ein. Helga erhält als Ergebnis -19, Udo dagegen 16. Kannst du dir das erklären?

b) Welches Ergebnis zeigt dein Taschenrechner?

c) Wie hätte Udo eintippen können, um auch das richtige Ergebnis zu erhalten?

Moderne Taschenrechner haben eine so genannte Vorrangautomatik, sie beachten die Regel „Punktrechnung vor Strichrechnung".

BEISPIEL

Es ist $-5 + 10 \cdot (-3) = -35$. Ein Taschenrechner mit Vorrangautomatik liefert bei der Tastenfolge 5 [+/–] [+] 10 [×] 3 [+/–] [=] das richtige Ergebnis.

Es ist $(-5 + 10) \cdot (-3) = -15$. Das kann man mit einem Taschenrechner z. B. so berechnen: 5 [+/–] [+] 10 [=] [×] 3 [+/–] [=]
Das erste Gleichheitszeichen sorgt dafür, dass zuerst die Klammer berechnet wird. Man hätte auch die Klammertasten benutzen können.

HINWEIS
Die beiden Rechenbäume veranschaulichen die beiden Rechnungen aus dem Beispiel.

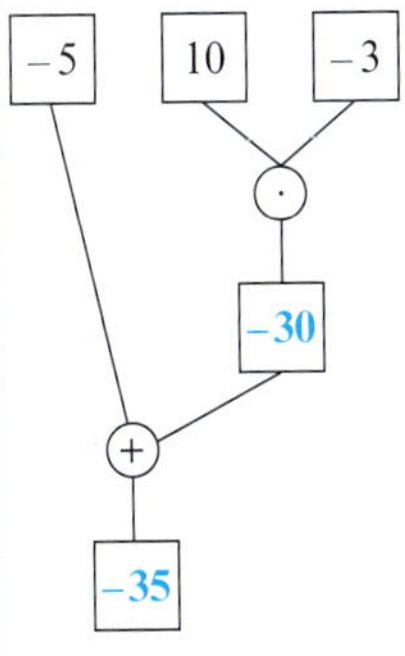

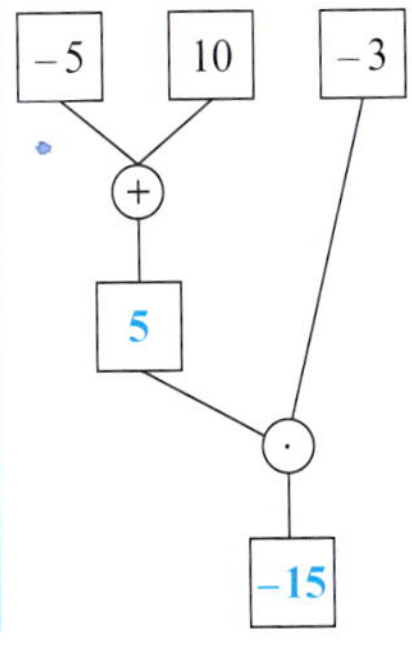

9

Führe die Schritte durch und vergleiche. Schreibe die Aufgabe ausführlich auf. Zeichne jeweils einen zugehörigen Rechenbaum.

a) 30 [+/–] [–] 20 [=] [÷] 5 [+/–] [=] und
30 [+/–] [–] 20 [÷] 5 [+/–] [=]

b) 3 [+/–] [×] 4 [x^2] [=] und 3 [+/–] [×] 4 [=] [x^2]

10

Gib eine beliebige Zahl a in den Taschenrechner ein und führe die angegebenen Schritte aus.
Gib den berechneten Rechenausdruck mithilfe von a ausführlich an.
Welcher Wert ergibt sich jeweils für die Zahlen $a = -1, 0, 3$ und 7?

a) a [×] 12 [+] 9 [÷] 3 [=] **b)** a [+] 8 [+/–] [=] [×] 5 [=]

c) a [+] 2 [=] [x^2] **d)** a [×] 3 [–] 1 [=] [1/x]

BEACHTE
Ein Taschenrechner mit Vorrangautomatik arbeitet die Rechenoperationen in der Reihenfolge ab, nach der auch du rechnen musst:
1. Klammern berechnen
2. Potenzieren (z. B. Quadrieren)
3. Multiplizieren und Dividieren (Punktrechnung)
4. Addieren und Subtrahieren (Strichrechnung)

11[L]

Berechne mit dem Taschenrechner. Runde sinnvoll.

a) $\frac{150}{(1{,}1-3{,}65)^2}$ **b)** $\frac{(487-231)\cdot(487+231)}{(-32)^2}$ **c)** $0{,}99\cdot(-1{,}23)+0{,}782$

d) $\frac{125\cdot(41{,}2-31{,}5)}{(-2{,}5)^2}$ **e)** $\frac{11{,}2}{0{,}125}+\frac{2}{0{,}5}-\frac{0{,}8}{0{,}25}$ **f)** $\frac{(23{,}7+56{,}8)^2}{549{,}7-3{,}5\cdot 14{,}2}$

12

Berechne ohne Taschenrechner.

a) $\frac{3-8}{6-1}$ **b)** $\frac{2\cdot 5-3\cdot 8}{5-12}$ **c)** $\frac{4\cdot(-3)+8\cdot(-1)}{4-2\cdot(-3)}$

d) $\frac{2\cdot(4-7)}{6\cdot(3-5)}$ **e)** $\frac{2\cdot(-6)-4\cdot(-3)}{4-5}$ **f)** $\frac{(-4)\cdot 3+2\cdot 7}{5\cdot(-3)+3\cdot 4}$

g) $\frac{(-10)-(-2)\cdot 8}{(-8)\cdot 3-6}$ **h)** $\frac{(-5)\cdot 7-(-12)\cdot 3}{4\cdot(-5)+(-2)\cdot(-6)}$ **i)** $\frac{(-2)\cdot(-3)-(-1)\cdot(-7)}{(-4)\cdot(-2)-(-3)\cdot(-6)}$

13[L]

Berechne.

a) $\frac{-\frac{2}{5}}{-\frac{1}{4}}$ **b)** $\frac{\frac{1}{3}}{-\frac{6}{7}}$ **c)** $\frac{-3}{\frac{1}{5}}$ **d)** $\frac{\frac{1}{3}+1}{\frac{1}{3}-1}$

e) $\frac{\frac{1}{5}-\frac{1}{4}}{\frac{1}{5}\cdot\frac{1}{4}}$ **f)** $\frac{3\cdot\left(-\frac{1}{4}\right)+2}{3\cdot\left(-\frac{1}{4}+2\right)}$ **g)** $\frac{4\cdot\left(-\frac{3}{4}\right)+8{,}8}{\frac{9}{10}-3}$ **h)** $\frac{2{,}4-\frac{1}{10}}{-\frac{13}{5}+0{,}3}$

14

Setze für x die Zahlen $-1, 0, \frac{1}{2}, \frac{3}{2}, 4, -3$ ein und berechne (falls möglich).

a) $\frac{x+1}{x-1}$ **b)** x^2-1 **c)** $x\cdot(x+2)$ **d)** $(x+1)\cdot(x-2)$ **e)** $\frac{4}{x\cdot(x-4)}$

15

Annika misst im Januar zwei Wochen lang die morgendliche Außentemperatur in °C und vergleicht dann die morgendlichen Durchschnittstemperaturen beider Wochen. In welcher Woche war es kälter?

So	Mo	Di	Mi	Do	Fr	Sa	So	Mo	Di	Mi	Do	Fr	Sa
–14	–9	–3	0	+6	+2	+1	+3	+1	–1	–2	–4	–8	–13

16

Die 24 Schülerinnen und Schüler der Klasse 7 a planen eine Klassenfahrt in die Sächsische Schweiz. Sie möchten mit einem Bus in eine Jugendherberge fahren. Ein zusätzliches Programm ist vorgesehen. Dazu gibt es von der Stadt und vom Verein der Ehemaligen der Schule einen Zuschuss.

Kosten/Zuschuss	Betrag in Euro
Fahrtkosten	864,00
Unterbringung	1392,00
Essen	1584,00
Museum	78,00
Konzert	276,00
Zuschuss Stadt	360,00
Zuschuss Schule	132,00

a) Berechne die Kosten pro Schüler für Fahrt, Unterkunft und Essen.
b) Wie viel muss jeder für die Sonderveranstaltungen ausgeben?
c) Wie hoch sind die Kosten der Klassenfahrt für jeden Schüler insgesamt?

17

a) Eine Arbeitsgruppe hat die Aufgabe, eine Strecke von 8 cm nach Augenmaß zu zeichnen. Das Nachmessen ergibt folgende Abweichungen in mm: -6, $+4$, $+11$, $+1$, -6, -13, $+3$, -2, $+6$.
Wurde im Durchschnitt die Strecke eher zu kurz oder zu lang gezeichnet?
b) Herr Reinhard erhält monatlich seine Kontoauszüge von der Bank zugeschickt. Diese wiesen innerhalb eines Jahres folgende Kontostände (in Euro) aus:
$+2723{,}56$; $+2863{,}79$; $+1345{,}12$; $+1318{,}74$; $+212{,}01$; $-2384{,}35$; $-2002{,}85$; $-2113{,}34$; $-974{,}11$; $-800{,}25$; $-345{,}11$; $+135{,}28$.
War Herr Reinhard im Jahresdurchschnitt im Plus oder im Minus?

18

Der Luftdruck nimmt mit je 5 km Höhe um die Hälfte ab.
Der normale Luftdruck betrage 1024 hPa.
a) Wie groß ist der Luftdruck in 10 km, 25 km, 35 km, 50 km Höhe?
b) In welcher Höhe beträgt der Luftdruck 512 hPa, 64 hPa, 4 hPa, 1 hPa?
c) Stelle eine Formel auf, mit der man für x (von 1 bis 10) den Luftdruck in $5x$ km Höhe ermitteln kann.

INFORMATION
Der Luftdruck entsteht durch das Gewicht der Luft. Die Einheit des Luftdrucks ist Hektopascal (hPa). Früher wurde der Druck in Millibar (mbar) gemessen.
Es ist 1 hPa = 1 mbar.
Bei uns beträgt der Luftdruck etwa 1000 hPa.

AUFGABEN ZUR WIEDERHOLUNG

1. **a)** Das Bild zeigt ein regelmäßiges Neuneck. Wie groß ist der Winkel in der Mitte?
b) Zeichne ein regelmäßiges Fünfeck.

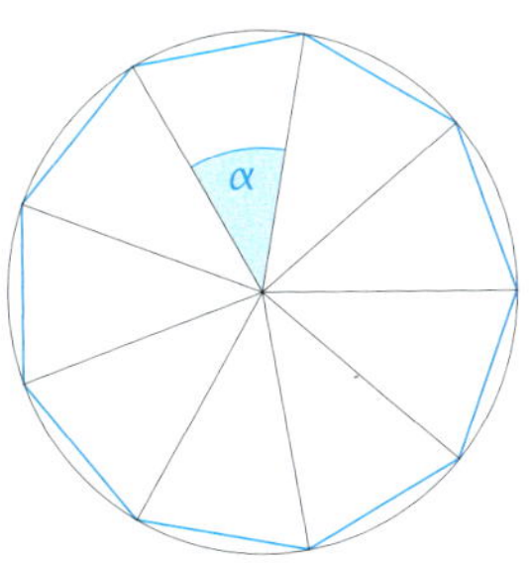

c) Zeichne mithilfe eines Kreises einen sechszackigen Stern.

2. Gib die Größe der eingezeichneten Winkel an.

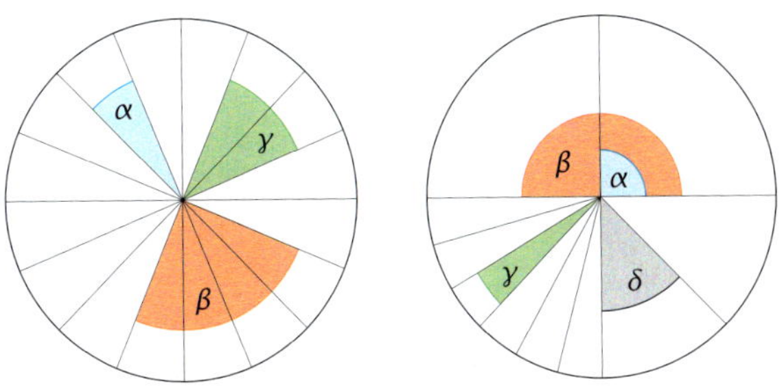

3. Zeichne nach Augenmaß Winkel der Größe:
a) 37° **b)** 72° **c)** 130° **d)** 310°
Miss die Größe der Winkel und gib den Betrag der Abweichung von der vorgegebenen Größe an.

Näherungswerte und Fehler

1

Für die ganze Klasse: Wer schätzt am besten?

a) Jeder schätzt die Länge der Strecke a und nennt sein Ergebnis. Die Schätzwerte werden an die Tafel geschrieben. Dann wird die Länge von a gemessen. Ermittelt den besten Schätzwert. Geht bei der Strecke b genauso vor.

b) Vergleicht die beste Schätzung für a mit der für b. Versucht herauszubekommen, ob eine dieser beiden Schätzungen besser ist als die andere.

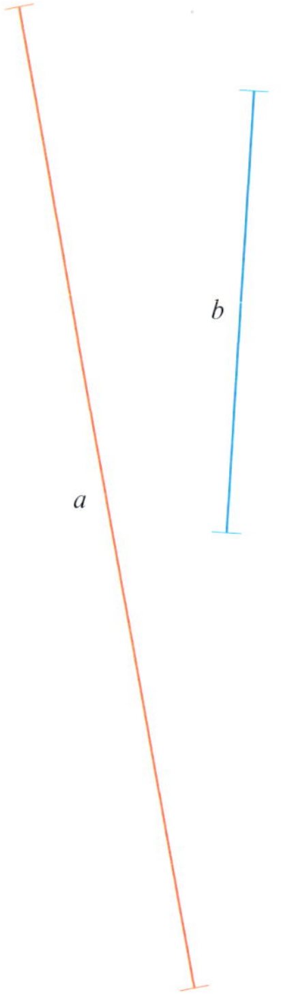

2

In den folgenden Texten sind Zahlenangaben enthalten. Entscheide, ob es sich dabei um genaue Werte oder um Näherungswerte handelt.

a) Der große deutsche Universalgelehrte Gottfried Wilhelm Leibniz wurde am 1. Juli 1646, zwei Jahre vor Ende des Dreißigjährigen Krieges, geboren.

b) 1990 wurden in den neuen Bundesländern und in Berlin-Ost noch 178 476 Kinder geboren, 1992 waren es nur noch 88 320.

c) Der Reporter eines Fußball-WM-Spiels teilt mit, dass 68 000 Zuschauer im Stadion sind und 2 Milliarden an den Bildschirmen zusehen.

d) Frau Heinrich ermittelt den Flächeninhalt ihres Wohnzimmers: Sie misst die Breite 4,32 m und die Länge 5,87 m, überschlägt $4\ \text{m} \cdot 6\ \text{m} = 24\ \text{m}^2$ und errechnet dann $25{,}4\ \text{m}^2$.

WISSEN

Näherungswerte sind Zahlenangaben, die von den genauen Werten nach oben oder nach unten abweichen.
Näherungswerte erhält man z. B. beim Schätzen, Runden, Überschlagen, beim Messen oder beim Rechnen mit Näherungswerten.

a sei ein Näherungswert für einen genauen Wert x.
Die Differenz $\boldsymbol{a - x}$ nennt man den **absoluten Fehler** des Näherungswertes.
Um die „Güte“ eines Näherungswertes zu beurteilen, setzt man die Größe des absoluten Fehlers zur Größe des Näherungswertes in Beziehung.

Den Quotienten $\left|\frac{a-x}{a}\right|$ nennt man den **relativen Fehler** des Näherungswertes.

BEISPIEL

Im Schuljahr 2003/2004 gab es in Deutschland rund 3 000 Gymnasien. Genau waren es 3 139.
Absoluter Fehler: $3000 - 3139 = -139$
Der Näherungswert weicht um 139 „nach unten“ vom genauen Wert ab.

Relativer Fehler: $\left|\frac{a-x}{a}\right| = \left|\frac{3000-3139}{3000}\right| \approx 0{,}046 = 4{,}6\ \%$

Das bedeutet: Der absolute Fehler beträgt etwa 4,6 % des Näherungswertes.

AUFTRAG

Ein kleines Projekt: Wie viele Schulen gibt es in Sachsen? Wie viele von welcher Art? Wie viele Schüler besuchen diese Schulen? Versucht es herauszufinden (z. B. mithilfe des Internets), rundet die Zahlen sinnvoll und gebt die absoluten und relativen Fehler an, die dadurch entstehen. Stellt die Ergebnisse auch als Diagramme dar und präsentiert sie in der Klasse.

3

Runde auf Vielfache von 10 (100, 1000) und ermittle jeweils den beim Runden entstandenen absoluten und relativen Fehler.

a) 13 463 **b)** 427 **c)** 20 764 **d)** 12 800 **e)** 78 963 **f)** 399 **g)** 5 040

4

Führt die genannten Messungen mehrmals durch. Kommt ihr immer zu denselben Ergebnissen? Führt die Messungen dann mit einem anderen Messwerkzeug durch.

a) Dicke eines Bleistifts mit einem Lineal und mit einer Schieblehre.
b) Inhalt eines Teelöffels mit einem Messzylinder und mit einer Pipette.
c) Länge und Breite der Tischplatte mit einem Lineal und mit einem Zollstock.

Gruppenarbeit

TIPP
Vermeidet beim Ablesen Parallaxefehler. (Was ist das?)

WISSEN

Messungen liefern auch bei genauer Durchführung und sehr genauen Instrumenten nur Näherungswerte. Der genaue Wert bleibt unbekannt. Man kann den absoluten und den relativen Fehler deshalb nicht berechnen. Auch die Größenangaben in Nachschlagewerken wie Flusslängen, geographische Höhenangaben usw. sind i. Allg. Messwerte und somit Näherungswerte.
Ist der genaue Wert nicht bekannt, so schätzt man ab, wie groß die Fehler höchstens sein können.

BEISPIEL

Die Kantenlänge eines Gegenstandes wurde mit einem Lineal gemessen: 4,7 cm.
Bei einer genau durchgeführten Messung weiß man dann:
Der genaue Wert x muss irgendwo zwischen 4,65 cm und 4,75 cm liegen (s. Randspalte).
Der genaue Wert x weicht also höchstens um 0,05 cm vom Näherungswert $a = 4{,}7$ cm ab.
Man schreibt in diesem Falle: $x = 4{,}7\text{ cm} \pm 0{,}05\text{ cm}$ oder $x = (4{,}7 \pm 0{,}05)\text{ cm}$.
Der relative Fehler kann dann höchstens $\left|\frac{0{,}05\text{ cm}}{4{,}7\text{ cm}}\right| \approx 0{,}01 = 1\,\%$ betragen.

BEISPIEL
Ist der genaue Wert kleiner als 4,65 cm, würde man 4,6 cm ablesen.

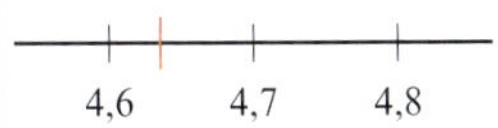

Ist der genaue Wert größer als 4,75 cm, würde man 4,8 cm ablesen.

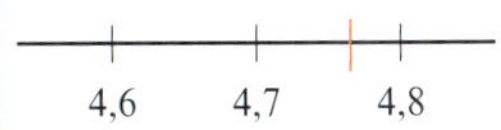

5

Was bedeuten die folgenden Angaben?

a) Inhalt einer Mehltüte: 1 kg ± 20 g
b) Dichte des Meerwassers: $(1{,}024 \pm 0{,}003)\,\frac{\text{g}}{\text{cm}^3}$
c) Zugkraft der Lokomotive: (100 000 ± 3 000) N

6[L]

Die folgenden Zahlen sind durch Runden auf die unterstrichene Stelle entstanden. Gib die kleinste und die größte natürliche Zahl an, die zu diesem Rundungsergebnis führen würde.
Wie groß sind der absolute und der relative Fehler höchstens?

a) $\underline{2}0$ **b)** $2\underline{3}0$ **c)** $\underline{5}00$ **d)** $5\underline{0}0$ **e)** $8\,\underline{1}00$ **f)** $13\underline{7}\,000$ **g)** $2\,\underline{0}00$

7

Überlege dir für die folgenden Messungen wie groß der absolute Fehler höchstens sein wird. Berechne dann den größtmöglichen relativen Fehler.

a) Martin hat sich mit einer Personenwaage gewogen: 46,5 kg.
b) Ein Weitsprung wurde mit einem Bandmaß vermessen: 3,45 m.
c) Ein Brief wurde mit einer Briefwaage gewogen: 16 g.
d) Anke hat die Flussbreite geschätzt: 100 m.
e) Der Tachometer im Auto zeigt 130 Kilometer pro Stunde an.

MERKE
Bei gerundeten Zahlen beträgt der absolute Fehler höchstens die Hälfte des Wertes der Stelle, auf die gerundet wurde.
Beispielsweise beträgt der Fehler der Angabe 63 000 Zuschauer höchstens ± 500 Zuschauer.
Ist von Messwerten nicht bekannt, mit welcher Genauigkeit sie gemessen wurden, verfährt man wie bei gerundeten Werten.
Beispiele:
430 m: Fehler ± 5 m
4,3 cm: Fehler ± 0,05 cm
4,30 cm: Fehler ± 0,005 cm

Quadrate und Wurzeln

1

Versuche dir 6400 Quadratmeter Verkaufsfläche vorzustellen. Gib Maße von Flächen an, die diesen Inhalt haben.

Montag eröffnet das Einkaufscenter

Auf 6400 Quadratmeter Verkaufsfläche findet man alles

2

Ermittle alle Quadratzahlen in den Bereichen
a) von 1 bis 500, **b)** von 1000 bis 1500, **c)** von 10000 bis 10500.
Was fällt dir auf? Hast du eine Erklärung dafür?

3

Zerlege die folgenden Zahlen in zwei sich möglichst wenig voneinander unterscheidende Faktoren. Welche der Zahlen sind Quadratzahlen?

a) 10, 36, 27, 55, 121, 99, 369, 400, 49 **b)** 169, 1089, 144, 225, 125, 10000
c) 88, 1, 196, 1000, 289, 900, 50, 625, 4 **d)** 100, 361, 391, 324, 900, 441, 256

BEACHTE
Nicht jedes Quadrat einer Zahl heißt Quadratzahl. Nur die Quadrate ganzer Zahlen heißen Quadratzahlen. Beispielsweise ist 36 eine Quadratzahl ($36 = 6^2$). Dagegen ist 0,36 keine Quadratzahl, obwohl sie sich auch als Quadrat darstellen lässt ($0{,}36 = 0{,}6^2$). Jede Quadratzahl ist auch das Quadrat einer negativen ganzen Zahl. So ist z. B. $36 = (-6)^2$.

4

Berechne.

a) 4^2 **b)** -4^2 **c)** $(-4)^2$ **d)** $0{,}5^2$ **e)** $1{,}5^2$ **f)** $1{,}4^2$
g) $0{,}02^2$ **h)** $(-0{,}6)^2$ **i)** $-0{,}1^2$ **j)** $0{,}3^2$ **k)** $(-1{,}2)^2$ **l)** $-1{,}3^2$
m) $\left(\frac{3}{4}\right)^2$ **n)** $\left(-\frac{3}{4}\right)^2$ **o)** $-\left(\frac{3}{4}\right)^2$ **p)** $\left(\frac{1}{10}\right)^2$ **q)** $\left(\frac{1}{100}\right)^2$ **r)** $\left(-\frac{2}{11}\right)^2$

5

Entscheide, ob die folgenden Sätze wahr oder falsch sind, und begründe dies.
a) Das Quadrat einer Zahl ist stets größer als die Zahl selbst.
b) Das Quadrat einer Zahl kann nie negativ werden.

6

Rechne möglichst im Kopf und vergleiche die Ergebnisse

a) 4^2, 40^2; $0{,}4^2$; 400^2; $0{,}04^2$; $4\,000^2$ **b)** 15^2; $1{,}5^2$; $0{,}15^2$; 150^2; $1\,500^2$; $0{,}015^2$

7

Ermittle die Ergebnisse mit dem Taschenrechner.

a) $35{,}16^2$; $(-17{,}46)^2$; $4205{,}7^2$; $(-0{,}813)^2$ **b)** $10{,}004^2$; $0{,}125^2$; $(-11{,}111)^2$
c) $1{,}03^2$; $1{,}003^2$; $1{,}00003^2$; $-0{,}853^2$ **d)** $(-9{,}0034)^2$; $2\,746{,}1^2$; $-43{,}7^2$

BEISPIEL
$(-13{,}37)^2 = 178{,}7569$
13,37 [+/–] [x^2]

8

Berechne den Oberflächeninhalt eines Würfels von 4,5 cm (0,83 m) Kantenlänge.

9

Auf einem quadratischen Grundstück von 484 m² soll ein Haus gebaut werden. Die Abstände zur Grundstücksgrenze müssen mindestens 3 m betragen (s. Bild). Wie breit darf das Haus höchstens sein?

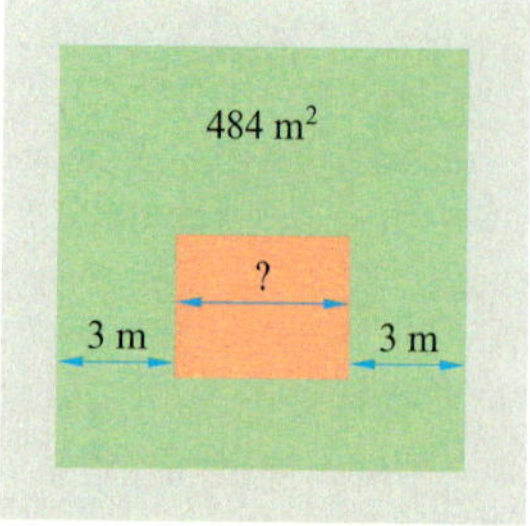

S. 19

10

Welche Zahlen erfüllen die Gleichung?

a) $x^2 = 144$ **b)** $x^2 = 6{,}25$ **c)** $x^2 = 20{,}25$ **d)** $x^2 = 0$ **e)** $x^2 = -4$

WISSEN

a sei eine nichtnegative Zahl (also eine positive Zahl oder null: $a \geq 0$).
Als **Quadratwurzel aus *a*** oder kurz als **Wurzel aus *a*** bezeichnet man die Zahl x, die folgende Bedingungen erfüllt: $x^2 = a$ und $x \geq 0$.
Man schreibt für diese Zahl $\sqrt{a}$.

Das Suchen der Wurzel aus a nennt man **Wurzelziehen** oder **Radizieren**.

$\sqrt{a}$ — Wurzelzeichen, Radikand

Quadrieren und Wurzelziehen sind für nichtnegative Zahlen Umkehroperationen zueinander:

Für $a \geq 0$ ist $(\sqrt{a})^2 = a$ und $\sqrt{a^2} = a$.

Für alle Zahlen a, also auch für negative Zahlen, gilt: $\sqrt{a^2} = |a|$.

BEACHTE

Aus negativen Zahlen kann man keine Wurzel ziehen, denn das Quadrat einer Zahl ist nie negativ.

radix (lat.) die Wurzel
radicandus numerus (lat.) die zu radizierende Zahl

BEISPIEL

Die Gleichung $x^2 = 4$ hat zwei Lösungen. Eine Lösung ist $x = \sqrt{4}$.
$\sqrt{4} = 2$, denn $2^2 = 4$ und $2 > 0$. Demnach ist $x = 2$.
Die andere Lösung ist $x = -\sqrt{4} = -2$, denn $(-2)^2 = 4$.
Man schreibt auch $x_1 = \sqrt{4} = 2$ und $x_2 = -\sqrt{4} = -2$.

BEISPIEL

$\sqrt{\frac{16}{81}} = \frac{4}{9}$

$\sqrt{0{,}09} = \sqrt{\frac{9}{100}} = \frac{3}{10} = 0{,}3$

11

Ziehe, wenn möglich, aus folgenden Zahlen die Wurzel (ohne Taschenrechner).

a) 100 **b)** 625 **c)** 289 **d)** –36 **e)** 841
f) 6,25 **g)** 0,25 **h)** 5,76 **i)** 0,04 **j)** –0,0009
k) $\frac{25}{36}$ **l)** $\frac{100}{49}$ **m)** $\frac{144}{121}$ **n)** $\frac{4}{10\,000}$ **o)** $\frac{441}{576}$

12^L

Berechne, wenn möglich (ohne Taschenrechner).

a) $\sqrt{1}$ **b)** $\sqrt{121}$ **c)** $-\sqrt{1600}$ **d)** $\sqrt{0}$ **e)** $\sqrt{-400}$
f) $\sqrt{64}$ **g)** $-\sqrt{0{,}64}$ **h)** $-\sqrt{6400}$ **i)** $\sqrt{640\,000}$ **j)** $\sqrt{0{,}0064}$
k) $\sqrt{(9)^2}$ **l)** $\sqrt{-1}$ **m)** $\sqrt{(169)^2}$ **n)** $\sqrt{0{,}000\,001}$ **o)** $\sqrt{(-9)^2}$
p) $\sqrt{\frac{1}{4}}$ **q)** $\sqrt{\frac{361}{256}}$ **r)** $\sqrt{-\frac{36}{121}}$ **s)** $-\sqrt{\frac{900}{1600}}$ **t)** $\sqrt{\frac{1}{256}}$

13

Berechne, wenn möglich.

a) $\sqrt{5^2}$ **b)** $(\sqrt{5})^2$ **c)** $\sqrt{(-5)^2}$ **d)** $(\sqrt{-5})^2$ **e)** $\sqrt{31{,}25^2}$ **f)** $\sqrt{4{,}2^2}$
g) $\sqrt{(-3{,}76)^2}$ **h)** $\sqrt{10^2}$ **i)** $\sqrt{10^4}$ **j)** $\sqrt{10^8}$ **k)** $\sqrt{3^4}$ **l)** $\sqrt{4^3}$

14

Berechne: **a)** $\sqrt{\sqrt{81}}$ **b)** $\sqrt{\sqrt{10\,000}}$ **c)** $\sqrt{\sqrt{625}}$ **d)** $\sqrt{\sqrt{\sqrt{256}}}$

INFORMATION

Das Ziehen von Quadratwurzeln führt im allg. aus dem Bereich der rationalen Zahlen heraus. Jede rationale Zahl ist *per definitionem* als gemeiner Bruch bzw. als endlicher oder periodischer Dezimalbruch darstellbar. Es gibt aber auch unendliche, nicht periodische Dezimalzahlen. Sie werden als **irrationale Zahlen** bezeichnet. Die Quadratwurzeln vieler rationaler Zahlen sind solche irrationalen Zahlen. Zum Beispiel ist $\sqrt{2}$ keine rationale Zahl. Der Taschenrechnerwert (z. B. = 1,4142136) ist nur ein Näherungswert. Du wirst die irrationalen Zahlen später genauer kennenlernen.

Potenzen mit ganzzahligen Exponenten

1

Bakterien sind einzellige Lebewesen. Sie vermehren sich durch Zellteilung: Aus einem Bakterium entstehen durch Zellteilung zwei neue Bakterien, die sich dann wieder teilen (s. Bild). Nach der ersten Zellteilung sind also 2 Bakterien, nach der zweiten Zellteilung sind 4 Bakterien entstanden.

a) Unter günstigen Bedingungen teilen sich Bakterien bis zu dreimal in der Stunde. Wie viele Bakterien würden dabei innerhalb von einer Stunde (von zwei Stunden) aus einem Bakterium entstehen?

b) Versuche eine Formel zur Berechnung der Anzahl der Bakterien anzugeben, die unter günstigen Bedingungen in n Stunden aus einem Bakterium entstehen.

c) Versuche mit dem Taschenrechner zu berechnen, wie viele Bakterien unter günstigen Bedingungen in 10 Stunden aus einem Bakterium entstehen.

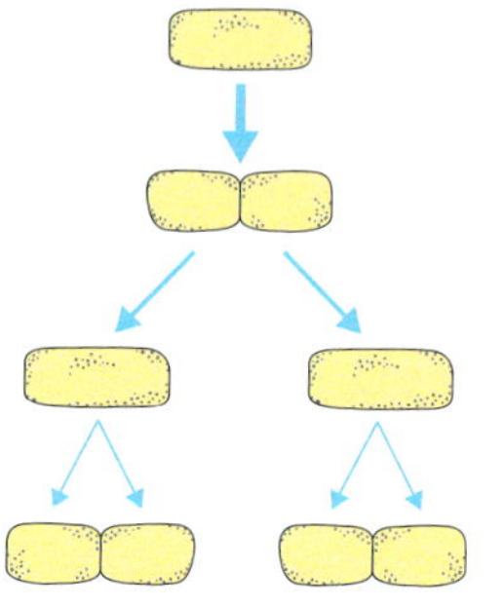

BEISPIEL

Verwendung der Taste [y^x] bzw. [x^y]

$13^5 = 371\,293$ berechnet man durch: 13 [y^x] 5 [=]

$(-13)^5 = -371\,293$ erhält man aus $13^5 = 371\,293$, wenn man sich das Vorzeichen überlegt. Auf einigen Taschenrechnern (nicht auf allen!) kann man auch rechnen: 13 [+/–] [y^x] 5 [=]

ERINNERE DICH

Ein Produkt gleicher Faktoren schreibt man als **Potenz**.
So bedeutet z. B. $(-2)^3 = (-2) \cdot (-2) \cdot (-2)$.
-2 nennt man die Basis der Potenz, 3 den Exponenten der Potenz.

2 L

Berechne mithilfe des Taschenrechners.

a) 17^5 **b)** 123^4 **c)** $(-14)^7$ **d)** $0{,}395^3$ **e)** $(-1{,}46)^{11}$ **f)** $(-4{,}33)^8$

3

Berechne jeweils zuerst ohne und dann mit Taschenrechner. Vergleiche. Hast du eine Erklärung für die manchmal vom Taschenrechner angezeigten Ergebnisse?

a) $5\,000^2$ und $5\,000^3$ **b)** $(-200)^4$ und $(-200)^7$

WISSEN

Wenn der Taschenrechner große Zahlen nicht mehr in der 10-stelligen Anzeige unterbringen kann, wechselt er in die **wissenschaftliche Notation** über.
Bei dieser Schreibweise werden die Zahlen als Produkt einer Dezimalzahl und einer Zehnerpotenz dargestellt, wobei die Basis 10 jedoch vom Taschenrechner nicht angezeigt wird.

BEACHTE

Die wissenschaftliche Notation der Zahl 14 400 000 000 ist in der Regel

$$1{,}44 \cdot 10^{10}$$

Zahl mit **einer** von 0 verschiedenen Ziffer vor dem Komma — Zehnerpotenz

$0{,}144 \cdot 10^{11}$, $14{,}4 \cdot 10^9$ oder $144 \cdot 10^8$ sind weniger üblich.

BEISPIEL

Darstellung von Zahlen in wissenschaftlicher Notation

$120\,000^2 = 14\,400\,000\,000 = 1{,}44 \cdot 10\,000\,000\,000 = \mathbf{1{,}44 \cdot 10^{10}}$
Taschenrechneranzeige: 1.44 ^{10} oder 1.44E + 10 oder 1.44 10.

$(-40\,000)^3 = -64\,000\,000\,000\,000 = -6{,}4 \cdot 10\,000\,000\,000\,000 = \mathbf{-6{,}4 \cdot 10^{13}}$
Taschenrechneranzeige: –6.4 ^{13} oder –6.4E + 13 oder –6.4 13

4

Schreibe die Zahlen in der wissenschaftlichen Notation.

a) 8 000 **b)** 720 000 **c)** –123 400
d) –472 007 000 **e)** 238 100 000 000 **f)** –123 450 000 000
g) 1 273,9 **h)** –234 789,004 **i)** $837{,}5 \cdot 10^4$

5

Übersetze die folgenden Taschenrechneranzeigen in die übliche Schreibweise.

a) 4. 13 **b)** –8. 06 **c)** 1.734 13 **d)** –4.837652 04 **e)** 5.04081 10

6

Schreibe die folgenden Angaben ohne Verwendung von Zehnerpotenzen.

a) 1 Jahr: $3{,}1558 \cdot 10^7$ s
b) Entfernung der Sonne: $1{,}495 \cdot 10^{11}$ m
c) 1 Lichtjahr: $9{,}4605 \cdot 10^{15}$ m
d) Lichtgeschwindigkeit: $2{,}998 \cdot 10^5$ km/s
e) Masse der Erde: $5{,}97 \cdot 10^{24}$ kg
f) Entfernung des nächsten Sterns: $4{,}1 \cdot 10^{16}$ m
g) Erdvolumen: $1{,}083 \cdot 10^{21}$ m³
h) Wasservorräte der Erde: $1{,}38 \cdot 10^{18}$ m³

ERINNERE DICH
Die Darstellung einer Zahl in Form eines Produkts aus einem Dezimalbruch und einer Zehnerpotenz nennt man auch **Schreibweise mit abgetrennten Zehnerpotenzen**.

BEISPIEL

Rechnen mit großen Zahlen

Es ist 873 400 000 000 : 48 120 000 000 zu berechnen.
Wissenschaftliche Notation der Aufgabe: $8{,}734 \cdot 10^{11} : (4{,}812 \cdot 10^{10})$.
Überschlag: $9 : 5 \approx 2$; $10^{11} : 10^{10} = 10$ (siehe TIPP); $2 \cdot 10 = 20$
Mit dem Taschenrechner berechnet man 8,734 : 4,812 = 1,815 045 719.
873 400 000 000 : 48 120 000 000 = 18,150 457 19

$873\,400\,000\,000 \cdot 48\,120\,000\,000 = 8{,}734 \cdot 10^{11} \cdot 4{,}812 \cdot 10^{10}$
Überschlag: $9 \cdot 5 = 45$; $10^{11} \cdot 10^{10} = 10^{21}$ (siehe TIPP);
$45 \cdot 10^{21} = 45\,000\,000\,000\,000\,000\,000\,000$
Taschenrechner: 8,734 : 4,812 = 42,028 008
873 400 000 000 · 48 120 000 000 = 42 028 008 000 000 000 000 000

TIPP

$10^5 : 10^4 = \frac{10^5}{10^4}$

$= \frac{10 \cdot 10 \cdot 10 \cdot 10 \cdot 10}{10 \cdot 10 \cdot 10 \cdot 10} = \frac{10}{1}$

Es bleibt im Zähler $5 - 4 = 1$ Zehn stehen.

$10^5 \cdot 10^3 = 100\,000 \cdot 1000 = 100\,000\,000 = 10^8$
Das Ergebnis muss eine 1 mit $5 + 3 = 8$ Nullen sein.

Man kann allgemein zeigen:
Ist a eine beliebige Zahl und sind m und n natürliche Zahlen, so ist
$a^m \cdot a^n = a^{m+n}$ und
$a^m : a^n = a^{m-n}$ $(a \neq 0)$.

7ᴸ

Berechne das Produkt und den Quotienten beider Zahlen.

a) 1 230 000 000 000; 6 740 000 000
b) 93 310 000 000; 3 078 000
c) 771 200 000 000; –640 300
d) –100 240 000 000; 48 029
e) –5 555 000 000 000; –39 914 000
f) 8 462 100 000 000; 12,367
g) 38 275 300 000; –321,873
h) –49 361 834,22; –6,192 67

BEISPIEL

Beim Taschenrechner kann man Zahlen auch in der wissenschaftlichen Notation eingeben. Dazu dient die Exponentialtaste [EE] bzw. [EXP].

87 000 000 wird durch die Tastenfolge 8.7 [EE] 7 eingegeben.

HINWEIS
EE ist die Abkürzung von Enter Exponent. *enter* (engl.) bedeutet einschreiben.

8

Berechne die Produkte und Quotienten aus Aufgabe 7 noch einmal unter Verwendung der Exponentialtaste und vergleiche die Ergebnisse.

9

Berechne unter Verwendung der Zahlenangaben in Aufgabe 6.
a) Dem Wievielfachen der Entfernung Erde-Sonne entspricht ein Lichtjahr?
b) Wie viel Lichtjahre ist der nächste Stern von der Erde entfernt?
c) Welche Entfernung legt Licht in einer Stunde zurück?

ERINNERE DICH
Ein Lichtjahr ist die Entfernung, die Licht innerhalb eines Jahres zurücklegt.

10

Führe die Rechnungen erst ohne und dann mit einem Taschenrechner aus.
Wie kann man die negative Zahl am Ende der Taschenrechneranzeige deuten?
a) 0,008 : 2 000 000 **b)** 0,000 8 : 2 000 000 **c)** $0{,}005^4$ **d)** $0{,}01^6$

11

In der folgenden Tabelle sind die Werte einiger Potenzen der Basis 10 – auch für negative Exponenten – als Dezimalzahlen angegeben:

Zehnerpotenz	10^3	10^2	10^1	10^0	10^{-1}	10^{-2}	10^{-3}
Wert der Zehnerpotenz	1000	100	10	?	0,1	0,01	0,001

a) Mit welcher Zahl muss man die Zehnerpotenzen 10^{-3}, 10^{-2}, 10^1, 10^2 multiplizieren, um die jeweils nächst größere Zehnerpotenz zu erhalten? Wie müsste man dann die Potenz 10^0 definieren, damit diese Gesetzmäßigkeit allgemein gilt?
b) Schreibe die Werte der drei Zehnerpotenzen mit negativen Exponenten als gemeine Brüche. Schreibe dabei die Nenner dieser Brüche als Zehnerpotenzen.
c) Verallgemeinere deine Erkenntnisse und lege eine entsprechende Tabelle für die Potenzen a^3, a^2, a^1, a^0, a^{-1}, a^{-2}, a^{-3} einer beliebigen rationalen Zahl $a \neq 0$ an.

BEISPIEL

0,000 6 : 3 000 000 000 = 0,000 000 000 000 2
Taschenrechneranzeige: $2,^{-13}$ oder 2.E – 13 oder 2. – 13

Erklärung für die Taschenrechneranzeige:

$$0{,}000\,000\,000\,000\,2 = \frac{2}{10\,000\,000\,000\,000} = \frac{2}{10^{13}} = 2 \cdot \frac{1}{10^{13}}$$

Statt $\frac{1}{10^{13}}$ schreibt man 10^{-13}. Damit ist dann $0{,}000\,000\,000\,000\,2 = 2 \cdot 10^{-13}$.

BEISPIEL
Wissenschaftliche Notation der Zahl 0,000 123

$$1{,}23 \cdot 10^{-4}$$

Zahl mit einer von 0 verschiedenen Ziffer vor dem Komma — Zehnerpotenz mit negativem Exponenten

12

Schreibe die folgenden Taschenrechneranzeigen als Dezimalzahlen ohne Potenzen.
a) 7.342^{-05} **b)** 1.004^{-07} **c)** -3.66798^{-03} **d)** -4.001^{-04} **e)** 2.5512^{-05}

WISSEN

Es seien $a \neq 0$ eine rationale Zahl und n eine natürliche Zahl.
Dann ist $\boldsymbol{a^{-n} = \frac{1}{a^n}}$ und $\boldsymbol{a^0 = 1}$.

13^L

Berechne. Gib das Ergebnis als gemeinen oder als Dezimalbruch an.
a) 5^{-1} **b)** 7^0 **c)** 2^{-7} **d)** $(-4)^2$ **e)** 4^{-2} **f)** $(-4)^{-2}$ **g)** $0{,}3^0$ **h)** 1^{-4}
i) $(2^3)^0$ **j)** -4^2 **k)** -4^{-2} **l)** $0{,}2^{-5}$ **m)** $0{,}3^{-2}$ **n)** $(-0{,}4)^{-2}$ **o)** $0{,}1^{-1}$ **p)** $1 : 5^{-2}$

NACHGEDACHT
Welche größte (kleinste) Zahl lässt sich auf deinem Taschenrechner eingeben bzw. darstellen?

14

Schreibe als oder mit einer Potenz mit negativem Exponenten.

a) $\frac{1}{2^3}$ **b)** $\frac{5}{10^4}$ **c)** $\frac{1}{16}$ **d)** $\frac{3}{125}$ **e)** $\frac{1}{1024}$ **f)** $\frac{8}{0{,}2^5}$ **g)** $-\frac{2}{(-0{,}4)^3}$

15

Schreibe ohne Zehnerpotenz.

a) $2{,}5 \cdot 10^{-3}$ **b)** $-1{,}8 \cdot 10^2$ **c)** $5 \cdot 10^{-6}$ **d)** $7{,}357 \cdot 10^{-10}$ **e)** 10^{-9}
f) $267 \cdot 10^{-1}$ **g)** $8 \cdot 10^{-20}$ **h)** $8{,}264\,506\,2 \cdot 10^5$ **i)** $-23\,720{,}4 \cdot 10^{-4}$ **j)** $3 \cdot 10^0$

BEISPIELE

$3{,}378 \cdot 10^3 \cdot 4{,}027 \cdot 10^{-7}$

$3{,}378 \cdot 4{,}027 = 13{,}603\,206;$ $10^3 \cdot 10^{-7} = \frac{10^3}{10^7} = \frac{1}{10^4} = 10^{-4}$

$3{,}378 \cdot 10^3 \cdot 4{,}027 \cdot 10^{-7} = 13{,}603\,206 \cdot 10^{-4} = 1{,}360\,320\,6 \cdot 10^{-3}$

$0{,}074\,21 : 0{,}000\,000\,033\,25 = 7{,}421 \cdot 10^{-2} : (3{,}325 \cdot 10^{-8})$

Ü: $7 : 3 \approx 2;\ 10^{-2} : 10^{-8} = \frac{1}{10^2} : \frac{1}{10^8} = \frac{10^8}{10^2} = 10^6;\ 2 \cdot 10^6 = 2\,000\,000$

$0{,}074\,21 : 0{,}000\,000\,033\,25 = 2\,231\,879{,}699$

HINWEIS

Man kann zeigen, dass die Gesetze
$a^m \cdot a^n = a^{m+n}$
$a^m : a^n = a^{m-n}\ (a \neq 0)$
auch für ganzzahlige Exponenten gelten.
Man kann deshalb auch rechnen:
$10^3 \cdot 10^{-7} = 10^{3+(-7)} = 10^{-4}$
$10^{-2} : 10^{-8} = 10^{-2-(-8)} = 10^6$

16L

Berechne das Produkt und den Quotienten beider Zahlen.

a) $6{,}82 \cdot 10^7;\ 2{,}71 \cdot 10^{-4}$ **b)** $2{,}005 \cdot 10^8;\ 9{,}42 \cdot 10^{-7}$
c) $-8{,}6 \cdot 10^{-3};\ 3{,}451 \cdot 10^5$ **d)** $2{,}3467 \cdot 10^7;\ 1{,}65 \cdot 10^{-5}$
e) $7{,}73 \cdot 10^{-3};\ 3{,}77 \cdot 10^{-4}$ **f)** $4{,}865 \cdot 10^{-7};\ 9{,}99 \cdot 10^{-2}$
g) 237 500 000 000; 0,000 073 91 **h)** 0,000 000 800 6; 0,002 491
i) −0,000 000 003 453; 5 693 **j)** −0,188 5; −0,000 000 067 29

BEISPIEL

Technische Notation der Zahl 0,000 000 054 1

$54{,}1 \cdot 10^{-9}$

Zahl mit ein bis drei Ziffern vor dem Komma — Zehnerpotenz mit durch 3 teilbaren Exponenten

WISSEN

In der Technik verwendet man Exponenten der Zehnerpotenzen, die sich durch 3 teilen lassen.
Beispielsweise schreibt man 287 350 000 in der Technik als $287{,}35 \cdot 10^6$ und nicht als $2{,}873\,5 \cdot 10^8$.
Der technischen Notation entsprechen auch die Vorsätze vor Einheiten. Sie geben an, mit welcher Zehnerpotenz die Einheit multipliziert werden muss. Dabei wurden die folgenden Namen und Abkürzungen vereinbart.

Name	Piko	Nano	Mikro	Milli	Kilo	Mega	Giga	Tera
Abk.	p	n	µ	m	k	M	G	T
Wert	10^{-12}	10^{-9}	10^{-6}	10^{-3}	10^3	10^6	10^9	10^{12}

So sind z. B. 25,3 µm (Mikrometer) $25{,}3 \cdot 10^{-6}$ m = 0,000 025 3 m.

INFORMATION

Auf einigen Taschenrechnern kann man Zahlen mithilfe der Taste ENG in die technische Notation umwandeln.
ENG steht für *engineering* (engl.) und bedeutet Technik.

17L

Gib die folgenden Größen mithilfe von Vorsätzen an.

a) 150 000 g **b)** 235 000 000 t **c)** $8 \cdot 10^{12}$ l **d)** 0,000 823 g
e) $1{,}2 \cdot 10^{-8}$ m **f)** $45 \cdot 10^8$ W (Watt) **g)** 85 000 V (Volt) **h)** 0,012 A (Ampere)
i) 0,071 s **j)** 0,00235 W **k)** $3{,}45 \cdot 10^{-2}$ V **l)** $4{,}3645 \cdot 10^{-8}$ s

Teste dich!

Grundwissen

1

Ordne die folgenden Zahlen der Größe nach. Beginne mit der kleinsten Zahl.

-911; $624{,}2$; $-1{,}2$; $-\frac{7}{8}$; $0{,}002$; $-0{,}02$; $91{,}1$; 0; $-\frac{6}{5}$; $4{,}\overline{32}$; $4{,}3\overline{2}$; $-\frac{4}{9}$; $-0{,}444$

2

a) Welche Zahlen gehören zu den markierten Punkten?

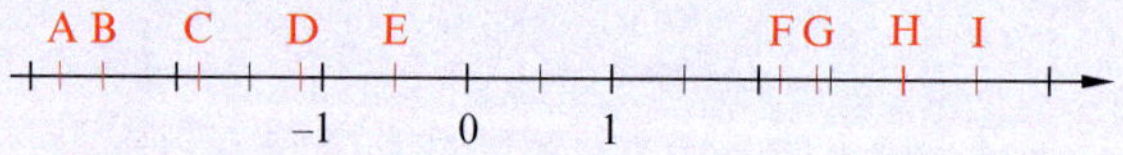

b) Markiere auf einer Zahlengeraden die Punkte, die zu den folgenden Zahlen gehören. Wähle als Einheit 5 cm.

$-1{,}2$; $\frac{3}{4}$; $-\frac{4}{5}$; $\frac{4}{10}$; $-\frac{6}{5}$; $\frac{1}{2}$; $-\frac{1}{2}$; $-0{,}1$; $0{,}8$; $-0{,}5$; $0{,}6$; $-0{,}4$

3

Übertrage die folgende Tabelle ins Heft und fülle sie aus. Falls es für eine Spalte mehrere Lösungen gibt, gib sie alle an. Begründe, falls du keine Lösung findest.

a	1				
$\|a\|$		2			
$-a$			3		
$\|-a\|$				4	
$-\|a\|$					5

4

Berechne.

a) $-513{,}7 + 239{,}2$ **b)** $0{,}45 + (-0{,}54)$

c) $-2{,}02 \cdot \frac{3}{2}$ **d)** $(-5{,}34) : (-0{,}5)$

e) $\sqrt{324} - (-18)$ **f)** $9 - \left(-\left(\sqrt{3}\right)^2\right)^2$

5

Gegeben sind die mittleren Temperaturen (in °C) der Tage einer Winterwoche:

Mo	Di	Mi	Do	Fr	Sa	So
−7,2	−8,4	−10,1	−4,9	0,1	−0,5	2,2

Berechne die Durchschnittstemperatur für diese Woche.

6

Schreibe die folgenden Zahlen in der wissenschaftlichen Notation mit abgetrennten Zehnerpotenzen.

$3\,000\,567$; $78\,926^2$; $0{,}02^3$; $\sqrt{9 \cdot 10^6}$; $274\,056 \cdot 10^8$; $\frac{1}{9827346756}$; $\sqrt{10^{-2}}$

7

Schreibe die folgenden Größenangaben mithilfe geeigneter Vorsätze. Verwende gegebenenfalls auch die technische Notation mit abgetrennten Zehnerpotenzen.

22 000 nm; 0,000 000 345 kg; $3 \cdot 10^{-7}$ m; $\frac{1}{3500}$ s; $6 \cdot 10^{14}$ l; 436 558 887 W

8

Zeichne für folgende vier Mengen ein Mengendiagramm, an dem Teilmengen- und Schnittmengenbeziehungen möglichst genau zu erkennen sind.

$\mathbb{N}$

$\mathbb{Q}$

$A = \{0; 2; 4; 6; 8; \ldots\}$

$B = \{\ldots -8; -6; -4; -2; 0; 2; 4; 6; 8; \ldots\}$

9

a) Ist die folgende Aussage wahr? Begründe.
„Das Produkt zweier ganzer Zahlen ist stets größer als jeder der beiden Faktoren.“

b) Ist die folgende Aussage wahr? Begründe.
„Das Produkt zweier nicht-ganzer rationaler Zahlen ist niemals eine ganze Zahl.“

Sachaufgaben und Probleme

10

Von einer Zahl a ist nur bekannt, dass sie rational ist. Ordne der Größe nach: a, $-a$, $|a|$, $-|a|$, $|-a|$. Beginne mit der kleinsten Zahl. Begründe.

11

Eine Maschine zerschneidet Nougatplatten in Stücke à 150 g. Diese werden dann – ebenfalls automatisch – verpackt. Zur Kontrolle werden 8 von 100 Päckchen nachgewogen. Die Abweichung vom Sollgewicht wird mit negativem Vorzeichen gewertet, wenn der Messwert kleiner ist als der Sollwert. Bei einer mittleren Abweichung von mehr als 5 % vom Sollwert, werden alle 100 Päckchen einzeln nachgewogen.

a) Bei einer Stichprobe ergaben sich folgende Werte:
148 g, 149 g, 152 g, 150 g, 150 g, 142 g, 153 g, 151 g.
Müssen bei diesem Ergebnis alle 100 Päckchen überprüft werden?

b) Gib die möglichen Wägeergebnisse einer Stichprobe an, bei der keines der 8 geprüften Stücke 150 g wog, und bei der die mittlere Abweichung vom Sollwert trotzdem null war.

c) Ist der Kontrollmodus deiner Meinung nach sinnvoll? Begründe.

12

In einem rechtwinkligen Koordinatensystem ist ein Rechteck gegeben, das punktsymmetrisch zum Ursprungspunkt $O\,(0\,|\,0)$ liegt. Ein Eckpunkt hat die Koordinaten $\left(3\frac{2}{7}\,\middle|\,\frac{5}{9}\right)$. Gib die Koordinaten der anderen Eckpunkte an.

AUSWERTUNG

Rationale Zahlen – Überprüfe dein Wissen und Können!

Schätzt eure Leistung zunächst selbst ein, nachdem ihr die Aufgaben bearbeitet habt.

Konntest du nicht alle Aufgaben lösen? Die folgende Tabelle enthält einige Tipps, mit denen du vielleicht doch noch zum Ziel kommen kannst.

Aufgabe	Tipp
1,2	Sieh dir noch einmal die Wissenskästen auf den Seite 59 und 64 an.
3	Beachte den Wissenskasten und die Randspalte auf Seite 62.
4	Beachte die Wissenskästen auf den Seiten 67, 70, 73, 74, 77 und 80 und die Beispiele in den entsprechenden Abschnitten.
5	Wie berechnet man das arithmetische Mittel?
6, 7	Beachte die Wissenskästen auf den Seiten 87 und 88 bis 91.
8	Sieh dir noch einmal den Wissenskasten auf Seite 59 an.
9	Beachte die Rechengesetze auf Seite 74. Gib eventuell Gegenbeispiele an.
10	Bei dieser Aufgabe müssen verschiedene Fälle getrennt voneinander untersucht werden.
11	Welchen Durchschnittswert würdest du als „mittlere Abweichung“ betrachten? Kann man bei dem angegebenen Kontrollmodus aus einer geringen mittleren Abweichung auf ein einwandfreies Funktionieren der Schneide- und Verpackungsmaschinen schließen?
12	Was bedeutet „punktsymmetrisch zum Ursprung“? Es kann helfen, eine Skizze anzufertigen.

Beratet mit eurer Lehrerin oder eurem Lehrer, wie ihr eventuell noch vorhandene „Wissenslücken“ schließen könnt. Die Lösungen zu den Aufgaben findest du auf Seite 257.

ZUSAMMENFASSUNG

Die rationalen Zahlen $\mathbb{Q}$ und ihre Teilmengen

$\mathbb{Q}$ rationale Zahlen – z. B. 2,5; 0; 3; –2; $\frac{3}{4}$; $-\frac{1}{7}$; $-0,\overline{3}$

$\mathbb{Q}^+$ gebrochene Zahlen (positive rationale Zahlen und die 0) – z. B. 0; $\frac{4}{5}$; 1,37; $0,\overline{3}$

$\mathbb{Z}$ ganze Zahlen $\mathbb{Z} = \{\dots; -2; -1; 0; 1; 2; \dots\}$

$\mathbb{N}$ natürliche Zahlen $\mathbb{N} = \{0; 1; 2; 3; 4; \dots\}$

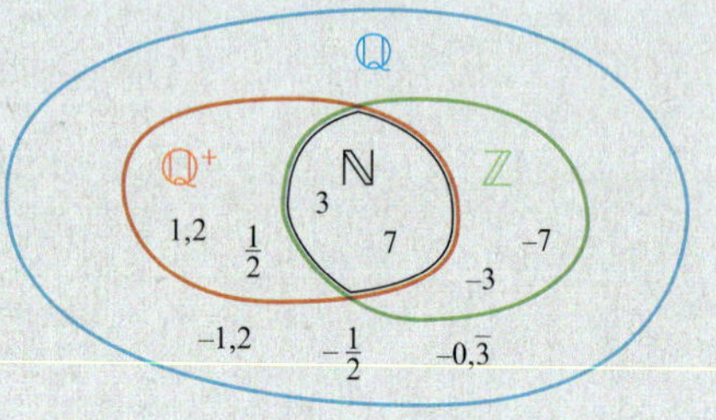

Zahlenpaare, die auf der Zahlengerade symmetrisch zur Null liegen, heißen zueinander entgegengesetzte Zahlen.

–2 ist die entgegengesetzte Zahl zu 2 und 2 ist die entgegengesetzte Zahl zu –2.

Der Abstand einer Zahl *a* zur Null heißt der Betrag $|a|$.

Zueinander entgegengesetzte Zahlen haben denselben Betrag $|2| = |-2| = 2$
0 ist zu sich selbst entgegengesetzte Zahl. $|0| = 0$

Die rationalen Zahlen $\mathbb{Q}$ liegen überall dicht: Zu je zwei verschiedenen rationalen Zahlen *a* und *b* gibt es immer weitere, die dazwischen liegen.

Quadratwurzel

Es sei $a \in \mathbb{Q}$ und $a \geq 0$. $\sqrt{a}$ ist diejenige nichtnegative Zahl *x*, für die $x^2 = a$ gilt.

Rechnen mit rationalen Zahlen

Im Bereich der rationalen Zahlen sind die Grundrechenoperationen (außer Division durch 0) uneingeschränkt ausführbar.

Die Wurzel aus einer rationalen Zahl ist oft keine rationale Zahl.
Für Wurzeln verwendet man häufig rationale Näherungswerte (z. B. den Taschenrechnerwert).

Werden zwei rationale Zahlen addiert, subtrahiert, multipliziert oder dividiert, so muss man erstens das Vorzeichen des Ergebnisses und zweitens den Betrag des Ergebnisses ermitteln.

Für alle rationalen Zahlen *a*, *b*, *c* gelten die folgenden Gesetze:

Kommutativgesetze der Addition und der Multiplikation:	$a + b = b + a$	$a \cdot b = b \cdot a$
Assoziativgesetze der Addition und der Multiplikation:	$a + (b + c) = (a + b) + c$	$a \cdot (b \cdot c) = (a \cdot b) \cdot c$
Distributivgesetz:	$a \cdot (b + c) = a \cdot b + a \cdot c$	
Daraus abgeleitete Gesetze (bei Division $c \neq 0$):	$a \cdot (b - c) = a \cdot b - a \cdot c$	$(a + b) : c = a : c + b : c$

Vorrangregeln beim Rechnen mit rationalen Zahlen:

1. Klammern berechnen, 2. potenzieren, 3. multiplizieren und dividieren (Punktrechnung),
4. addieren und subtrahieren (Strichrechnung)

Gleichungen und Ungleichungen

Die Waage wird oft als Symbol zur Veranschaulichung von Gleichungen verwendet, auch wenn in mathematischen Gleichungen im Allgemeinen keine Massen oder Gewichte miteinander verglichen werden.

Terme aufstellen und berechnen

1

Die Kosten für einen Internetzugang sind je nach Anbieter unterschiedlich. Dazu zwei Beispiele:
Anbieter 1: Monatliche Grundgebühr von 4 €. Darin sind 2 Freistunden enthalten. Für jede weitere Minute sind 3 Cent zu zahlen.
Anbieter 2: Keine monatliche Grundgebühr, jede Minute kostet 3,1 Cent.

a) Janett surft monatlich etwa 8 Stunden, Matthias dagegen nur etwa 5 Stunden. Welcher Anbieter ist für die beiden jeweils günstiger?

b) t sei die Anzahl der Minuten, die ein Kunde im Monat im Internet gesurft hat.
Gib für jeden Anbieter eine Vorschrift zur Berechnung der Gebühren mithilfe von t an.

Computer mit Internetzugang

WISSEN

Zahlen, Variablen und deren rechnerische Verknüpfung nennt man **Terme**.

Terme sind z. B.: $2,\ a,\ |b|,\ 2 + x,\ \frac{1}{2}\cdot(m+n),\ |a-b|,\ x^2 : y^3,\ \frac{n+3}{n}.$

Keine Terme sind z. B.: $7 - 3 = 4,\ x < y,\ a \| b,\ b +,\ 4 | 12.$

terminus (lat.) bedeutet Ausdruck, aber auch Ziel, Grenzstein.

2

Zerschneide ein Stück Pappe in lauter kleine Rechtecke und beschrifte die Kärtchen mit Zahlen, Buchstaben und Rechenzeichen (in mehrfacher Ausführung!).

a) Bilde mit Termbausteinen
(1) eine Summe aus drei Zahlen und einer Variablen;
(2) ein Produkt aus einer Zahl und der Differenz zweier Variablen;
(3) die Wurzel aus dem Quotienten einer Variablen und einer Zahl;
(4) den Quotienten aus der Summe und der Differenz zweier Variablen.

b) Bilde selbstständig mindestens 6 verschiedene, auch komplizierte Terme und beschreibe sie mit Worten.

5	–2	13	7	–1
0	…	5	–2	…
a	b	x	y	z
+	–	·	:	|
[	]	(	)	√

WISSEN

In einem Term darf man Multiplikationszeichen weglassen, falls die Rechenvorschrift auch ohne Multiplikationszeichen erkennbar bleibt.

Beispielsweise kann man schreiben:
$2b$ statt $2\cdot b$, ab statt $a\cdot b$, $5(a-b)$ statt $5\cdot(a-b)$, $4xy$ statt $4\cdot x\cdot y$.

Dagegen darf man z. B. nicht schreiben: 25 statt $2\cdot 5$ oder $2\frac{1}{2}$ statt $2\cdot\frac{1}{2}$.

3

Schreibe als Term unter Verwendung von Variablen.

a) die Summe aus einer Zahl und 7
b) das Produkt dreier Zahlen
c) die Differenz aus –5 und einer Zahl
d) den Quotienten zweier Zahlen

TIPP
Setze Variablen wie x, y, z oder a, b, c, … für die nicht bekannten Zahlen.

4

Stelle zugehörige Terme auf.

a) Addiere 7 zum Doppelten einer Zahl.
b) Subtrahiere 19 von der Summe zweier Zahlen.
c) Quadriere die Differenz zweier Zahlen.
d) Bilde die dritte Potenz einer zweigliedrigen Summe.
e) Bilde das Produkt zweier aufeinanderfolgender ganzer Zahlen.
f) Der Quotient von 12 und einer anderen Zahl soll von der Summe dieser Zahlen subtrahiert werden.

5

Umschreibe die zum jeweiligen Term gehörende Folge von Rechenanweisungen mit Worten (s. Aufgabe 4).

a) $12 - 5 \cdot x$ **b)** $3 \cdot (a + 4)$ **c)** $(n + 12) : 4$ **d)** $y \cdot (y + 1) \cdot (y + 2)$
e) $a\,b : (a + b)$ **f)** $8\,a^2 - a^3$ **g)** $(a + b)(a - b)$ **h)** $2\,(5\,x - x^2) : (x + 1)$

6

Der Bremsweg eines Autos bei nasser Fahrbahn lässt sich folgendermaßen abschätzen: Man quadriere den 10. Teil der Geschwindigkeit, gemessen in Kilometer pro Stunde. Das Ergebnis stellt den Bremsweg, gemessen in Metern, dar.

a) Stelle den zugehörigen Term auf.
b) Berechne die Werte des Terms für 10 km/h, 20 km/h, … bis 130 km/h.

7

Ein Würfel ist durch seine Kantenlänge s schon völlig festgelegt.

a) Stelle je einen Term für die Gesamtkantenlänge, die Oberfläche und das Volumen des Würfels auf.
b) Berechne die Werte für $s = 2$ mm, $s = 4$ cm, $s = 5$ dm und $s = 12$ m.

8

Ein Quader habe die Kantenlängen a, b und c.

a) Stelle je einen Term für die Gesamtkantenlänge, die Oberfläche und das Volumen des Quaders auf.
b) Findest du noch einen zweiten Term, mit dem man auch die Oberfläche des Quaders berechnen kann?

9

Gegeben sei ein Quader, bei dem Länge und Breite übereinstimmen. Er ist doppelt so hoch wie breit. Stelle je einen Term für die Gesamtkantenlänge, die Oberfläche und das Volumen eines solchen Quaders auf.

10

Setze für die Variable nacheinander die Zahlen 0; -1; 4; $-1{,}5$; $\frac{1}{4}$; 0,8 ein und berechne jeweils den Wert des Terms. Beachte die Vorrangregeln (s. Seite 82).

a) $2\,x - 3$ **b)** $y^2 - 8$ **c)** $4 - 3\,u$ **d)** $2\,(b + 5)$ **e)** $x^2 - 3^2$
f) $-z + z^2$ **g)** $4 - x : 0{,}5$ **h)** $-4 - \frac{1}{4} \cdot x$ **i)** $(a - 5)(a + 5)$ **j)** $|z|$
k) $z \cdot |z|$ **l)** $2 - z$ **m)** $2 - |z|$ **n)** $|2 - z|$ **o)** $z - |z|$

WUSSTEST DU SCHON?

Pierre Fermat (französischer Mathematiker, 1601–1665) glaubte, dass der Term $2^{(2^n)} + 1$ für $n = 1, 2, 3$ usw. nur Primzahlen erzeuge. Überprüfe dies für $n = 1, 2, 3$.
Den Fall $n = 4$ kannst du mithilfe eines Taschenrechners, einer Primzahltabelle und etwas Geduld auch klären.
Leonhard Euler (Schweizer Mathematiker und Physiker, 1707 – 1783) fand als erster heraus, dass im Falle $n = 5$ keine Primzahl entsteht. Hier sei nur so viel verraten, dass es einen dreistelligen Teiler gibt.

11

Setze für y nacheinander die Zahlen 2; 0; –5; –1; 4; $-\frac{3}{4}$; 1,5 ein und rechne.

a) $\frac{1}{y}$ **b)** $\frac{1-y}{y}$ **c)** $\frac{y}{y+1}$ **d)** $\frac{y+1}{y}$ **e)** $1+\frac{1}{y}$ **f)** $\frac{y-1}{y+1}$

BEACHTE
Manchmal lässt sich ein Term für bestimmte Variablenwerte nicht berechnen.

12

Annahme: Der Anschluss ans Stromnetz kostet monatlich 6,87 €; hinzu kommen an laufenden Kosten 16,2 Cent pro Kilowattstunde (kWh).
Stelle einen Term zur Berechnung der monatlichen Gesamtkosten in Abhängigkeit von der Zahl der verbrauchten Kilowattstunden auf.

13

In einer Stadt gibt es zwei Firmen, die Autos verleihen. Einen Pkw mittlerer Größe kann man bei der ersten Firma zum Grundpreis von $G = 30$ € pro Tag mieten, hinzu kommen 20 Cent für jeden gefahrenen Kilometer. Bei der zweiten Firma zahlt man 20 € pro Tag und 25 Cent pro Kilometer.

a) Stelle die beiden Terme auf, mit denen man in Abhängigkeit von G nach Einsetzen der Anzahl s der zurückgelegten Kilometer die Leihgebühr für einen Tag (in Euro) berechnen kann.
b) Führe die Berechnungen für die Fälle $s = 80$ km und $s = 250$ km durch.
c) Ab wie viel Kilometer Fahrstrecke ist die erste Firma preisgünstiger?

Autoverleih

14

Ist K das Kapital, p % der Zinssatz und T die Anzahl der Zinstage, so kann man die Zinsen mithilfe des Term $\frac{K \cdot p \cdot T}{36\,000}$ berechnen.
Berechne die jeweiligen Zinsen zu den Werten aus der Tabelle.

	a)	b)	c)	d)	e)	f)	g)	h)
K in €	100	1 200	500	132	8 000	256,50	120 000	10
p %	4 %	5 %	2,5 %	3,8 %	6,5 %	4,5 %	6,25 %	6 %
T	50	300	100	320	37	133	165	360

INFORMATION
Die Variablen eines Terms stehen häufig für Zahlen oder Größenangaben. Setzt man für die Variablen zulässige Zahlen oder Größenangaben ein, so nimmt der Term einen bestimmten Wert an. Dadurch wird den eingesetzten Zahlen dieser Wert **zugeordnet.** Man spricht dann von einem **funktionalen Zusammenhang.**

15

Setze für die Variable nacheinander die Zahlen 2; 4; 0; –5; $\frac{3}{4}$; 0,4 ein und berechne die Werte des Terms.

a) $4c + c^2$ **b)** $\frac{1}{2}z + \frac{3}{4}(5 - z)$ **c)** $0{,}75x - 5(4{,}5 - x)$
d) $2t - 4[t - 8(1 + t)]$ **e)** $(2{,}5x + 5{,}4)(0{,}5x - 4{,}2)$ **f)** $4[6{,}25u + 1{,}5(u - 1)]$

16

Übertrage die Tabellen ins Heft und fülle sie aus.

a	$5a - 4$	$a^3 + 2a$	$(3a - 4) \cdot 2a$
1			
–2			
0,8			

n	$2n(n+1)$	$n^2 : (n+1)$	$8 - (n-1)^2$
0			
4			
–2,5			

Funktionaler Zusammenhang

17

Setze in den Term $n^2 - n + 41$ für n nacheinander die Zahlen von 1 bis 12 ein. Was fällt dir auf? Geht das immer so weiter? Schau dir den Term genau an.

Fallturm in Bremen

18

In Bremen steht ein hoher Turm, in dessen Innern Physiker Gegenstände frei fallen lassen können. Die Tabelle enthält die Messwerte eines solchen Versuchs.

t in s	1	2	3	4
s in m	5	20	45	80

Die Variablen t und s stehen für die Fallzeit, gemessen in Sekunden, und für die zugehörige Fallstrecke, gemessen in Metern.

a) Stelle einen Term auf, mit dem man die Werte von s aus den Werten von t berechnen kann.

b) Berechne die Fallstrecken für 1,5 s und 2,8 s Fallzeit.

19

Ein Architekt hat u. a. oft die Bodenfläche und das Volumen eines Raumes zu berechnen. Ein Malermeister muss, bevor er Material einkauft, wissen, wie groß die Wandflächen und die Decke eines zu tapezierenden Zimmers sind.
Stelle Terme für die notwendigen Rechnungen unter folgender Annahme auf: Der Raum ist quaderförmig und hat die Breite b, die Länge l und die Höhe h.

20

Ermittle Terme für Volumen und Oberfläche folgender Körper.

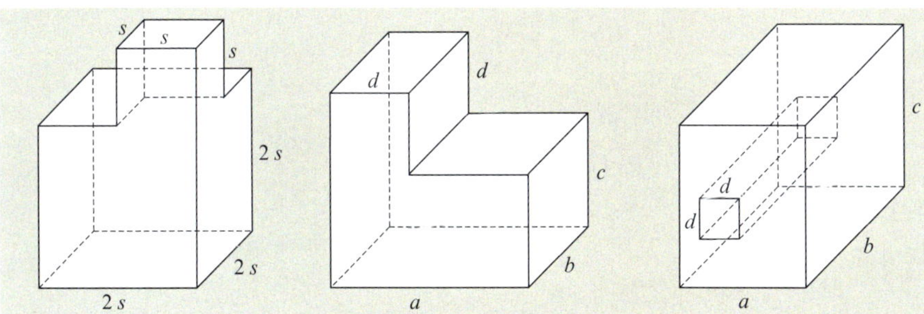

TIPP
Zur Ermittlung der Oberflächeninhalte kann es hilfreich sein, einzelne Flächen gesondert zu skizzieren.

21

Übertrage die Tabelle ins Heft und fülle sie aus.

a	b	$a + b \cdot 2$	$3a - 2b$	$4 \cdot (a - 2b)$	$ab - a : b$	$(a - b)(a + b)$
-1	-2					
4	4					
-3	-1					
$\frac{1}{2}$	$-\frac{3}{4}$					
$-0{,}5$	1,8					

BEACHTE
Tritt in einem Term dieselbe Variable mehrfach auf, so muss für diese Variable an allen Stellen dieselbe Zahl eingesetzt werden.
Treten in einem Term unterschiedliche Variablen auf, so können verschiedene Zahlen eingesetzt werden. Man darf aber auch jedesmal dieselbe Zahl einsetzen.

Terme umformen und vereinfachen

1

Berechne die beiden Terme $[2(5x-7)+14]:5$ und $2x$ jeweils für $x=0;\ 1;\ -3;\ 7;\ -0{,}5$. Was stellst du fest? Muss das für alle Zahlen so sein? Begründe.

WISSEN

Zwei Terme nennt man **gleichwertig**, wenn *jede* Einsetzung aus einer vorgegebenen Grundmenge (in der Regel $\mathbb{Q}$) bei beiden zum gleichen Ergebnis (Wert) führt. Formt man einen Term in einen gleichwertigen Term um, der sich leichter berechnen lässt, so nennt man das **Vereinfachen** des Terms.

BEISPIELE
für gleichwertige Terme:
$1\cdot a$ und a
$-1\cdot a$ und $-a$,
$a+a+a$ und $3a$,
$(a-b)\cdot c$ und $a\cdot c-b\cdot c$

2

Ersetze die folgenden Terme durch einfachere, gleichwertige Terme.

a) $z+z+z+z+z$ **b)** $n+n+n-n$ **c)** $uv-uv+uv$
d) $a^2+a^2+a^2+a^2$ **e)** $ab-ab$ **f)** $x+x+y+y+y$
g) $ab+ab-xy+xy+xy-ab$ **h)** $abc+abc+x^2+x-abc-x-x+x-x^2$

BEISPIELE

$13a+5a-6a=12a$ (Zusammenfassen gleichartiger Summanden)

$5xy+12abc-2xy-3abc=5xy-2xy+12abc-3abc$ (Ordnen)
$=3xy+9abc$ (Zusammenfassen)

$5xy\cdot 12abc\cdot 2xy\cdot 3abc=5xy\cdot 2xy\cdot 12abc\cdot 3abc$ (Ordnen)
$=360x^2y^2a^2b^2c^2$ (Multiplizieren)

BEACHTE
Nicht jeder Term lässt sich vereinfachen.
Zum Beispiel lässt sich $2a+3b$ nicht zusammenfassen.

3[L]

Fasse gleichartige Summanden zusammen. Ordne gegebenenfalls vorher um.

a) $3a-2a$ **b)** $4ab+3ab$ **c)** $abc+2abc$ **d)** $0{,}5mn-1{,}2mn$
e) $\frac{1}{2}x-\frac{1}{4}x$ **f)** $z-\frac{1}{4}z$ **g)** $x-\frac{1}{3}x-\frac{2}{9}x+1$ **h)** $\frac{2}{5}x+\frac{7}{4}x-\frac{1}{15}x$
i) $2x+6y-4z+x+4y-z$ **j)** $8a^2b-3a^2b+a^2b$
k) $48q+7p-14q+9p$ **l)** $32x-25y-19y+21y+52x$
m) $14w-8v+32v-19w+6w^2$ **n)** $160a^2-56b^2+48a^2+16b^2-10a^2+3b^2$

HINWEISE
Das Ordnen lässt sich mithilfe der Assoziativ- und Kommutativgesetze der Addition und Multiplikation begründen.

Beim Multiplizieren von Potenzen beachte folgendes Beispiel:
$a^2\cdot a^3=(a\cdot a)\cdot(a\cdot a\cdot a)$
$=a\cdot a\cdot a\cdot a\cdot a$
$=a^5$

4[L]

Vereinfache die folgenden Produkte.

a) $a\cdot a^3$ **b)** $x^3\cdot x^3$ **c)** $y^2\cdot y^3\cdot y$
d) $3x^4\cdot 5x^3$ **e)** $(4t)^2\cdot 2t^3$ **f)** $a^2\cdot b^3\cdot ab^2\cdot a^5\cdot b$
g) $(-2x^4y)^3\cdot(-xy^6)$ **h)** $-3ab^2\cdot(5ab)^2\cdot(-b)^3$ **i)** $3mn^2o^2\cdot(-2m^3no^2)$

5

Sind die folgenden Terme gleichwertig? Begründe deine Entscheidung.

a) $x+x$ und $x\cdot x$ **b)** $x+x+x$ und $x\cdot 3$ **c)** $x\cdot x\cdot x$ und $x\cdot x^2$
d) $a^2\cdot a\cdot a$ und $4a$ **e)** a^2+2a und $4a$ **f)** $(5+6)z$ und $5+6z$
g) $3a+5b$ und $8ab$ **h)** $(5xyz)^2$ und $5x^2y^2z^2$ **i)** $(-3z)^2$ und $-9z^2$
j) $2\cdot|x+1|$ und $2x+2$ **k)** $|z-1|$ und $|1-z|$ **l)** $|a+1|$ und $|a|+1$

WISSEN

Eine Summe wird mit einer Zahl multipliziert, indem man jeden Summanden mit der Zahl multipliziert: $\boldsymbol{a \cdot (b + c - d) = a \cdot b + a \cdot c - a \cdot d}$

HINWEIS
Man kann die Regel mithilfe des Distributivgesetzes beweisen.
Dabei wird die Beziehung $c - d = c + (-d)$ genutzt, die auch die Bezeichnung „Summe" rechtfertigt.

6

Multipliziere die jeweilige Summe.

a) $x \cdot (y + z)$ **b)** $x(y - z)$ **c)** $x(-y - z)$ **d)** $-x \cdot (y + z)$
e) $-x(-y - z)$ **f)** $-x(-y + z)$ **g)** $e(f + g - h)$ **h)** $(x - y) \cdot a$
i) $4a(b - c)$ **j)** $5xyz(2x - 3y + 4z)$ **k)** $-2 \cdot (-x + x^3)$ **l)** $2m^2(5n - 7mn)$

7^L

Löse die Klammern auf, ordne und fasse zusammen.

a) $6x + 3 \cdot (2x - 3y) - 4y$ **b)** $-4(a - 2b + c) + 2(-3a - 6c + 2b)$
c) $2uv(-v^2 + v^3)$ **d)** $(12a - 7b)c + 2b - 4ac$
e) $-2(3x + 5y - z) - 1(x + 8y + y)$ **f)** $a(b - cd) + adc$

8

Übertrage die Tabelle ins Heft und fülle sie aus. Fällt dir etwas auf? Nutze es aus.

u	v	$7u - 4v - 6u + 5v$	$19u - 2u(9 + 2v) + 4uv + v$	$(u + 2v) \cdot 3 - 2(u + 2{,}5v)$
1	0			
4	−2			
0,4	2,5			
$-1\frac{1}{2}$	$1\frac{3}{4}$			

WISSEN

Bei der Subtraktion einer eingeklammerten Summe wird jeder Summand subtrahiert bzw. es wird die entgegengesetzte Zahl addiert:
$\boldsymbol{a - (b + c - d) = a - b - c + d}$

HINWEIS
Zur Begründung kann die oben genannte Regel dienen. Man muss dabei nur beachten, dass $-(b + c - d)$ und $(-1) \cdot (b + c - d)$ gleichwertige Terme sind.

9

Löse die Klammern auf, ordne und fasse zusammen.

a) $5x - (2y + 3x)$ **b)** $6a - 3 - (-5 - 3a)$ **c)** $12k - (4k + 3t - 4)$
d) $20y - (15 - x + 2y)$ **e)** $12a + (7b - 3a) - 4a$ **f)** $12k - (18 - 3k - 4)$
g) $-(u + v) - (2u + 3v - 1)$ **h)** $-(2xy^2 - 3x^2y) + 7xy^2$ **i)** $-2(3a - 5b^2) - (-9a - 3b^2)$

10^L

Beschreibe die folgenden Rechenanweisungen für Taschenrechner durch Terme.

a) a [x^y] 5 [×] b [=] **b)** −12 [÷] a [−] b [x^2] [=]
c) a [+] b [=] [1/x] **d)** a [+] b [1/x] [=]
e) a [x^2] [+] a [=] **f)** a [1/x] [÷] b [√] [=]
g) a [−] b [1/x] [=] [x^2] [×] 2 [=] **h)** a [x^2] [1/x] [×] 4 [÷] a [=]

BEISPIEL
a [+] b [1/x] [=] [x^2]
entspricht dem Term $\left(a + \frac{1}{b}\right)^2$.

11[L]

Schreibe zu den folgenden Termen entsprechende Rechenanweisungen für Taschenrechner auf (vergleiche Aufgabe 10).

a) $\frac{a+b}{c}$ **b)** $\frac{a}{b+c}$ **c)** $\frac{a}{b \cdot c}$ **d)** $a + a^2 + a^3$ **e)** $a^2 - \frac{1}{2}$ **f)** $x^2 - \frac{1}{x^3}$

12

Ein „Hellseher" behauptet, er könne Gedanken lesen, und fordert jemanden auf: „Denk dir eine Zahl, addiere 3, multipliziere die Summe mit 6 und subtrahiere vom Produkt zuerst 3 und dann die gedachte Zahl. Teile noch durch 5 und nenne mir das Ergebnis, dann sag ich dir auch die Zahl, die du dir ausgedacht hast!"
Erkennt ihr den Trick? Begründet, dass die gedachte Zahl eine beliebigen Zahl sein kann, z. B. auch eine negative gebrochene Zahl.

ANREGUNG
Die Aufgaben 12 bis 15 eignen sich gut für Partnerarbeit.
Probiert die Zahlenrätsel aus.
Vielleicht kennt ihr auch selbst ein Zahlenrätsel, das ihr anderen stellen könnt?

13

Uli sagt zu seinem Nachbarn: „Denke dir eine natürliche Zahl, multipliziere sie mit ihrem Vorgänger und zähle die gedachte Zahl dazu. Sage mir das Ergebnis, dann nenne ich dir die gedachte Zahl."
Führt die verlangten Rechnungen nacheinander für 5, 17 und 20 aus.
Wie kommt Uli auf die gedachte Zahl? Funktioniert der Trick auch, wenn man sich eine beliebige ganze Zahl ausdenken darf?

TIPP
Den Trick bei den Zahlenrätseln könnt ihr begründen, wenn ihr für die gesuchte Zahl eine Variable einführt, z. B. x.
Ihr könnt dann die Rechnungen durch einen Term beschreiben. Diesen Term müsst ihr versuchen zu vereinfachen.

14

Renate stellt folgende Aufgabe: „Denke dir eine natürliche Zahl, multipliziere sie mit 5 und addiere 2. Zum Vierfachen des Ergebnisses soll noch 3 addiert und zum Schluss das ganze noch mit 5 multipliziert werden. Sage mir das Ergebnis, dann nenne ich dir die gedachte Zahl."
Führt die verlangten Rechnungen nacheinander für 13, 91 und 237 aus. Wie kommt Renate auf die gedachte Zahl? Begründet, dass das stets funktioniert.

15

Mit dieser Aufgabe könnt ihr als „Hellseher" großen Eindruck machen.
Fordert jemand auf, er soll eine natürliche Zahl zwischen 51 und 100 auf einen Zettel schreiben.
Ihr selbst schreibt eine beliebige natürliche Zahl zwischen 1 und 50 auf einen Zettel, z. B. 34. Im Kopf berechnet ihr 99 minus „eure" Zahl und merkt euch die Differenz, bei 34 also 99 – 34 = 65.
Ein Zuschauer soll folgendes machen:
1. zur von ihm aufgeschriebenen Zahl die von euch ermittelte Differenz (im Beispiel 65) addieren,
2. im Ergebnis die äußerste linke Ziffer streichen und zu der so erhaltenen Zahl die gestrichene Ziffer addieren (war z. B. die gestrichene Ziffer eine 2, so soll er 2 addieren);
3. die erhaltene Zahl ist von der von ihm aufgeschriebenen Zahl zu subtrahieren.

Zeigt ihr euren Zettel vor, so wird der Zuschauer erstaunt feststellen, dass ihr das Ergebnis der Rechnungen (im Beispiel 34) vorhergesehen habt.

a) Probiert den Trick mit verschiedenen Zahlen aus.
b) Begründet, dass der Trick immer funktioniert. (Nennt die von euch aufgeschriebene Zahl z. B. a und die des Zuschauers x. Ihr müsst dabei beachten, dass die gestrichene linke Ziffer stets eine 1 ist. Warum ist das so?)

Aussagen und Aussageformen

1

Entscheide – soweit dies möglich ist –, ob Folgendes wahr oder falsch ist.

a) Primzahlen sind ungerade. **b)** $2 + 2 = 5$ **c)** 9 teilt 405.
d) Ein Quader hat 8 Kanten. **e)** 13 ist eine Primzahl. **f)** $19 > 8 + 5$
g) Heute scheint die Sonne. **h)** t ist Teiler von 12. **i)** $z = 2z - 7$
j) 86 500 Sekunden sind ein Tag. **k)** $2^4 = 4^2$ **l)** $2^n = n^2$
m) Ein Tutufant ist dideldum. **n)** $x < x + 1$ für $x \in \mathbb{Q}$ **o)** $x < x \cdot x$

BEISPIELE

„Im Moment regnet es", ist eine Aussage, von der man entscheiden kann, ob sie wahr oder falsch ist.
Die Gleichung „$2 + 7 = 10$" ist eine Aussage, und zwar eine falsche Aussage.

„Wird es morgen regnen?", ist keine Aussage, sondern eine Frage. Sie ist weder wahr noch falsch.
Auch der Term „$2 + 7$" ist keine Aussage, er ist weder wahr noch falsch.

„x ist eine Quadratzahl", ist keine Aussage. Erst wenn man für x eine Zahl einsetzt, entsteht eine Aussage, von der man entscheiden kann, ob sie wahr oder falsch ist (für $x = 4$ ergibt sich eine wahre, für $x = 5$ eine falsche Aussage).
Auch die Gleichung „$x + 3 = 7$" ist keine Aussage. Erst nach Einsetzen konkreter Zahlen für x erhält man wahre oder falsche Aussagen.

WISSEN

Bei einer **Aussage** kann man entscheiden, ob sie wahr oder falsch ist.
Bei einer **Aussageform** kann man erst nach Einsetzen von Elementen einer Grundmenge für die Variablen entscheiden, ob eine wahre oder falsche Aussage entsteht.

Die Gesamtheit der Elemente einer Grundmenge, die aus einer Aussageform wahre Aussagen entstehen lassen, bilden die **Lösungsmenge der Aussageform**.

BEACHTE
Es gibt auch Aussagen, die Variablen enthalten, z. B.:
„Für jede natürliche Zahl n gilt: Ist $n > 4$, so ist $2^n > n^2$."
Dies ist eine wahre Aussage.
Die Lösungsmenge einer Aussageform hängt von der jeweiligen Grundmenge ab.
So hat z. B. $x + 7 = 5$ als Lösungsmenge in der Grundmenge $\mathbb{N}$ die leere Menge ($\emptyset$) und in der Grundmenge $\mathbb{Q}$ die Menge $\{-2\}$.

2L

a) Entscheide bei Aufgabe 1, ob es sich jeweils um eine Aussage, um eine Aussageform oder um nichts von beiden handelt.
b) Bilde selbst vier Aussagen und vier Aussageformen. Entscheide, ob die Aussagen wahr oder falsch sind. Gib die Lösungsmengen der Aussageformen an.

3

Entscheide, ob die folgenden Aussagen wahr oder falsch sind.

a) $2^3 > 3^2$ **b)** $7 \cdot 28 < 1200 : 8$ **c)** $\sqrt{10\,000} = 100$
d) $2^{11} = 1024$ **e)** 3 ist Teiler von 123 456. **f)** Ein Wal ist ein großer Fisch.

4

Bestimme die Lösungsmenge der Aussageformen.

a) $x \cdot 4 = -12$ $(x \in \mathbb{Q})$ **b)** $n < 5$ $(n \in \mathbb{N})$ **c)** $x^2 = 144$ $(x \in \mathbb{Q})$
d) x ist Teiler von 6 $(x \in \mathbb{N})$ **e)** $\sqrt{x} = 8$ $(x \in \mathbb{Q})$ **f)** $x \cdot x \leq 64$ $(x \in \mathbb{N})$

Mathematik im Alltag

Aus der Geschichte des Kalenders

Wie lang ist ein Tag? Wie lang ist ein Monat? Wie lang ist ein Jahr?
Vielleicht kommen dir diese Fragen sehr einfach vor. Tatsächlich ist es nicht ganz so leicht. Ein Tag dauert natürlich 24 Stunden. Er beginnt um Mitternacht und endet auch um 24 Uhr. Welcher Vorgang in der Natur bestimmt aber die Länge von 24 Stunden?

Der Monat: Der Begriff Monat entstand aus der Beobachtung der Bewegung des Mondes. Die Länge eines Monats entspricht einem Umlauf des Mondes um die Erde. Will man diesen Zeitraum bestimmen, gelangt man allerdings zu unterschiedlichen Resultaten.
Bei seiner Bewegung um die Erde scheint es so, als wandert der Mond zwischen den Sternen. Als *siderischen Monat* bezeichnet man daher den Zeitraum zwischen zwei Vorbeigängen am selben Stern. Der siderische Monat ist 27 Tage, 7 Stunden, 43 Minuten und 11,5 Sekunden lang.
Eine andere Möglichkeit, die Länge eines Monats zu bestimmen, besteht darin, den Zeitraum zwischen zwei gleichen Mondphasen (z. B. Neumond) zu messen. Für diesen *synodischen Monat* kommt man dann auf eine Länge von 29 Tagen, 12 Stunden, 44 Minuten und 2,9 Sekunden.

Das Jahr: Den Ablauf eines Jahres erkennt man am deutlichsten am Wechsel der Jahreszeiten. Aber für einen Kalender ist dies viel zu ungenau. Astronomisch bedeutet ein Jahr den Zeitraum, den die Erde für einen Umlauf um die Sonne benötigt. Durch Beobachtungen der Sterne haben die Astronomen dafür einen Zeitraum von 365,2422 Tagen ermittelt.

Wer erfand den Kalender?
In allen hochentwickelten Kulturen des Altertums kannte man einen Kalender. Die Kalender waren jedoch sehr verschieden voneinander. Sie richteten sich nach astronomischen Beobachtungen, aber auch nach religiösen Bräuchen. So verwendete man in Ägypten bereits 4000 Jahre v. Chr. einen Kalender, der 365 Tage im Jahr enthielt. Damit war das Jahr jedoch etwas zu kurz und der Jahresanfang verschob sich nach und nach durch alle Jahreszeiten. Dieser unbefriedigende Zustand wurde aufgehoben, als man ab 238 v. Chr. alle vier Jahre einen Schalttag einfügte.

Seit wann gibt es den heute gültigen Kalender?
Ob Termin- oder Wandkalender, die heutige Zeiteinteilung verdanken wir einem Papst. Im Jahre 1582 verkündete Papst Gregor XIII. die Kalenderreform, bei der der alte julianische Kalender abgelöst wurde.
Den *julianischen Kalender* hatte Julius Cäsar in Rom eingeführt. Bis dahin bestimmte ein hoher Priester nach persönlichem Geschmack, wie der Kalender zu handhaben sei. Schließlich kam es vor, dass man das Erntefest mitten im Winter feierte. Das Jahr 46 v. Chr., das Jahr der Verwirrung, zählte 455 Tage! In dieser Situation beschloss Julius Cäsar, sich als Ratgeber den griechischen Astronomen Sosigenes zu verpflichten.
Ein Jahr wurde mit 365 Tagen festgelegt und in jedem vierten Jahr wurde dem damaligen Jahresende 1 Tag als 29. Februar hinzugefügt. Das julianische Jahr dauerte also im Durchschnitt genau 365,2500 Tage. Damit war es etwas zu lang.

Julius Cäsar

Papst Gregor XIII. ließ das Jahr 1582 aus diesem Grunde einige Tage kürzer werden. Dem 4. Oktober folgte sofort der 15. Oktober.

Der heute gültige *gregorianische Kalender* wurde 1582 eingeführt und besagt:

- Jedes Jahr hat 365 Tage.
- Alle durch 4 teilbaren Jahreszahlen gehören zu Schaltjahren mit 366 Tagen.
- Innerhalb von 400 Jahren entfallen drei Schaltjahre, nämlich zum Jahrhundertwechsel, falls die Jahreszahl nicht durch 400 teilbar ist.

Papst Gregor XIII.

1

Wir rechnen mit Tagen, Stunden und Minuten

a) Berechne die Differenz zwischen der Länge eines julianischen Jahres und der Länge eines Sonnenjahres. Gib dein Ergebnis auch in Minuten an.

b) Wie viele Jahre dauert es, bis die Differenz einen ganzen Tag ergibt?

c) Der julianische Kalender hatte im Römischen Reich Gültigkeit vom Jahre 46 v. Chr. bis zum Jahre 1582. Wie viele Jahre sind das?

d) Auf welchen Fehlbetrag ist die Zeitzählung in dieser Zeit angewachsen?

e) Klaus merkt sich die Länge eines siderischen Monats mit ungefähr $27\frac{1}{3}$ Tagen. Wie viele Minuten und Sekunden weicht er dabei vom richtigen Wert ab? Welche Näherung würdest du dir für die Länge eines synodischen Monats merken? Berechne auch hierfür die Abweichung vom wirklichen Wert.

2

Im folgenden Text stimmt doch was nicht!

Paul und Juliane kommen vom Besuch des historischen Museums ihrer Stadt nach Hause und erzählen sich von den interessantesten Ausstellungsstücken.

Paul: „Mir hat die Ausstellung der Funde aus dem antiken Ägypten am besten gefallen. Auf einer tönernen Siegelrolle konnte man sogar die Jahreszahl erkennen: 1250 v. Chr.“ Juliane: „Damals konnten nur die Priester den Lauf der Zeit richtig verstehen und sogar schon Sonnen- und Mondfinsternisse vorhersagen. Der ägyptische Kalender hatte übrigens 12 Monate zu je 30 Tagen.“ Paul: „Dann war ja das ägyptische Jahr um fast 5 Tage zu kurz.“ Juliane: „Ich hab’ gelesen, dass am Ende eines Jahres dann immer noch 5 Feiertage folgten. Mein Favorit unter den Exponaten war aber etwas ganz anderes. Ich habe die Aufzeichnungen von Giordano Bruno am interessantesten gefunden. Er hat als einer der ersten das Weltbild des Kopernikus verbreitet: Nicht die Erde ist der Mittelpunkt der Welt, sondern die Sonne. Die Erde bewegt sich um die Sonne. Dafür geriet er dann am 12. Oktober 1582 in die Hände der Inquisition und wurde 1600 auf dem Scheiterhaufen verbrannt.“ Paul: „Das ist wirklich interessant. Waren eigentlich 1582 und 1600 beides Schaltjahre?“

3

Aufgaben, zu lösen mit einem Kalender

a) Suche in einem Kalender alle Tage heraus, an denen Vollmond herrscht. Den Vollmond erkennst du an dem Symbol ○.

b) Wie viele Tage ergeben zehn Mondmonate (Zeit von einem zum nächsten Vollmond)?

c) Zähle einmal nach, wie lange der Winter, der Frühling, der Sommer und der Herbst dauern. Welche Jahreszeit ist am längsten?

d) Rechne dein Alter doch einmal in Tagen aus. Beachte, welche Schaltjahre du schon miterlebt hast.

e) Wie viele Tage sind es noch bis zu deinem nächsten Geburtstag?

Gleichungen

Verschiedene Möglichkeiten Aufgaben zu lösen

1

Aufgabe für Gruppenarbeit:

a) Zuerst löst jeder die folgenden Aufgaben 2 bis 6 für sich. Versucht, für jede Aufgabe verschiedene Lösungswege zu finden.

b) Vergleicht eure Lösungswege in der Gruppe und diskutiert:
Welche Wege habt ihr gefunden, die einzelnen Aufgaben zu lösen?
Gab es Lösungswege, die vorteilhafter waren als andere?
Führt das Aufstellen und Lösen einer Gleichung stets zum Ziel?
Falls eine Gleichung zum Ziel führt: Ist das der vorteilhafteste Lösungsweg?

2

Den Banken wurde von der Polizei mitgeteilt, dass von einer Münzsorte Fälschungen im Umlauf sind. Während eine Originalmünze 9 g wiegt, wiegt eine Fälschung nur 8 g. In einer Bank werden 97 Münzen gewogen: 869 g. Wie viele Fälschungen befinden sich darunter?

3

Einem Containerschiff sollen noch 80 t Fracht zugeladen werden. Zum Verladen stehen Container von 4 t und von 5 t Masse bereit.

a) Findet alle Möglichkeiten, Container der beiden Massen als Fracht von 80 t zu kombinieren.

b) Welche Möglichkeiten gibt es, wenn nur Container von 3 t und 7 t bereitstehen?

Containerschiff

4

Bei einer Klassensprecherwahl stimmen zwei Drittel einer Klasse für Melanie. Die restlichen neun Schülerinnen und Schüler enthalten sich der Stimme. Überlegt, wie viele Schülerinnen und Schüler die Klasse hat.

5

Ein Fahrradhändler gewährt normalerweise beim Kauf eines neuen Fahrrades 2% Skonto auf den Preis bei Barzahlung. Auf ein Auslaufmodell gibt er stattdessen 7% Rabatt. Dadurch erhöht sich der Preisnachlass für einen Käufer um 21,50 €. Wie viel kostet das Auslaufmodell?

6

Ein Kasten mit 8 Flaschen Limonade wiegt 11,4 kg. Der leere Kasten ist so schwer wie eineinhalb Flaschen. Wie viel Kilogramm wiegt eine Flasche und wie viel der leere Kasten?

ZUM KNOBELN

In einer Bank befinden sich drei Stapel von gleich vielen Münzen. Einer dieser Stapel besteht aus lauter falschen Münzen. Bekannt ist, dass die falschen Münzen leichter als die echten sind.
Wie kann man mithilfe einer Balkenwaage bei nur einer Wägung die falschen Münzen herausfinden?
Wie kann man aus 6 Münzstapeln mit 2 Wägungen den einen falschen herausfinden?

BEISPIEL

Verschiedene Lösungswege für eine Sachaufgabe

Zwei verschieden schwere Container wiegen zusammen 670 kg. Der schwerere Container wiegt 120 kg mehr als der leichtere Container. Wie viel wiegt jeder Container allein?

Lösen durch systematisches Probieren:

1. Container	2. Container	Summe	Feststellung
300 kg	420 kg	720 kg	zu viel
250 kg	370 kg	620 kg	zu wenig
270 kg	390 kg	660 kg	zu wenig
280 kg	400 kg	680 kg	zu viel
275 kg	395 kg	670 kg	Lösung

Lösen durch Veranschaulichen und Überlegen:

Wir veranschaulichen uns die Aufgabe z. B. mithilfe einer Waage.
Wenn man sich von dem schwereren Container das Mehr an Masse von 120 kg weggenommen denkt, wiegen zwei leichtere Container zusammen noch 550 kg, also wiegt der leichtere Container die Hälfte von 550 kg, also 275 kg. Der schwerere Container wiegt dann 395 kg.
Probe: 275 kg + 395 kg = 670 kg (richtig)

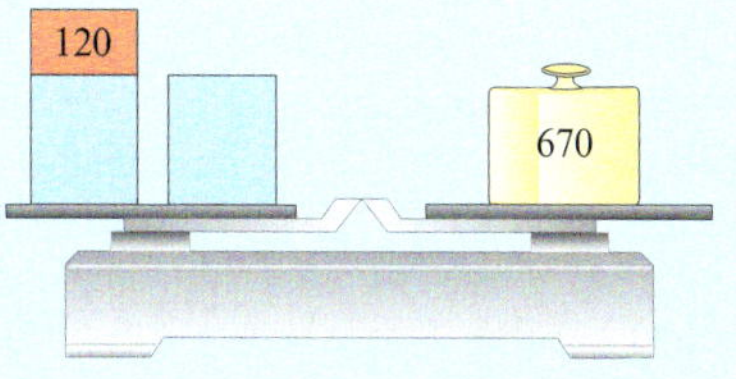

Lösen mithilfe einer Gleichung:

Wir betrachten nur die Zahlenwerte der Massen.

Text	Term oder Gleichung
Masse des leichteren Containers	x
Masse des schwereren Containers	$x + 120$
Summe der Massen	$x + (x + 120)$
Summe der Massen gleich 670 kg	$x + (x + 120) = 670$

Die Gleichung $x + (x + 120) = 670$ lässt sich vereinfachen zu:
$2x + 120 = 670$
Ein solche Gleichung kann man durch Überlegen lösen:
Wenn $2x + 120$ gleich 670 ist, dann muss $2x$ um 120 kleiner als 670 sein:
$2x = 670 - 120 = 550.$
x muss dann die Hälfte von 550 sein: $x = 550 : 2 = 275.$
Die beiden Massen sind also 275 kg und 395 kg.
Auch hier bestätigt eine Probe die Richtigkeit des Ergebnisses.

HINWEIS
Die Gleichung $x + (x + 120) = 670$ kann auch durch systematisches Probieren gelöst werden:

x	$x + (x + 120)$	
300	720	zu groß
250	620	zu klein
270	660	zu klein
280	680	zu groß
275	670	Lösung

7L

Jenny und Frank wohnen 36 km voneinander entfernt. Sie treffen sich manchmal per Fahrrad zwischen den Orten. Wenn sie sich treffen, ist Frank meistens 3 km mehr gefahren als Jenny. Manchmal schafft Frank sogar das 1,25fache der Strecke von Jenny.
Welche Strecke ist jeder in den beiden Fällen bis zum Treffpunkt gefahren?

TIPP
Fertige eine Skizze zum Sachverhalt an.

8

Der Flächeninhalt eines Rechtecks beträgt 72 cm^2. Ein Seite ist doppelt so lang wie die andere. Wie lang sind die Seiten?

9

Von einem Quader ist bekannt, dass die Zahlenwerte der Seitenlängen bei Messung in Zentimeter natürliche Zahlen größer als 1 sind. Sein Volumen beträgt 30 cm^3. Wie lang sind die Seiten des Quaders?

10

Ein erster Postsack wiegt 81 kg, ein zweiter 65 kg. In den ersten Postsack werden nur 3-kg-Pakete und in den zweiten nur 5-kg-Pakete geworfen. Wie viele jeder Paketart müssen in den entsprechenden Postsack geworfen werden, damit beide gleich schwer sind? Wie groß ist diese gemeinsame Masse?

11

Überlege dir zu jedem Text eine sinnvolle Frage. Versuche sie dann zu beantworten.

a) Ein Fußballstadion mit 65 000 Plätzen hat dreimal so viele Sitz- wie Stehplätze.
b) Von einem 6 m langen Kupferdraht werden fünf gleich lange Drähte abgeschnitten. Es bleiben 60 cm übrig.
c) Addiert man zum Doppelten einer Zahl 127, so erhält man 591.
d) Ein Füller kostet zusammen mit einer Tintenpatrone 5,50 €. Der Füller allein kostet 5 € mehr als die Patrone.
e) Das Doppelte einer Zahl ist kleiner als diese Zahl. Das Quadrat dieser Zahl ist gleich ihrem Betrag.

Zwei Spalten aus dem Moskauer Papyrus (Berechnung eines Pyramidenstumpfes)

12^L

Die Aufgabe 28 aus dem Papyrus Rhind lautet in heutiger Übersetzung:
„Wenn man zu einer gesuchten Zahl zwei Drittel dieser Zahl addiert und danach von dieser Summe ihren dritten Teil subtrahiert, dann erhält man die Zahl 10. Probiere herauszufinden, wie die gesuchte Zahl lautet."
Versuche, die Aufgabe 28 aus dem Papyrus Rhind zu lösen.
Hinweis: Falls du dabei Schwierigkeiten hast, so orientiere dich am Beispiel auf der nächsten Seite.

INFORMATION
Unsere Kenntnisse über die alte ägyptische Mathematik verdanken wir vor allem den wenigen erhalten gebliebenen mathematischen Papyri, Schriftrollen, auf denen die damals bekannten Berechnungsmethoden rezeptartig in Form von Beispielaufgaben festgehalten waren. Die wohl bedeutendsten Papyri sind der Moskauer Papyrus und der Papyrus Rhind. Der Papyrus Rhind (benannt nach dem schottischen Archäologen H. A. Rhind) ist eine der ältesten mathematischen Schriftrollen. Sie ist 5,25 m lang und 0,33 m breit und enthält 84 Aufgaben. Dieser Papyrus wurde etwa 1650 v. Chr. von dem ägyptischen Schreiber A'h-mosè (Achmes) erstellt.

BEISPIEL

Gesucht ist eine Zahl, für die Folgendes gilt: Wenn man von der gesuchten Zahl drei Viertel dieser Zahl subtrahiert und dann zu dieser Differenz zwei Drittel der Differenz addiert, dann erhält man die Zahl 10.

Erfassen des Textes mithilfe einer Tabelle:

Text	Term oder Gleichung
gesuchte Zahl	x
davon drei Viertel der gesuchten Zahl subtrahieren	$x - \frac{3}{4}x$, vereinfacht $\frac{x}{4}$
zwei Drittel der Differenz	$\frac{2}{3} \cdot \frac{x}{4}$, vereinfacht $\frac{x}{6}$
Summe aus Differenz und zwei Drittel der Differenz	$\frac{x}{4} + \frac{x}{6}$, zusammengefasst $\frac{5}{12}x$
Summe ist gleich 10	$\frac{5}{12}x = 10$

Lösen der Gleichung:
Da Multiplikation und Division zueinander Umkehroperationen sind, folgt aus $\frac{5}{12}x = 10$ die Gleichung $x = 10 : \frac{5}{12}$ und damit $x = 10 \cdot \frac{12}{5} = 24$.

BEACHTE
Ergebnisse von Sach- und Textaufgaben sollten immer am Aufgabentext überprüft werden. Im Beispiel links lautet diese Probe:
$\frac{3}{4} \cdot 24 = 18$; $24 - 18 = 6$;
$\frac{2}{3} \cdot 6 = 4$; $6 + 4 = 10$ (richtig)

13

Formuliere zu jedem Text eine sinnvolle Frage. Beschreibe den Sachverhalt mithilfe einer Gleichung, löse sie durch inhaltliches Überlegen und beantworte die Frage.
a) Vier gleich schwere Kisten wiegen zusammen 6 kg weniger als 60 kg.
b) Eva kauft sechs Tafeln Schokolade ein. Sie bezahlt mit einem 5-Euro-Schein und erhält 26 Cent Wechselgeld zurück.

14

Schreibe zu jeder Gleichung einen Text. Löse die Gleichungen durch Überlegen.
a) $7x + 25 = 165$ **b)** $2x = 51 - 13$ **c)** $2x + x = 54$
d) $x + 10 + x = 11$ **e)** $x + 126 = 588 - x$ **f)** $x^2 = 81$

METHODE

Lösen von Aufgaben – mit und ohne Gleichungen

Wie man eine Aufgabe am zweckmäßigsten löst, hängt von der jeweiligen Aufgabe ab. Vor der eigentlichen Lösung steht also die Entscheidung für einen Lösungsweg. Beachte dazu:
- Lies in jedem Falle die Aufgabenstellung genau und durchdenke sie gründlich.
- Stelle sicher, dass dir die Aufgabenstellung ganz klar ist: Was sind die Voraussetzungen, was ist gegeben, was ist gesucht? Formuliere die Aufgabe entsprechend um.
- Überlege, ob das Problem durch gründliches Nachdenken, sinnvolles Probieren oder einfach durch das Ausrechnen bestimmter Werte gelöst werden kann.

Bei vielen Sachverhalten ist das Aufstellen und Lösen einer Gleichung ein erfolgversprechender Weg. Beim Aufstellen einer Gleichung zu einem komplizierten Text hilft oft eine Tabelle der hier angegebenen Form. Damit kannst du den Text Stück für Stück in die Sprache der Mathematik „übersetzen".

Text	Term/Gleichung

- Kontrolliere deine Ergebnisse. Prüfe bei Sachaufgaben, ob das ermittelte Ergebnis überhaupt sinnvoll ist.

Gleichungen

Beim Lösen von Aufgaben ist häufig eine Gleichung aufzustellen und dann zu lösen. Über Gleichungen wissen wir inzwischen schon eine ganze Menge:

WISSEN

Eine Gleichung entsteht, wenn man zwei Terme T_1 und T_2 gleichsetzt.
$\boldsymbol{T_1 = T_2}$.

BEISPIELE

Term T_1	Term T_2	Gleichung $T_1 = T_2$
$2 \cdot 3 + 4$	10	$2 \cdot 3 + 4 = 10$
$2x + 4$	10	$2x + 4 = 10$
$2x + 4$	$5x - 3$	$2x + 4 = 5x - 3$
$\frac{1}{2}x - 2$	$\frac{1}{4}y + 1$	$\frac{1}{2}x - 2 = \frac{1}{4}y + 1$

WISSEN

Gleichungen wie $2 \cdot 3 + 4 = 10$ sind Aussagen. $2 \cdot 3 + 4 = 10$ ist eine wahre Aussage.

Gleichungen wie $2x + 4 = 10$, $2x + 4 = 5x - 3$ oder $\frac{1}{2}x - 2 = \frac{1}{4}y + 1$ sind Aussageformen.

Die Menge der Zahlen, die man für die Variablen einsetzen kann, nennt man **Grundmenge** oder **Variablengrundbereich**.

Wird eine Gleichung nach dem Einsetzen einer Zahl für die Variable zur wahren Aussage, so sagt man: Die Zahl **erfüllt** die Gleichung.
Eine Gleichung **lösen**, heißt, diejenigen Zahlen aus der Grundmenge zu finden, die diese Gleichung erfüllen. Solche Zahlen heißen **Lösungen** der Gleichung.
Die Menge aller Lösungen einer Gleichung nennt man **Lösungsmenge** $\boldsymbol{L}$.

Vereinbarung: Wenn zu einer Gleichung keine Grundmenge angegeben ist, so nehmen wir den Bereich der rationalen Zahlen $\mathbb{Q}$ als Grundmenge an.

BEISPIEL

Die Gleichung $3x + 7 = 5$ ist im angegebenen Variablengrundbereich zu lösen.

$x \in \{-4; 0; 4; 8\}$	Für keine Zahl des Variablengrundbereichs wird die Gleichung zur wahren Aussage. $L = \emptyset$.
$x \in \mathbb{Q}^+$	Für alle gebrochenen Zahlen ist die linke Seite der Gleichung größer oder gleich 7. Es gibt keine Lösung. $L = \emptyset$.
$x \in \mathbb{Q}$	Überlegung: $3x$ muss -2 sein, damit die Gleichung zur wahren Aussage wird. Aus $3x = -2$ folgt $x = -2 : 3$ bzw. $x = -\frac{2}{3}$ und somit $L = \left\{-\frac{2}{3}\right\}$.

INFORMATION
Das Zeichen = stammt von dem Engländer Robert Recorde (1510–1558), der es in dem Algebrabuch „The Whetstone of Witte" mit der Begründung vorschlug, dass nichts gleicher sei als zwei parallele Linien.
Davor war üblich *aeq.* als Abkürzung für das lateinische Wort *aequare* (gleichmachen, vergleichen) zu benutzen.

HINWEIS
Die Begriffe „erfüllen", „lösen", „Lösung" und „Lösungsmenge" sind hier für Gleichungen mit einer Variablen erklärt.
Die Gleichung $\frac{1}{2}x - 2 = \frac{1}{4}y + 1$ wird nicht durch einzelne Zahlen, sondern durch Zahlenpaare erfüllt – z. B. durch (7|2), also $x = 7$ und $y = 2$.

BEACHTE
Die Lösungsmenge ist eine Teilmenge der Grundmenge (die leere Menge ist Teilmenge jeder Menge).

15

Löse die folgenden Gleichungen mit den ganzen Zahlen $\mathbb{Z}$ als Grundmenge.

a) $x + 3 = 10$ **b)** $x + 37 = 21$ **c)** $51 = 17 + x$
d) $x + 127 = 873$ **e)** $x + 457 = 369$ **f)** $890 = 791 + x$
g) $x - 3 = 10$ **h)** $x - 37 = 21$ **i)** $51 = 17 - x$
j) $x - 127 = 873$ **k)** $x - 457 = 369$ **l)** $890 = 791 - x$
m) $x - 127 = -873$ **n)** $x - 457 = -369$ **o)** $-890 = -791 - x$

16[L]

Ermittle die Lösungsmenge der folgenden Gleichungen im Kopf.
Wähle dabei als Grundmenge zuerst die ganzen Zahlen $\mathbb{Z}$ und dann die rationalen Zahlen $\mathbb{Q}$.

a) $4x = 20$ **b)** $9x = 54$ **c)** $144 = 12x$ **d)** $17x = 136$
e) $21x = 273$ **f)** $456 = 3x$ **g)** $-x = 1$ **h)** $36x = -504$
i) $-216 = 8x$ **j)** $-7x = 56$ **k)** $-9x = 72$ **l)** $8 = -4x$

17

Ermittle die Lösungsmenge der folgenden Gleichungen im Kopf.
Wähle dabei als Grundmenge zuerst die natürlichen Zahlen $\mathbb{N}$ und dann die rationalen Zahlen $\mathbb{Q}$.

a) $\frac{1}{2}x = 1$ **b)** $\frac{2}{3}x = 1$ **c)** $4 = \frac{4}{5}x$ **d)** $\frac{1}{13}x = 2$
e) $\frac{3}{2}x = 1$ **f)** $4 = \frac{5}{4}x$ **g)** $\frac{3}{4}x = 27$ **h)** $-\frac{7}{8}x = 63$
i) $-\frac{3}{4}x = 27$ **j)** $-\frac{2}{9}x = \frac{8}{3}$ **k)** $-\frac{13}{5}x = -\frac{39}{45}$ **l)** $-\frac{8}{15}x = -\frac{64}{225}$

18

Löse die folgenden Gleichungen im jeweils angegebenen Variablengrundbereich.

a) $x + 1 = 0;\ x \in \mathbb{Z}$ **b)** $0{,}01\,x = -0{,}50;\ x \in \mathbb{N}$
c) $x + 1 = 0;\ x \in \mathbb{Q}$ **d)** $0{,}10\,x = -0{,}05;\ x \in \mathbb{Z}$
e) $x + 1 = 0;\ x \in \mathbb{N}$ **f)** $1{,}00\,x = -5{,}50;\ x \in \mathbb{Q}$
g) $x + 1 = 0;\ x \in \{\ldots; -6; -4; -2; 0\}$ **h)** $1{,}01\,x = -5{,}05;\ x \in \{0; 2; 4; \ldots\}$
i) $10 + x = 1;\ x \in \{-10; -9; -8; \ldots; 0\}$ **j)** $3{,}25\,x - 1{,}8 = 1{,}45;\ x \in \mathbb{N}$
k) $10 + x = 1;\ x \in \{0; 1; 2; \ldots; 10\}$ **l)** $3{,}25\,x + 1{,}8 = 1{,}45;\ x \in \mathbb{N}$
m) $10 + x = 1;\ x \in \mathbb{N}$ **n)** $x = x;\ x \in \mathbb{Q}$

WISSEN

Die Lösungsmenge einer Gleichung kann bezüglich einer Grundmenge genau eine Zahl, beliebig viele Zahlen oder gar keine Zahl enthalten.

Enthält die Lösungsmenge alle Zahlen aus der Grundmenge, dann sagt man, „die Gleichung ist allgemeingültig in der Grundmenge."

Enthält die Lösungsmenge dagegen keine Zahl, dann sagt man, „die Gleichung ist nicht lösbar in der Grundmenge."

19

Denke dir selbst je drei Gleichungen mit Grundmengen aus, die genau eine Lösung, beliebig viele Lösungen und keine Lösung in der Grundmenge besitzen.

NACHGEDACHT

Neben den Gleichungen kennst du bereits eine andere Gleichheitsbeziehung in der Mathematik: die Kongruenz.
Vergleiche anhand der folgenden Beispiele beide Gleichheitsbeziehungen.

a) $3 + 5 = 2 \cdot 4$

b)

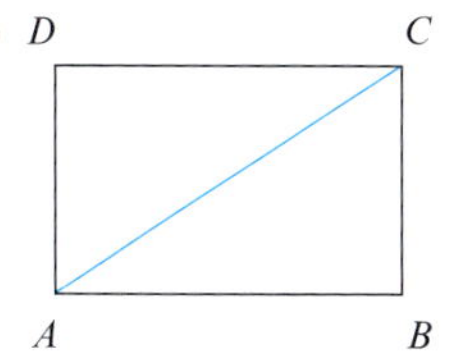

$\triangle ABC \cong \triangle ACD$

TIPP

Denke daran, dass Multiplikation und Division Umkehroperationen zueinander sind.

HINWEIS

Ist eine Gleichung allgemeingültig, so ist die Lösungsmenge gleich der Grundmenge.

BEISPIEL

Lösen einer Gleichung durch inhaltliches Überlegen

Aufschreiben:	Überlegen:
$\frac{1}{3} = \frac{2}{3}x - \frac{5}{6}$	$\frac{2}{3}x$ muss $\frac{7}{6}$ sein, denn $\frac{7}{6} - \frac{5}{6} = \frac{2}{6} = \frac{1}{3}$.
$\frac{2}{3}x = \frac{7}{6}$	Die linke Seite ist ein Produkt. Wir nutzen die Umkehroperation.
$x = \frac{7}{6} : \frac{2}{3} = \frac{7}{6} \cdot \frac{3}{2} = \frac{7}{4}$	Eine Probe bestätigt, dass $\frac{7}{4}$ eine Lösung ist.
$L = \left\{\frac{7}{4}\right\}$	

BEACHTE
$\frac{2}{3}x$ ist nur eine Kurzschreibweise von $\frac{2}{3} \cdot x$.

20[L]

Löse die folgenden Gleichungen. Kleide vier dieser Gleichungen in einen Text ein.

a) $\frac{1}{2}x + 4 = 6$ **b)** $\frac{2}{3}x - 7 = 9$ **c)** $12 = -3 + \frac{4}{5}x$
d) $-\frac{1}{5}x - 1 = 0$ **e)** $3x + \frac{7}{8} = \frac{5}{4}$ **f)** $-\frac{3}{2} = \frac{1}{2} - 2x$
g) $\frac{2}{3}x + 1 = 1$ **h)** $\frac{3}{10}x = \frac{6}{20}x$ **i)** $-\frac{3}{2} = \frac{3}{2}x$
j) $0{,}4x = 16$ **k)** $-5{,}3x = 53$ **l)** $0{,}81 = 0{,}09x$
m) $3{,}5x + 6 = 20$ **n)** $4{,}5x - 7{,}2 = 1{,}8$ **o)** $6{,}33 = 16x - 3{,}67$
p) $9{,}1x + 12 = 21{,}1$ **q)** $8{,}5 = 8{,}5 + x$ **r)** $0{,}03 = 0{,}03 - x$

TIPP
Überlege, bei welchen Aufgaben die Verwendung eines Taschenrechners sinnvoll sein könnte.

21

Formuliere zu den folgenden Texten sinnvolle Fragen und beantworte sie.

a) Die Summe zweier aufeinanderfolgender Zahlen beträgt 85 (beträgt 16).
b) Die Summe dreier aufeinanderfolgender Zahlen beträgt 99.
c) In einem gleichschenkligen Dreieck mit dem Umfang $u = 25$ cm ist die Basis 5 cm kürzer als ein Schenkel.
d) In einem Dreieck ist der Winkel α halb so groß wie der Winkel β und um 56° größer als der Winkel γ.
e) In einem Rechteck mit dem Umfang $u = 100$ cm ist die längere Seite viermal so lang wie die kürzere Seite.
f) In einem speziellen stumpfwinkligen Dreieck ist die längste Seite größer als die Summe der beiden kürzeren Seiten.

TIPP
Bei einigen Teilaufgaben kann eine Skizze hilfreich sein.

22

Formuliert selbst Texte der Art wie in Aufgabe 21. Tauscht sie aus. Stellt Fragen zu den Texten und versucht, sie zu beantworten.

Partnerarbeit

23

Denke dir zu den folgenden Gleichungen sinnvolle Texte aus. Gib für jede der vorkommenden Variablen einen zum Text passenden Variablengrundbereich an.

a) $\frac{1}{5}x + 25 = 40$ **b)** $\frac{1}{8}x + \frac{3}{4} = 1$ **c)** $\frac{2}{3}x + \frac{3}{5} = \frac{11}{15}$
d) $1{,}8 = 4{,}5x - 11{,}7$ **e)** $12x - 7{,}36 = 28{,}64$ **f)** $80x - 20 = 40x - 20$
g) $\alpha + \beta + \gamma = 180°$ **h)** $2\alpha + \gamma = 180°$ **i)** $\alpha + \beta + \gamma + \delta = 360°$
j) $x + y = y + x$ **k)** $a \cdot b = b \cdot a$ **l)** $(a \cdot b) \cdot c = a \cdot (b \cdot c)$

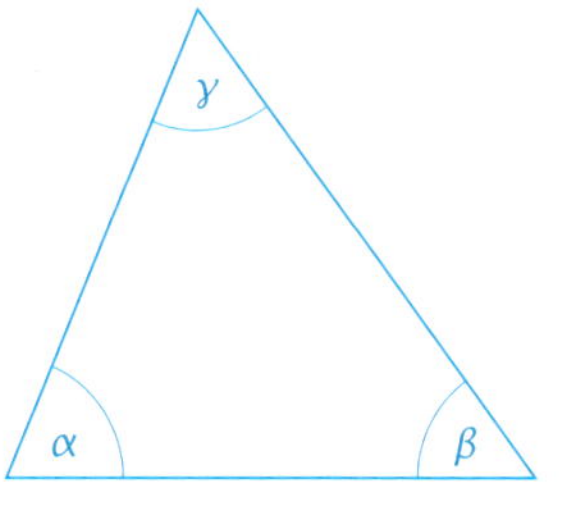

24[L]

Löse folgende Gleichungen für die Grundmenge $\mathbb{Q}$.

a) $x + x + x = 12$ **b)** $x + 3 - 4 + 5 = 19$ **c)** $y + 0{,}1 - 0{,}2 + 1{,}7 = 6{,}3$
d) $-x - x + x = 42$ **e)** $2 - x + 7 + 8 = 21$ **f)** $8{,}6 + y - 3{,}4 + 9{,}5 = 7{,}2$
g) $-x = \frac{1}{2} - \frac{1}{3} + \frac{1}{5}$ **h)** $\frac{13}{21} + \frac{26}{42} = \frac{51}{17}t - \frac{51}{17}t$ **i)** $0{,}3 - \frac{1}{5} = \frac{1}{2}x - 0{,}5x$
j) $\frac{1}{5}y - \frac{1}{2}y = \frac{7}{8} - \frac{3}{4}$ **k)** $\frac{3}{7}x + \frac{4}{3}x = \frac{8}{7} + \frac{13}{21}$ **l)** $0{,}75 - \frac{3}{4} = \frac{1}{3}x - 0{,}5x$
m) $\frac{1}{2}y - \frac{7}{8}y - \frac{3}{4}y = 0$ **n)** $\frac{1}{5}a - \frac{3}{4}a = 11$ **o)** $\frac{7}{8}s + 0{,}25s + \frac{3}{4}s = 0$

TIPP
Vereinfache – wenn möglich – die Terme auf beiden Seiten des Gleichheitszeichens.

25

Löse folgende Gleichungen für die Grundmenge $\mathbb{Q}$.

a) $-x + x - x = 12$ **b)** $3 + 4 - 6 + x = 91$ **c)** $1{,}3 - 6{,}7 - 4{,}4 - y = 1{,}9$
d) $149 - 283 = 2x + x$ **e)** $6{,}7 + 9{,}4 = 9y - 10y$ **f)** $7{,}9t - 8{,}6t = 3{,}5 - 1{,}5$
g) $468 - 782 = -x + x$ **h)** $7{,}7z - 7{,}8z = 4{,}0 + 2$ **i)** $8{,}3x - 8{,}4x = 9{,}1 - 9{,}2$
j) $237 - 237 = x + x$ **k)** $-4{,}1z + 4{,}1z = 4{,}1 - 4{,}1$ **l)** $2{,}8 + 9{,}6 = -0{,}7y + 7{,}0y$
m) $4{,}3t - 5{,}4t = 1{,}1$ **n)** $0 = 2{,}9s - 4{,}1s + 1{,}2s$ **o)** $0 = 6{,}8r + 4{,}7r - 11{,}4r$

TIPP
Überlege, ob sich die Verwendung eines Taschenrechners lohnt.

26

a) Marina und Christoph sind zusammen 33 Jahre alt. Marina ist 5 Jahre älter als Christoph. Wie alt ist Marina, wie alt ist Christoph?
b) Bei einer Nachmittagsvorstellung sind an der Kinokasse Karten zu 2 € und zu 3 € erhältlich. Es wurden insgesamt 172 Karten verkauft, die 448 € in die Kasse brachten. Wie viele Karten zu 2 € und zu 3 € wurden verkauft?
c) Für einen Kasten Apfelsaft werden 7,24 € bezahlt. Der Saft kostet 2,74 € mehr als das Pfand. Wie viel kosten Apfelsaft und Pfand für sich?
d) Verlängert man die Seite eines Quadrats um 4 cm, so verdoppelt sich der Umfang. Wie lang war die Seite vor dem Verlängern?

AUFGABEN ZUR WIEDERHOLUNG

1. Teste dich selbst. Wie viele Dreiecke und wie viele Vierecke erkennst du in der Figur?

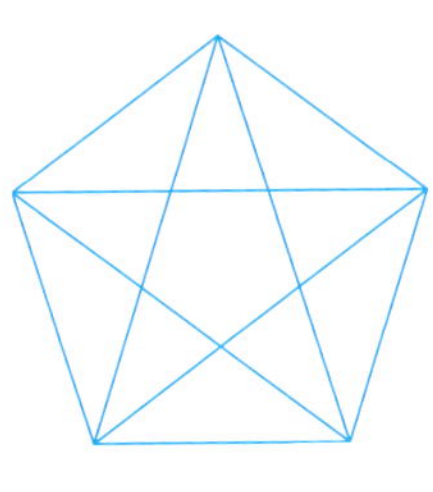

2. Faltübungen: Wie gehst du jeweils vor?
   a) Falte aus einem unregelmäßigem Stück Papier ein Rechteck.
   b) Falte aus dem Rechteck ein Quadrat.
   c) Falte aus einem Quadrat ein gleichschenkliges Dreieck.
   Probiere auch, ein gleichseitiges Dreieck zu falten.

3. Wie viele Streichhölzer brauchst du, um eine Fläche von einem Quadratmeter mit gleich großen Quadraten auszulegen? Die Quadratseiten sollen genau eine Streichholzlänge (ca. 5 cm) lang sein.

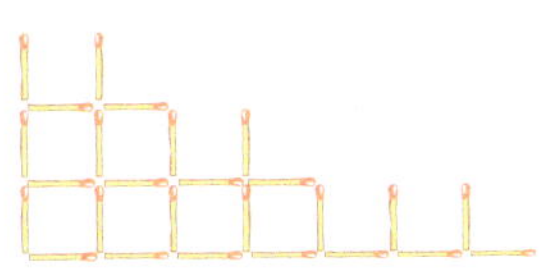

4. Welche der Flächen hat einen Flächeninhalt, der genauso groß ist wie der der grünen Fläche?

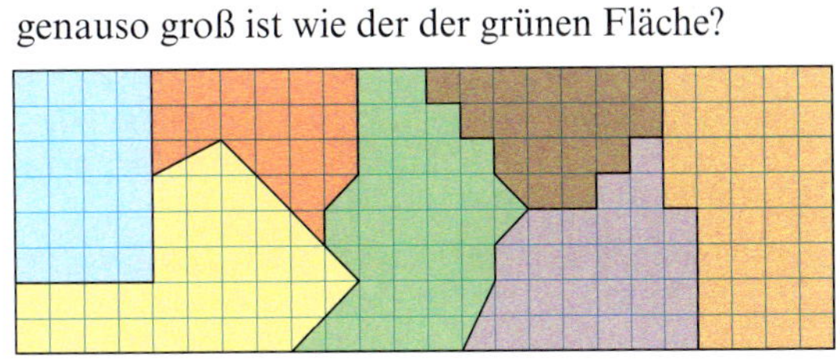

Äquivalenzumformungen von Gleichungen

1

Es sind die folgenden Gleichungen gegeben (Variablengrundbereich $\mathbb{Q}$):

(1) $14x - 5 = 19 + 6x$ (2) $x = 3$ (3) $6x = 18$ (4) $6x - 18 = 0$

(5) $8x - 18 = 2x$ (6) $-18 = 2x - 8x$ (7) $3 = x$ (8) $4x - 9 = x$

a) Welche der Gleichungen wird für dich einfacher und welche schwieriger zu lösen sein? Gib dementsprechend eine neue Reihenfolge der Gleichungen an.

b) Versuche die Gleichungen zu lösen. Was stellst du fest?

WISSEN

Gleichungen, die in einem Variablengrundbereich dieselbe Lösungsmenge haben, nennt man **zueinander äquivalente Gleichungen** bezüglich des Variablengrundbereichs.

Aus Gleichungen der Form „x = Zahl" bzw. „Zahl = x" kann man sofort die Lösung ablesen.
Beim Lösen von komplizierten Gleichungen verfolgt man das Ziel, eine zur Ausgangsgleichung äquivalente, aber einfachere Gleichung zu finden – möglichst der Form „x = Zahl" bzw. „Zahl = x".

BEISPIEL

Lösungsmengen für $x \in \mathbb{Q}$:

$x = 3$ $L = \{3\}$
$x^2 = 9$ $L = \{-3; 3\}$
$2x - 10 = -4$ $L = \{3\}$

Die Gleichungen $x = 3$ und $2x - 10 = -4$ sind zueinander äquivalent bezüglich $\mathbb{Q}$.
Dagegen sind $x = 3$ und $x^2 = 9$ sowie $x^2 = 9$ und $2x - 10 = -4$ nicht äquivalent zueinander bezüglich $\mathbb{Q}$.

2

Untersuche, ob die beiden Gleichungen zueinander äquivalent sind ().

a) $2x + 3 = 9$ und $2x = 12$ **b)** $5x - 4 = 11$ und $5x = 15$

c) $3x - 6 = -3$ und $x - 2 = -1$ **d)** $4x + 4 = 16$ und $x + 4 = 4$

e) $12x = 3$ und $4x = 1$ **f)** $0{,}5x = 0{,}1$ und $0{,}1x = 0{,}5$

g) $x = 7$ und $2x - 1 = 13$ **h)** $3x + 5 = 6{,}5$ und $x = 1$

Wie man von einer komplizierten Gleichung zu einfacheren äquivalenten Gleichungen gelangt, wird im folgenden Beispiel an einer Waage anschaulich gezeigt.

BEISPIEL

Auf einer Tafelwaage sind 13 gleich schwere Kartons wie im Bild 1 verteilt. Die Waage ist im Gleichgewicht, wenn man Wägestücke wie im Bild 1 hinzufügt (Angaben in kg).
Man möchte wissen, wie schwer ein Karton ist.

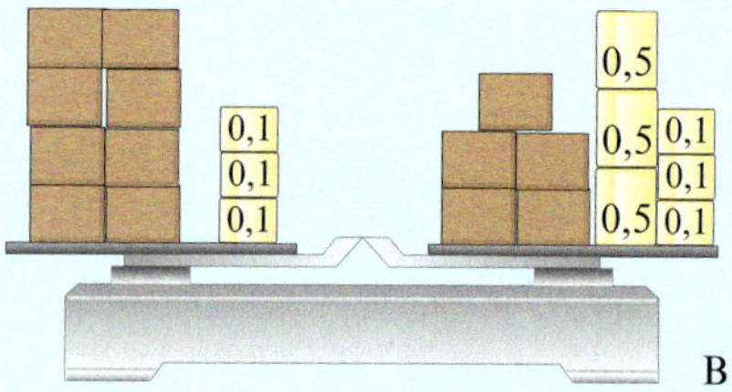

B 1

Wenn ein Karton die Masse x kg hat, dann gilt im Falle des Gleichgewichts die Gleichung $\mathbf{8x + 0{,}3 = 5x + 1{,}8}$ ($x \in \mathbb{Q}_+$).
Wir suchen eine Gleichung der Form x = Zahl, die zu der Gleichung $8x + 0{,}3 = 5x + 1{,}8$ äquivalent ist.
Wir gehen dazu schrittweise vor.

1. Schritt:
Die Waage bleibt im Gleichgewicht, wenn man auf beiden Seiten die drei 0,1-kg-Stücke wegnimmt, also insgesamt 0,3 kg (s. Bild 2). Entsprechend ist auf beiden Seiten der Gleichung $8x + 0{,}3 = 5x + 1{,}8$ die Zahl 0,3 zu subtrahieren:
$8x + 0{,}3 - 0{,}3 = 5x + 1{,}8 - 0{,}3$
Man erhält die Gleichung $\mathbf{8x = 5x + 1{,}5}$.

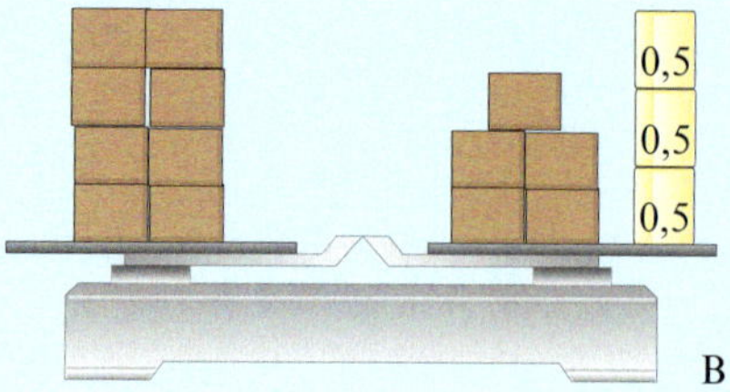

B 2

BEISPIEL (Forts.)

2. Schritt:
Die Waage bleibt weiter im Gleichgewicht, wenn man auf beiden Seiten 5 Kartons entfernt (s. Bild 3).
Entsprechend muss man auf beiden Seiten der Gleichung $8x = 5x + 1{,}5$ den Term $5x$ subtrahieren:
$8x - 5x = 5x - 5x + 1{,}5$
Man erhält die Gleichung $\mathbf{3x = 1{,}5}$.

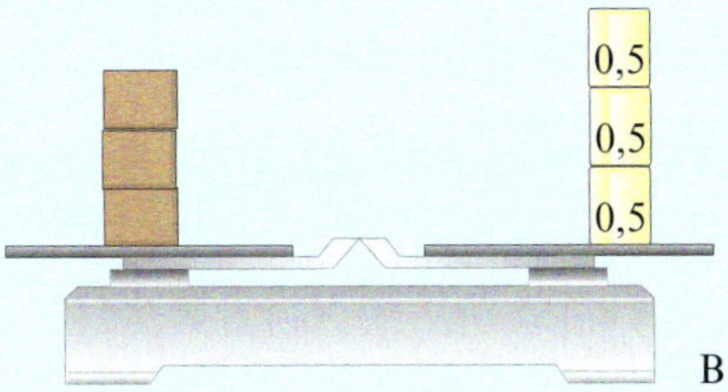

B 3

3. Schritt:
Offensichtlich bleibt die Waage auch im Gleichgewicht, wenn man auf jeder Seite nur ein Drittel der Masse belässt, also links nur noch einen Karton und rechts nur noch ein 0,5-kg-Stück (Bild 4).
Ein Karton hat demnach eine Masse von 0,5 kg.
Entsprechend dividiert man beide Seiten der Gleichung $3x = 1{,}5$ durch 3:
$3x : 3 = 1{,}5 : 3$
Man erhält $\mathbf{x = 0{,}5}$.
Die Gleichung $x = 0{,}5$ hat in $\mathbb{Q}^+$ die Lösungsmenge $L = \{0{,}5\}$.

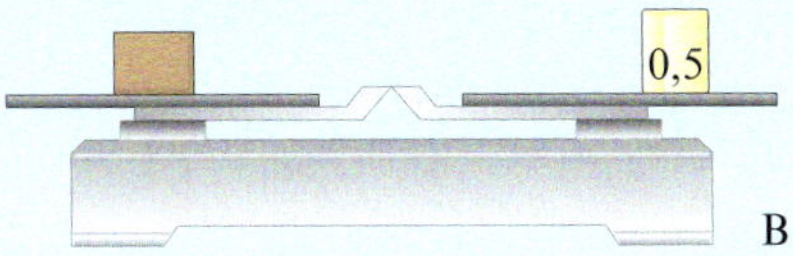

B 4

Überprüfen der erhaltenen Lösungen

1. Wir prüfen, ob bei einer Masse der Kartons von 0,5 kg die Waage im Bild 1 im Gleichgewicht ist:
   Masse auf der linken Seite: $8 \cdot 0{,}5\ \text{kg} + 3 \cdot 0{,}1\ \text{kg} = 4{,}3\ \text{kg}$
   Masse auf der rechten Seite: $5 \cdot 0{,}5\ \text{kg} + 3 \cdot 0{,}5\ \text{kg} + 3 \cdot 0{,}1\ \text{kg} = 4{,}3\ \text{kg}$
   Die Waage ist im Gleichgewicht.
2. Überprüfen, ob die Lösungsmenge $L = \{0{,}5\}$ von $x = 0{,}5$ auch Lösungsmenge der anderen Gleichungen ist (rückwärts bis zur Ausgangsgleichung):
   $3x = 1{,}5$ ergibt für $x = 0{,}5$ die wahre Aussage $1{,}5 = 1{,}5$.
   $8x = 5x + 1{,}5$ ergibt für $x = 0{,}5$ die wahre Aussage $4 = 4$.
   $8x + 0{,}3 = 5x + 1{,}8$ ergibt für $x = 0{,}5$ die wahre Aussage $4{,}3 = 4{,}3$.
   Außer 0,5 gibt es keine weiteren Lösungen. Stets ist $L = \{0{,}5\}$.

Rückblickende Veranschaulichung der Lösungsschritte an einem Zahlenstrahl

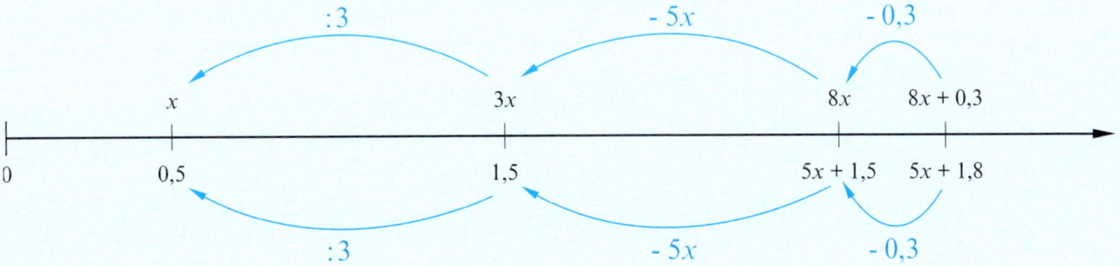

3

Löse die folgende Aufgabe wie im Beispiel. Veranschauliche rückblickend die einzelnen Schritte auch am Zahlenstrahl.
Eine Tafelwaage befindet sich im Gleichgewicht, wenn auf ihr gleich schwere Schachteln und Wägestücke wie im nebenstehenden Bild verteilt sind.
Wie schwer ist eine Schachtel?

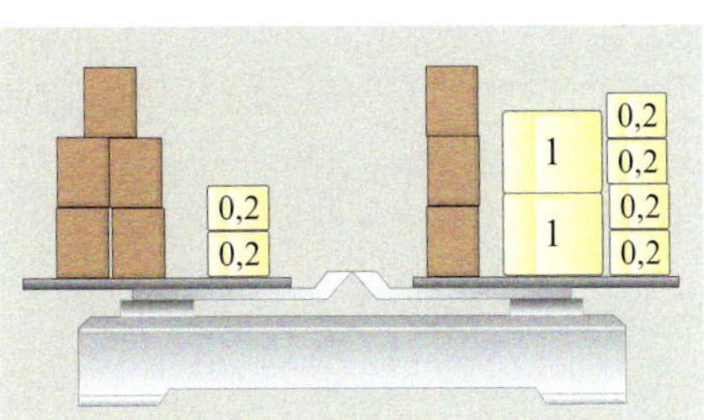

WISSEN

Eine Umformung einer Gleichung heißt **Äquivalenzumformung**, wenn sie die Lösungsmenge einer Gleichung nicht ändert.

Äquivalenzumformungen von Gleichungen sind:
- Termumformungen auf der einen oder anderen Seite einer Gleichung;
- Addieren oder Subtrahieren desselben Terms auf beiden Seiten der Gleichung;
- Multiplizieren oder Dividieren beider Seiten der Gleichung mit demselben *von null verschiedenen* Term;
- Vertauschen beider Seiten der Gleichung.

BEACHTE

Die Division durch 0 und die Multiplikation mit 0 sind keine Äquivalenzumformungen.
Die Division durch 0 ist nicht möglich.
Die Multiplikation mit 0 kann die Lösungsmenge verändern.
Beispiel:
$x = 3$ hat in $\mathbb{Q}$ die Lösungsmenge $L = \{3\}$.
$x \cdot 0 = 3 \cdot 0$ hat dagegen alle rationalen Zahlen als Lösung, also $L = \mathbb{Q}$.

4

Auf einer Waagschale einer Balkenwaage liegen 60 1-€-Münzen, angeordnet in zwölf gleichen Stapeln, und neun gleich schwere Zitronen, auf der anderen liegen drei 1-€-Münzen und drei gleich schwere Pampelmusen. Die Waage ist im Gleichgewicht. „Illustriere" jede der angegebenen Äquivalenzumformungen anhand dieses Beispiels.

BEISPIEL

Lösen der Gleichung $5x + 11 = -x - 7$ $(x \in \mathbb{Q})$

Äquivalenzumformungen

$5x + 11 = -x - 7$	auf beiden Seiten x addieren
$5x + x + 11 = -x + x - 7$	Zusammenfassen
$6x + 11 = -7$	auf beiden Seiten 11 subtrahieren
$6x + 11 - 11 = -7 - 11$	Zusammenfassen
$6x = -18$	beide Seiten durch 6 dividieren
$6x : 6 = -18 : 6$	
$x = -3$	

Probe (Lösung in die Ausgangsgleichung einsetzen):

$5 \cdot (-3) + 11 = -(-3) - 7$	
$-15 + 11 = 3 - 7$	
$-4 = -4$	wahre Aussage

Angabe der Lösungsmenge: $L = \{-3\}$

Die Äquivalenzumformungen kann man auch in Kurzform aufschreiben:

$$5x + 11 = -x - 7 \quad | + x$$
$$6x + 11 = -7 \quad | -11$$
$$6x = -18 \quad | : 6$$
$$x = -3$$

HINWEIS

Da beim äquivalenten Umformen alle Gleichungen dieselbe Lösungsmenge haben, ist aus mathematischer Sicht keine Probe erforderlich. Die Probe dient nur der eigenen Kontrolle, ob richtig äquivalent umgeformt und richtig gerechnet wurde.
Führe immer eine Probe durch, um Fehler zu vermeiden.

5

Gib die Äquivalenzumformungen an, die die obere Gleichung in die untere überführen.

a) $x + 7 = 8$; $x = 1$

b) $5x + 3 = 3x$; $2x + 3 = 0$

c) $2x + 4 = 10$; $x = 3$

d) $\frac{1}{2}x = 5$; $x = 10$

e) $\frac{3}{2}x = \frac{3}{2}$; $x = 1$

f) $5x : 2 = 10$; $x = 4$

g) $\frac{4}{3}x = 1 + \frac{2}{6}x$; $x = 1$

h) $\frac{1}{2}x - \frac{6}{4}x = 1$; $-x = 1$

i) $\frac{x}{8} = \frac{5}{12}$; $x = \frac{10}{3}$

6L

Löse die Gleichungen mithilfe von Äquivalenzumformungen.

a) $7x + 10 = 55$ **b)** $6x + 11 = 10$ **c)** $25x = 9x + 3$
d) $20x + 50 = 15x$ **e)** $12x + 3 = 0$ **f)** $18x + 6 = 12x + 36$
g) $11x - 3 = 4 - 4x$ **h)** $3 - 9x = 5x - 4$ **i)** $0{,}5x + 3 = -x$
j) $x + 5x = 12 + 6$ **k)** $7x + 6 + 2x = 3x$ **l)** $x + x + 1 = x + 1$
m) $x + x + x + x = x$ **n)** $3x + 11 - 7x = 3 + 6x$ **o)** $7x = 3x - 2 - 4x + 5$

HINWEIS
Das Lösen von Gleichungen mithilfe von Äquivalenzumformungen nennt man auch „Auflösen der Gleichung nach der Variablen …“ oder „Isolieren der Variablen“.

7

Versuche die folgenden Gleichungen mithilfe von Äquivalenzumformungen zu lösen. Was fällt dir auf? Hast du eine Erklärung dafür?

a) $2x + 5 + 4x = 6x$ **b)** $9x = 5x + x + 3x$ **c)** $2x - 3 = 6x - 3 - 4x$

WISSEN

Führt das äquivalente Umformen einer Gleichung
- auf Gleichungen, die nie falsch werden können (z. B. $2x = 2x$ oder $3 = 3$), so sind alle Zahlen der Grundmenge eine Lösung;
- auf eine falsche Aussage (z. B. $2 = 3$), so ist die Gleichung nicht lösbar.

BEISPIEL
Es sei $x \in \mathbb{Q}$.

$3x + 2 = x + 2 + 2x$
$3x + 2 = 3x + 2$
Alle Zahlen erfüllen die Gleichung, $L = \mathbb{Q}$.

$2x + 3 = 2x \quad | -2x$
$3 = 0$ falsch
Wie man durch Überlegen sieht, hat die Gleichung keine Lösung, $L = \emptyset$.

8

Gib jeweils zwei mögliche Gleichungen an, aus denen die folgenden Gleichungen durch Äquivalenzumformungen entstanden sein könnten.

a) $x = 0$ **b)** $x + 1 = 0$ **c)** $x = 3$ **d)** $3x + 5 = x$
e) $x = \frac{3}{2}$ **f)** $2x + 4 = 1$ **g)** $2x = x + 3$ **h)** $x = -\frac{4}{3}$
i) $0 = 7$ **j)** $4x = 4x$ **k)** $3 = 5$ **l)** $0 = 0$

9

Einige aus der Klasse haben wie folgt falsch umgeformt. Finde deren Gedankenfehler heraus und führe die Umformungen richtig aus.

a) $5x = 15$; $x = 10$ f
b) $8x = 28$; $x = 2$ f
c) $2x + 1 = 4x$; $1 = 6x$ f
d) $8x + 10 = 6x$; $2x + 10 = 1$ f
e) $8x + 10 = 6x$; $4x + 10 = 3x$ f
f) $8x + 10 = 6x$; $4x + 5 = 6x$ f
g) $\frac{2}{5}x = 1$; $x = \frac{2}{5}$ f
h) $\frac{2}{5}x + \frac{3}{5} = 0$; $x = \frac{3}{2}$ f
i) $x : 7 = 28$; $x = 4$ f
j) $3x = 12$; $1 = 4$ f
k) $2x = x$; $2 = 1$ f
l) $5x - 5 = 5x$; $-1 = 1$ f

10

Gib Äquivalenzumformungen an, die die obere Gleichung in die untere überführen.

a) $2x + 5x = 17 - 3$; $7x = 14$
b) $6x + 1 - 4x + 2 = 0$; $2x + 3 = 0$
c) $3x = 9x + 15$; $6x = -15$
d) $1 - 0{,}4x = -0{,}6$; $x = 4$
e) $0{,}7 - 0{,}9x = 0{,}3x - 1{,}7$; $1{,}2x = 2{,}4$
f) $0{,}1x + 0{,}3 = 0{,}7x$; $x + 3 = 7x$
g) $\frac{x}{6} = \frac{5}{3}$; $x = 10$
h) $\frac{x}{6} = \frac{2}{7}$; $7x = 12$
i) $\frac{2}{x} = \frac{3}{5}$ $(x \neq 0)$; $10 = 3x$

NACHGEDACHT
Ist das Quadrieren beider Seiten einer Gleichung eine Äquivalenzumformung?
Überlege dir das z. B. an den Gleichungen $x = 4$ und $x^2 = 16$.

11

Löse die Gleichungen im Kopf durch äquivalentes Umformen. Führe eine Probe durch.

a) $x + 15 = 29$ **b)** $x - 7 = 0$ **c)** $38 + x = x - 19$
d) $41 = 21 - x$ **e)** $7{,}8 + x = 3{,}9$ **f)** $-0{,}24 = x + 0{,}06$
g) $\frac{13}{5} + x = \frac{8}{5}$ **h)** $\frac{2}{9} - x = 0$ **i)** $-x - \frac{19}{20} = 0$
j) $-x + 1 = 0$ **k)** $1 - y = 1$ **l)** $z - 1 = -1$

NACHGEDACHT

Bernd hat die Gleichung
$5x - 2x = 6x$
wie folgt gelöst:
$5x - 2x = 6x$
$3x = 6x \quad | : 3x$
$1 = 2$ falsch
$L = \emptyset$.

Was sagst du dazu?

12

Die folgenden Gleichungen lassen sich mit nur einer äquivalenten Umformung lösen. Löse die Gleichungen im Kopf und führe eine Probe durch.

a) $6x = 54$ **b)** $27x = -135$ **c)** $81 = -9x$
d) $-x = 0$ **e)** $x - x = 0$ **f)** $2{,}4 = -1{,}2x$
g) $\frac{2}{3}x = 0$ **h)** $\frac{5}{7}x = -\frac{7}{5}$ **i)** $\frac{45}{44} = \frac{9}{11}x$
j) $\frac{x}{0{,}5} = \frac{1}{2}$ **k)** $0{,}75 = -\frac{3}{4}x$ **l)** $0 = -\frac{3}{4}x$

13[L]

Löse mittels Äquivalenzumformungen die folgenden Gleichungen. Führe eine Probe durch.

a) $7x - 35 = 2x$ **b)** $17 = -12x - 5$ **c)** $12x + 1{,}8 = 10x + 3{,}4$
d) $20 + 9{,}5x = 77$ **e)** $1{,}7 - 0{,}5x = 4{,}3$ **f)** $1{,}8 - 0{,}3x = -7{,}2$
g) $-1 + 0{,}2x = 0{,}02$ **h)** $-67{,}3 - 1{,}2x = -45{,}7$ **i)** $0{,}7 - 0{,}9x = 0{,}6x - 2{,}3$
j) $8{,}4x - 5{,}9 = 1{,}2 - x$ **k)** $0{,}7x + 1 = 0{,}3x + 0{,}4x$ **l)** $4{,}1x - 3{,}9x = 1{,}4x - 9{,}3x$
m) $5{,}7 = 1{,}0y + 0{,}7$ **n)** $2{,}7x - 5x = 5x - 7{,}3x$ **o)** $7{,}9 + 1{,}0z = 1{,}0z - 0{,}1$

14[L]

Löse folgende Gleichungen. Führe eine Probe durch.

a) $4x + 3 = 3x + 5$ **b)** $6x + 18 = 9x + 3$ **c)** $125x + 20 = 5 + 7x$
d) $1{,}2x + 4{,}9 = 0{,}4x + 9{,}9$ **e)** $1{,}1x + 3{,}3 = 3{,}1x + 2{,}3$ **f)** $3{,}7x + 8{,}9 = 7{,}1 + 4{,}6x$
g) $\frac{2}{5}x + \frac{3}{5} = \frac{1}{5}x + \frac{11}{15}$ **h)** $\frac{2}{8}x + \frac{8}{3} = \frac{1}{2}x + \frac{6}{3}$ **i)** $\frac{1}{4}x + \frac{5}{5} = \frac{5}{8}x + \frac{2}{3}$
j) $\frac{3}{4} + \frac{5}{3}x = \frac{1}{2} + \frac{10}{3}x$ **k)** $\frac{3}{4} + \frac{3}{4}x = \frac{7}{8}x - \frac{8}{12}$ **l)** $\frac{1}{9} + \frac{4}{3}x = -\frac{2}{9} + \frac{1}{3}x$
m) $\frac{3}{4} + \frac{0}{4}x = \frac{7}{8}x - \frac{8}{12}$ **n)** $\frac{3}{4} + \frac{0}{4}x = \frac{0}{8}x - \frac{8}{12}$ **o)** $\frac{3}{4} + \frac{0}{4}x = \frac{0}{8}x + \frac{9}{12}$

BEISPIEL

$$\frac{3}{2}x + \frac{1}{2} = \frac{5}{4}x + \frac{5}{12}$$
| Mit einem gemeinsamen Nenner multiplizieren, z. B. mit 12.

$$\frac{3}{2}x \cdot 12 + \frac{1}{2} \cdot 12 = \frac{5}{4}x \cdot 12 + \frac{5}{12} \cdot 12$$
| Beachte: Jeder Summand muss mit 12 multipliziert werden.

$$18x + 6 = 15x + 5 \quad | -15x - 6$$
$$3x = -1 \quad | :3$$
$$x = -\frac{1}{3}$$
$$L = \left\{-\frac{1}{3}\right\}$$

Probe:
$$\frac{3}{2} \cdot \left(-\frac{1}{3}\right) + \frac{1}{2} = \frac{5}{4} \cdot \left(-\frac{1}{3}\right) + \frac{5}{12}$$
$$-\frac{1}{2} + \frac{1}{2} = -\frac{5}{12} + \frac{5}{12}$$
$0 = 0$ wahre Aussage

15

Löse die folgenden Gleichungen. Führe eine Probe durch.

a) $\frac{2}{3}x + \frac{1}{6} = \frac{2}{9}$ **b)** $-\frac{4}{7} - \frac{7}{14}x = \frac{5}{21}$ **c)** $3 = \frac{3}{2}x - \frac{3}{2}$

d) $0 = \frac{11}{25} - \frac{22}{15}x$ **e)** $\frac{13}{10} + \frac{3}{5} = \frac{3}{4}x$ **f)** $\frac{11}{5} - \frac{13}{10} = \frac{2}{5}x + \frac{7}{2}$

g) $-\frac{2}{3}x + 7 - \frac{1}{2}x = 0$ **h)** $0 = \frac{3}{2}x - \frac{1}{3} - \frac{4}{3}x$ **i)** $0 = \frac{3}{2}x + \frac{11}{2} - \frac{2}{5}x$

BEACHTE
Jeder Summand muss mit dem gemeinsamen Nenner multipliziert werden.

16^L

Ermittle die Lösungsmenge folgender Gleichungen. Führe eine Probe durch, um Rechenfehler auszuschließen.

a) $4y + 3 = 3y - 5$ **b)** $10z + 20 = -100 + 14z$ **c)** $-14 - 15r = 12r + 4$

d) $-3{,}7 - 1{,}2t = 1{,}8t - 6{,}7$ **e)** $1{,}8v + 2{,}5 = 3{,}3v + 0{,}7$ **f)** $58 + 67u = 89 - 43u$

g) $\frac{1}{24}s + \frac{7}{8} = -\frac{3}{8} + \frac{10}{48}s$ **h)** $4{,}5 + \frac{1}{2}x = 4x - 13$ **i)** $\frac{4}{3}r + \frac{2}{3} = \frac{10}{2}r - \frac{1}{4}$

j) $\frac{1}{2}x - \frac{1}{3}x = 12$ **k)** $\frac{1}{3}y - \frac{1}{4}y - \frac{1}{4} = \frac{1}{4}$ **l)** $\frac{1}{4}z + \frac{2}{3} = \frac{1}{5}z - \frac{5}{6}$

17^L

Löse folgende Gleichungen. Führe stets eine Probe durch.

a) $13x + 12x = 31 + 19$ **b)** $34x - 9x = 67 - 17$

c) $8x + 10 - 6x = -11 - 3x + 71$ **d)** $3x + 17 + 9x + 8 = 61$

e) $-43y - 24y + 63 = 7y - 85$ **f)** $-128y + 91 - 12y = 10y + 391$

g) $139 + 37z = 48z - 41 - 2z$ **h)** $-64z - 124 = +39 + 128z + 29$

i) $1{,}2x - 3{,}1 - 0{,}6x = 5{,}1 + 0{,}2$ **j)** $4{,}6 - 0{,}3x - 2{,}8 = 1{,}2x - 2{,}7$

k) $-0{,}09 + 0{,}87y = 0{,}56 - 0{,}78 + y$ **l)** $1{,}23y + 2{,}34 = -1{,}22 - 2{,}54y + 7{,}33$

m) $4{,}7z - 3{,}3 + 2{,}8z = 5{,}1z + 4{,}9 - 1{,}7z$ **n)** $12{,}4z - 12{,}6 + 1{,}6z = -0{,}8z - 11{,}4z$

o) $1{,}8r - 2{,}5 - 0{,}5r - 4{,}4r - 7{,}7 - 2r = 0$ **p)** $1{,}3s - 0{,}7 + 2{,}0s = 0{,}8s + 0{,}25$

BEISPIEL

$12x - 6 - 7x = 11 - 3x + 7$
$5x - 6 = 18 - 3x$
$8x - 6 = 18$
$8x = 24$
$x = 3$

$L = \{3\}$

Überlege, welche Äquivalenzumformungen genutzt wurden.

AUFGABEN ZUR WIEDERHOLUNG

1. **a)** Übertrage das linke Muster in ein Quadrat von 80 mm Kantenlänge. Dazu brauchst du nur ein Lineal, einen Bleistift und die eingezeichneten Markierungspunkte.
   b) Suche nach zueinander kongruenten Figuren im Muster.
   c) Beschreibe möglichst viele Abbildungen, die die deckungsgleichen Figuren aus Aufgabenteil b) aufeinander abbilden.

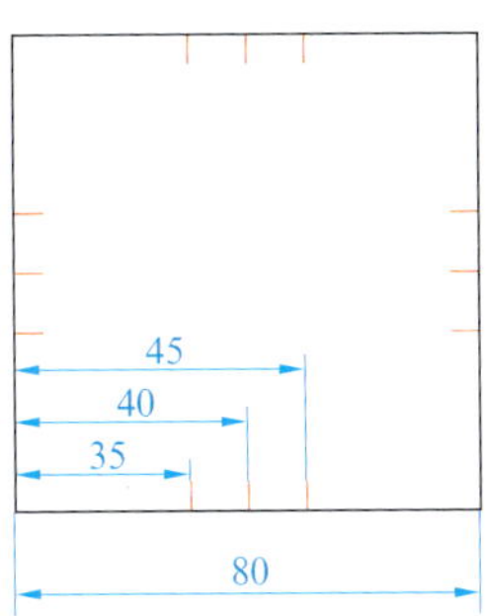

2. Übertrage die beiden Figuren auf kariertes Papier.
   a) Zerschneide Figur 1 in vier zueinander kongruente Vierecke und Figur 2 in vier zueinander kongruente Dreiecke.
   b) Wie heißt die Figur 2? Wie heißen die bei a) entstandenen Vier- und Dreiecke?
   c) Warum ist Figur 2 kein regelmäßiges Viereck?

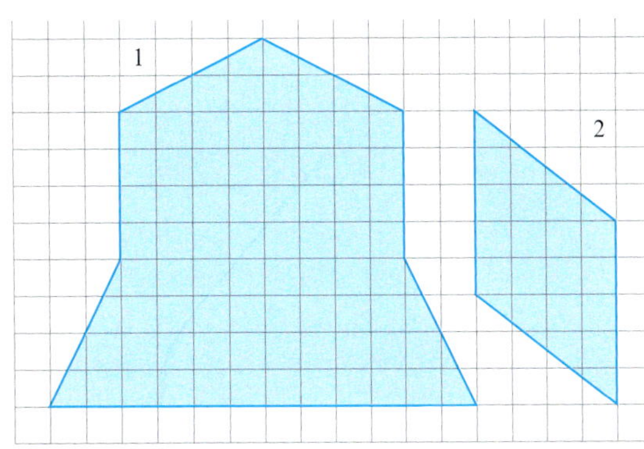

Anwendungen und weitere Übungen

1

a) Für eine Klassenfete soll Orangensaft eingekauft werden. Beim Kauf von 25 Flaschen bleiben von dem Geld 6,15 € übrig, beim Kauf von 35 Flaschen nur 95 Cent. Wie viel kostet eine Flasche? Wie viel Geld besaß die Klasse?

b) Werden aus einem Krug mit Orangensaft 8 gleich große Gläser gefüllt, dann bleiben 0,4 Liter übrig; werden 6 dieser Gläser gefüllt, dann bleiben 0,8 Liter übrig. Wie viel Saft wird in ein Glas gefüllt? Wie viel Saft befand sich in dem Krug?

BEISPIEL

Eine Feriengruppe plant eine dreitägige Radtour von insgesamt 144 km. Um die Belastung von Tag zu Tag zu steigern, sollen jeden Tag 5 km mehr als am vorigen gefahren werden. Wie lang sind die drei Tagesetappen zu planen?

Veranschaulichen:

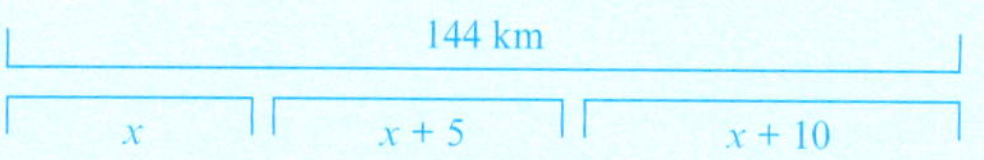

Gleichung aufstellen: $x + (x + 5) + (x + 10) = 144$

Gleichung lösen:

$$3x + 15 = 144 \quad |-15$$
$$3x = 129 \quad |:3$$
$$x = 43$$

Probe am Text: 1. Tag 43 km, 2. Tag 48 km, 3. Tag 53 km
43 km + 48 km + 53 = 144 km

Am 1. Tag sind 43 km, am 2. Tag 48 km und am 3. Tag 53 km zu planen.

BEACHTE
Oft hilft eine Veranschaulichung (z. B. eine Skizze) den Sachverhalt zu erfassen.

Die Probe bei einer Sachaufgabe muss am Text durchgeführt werden (und nicht an der aufgestellten Gleichung). Es ist nämlich möglich, dass man eine falsche Gleichung aufgestellt, diese aber richtig gelöst hat.

2

a) Addiert man 6 zum Fünffachen einer gesuchten Zahl, so erhält man dasselbe, als ob man 18 zum Dreifachen der Zahl addieren würde.
Wie lautet die gesuchte Zahl?

b) Das Vierfache einer gesuchten Zahl, vermehrt um 13, ist genauso groß wie die gesuchte Zahl vermehrt um 67. Wie lautet die gesuchte Zahl?

3

Zur Abwechslung einmal Englisch:

a) A number increased by 2 is 5 less than twice the number. Find the number.

b) Twice a number decreased by 3 is equal to the number. Find the number.

c) The sum of two consecutive integers is 1 less than 3 times the smaller.
Find the number.

HINWEIS
Schlage unbekannte Vokabeln in einem Wörterbuch nach.

4

a) Ein Rechteck hat einen Umfang von 0,56 m. Eine Seite ist dreimal so lang wie die andere. Wie lang ist jede Seite des Rechtecks?

b) In einem Dreieck ist der Winkel α doppelt so groß wie der Winkel β und der Winkel γ um 20° größer als der Winkel β. Wie groß ist jeder einzelne Winkel?

TIPP
Fertige jeweils eine Skizze an.

5

Ermittle jeweils die Lösungsmenge.

a) $29x - 15 + 36x - 17 = -35x + 18$
b) $40x + 104 - 25x - 6 = 217 - 2x$
c) $24x + 8 - 7x - 4 = 31 + 8x$
d) $37y + 21 - 19y + 3 = -18y - 12$
e) $1{,}2y - 0{,}8 - 0{,}2 + 0{,}6y = 1{,}2 - 0{,}6y$
f) $0{,}03z - 0{,}21 - 0{,}05z - 0{,}6 = 0{,}03z$
g) $0{,}25t - 0{,}5 + 0{,}4t + 0{,}8 = 0{,}05t + 1{,}2$
h) $-9{,}3w + 8{,}4 - 1{,}1 = -4{,}5w - 9{,}6w$
i) $1{,}5r - 0{,}7 - 1{,}5r - 0{,}9 = 2{,}0 - 1{,}2r + 3{,}6 + 1{,}2r$
j) $-3{,}5 - 1{,}2s = 2{,}4s - 0{,}3 - 3{,}8s - 3{,}2 + 0{,}2s$
k) $0 = -5{,}1z + 7{,}2z - 4{,}8 - 1{,}0z - 1{,}1z - 2{,}5 - z - 0{,}9 - 1{,}1$
l) $3{,}8x - 10{,}7x + 31{,}3 + 45{,}9 - 91{,}5x - 37{,}9 + 28{,}1x - 68{,}3 + 70{,}3x = 0$
m) $6{,}7x + 5{,}1 - 39{,}8x - 54{,}6 = 33{,}9 - 8{,}4x + 71{,}3x + 12{,}6$

6

Ermittle mithilfe von Äquivalenzumformungen die Lösungsmenge folgender Gleichungen. Führe stets eine Probe durch.

a) $\frac{2x}{3} + 5 = \frac{7x}{12} - \frac{5}{6}$
b) $\frac{x}{2} + \frac{x}{3} - \frac{x}{4} = 1$
c) $\frac{y}{2} + \frac{2y}{3} = -\frac{3y}{4} + \frac{4y}{5}$
d) $\frac{9z}{10} - \frac{4z}{5} = \frac{3}{4}z - 13$
e) $\frac{7u}{12} - \frac{23}{12} = \frac{5}{8}u - 3$
f) $\frac{r}{5} + \frac{1}{6}r - \frac{r}{7} = 0$
g) $\frac{1}{2}x + \frac{3}{4}x = 5 - \frac{5}{4}x$
h) $\frac{1}{7}x + \frac{5}{4} + \frac{1}{7}x = \frac{1}{20} - \frac{1}{21}x$
i) $\frac{6}{5}x - \frac{5}{8} = -\frac{1}{5}x + 1 + \frac{3}{5}x$
j) $-\frac{3}{8} + \frac{2}{3}y = -\frac{2}{3}y + \frac{9}{4} - \frac{1}{6}y$
k) $-1 + \frac{s}{3} = -2 + \frac{s}{2} + \frac{1}{2}$
l) $\frac{2}{3}z - \frac{2}{3} + \frac{3z}{4} = -\frac{1}{2}z + \frac{1}{3} - \frac{z}{4}$

BEACHTE
Falls du die Gleichung mit einem gemeinsamen Nenner multiplizierst, musst du jeden Summanden damit multiplizieren (auch, wenn der Summand kein Bruch ist).

Das Multiplizieren beider Seiten einer Gleichung mit einem gemeinsamen Nenner kannst du auch beim Lösen von Verhältnisgleichungen nutzen.

BEISPIEL
für das Lösen von Verhältnisgleichungen durch Äquivalenzumformungen

a) $x : 13 = 3 : 7$ (Ü: $x \approx 6$)
$\frac{x}{13} = \frac{3}{7}$ $\quad | \cdot 13 \cdot 7$
$7x = 3 \cdot 13$
$x = \frac{3 \cdot 13}{7} = \frac{39}{7} \approx 5{,}57$

b) $3 : x = 5 : 7$ (Ü: $x \approx 4$)
$\frac{3}{x} = \frac{5}{7}$ $\quad | \cdot 7x \quad (x \neq 0)$
$3 \cdot 7 = 5x$
$x = \frac{3 \cdot 7}{5} = \frac{21}{5} = 4{,}2$

HINWEISE
Ein gemeinsamer Nenner ist immer das Produkt der Nenner.

Man darf beim Beispiel b) mit x multiplizieren, weil $3 : x = 5 : 7$ nur für $x \neq 0$ möglich ist. x kann also nie 0 sein.

$\frac{x}{13} = \frac{3}{7}$ kann man auch kürzer lösen:
$\frac{x}{13} = \frac{3}{7} \quad | \cdot 13$
$x = \frac{3 \cdot 13}{7} = \frac{39}{7} \approx 5{,}57$

7

Löse die folgenden Verhältnisgleichungen mithilfe von Äquivalenzumformungen. Nutze zur Kontrolle einen Überschlag.

a) $x : 11 = 3 : 6$
b) $7 : 3 = x : 5$
c) $4 : x = 3 : 5$
d) $7 : 9 = 9 : x$
e) $\frac{x}{6} = \frac{12{,}4}{1{,}83}$
f) $\frac{3{,}45}{5{,}68} = \frac{x}{4{,}08}$
g) $\frac{4}{x} = \frac{5{,}3}{2{,}7}$
h) $\frac{127}{x} = \frac{53}{86}$

8

Entscheide, ob die Gleichungen äquivalent umgeformt wurden und ob die Lösungsmenge beim Variablengrundbereich $\mathbb{Q}$ jeweils die leere Menge ist.

a) $x = 3x$
$1 = 3$

b) $x + 1 = 2x + 2 - x$
$x + 1 = x + 2$
$1 = 2$

c) $2 - x = 7 - x$
$-x = 5 - x$
$0 = 5$

9[L]

Löse die Textaufgaben über Gleichungen. Mache eine Probe am Text.

a) Zu einer Klasse gehören 25 Jungen und Mädchen. Die Zahl der Jungen ist um drei größer als die Zahl der Mädchen. Wie viele Jungen und Mädchen sind in der Klasse?

b) Die Hälfte einer Klasse hat beim Langstreckenlauf über 5 km die geforderte Zeit erreicht und eine Urkunde bekommen. Ein Drittel hat die Zeit nicht geschafft und fünf haben vorher aufgegeben. Wie viele Schülerinnen und Schüler hat die Klasse?

10

Ein Kundendienstvertreter fährt an zwei Tagen mit seinem Auto eine Strecke von insgesamt 734 km. Welche Strecke fährt er, wenn er

a) am ersten und am zweiten Tag jeweils eine gleich lange Strecke fährt;

b) am zweiten Tag 126 km mehr als am ersten Tag fährt;

c) am zweiten Tag 84 km weniger als am ersten Tag fährt?

11

Löse folgende Zahlenrätsel. Mache stets eine Probe am Text.

a) Wenn man 11 vom 7fachen einer Zahl subtrahiert, so erhält man das Doppelte der gesuchten Zahl vermehrt um 4.

b) Vermindert man die Hälfte einer Zahl um das Doppelte von 0,5, so erhält man ein Drittel der Zahl vermehrt um 5.

c) Subtrahiert man von 19 eine Zahl, so ergibt sich dasselbe, als ob man das Doppelte der Zahl von 29 subtrahiert.

d) Subtrahiert man von 48 das 5fache einer Zahl, so erhält man ein Siebtel der Zahl vermindert um 6.

e) Der dritte Teil einer Zahl ist um 20 größer als die Hälfte der gesuchten Zahl.

12

a) Die 12-jährige Eva fragt ihren Opa nach seinem Alter. Er antwortet: „Wäre ich 5 Jahre jünger, dann wäre ich genau 5-mal so alt wie du jetzt bist." Wie alt ist der Opa?

b) Von 2 Geschwistern ist der Bruder um 8 Jahre älter als die Schwester. Er ist aber auch ein Jahr mehr als 2-mal so alt wie sie. Wie alt sind beide?

c) Mary is 4 years older than Diane. In 6 years the sum of their ages will be 68. What are their ages now?

13

Formuliere folgende Gleichungen als Alters- oder Zahlenrätsel.

a) $4 - 2x = 12$ **b)** $18x - 2 = 3x + 13$ **c)** $1{,}23x + 3{,}56 = 7{,}33 - 2{,}54x$

d) $\frac{27}{3}x = \frac{3}{27}x$ **e)** $\frac{4}{5}x + \frac{3}{5} = \frac{3}{5}x - 1$ **f)** $\frac{3}{2}x - \frac{1}{6} = -\frac{3}{4} + x$

14

Von einer Klasse kommt die Hälfte zu Fuß, ein Viertel fährt mit dem Fahrrad, ein Achtel kommt mit dem Bus und 4 werden mit dem Auto gebracht.
Wie viele Schülerinnen und Schüler hat die Klasse? Wie viele kommen zu Fuß, fahren mit dem Fahrrad und kommen mit dem Bus?

ZUM KNOBELN

Anja und Nele stehen in der Haustür.
Nele fragt: „Wie alt sind deine drei Schwestern?"
Anja: „Das Produkt ihrer Jahre ist 36, die Summe ihrer Jahre ist gleich unserer Hausnummer."
Nele schaut auf die Hausnummer, stutzt und sagt: „Das reicht noch nicht. Du musst mir sagen, wie deine älteste Schwester heißt."
Anja: „Sie heißt Ilona."
Nele: „Na, jetzt ist alles klar."
Ist dir auch alles klar? Kannst du sagen, wie alt die drei Schwestern von Anja sind?

15[L]

Löse die Gleichungen durch Äquivalenzumformungen.

a) $4(x+3)=13$ **b)** $6(y-2)=3$ **c)** $4(2+z)=2$
d) $7(x+5)=11$ **e)** $8(y-1)=40$ **f)** $15(3-z)=45$
g) $15(x+10)=-150$ **h)** $5(y-3)=0$ **i)** $7(19-z)=0$
j) $\frac{4}{5}(3+t)=20$ **k)** $(u+24)\cdot\frac{5}{4}=50$ **l)** $\frac{7}{9}(s-72)=70$
m) $\frac{3}{2}\left(\frac{4}{3}x-1\right)=\frac{1}{2}$ **n)** $6\left(-\frac{3}{4}+\frac{1}{2}x\right)=\frac{3}{2}$ **o)** $\frac{1}{4}\left(-\frac{5}{6}-\frac{x}{3}\right)=\frac{1}{24}$
p) $5(x+4)=x$ **q)** $3-2(x-11)=5$ **r)** $2(x-3)+6=3x$

BEISPIEL

$\frac{3}{2}(x-7)=5$

$\frac{3x}{2}-\frac{21}{2}=5$

$3x-21=10$

$3x=31$

$x=\frac{31}{3}$

Führe die Probe selbst durch.

16

Christoph kauft mit seinem Vater im Getränkemarkt Apfelsaft (69 Cent pro Flasche) und Orangensaft (59 Cent pro Flasche). Insgesamt sind es 30 Flaschen, für die sie ohne Pfand 19,70 € zahlen müssen.
Wie viele Flaschen von jeder Getränkesorte haben sie gekauft?

17

Finde die natürlichen Zahlen.

a) Subtrahiert man von 18 eine Zahl und verdreifacht diese Differenz, so erhält man das Vierfache der Zahl vermindert um 9.
b) Subtrahiert man von 100 das Doppelte der Differenz aus einer Zahl und 12, so erhält man das Sechsfache der Zahl vermindert um 12.
c) Von drei Zahlen mit der Summe 72 ist die dritte halb so groß wie die erste und die zweite 3-mal so groß wie die erste und die dritte zusammen.
d) Drei aufeinanderfolgende Zahlen haben die Summe 33.
e) Drei aufeinanderfolgende gerade Zahlen haben die Summe 66.
f) Drei aufeinanderfolgende ungerade Zahlen haben die Summe 99.
g) Eine zweistellige Zahl hat die Quersumme 15. Die Zehnerziffer ist um 3 größer als die Einerziffer.
h) Eine dreistellige Zahl hat die Quersumme 13. Die Zehnerziffer ist um 3 größer als die Hunderterziffer und um 4 kleiner als die Einerziffer.

NACHGEDACHT
Überlege dir für die Aufgaben 17 d), e) und f) noch weitere Zahlen, die man als Summe angeben könnte (die Aufgaben sollen eine Lösung haben).
Welche Eigenschaft muss die Summe jeweils haben?

BEISPIEL

Lösen einer Betragsgleichung

$2|x-4|=12 \quad |:2$
$|x-4|=6$
Inhaltliche Überlegung: $x-4$ muss entweder 6 oder -6 sein.
Aus dieser **Fallunterscheidung** ergeben sich zwei Gleichungen ohne Betrag:
$x-4=6$ (Lösung $x=10$) und $x-4=-6$ (Lösung $x=-2$)
Insgesamt ergibt sich als Lösungsmenge $L=\{-2; 10\}$.
Kontrolle: $2|-2-4|=2|-6|=2\cdot 6=12$ und $2|10-4|=2|6|=2\cdot 6=12$

ERINNERE DICH
Für den Abstand $|a|$ einer Zahl a von null gilt:

$$|a|=\begin{cases} a, \text{ falls } a \text{ positiv} \\ 0, \text{ falls } a=0 \\ -a, \text{ falls } a \text{ negativ}\end{cases}$$

18[L]

Löse folgende Betragsgleichungen. Führe eine Probe durch.

a) $|x|=0$ **b)** $|x|=1$ **c)** $|-x|=1$ **d)** $3|x|=0$
e) $5|x|=10$ **f)** $7|x|=56$ **g)** $-6|x|=-42$ **h)** $|x-1|=0$
i) $|x+2|=1$ **j)** $|2-x|=0$ **k)** $4|x-5|=28$ **l)** $(-4)|x+5|=-28$
m) $3|1+x|=6$ **n)** $2|x-7|+5=9$ **o)** $5|x+3|-7=18$ **p)** $3|2-x|-8=23$

BEISPIEL

Familie Bergmann will von Dresden zum Fährhafen Rostock fahren. Sie überlegen, wie lange sie für die 422 km benötigen werden. Aus Erfahrung von anderen Touren wissen sie, dass sie meist auf eine Durchschnittsgeschwindigkeit von etwa 92 km/h kommen.

Gesucht: t (in h) Gegeben: $s = 422\ \text{km}$; $v = 92\ \frac{\text{km}}{\text{h}}$

Man kann die Formel $v = \frac{s}{t}$ für die Geschwindigkeit verwenden. Sie muss nach t aufgelöst werden.

$v = \frac{s}{t} \quad | \cdot t$

$v \cdot t = s \quad | : v$

$t = \frac{s}{v}$

Rechnung:

$t = \frac{422\ \text{km}}{92\ \frac{\text{km}}{\text{h}}} \approx 4{,}6\ \text{h}$

Familie Bergmann wird etwas über viereinhalb Stunden bis Rostock benötigen.

Wie im Beispiel ist beim Aufgabenlösen häufig eine Formel nach einer gesuchten Größe aufzulösen.

19[L]

Löse die folgenden Formeln nach den in den Klammern angegebenen Größen auf. Gib an, was mit der gegebenen Formel und was mit der umgestellten Formel berechnet werden kann.
Was muss dazu jeweils gegeben sein?

a) $A = ab$ $(a; b)$ **b)** $V = abc$ $(a; b)$ **c)** $u = 2(a + b)$ $(a; b)$

d) $W = G \cdot \frac{p}{100}$ $(G; p)$ **e)** $Z = K \cdot \frac{p}{100}$ $(K; p)$ **f)** $A = 2(ab + ac + bc)$ $(a; c)$

20

Löse die physikalischen Formeln aus der Randspalte nach jeder darin vorkommenden Größe auf.

21

Ermittle die Lösungsmenge. Führe eine Probe durch.

a) $5(2x + 1) - 6x + 1 = -6$ **b)** $4(u - 1) + 2(u + 1) = 4$

c) $(-4 + 9z)8 - 8 - 72z = -40$ **d)** $(-w + 8)9 - 9(w - 8) = 18$

e) $(-3)(x + 2) - 2(x + 3) = x$ **f)** $(5r + 13)(-4) + (26r + 6)0{,}5 = 21 - 7r$

g) $3(x - 2) - (x + 2)(-5) = 36$ **h)** $(-7)(3 - z) - (9z + 7)4 = -15z - 49$

i) $(y - 1)(-4) + (y + 1)(-2) = -4$ **j)** $-(4 + 7w) - 8(1 + 3w) = -2 - 31w$

22

Löse die Gleichungen in $\mathbb{Q}$ ohne die Klammern aufzulösen.

a) $(x - 1)(x + 1) = 0$ **b)** $(x + 4)(x - 3) = 0$ **c)** $(x - 9)(x - 7) = 0$

d) $x(x - 8) = 0$ **e)** $-x(6 - x) = 0$ **f)** $7x(6 + x) = 0$

g) $(x - 1{,}7)(3{,}5 - x) = 0$ **h)** $(0{,}2 - x)(0{,}2 - x) = 0$ **i)** $(x + 6{,}3)(x + 6{,}3) = 0$

j) $x\left(x + \frac{1}{3}\right) = 0$ **k)** $\left(x - \frac{3}{7}\right)x = 0$ **l)** $\frac{5}{4}x\left(x - \frac{2}{3}\right) = 0$

m) $\left(x + \frac{3}{4}\right)\left(x + \frac{4}{3}\right) = 0$ **n)** $\left(\frac{4}{3} + x\right)\left(x - \frac{9}{5}\right) = 0$ **o)** $\left(\frac{6}{5} + x\right)\left(\frac{6}{5} + x\right) = 0$

INFORMATION

Formeln aus der Physik

Geschwindigkeit:
$v = \frac{s}{t}$
v Geschwindigkeit,
s zurückgelegte Weglänge;
t benötigte Zeit

Dichte:
$\varrho = \frac{m}{V}$
ϱ Dichte; m Masse;
V Volumen

Mechanische Arbeit:
$W = F \cdot s$
W verrichtete Arbeit;
F wirkende Kraft in Wegrichtung;
s zurückgelegter Weg

Geneigte Ebene:

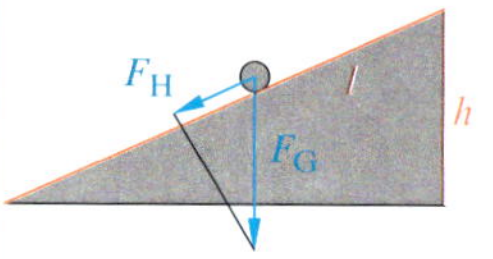

$\frac{F_H}{F_G} = \frac{h}{l}$
F_H Hangabtriebskraft;
F_G Gewichtskraft;
h Höhe und l Länge der geneigten Ebene

Hebelgesetz:

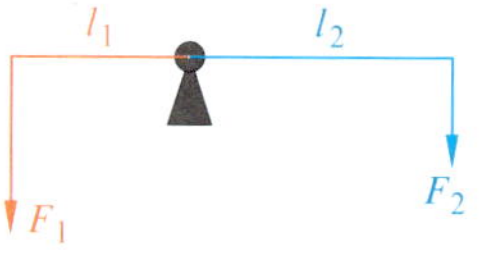

$F_1 \cdot l_1 = F_2 \cdot l_2$
F_1, F_2 Kräfte;
l_1, l_2 Länge der Hebelarme

BEISPIEL

$(x - 1)(x + 2) = 0$,
wenn
$x - 1 = 0$ oder $x + 2 = 0$.
Also:
$x = 1$ oder $x = -2$
$L = \{-2; 1\}$

23[L]

Löse die Gleichungen in $\mathbb{Q}$ ohne die Klammern aufzulösen.

a) $(2x+1)(x-2)=0$ **b)** $(6x-3)(2x+4)=0$ **c)** $-6{,}5x(7{,}8-3{,}9x)=0$
d) $(x+3)(6x-5)=0$ **e)** $(4+4x)(-7+7x)=0$ **f)** $(2x-9)(-x)=0$
g) $x(-0{,}7x-0{,}7)=0$ **h)** $(56-7x)(7x-56)=0$ **i)** $(2{,}6-1{,}3x)(-4{,}2x)=0$
j) $4{,}3x(-12-6x)=0$ **k)** $9{,}1x(-6x-3{,}2x)=0$ **l)** $(-0{,}5x-1)(-2x+6{,}8)=0$
m) $(7-8x)(2x+3)=0$ **n)** $-x(38+19x)=0$ **o)** $(-0{,}4-0{,}8x)(-1-2x)=0$

BEISPIEL

Auf einer Baustelle sind 80 t Kies anzufahren. Es ist die Anzahl x der dafür notwendigen Fahrten zu planen. Diese Anzahl hängt von der Ladefähigkeit der Lkws ab, sie sei mit a (in Tonnen) bezeichnet. Es gilt die Gleichung:
$x \cdot a = 80$ und somit $x = 80 : a$.
Bei einer Ladefähigkeit von 5 t wären also $80 : 5 = 16$ Fahrten notwendig, bei 7 t Ladefähigkeit $80 : 7 \approx 12$ Fahrten (aufgerundeter Wert!).

INFORMATION
In der Gleichung $x \cdot a = 80$ kommen zwei Variable vor: x und a. x ist die gesuchte Größe, nach ihr muss die Gleichung aufgelöst werden. Die Variable a steht für verschiedene mögliche Werte. Eine solche Variable nennt man **Parameter**. Die Lösung einer Gleichung mit Parameter hängt jeweils von dem Wert ab, den man für den Parameter einsetzt.

24[L]

Löse die folgenden Gleichungen nach der Variablen x auf ($a \neq 0$ und $b \neq 0$ sind Parameter). Gib jeweils die Lösungsmenge für $a = 2$ und $b = -3$ an.

a) $ax-7=9$ **b)** $3x+a=8$ **c)** $5x-7=a$
d) $9x-3a=a$ **e)** $ax=a^2-1$ **f)** $ax-4=2a$
g) $\frac{x}{32}=\frac{1}{a}$ **h)** $\frac{x}{a}+\frac{1}{a}=1$ **i)** $\frac{ax}{6}-5=\frac{a}{3}$
j) $(ax+3)(bx+5)=0$ **k)** $(2x+a)(4x+b)=0$ **l)** $(ax-7)(8-bx)=0$
m) $(6x-a)(b-9x)=0$ **n)** $(-5x+a)(-4x-b)=0$ **o)** $ax(bx-1{,}1)=0$
p) $3{,}8x(0{,}5x-a)=0$ **q)** $ax(-x)=0$ **r)** $(-ax)(x-b)=0$

BEISPIEL

Lösen einer Bruchgleichung in $\mathbb{Q}$

$$\frac{1}{x}+\frac{1}{2x}+\frac{1}{4x}=\frac{7}{12} \quad | \cdot 12x \ (x \neq 0)$$
$$12+6+3=7x$$
$$21=7x$$
$$x=3$$

$$\frac{14}{2x-3}=2 \quad | \cdot (2x-3) \ (x \neq 1{,}5)$$
$$14=2(2x-3)$$
$$14=4x-6$$
$$x=5$$

Überzeuge dich durch eine Probe, dass die Gleichungen richtig gelöst wurden.

BEACHTE
Der Nenner eines Bruches darf nicht 0 sein. Werte von x, für die der Nenner 0 wird, sind von vornherein auszuschließen.
Wenn man diese Werte ausgeschlossen hat, kann man mit dem gemeinsamen Nenner multiplizieren.

25[L]

Überlege, welche Werte x nicht annehmen darf und löse die Gleichung.

a) $\frac{2}{x}=3$ **b)** $\frac{2}{2-2x}=5$ **c)** $\frac{1}{x}+\frac{2}{x}=3$ **d)** $\frac{1}{2}x+\frac{4}{3}x=1+\frac{7}{6}x$
e) $\frac{5}{x}=9$ **f)** $\frac{-21}{3x+9}=10$ **g)** $\frac{3}{4x}+\frac{1}{4x}=7$ **h)** $-\frac{5}{6x}-4=\frac{7}{9x}+\frac{4}{3x}$
i) $\frac{7}{x-1}=6$ **j)** $8=\frac{16}{4+5x}$ **k)** $\frac{5}{3x}+\frac{7}{2x}=6$ **l)** $\frac{3}{x-1}+\frac{5}{x-1}=\frac{7}{8}$
m) $\frac{12}{4-x}=13$ **n)** $-7=\frac{-35}{-2x-1}$ **o)** $\frac{5}{6x}-\frac{1}{3x}=\frac{2}{5}$ **p)** $\frac{1}{2x-4}-\frac{3}{2x-4}=\frac{7}{2}$
q) $\frac{-18}{7x}=31$ **r)** $\frac{1}{2x-5}=0$ **s)** $0=\frac{3}{4x}-\frac{2}{3x}$ **t)** $0=\frac{6}{3x-3}+\frac{12}{3x+3}$
u) $\frac{a}{x}=5$ **v)** $\frac{a}{4-3x}=1$ **w)** $\frac{a}{x}+\frac{2a}{x}=10$ **x)** $\frac{a}{2x+1}-\frac{5a}{2x+1}=1$

Ungleichungen

1

Herr Hurtig fährt auf der Autobahn von Dresden nach Berlin. Wegen der variierenden Verkehrsdichte fährt er mit unterschiedlichen Geschwindigkeiten. Er ist bereits eine Stunde gefahren, dabei eine Zeit lang mit der Durchschnittsgeschwindigkeit 104 km/h, dann mit der Durchschnittsgeschwindigkeit 88 km/h und schließlich mit der Durchschnittsgeschwindigkeit 96 km/h.
Jede Geschwindigkeit fuhr er mindestens eine Viertelstunde lang.
Wie weit ist er mindestens gekommen und wie weit höchstens?

2

Annika, Sarah und Iris machen einen Campingurlaub von zwei Wochen. Sie haben beschlossen, von ihrem Gesamtbudget von 265 € in der ersten Woche pro Tag nicht mehr als 15 € auszugeben.
Annika kauft die ersten zwei Tage ein; sie gibt pro Tag höchstens 14 €, aber mindestens 11 € aus. An den nächsten beiden Tagen kauft Sarah ein, und sie gibt jeweils mindestens 13 € und höchstens 15 € aus. An den restlichen drei Tagen ist Iris an der Reihe, und sie gibt jeweils mindestens 14 € und höchstens 16 € aus.

a) Wie viel Geld haben die drei Mädchen nach einer Woche insgesamt höchstens ausgegeben?

b) Wie viel Geld haben die drei Mädchen nach einer Woche insgesamt mindestens ausgegeben?

NACHGEDACHT
Man kann in den Aufgaben 2 a) und b) mit unterschiedlicher Genauigkeit rechnen.
Überlege, ob du noch bessere Werte finden kannst, als du sie berechnet hast.

3

Kai, Bernd und Thomas haben für eine Radtour gespart und zahlen ihre Anteile in eine gemeinsame Reisekasse ein. Kais Vater ist großzügig und verdoppelt ihr Budget. Bei der ersten Rast kauft Bernd einige Erfrischungen ein und verliert beim Bezahlen einen 20-Euro-Schein. Als sie abends ihr Geld zählen, sagt Thomas enttäuscht: „Wir haben ja nur noch 96 Euro."

a) Wie viel Geld hatten die drei zusammen mindestens in ihre Reisekasse eingezahlt?

b) Bernd bemerkt, dass sie außer zwei 20-Euro-Scheinen und anderen Münzen genauso viele 5-Euro-Scheine wie 2-Euro-Münzen haben. Wie viele 5-Euro-Scheine und 2-Euro-Münzen haben sie höchstens?

INFORMATION
Budget (gesprochen (by'ʤeː) kommt aus dem Französischen und bedeutet Haushaltsplan.

BEISPIEL

Beim Verpacken von gleich schweren Werkstücken in eine Versandkiste darf ein bestimmter Höchstwert nicht überschritten werden. Dieser Höchstwert wird eingehalten, wenn man 5 Werkstücke in eine 3 kg schwere Kiste packt. Dagegen sind 7 Werkstücke ohne Kiste schon zu schwer.

Ist x kg die Masse eines Werkstücks, so muss demnach gelten: $5x + 3 < 7x$.
Wir probieren aus, welche Massen diese Bedingung erfüllen:

$x = 1$	$5 + 3 < 7$	falsche Aussage	
$x = 2$	$10 + 3 < 14$	wahre Aussage	Masse kann auch kleiner sein.
$x = 1{,}5$	$7{,}5 + 3 < 10{,}5$	falsche Aussage	Masse muss größer sein.

Die Masse der Werkstücke muss auf alle Fälle größer als 1,5 kg sein.
Der zulässige Höchstwert ist demnach größer als 10,5 kg.

HINWEIS
Beim Lösen von Aufgaben kann es manchmal hilfreich sein, eine Ungleichung aufzustellen.
Man muss sich dann überlegen, welche Werte diese Ungleichung erfüllen.
Im Beispiel wurden diese Werte durch Probieren gefunden.

WISSEN

Eine **Ungleichung** entsteht, wenn man zwei Terme T_1 und T_2 durch eines der Zeichen < oder > verbindet. Zum Beispiel sind Ungleichungen:
$2 < 3$ (wahre Aussage), $4 > 7$ (falsche Aussage), $2x + 3 > 5$ (Aussageform)

Die auf Seite 110 über Gleichungen getroffenen Feststellungen gelten entsprechend für Ungleichungen.

BEISPIEL

$x + 5 < 7$ ist zu lösen. Offensichtlich muss $x < 2$ sein.

Variablen-grundbereich	Lösungsmenge	Veranschaulichung an der Zahlengeraden
$\mathbb{N}$	$L = \{0; 1\}$	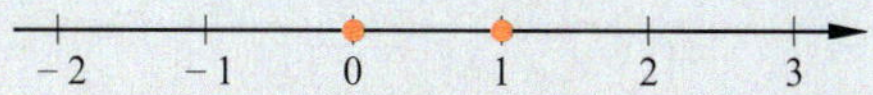
$\mathbb{Z}$	$L = \{\ldots; -2; -1; 0; 1\}$	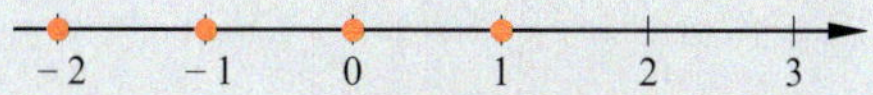
$\mathbb{Q}^+$	$L = \{x \in \mathbb{Q}^+ \mid x < 2\}$	
$\mathbb{Q}$	$L = \{x \in \mathbb{Q} \mid x < 2\}$	

BEACHTE
$L = \{x \in \mathbb{Q}^+ \mid x < 2\}$ liest man: L ist die Menge aller gebrochenen Zahlen, die kleiner als 2 sind.
Bei der Veranschaulichung bedeutet eine Begrenzung durch eine runde Klammer – die „Grenzzahl" gehört nicht zur Lösungsmenge, eckige Klammer – die „Grenzzahl" gehört zur Lösungsmenge.

4

Ermittle jeweils durch systematisches Probieren die Lösungsmenge in $\mathbb{N}$. Veranschauliche sie an der Zahlengeraden.

a) $2x + 5 < 17$ **b)** $2x - 13 < -3$ **c)** $12x < 143$ **d)** $x^2 + 4 < 41$
e) $-12 < 1 - x^2$ **f)** $13x > 145 + x$ **g)** $2x > 3x$ **h)** $2(x + 1) < 11$

5^L

Ermittle die Lösungsmenge in $\mathbb{Z}$. Veranschauliche sie an der Zahlengeraden.

a) $2x + 5 < 17 + 4x$ **b)** $2x + 3 < 3x$ **c)** $x^3 < x^2$ **d)** $x^2 + 4 < 41$
e) $-2 > 1 + x^2$ **f)** $\frac{x}{3} > -2$ **g)** $\frac{25}{x} < \frac{1}{2}$ **h)** $x(x + 2) < 0$

6^L

Ermittle die Lösungsmenge in $\mathbb{Q}$ und in $\mathbb{Q}^+$ durch inhaltliche Überlegungen. Veranschauliche jeweils beide Lösungsmengen an der Zahlengeraden.

a) $5x + 7 < 22$ **b)** $3(x + 2) < 9$ **c)** $x + x > x + 7$ **d)** $3 < 4 - 2x$
e) $5 - 7x > 0$ **f)** $2(2x + 5) < 0$ **g)** $3 < 2 - 4x$ **h)** $3 < 2 + 2x$

7

Ein Rechteck hat einen Umfang von höchstens 48 cm. Die eine Seite ist doppelt so lang wie die andere.

a) Wie groß sind die Seitenlängen höchstens?
b) Wie groß ist der Flächeninhalt A höchstens?
c) Wie lang sind die Seiten höchstens, wenn eine Seite um 4 cm länger ist als die andere?
d) Wie groß ist der Flächeninhalt höchstens, wenn eine Seite um 2 cm kürzer ist als die andere?

BEISPIEL
für das Lösen einer Ungleichung durch inhaltliches Überlegen:
$3x + 7 < 8$
$3x + 7$ ist nur kleiner als 8, wenn $3x < 1$ ist.
$3x$ ist nur kleiner als 1, wenn $x < \frac{1}{3}$ ist.
In $\mathbb{N}$ hat die Ungleichung deshalb nur die Lösung 0. ($x = 0$: $7 < 8$ wahr)
In $\mathbb{Z}$ sind alle negativen Zahlen und die 0 eine Lösung. (z. B. $x = -7$: $-21 + 7 < 8$ wahr).
In $\mathbb{Q}$ sind alle Zahlen, die kleiner als $\frac{1}{3}$ sind, eine Lösung (z. B. $x = 0{,}3$: $0{,}9 + 7 < 8$ wahr).

8

Die Waage im linken Bild ist offensichtlich im Ungleichgewicht. Auf der Waage befinden sich neben den Flaschen drei 1-kg-Massestücke.
Man weiß nicht, um wie viel Gramm die rechte Seite der Waage schwerer ist als die linke. Deshalb kann man auch nicht genau sagen, welche Masse eine Flasche hat. Gelingt es dir aber, die Masse einer Flasche abzuschätzen?

HINWEIS
Es wird eine Antwort erwartet wie, „eine Flasche muss mehr/weniger als … Gramm wiegen“, oder „eine Flasche wiegt mindestens … und höchstens … Gramm.“

Tafelwaage im Ungleichgewicht

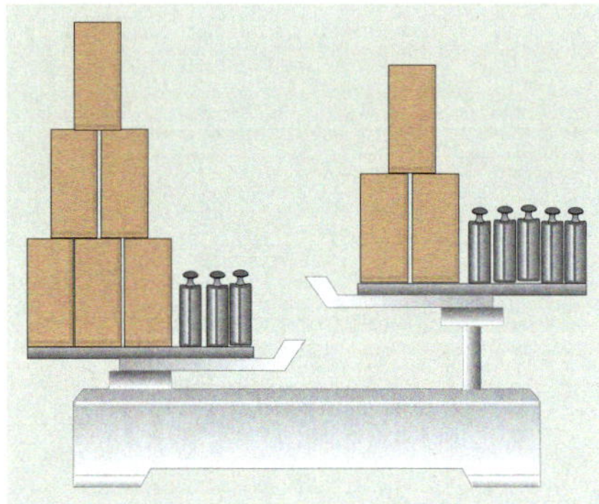
Veranschaulichung einer Ungleichung

9

Auch Ungleichungen kann man mit dem Modell einer Waage veranschaulichen. Auf den Waagschalen im Bild oben rechts befinden sich gleich schwere Kartons sowie Massestücke von je 1 kg.

a) Wieso wird durch diese Waage eine Ungleichung veranschaulicht?
b) Was kann man über die Masse einer Packung sagen? Schildere ein systematisches Vorgehen, mit dem man zum Ziel kommt.
c) Formuliere eine Ungleichung für die anschauliche Situation mit der Waage.
d) Welche Umformungen der Ungleichung entsprechen den einzelnen Handlungsschritten bei der Waage?

Im Folgenden wird gezeigt, dass man auch Ungleichungen mithilfe von Äquivalenzumformungen lösen kann.

10

Begründe mithilfe des Waagemodells, dass die folgenden Umformungen Äquivalenzumformungen sind:

a) Addition oder Subtraktion der gleichen Zahl oder des gleichen Terms auf beiden Seiten der Ungleichung,
b) Multiplikation beider Seiten der Ungleichung mit derselben positiven Zahl,
c) Division beider Seiten der Ungleichung durch dieselbe positive Zahl.

ERINNERE DICH
Gleichungen, die in einem Variablengrundbereich dieselbe Lösungsmenge haben, nennt man zueinander äquivalente Gleichungen.
Beim äquivalenten Umformen von Gleichungen verfolgt man das Ziel, zu einer Ausgangsgleichung eine äquivalente Gleichung der Form x = Zahl oder Zahl = x zu finden.

11

Was passiert, wenn man beide Seiten einer Ungleichung mit einer negativen Zahl multipliziert oder durch eine negative Zahl dividiert?

a) Führe auf beiden Seiten der folgenden drei Ungleichungen die hinter dem Strich angegebene Operation aus. Was stellst du fest?
$2 < 7 \quad | \cdot (-2)$ $\qquad -4 < -2 \quad | \cdot (-2)$ $\qquad -4 < 2 \quad | : (-2)$
b) Versuche, eine Regel zu formulieren für die Multiplikation bzw. die Division einer Ungleichung mit einer negativen Zahl.

WISSEN

Äquivalenzumformungen für Ungleichungen sind:
- Termumformungen auf der einen oder der anderen Seite der Ungleichung;
- Addieren oder Subtrahieren desselben Terms auf beiden Seiten der Ungleichung;
- Multiplizieren oder Dividieren mit derselben positiven Zahl auf beiden Seiten der Ungleichung;
- Multiplizieren oder Dividieren mit derselben negativen Zahl auf beiden Seiten der Ungleichung und gleichzeitiges Umdrehen des Ungleichheitszeichens.
- Vertauschen der Seiten und gleichzeitiges Umdrehen des Ungleichheitszeichens.

BEISPIEL

$3 - 7x + 6 < 8x - 2 - 4x$ | Zusammenfassen
$9 - 7x < 4x - 2$ | -9
$-7x < 4x - 11$ | $-4x$
$-11x < -11$ | $:(-11)$ (Division durch negative Zahl!)
$x > 1$

Zur Kontrolle probieren wir wenigstens eine Zahl aus, die größer als 1 ist:
$x = 2$: $3 - 14 + 6 < 16 - 2 - 8$
$-5 < 6$ wahre Aussage
$L = \{x \in \mathbb{Q} \mid x > 1\}$

BEACHTE
Eine falsche Aussage bei der Kontrolle mit einer Zahl weist auf einen Fehler hin. Eine wahre Aussage ist dagegen noch keine Bestätigung für die Richtigkeit. Warum?

12[L]

Ermittle zuerst die Lösungsmenge in $\mathbb{Q}$ mithilfe von Äquivalenzumformungen. Führe eine Kontrolle mit einer Zahl der Lösungsmenge aus.
Gib dann die Lösungsmenge in $\mathbb{N}$ an.

a) $3x + 2 < 18 + x$
b) $25 - 3x > x + 37$
c) $11x - 13 > 15x + 1$
d) $9x - 11 < 4x - 8 + 5x$
e) $3 - 9x + 13 + 5x < x + 3 - 6x$
f) $8x - 2 + 7x + 5 > 13 - 4x + 2 - x$
g) $4x + 1 + 3x + 8 > 23 + 7x$
h) $x + 18 - 7x + 11 < 4x + 3 - 13x + 8$
i) $\frac{5}{6}x + \frac{2}{3} - \frac{1}{3}x > \frac{2}{9} - x$
j) $2 - 3x + \frac{1}{4} + \frac{2x}{3} < \frac{5x}{6} - \frac{3}{2}$
k) $\frac{2x}{3} - \frac{7}{8} - \frac{5x}{6} < \frac{3x}{2} + \frac{3}{4} - \frac{x}{12}$
l) $\frac{3x - 4}{10} > \frac{2x}{5} + \frac{7}{2} - \frac{x}{2}$

TIPP
Auch eine Ungleichung kann keine Lösung haben oder von allen rationalen Zahlen erfüllt werden.

Erinnere dich bei Ungleichungen mit Brüchen, wie du bei Gleichungen vorgegangen bist.

13

Ermittle die Lösungsmengen in $\mathbb{Q}$ und veranschauliche sie an der Zahlengeraden.

a) $3x - 7 - 4x < 9 - 3x - 12$
b) $6 - 5x - 4 - 8x > 5x + 7 - 2x + 3$
c) $4(x - 5) < x + 1$
d) $7x + 49 > 7(x + 7)$
e) $7(2x + 1) > 12x + 8$
f) $8x - 5 < 3(4x + 3)$

14

Gib zu den dargestellen Lösungsmengen je drei zugehörige Ungleichungen an.

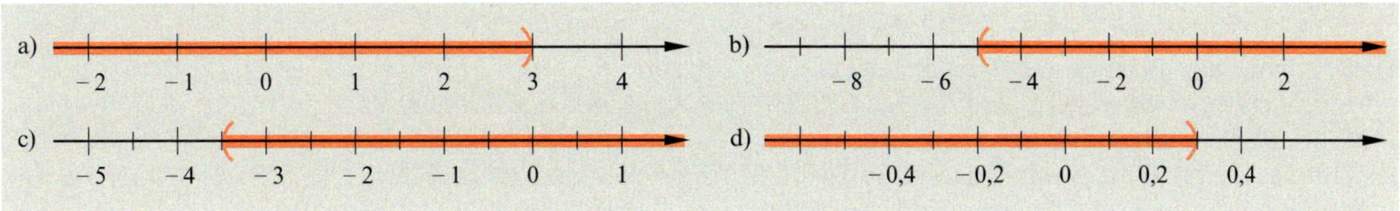

BEISPIEL

Die Gleichung $x + 5 = 9$ hat in $\mathbb{Q}$ die Lösungsmenge $L = \{4\}$.
Die Ungleichung $x + 5 < 9$ hat in $\mathbb{Q}$ die Lösungsmenge $L = \{x \in \mathbb{Q} \mid x < 4\}$.
Diese Gleichung und diese Ungleichung kann man zusammenfassen zu:
$x + 5 \leq 9$. Auch in diesem Fall spricht man von einer Ungleichung.
Ihre Lösungsmenge in $\mathbb{Q}$ ist $L = \{x \in \mathbb{Q} \mid x \leq 4\}$.

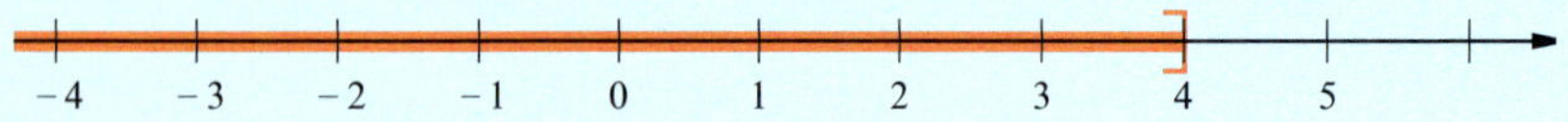

BEACHTE
Die Zahl 4 gehört mit zur Lösungsmenge von $x + 5 \leq 9$.
Wir kennzeichnen das auf der Zahlengeraden durch eine eckige Klammer.

15

a) Gib zu jeder im Bild dargestellten Lösungsmenge drei zugehörige Ungleichungen an.
b) Vertausche eckige und runde Klammern und gib jetzt zu jeder der neuen Darstellungen drei zugehörige Ungleichungen an.
c) Veranschauliche die Lösungsmengen zu den Ungleichungen $x + 1 < 2x - 7$ und $x + 1 \geq 2x - 7$.

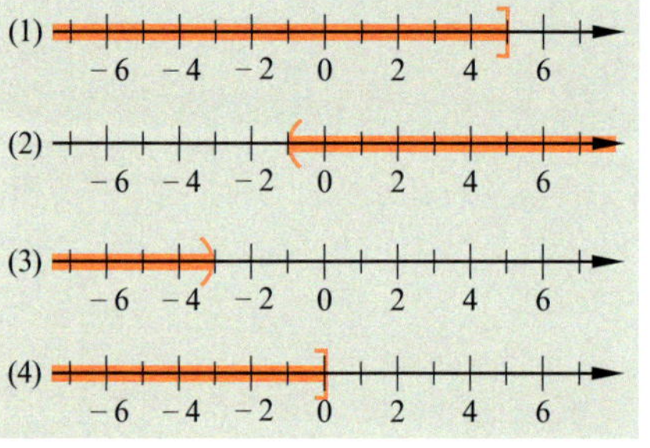

HINWEIS
Auch bei Ungleichungen mit $\geq$ oder $\leq$ kann man die Äquivalenzumformungen für Ungleichungen anwenden.

16

Ermittle die Lösungsmenge in $\mathbb{Q}$ und veranschauliche sie an der Zahlengeraden.

a) $5(x - 3) \leq 2x - 6$ **b)** $5x - 7 - 3x \geq 4 - 2x - 5$
c) $12x + 23 > 12(x + 12)$ **d)** $(x + 2)^2 \leq 0$

TIPP
Die Lösung von 16 d) findest du ohne zu rechnen.

17^L

Löse die Ungleichungen in $\mathbb{Q}$. Kontrolliere mit einer Zahl der Lösungsmenge.

a) $2x + 7 \leq 13 - 5x$ **b)** $15 - 4x \leq 8 - 3x$ **c)** $3x + 27 \geq 23 - x$
d) $2(x + 5) \leq 24$ **e)** $3(3x + 4) < 2(x + 1)$ **f)** $0{,}2(4z - 5) - (7 - 5z) \leq 0$
g) $\frac{1}{2}(8 - x) + (3 + 2x) < x$ **h)** $\frac{3}{4}(y + 1) \leq 2 - y$ **i)** $0{,}2t + 0{,}5(1 - 0{,}4t) < 1{,}2$

18

Ermittle die Lösungsmenge in $\mathbb{Q}$ und veranschauliche sie. Kontrolliere mit Zahlen der Lösungsmenge.
Gib dann die Lösungsmenge in $\mathbb{Z}$ an.

a) $|x| < 1$ **b)** $|x| \leq 1$ **c)** $|x| > 1$ **d)** $|x| \geq 1$
e) $|x| > 0$ **f)** $|x| \geq 0$ **g)** $|x| < 0$ **h)** $|x| \leq 0$
i) $|x - 1| < 3$ **j)** $1 + |x| < 3$ **k)** $1 - |x| > 3$ **l)** $2|x| < 1$
m) $|x + 2| \geq 0$ **n)** $|x + 2| < 2$ **o)** $|x - 2| < -1$ **p)** $|x - 5| \leq 3$

19

a) Begründe am Beispiel der Ungleichungen $x > 2$ und $x^2 > 2^2$, dass auch bei Ungleichungen das Quadrieren beider Seiten keine Äquivalenzumformung ist (Variablengrundbereich $\mathbb{Q}$).
b) Untersuche an selbst gewählten Gleichungen und Ungleichungen, ob das Bilden des Betrages auf beiden Seiten eine Äquivalenzumformung (in $\mathbb{Q}$) ist.

20

Wir wissen:
Beim Lösen von Ungleichungen mithilfe von Äquivalenzumformungen ist beim Multiplizieren mit einer negativen Zahl und beim Dividieren durch eine negative Zahl das Ungleichheitszeichen umzudrehen.
Wie kann man sich das erklären?

a) Begründe, dass die Multiplikation auf beiden Seiten der Ungleichung $2 < 3$ mit der negativen Zahl -3 als ein Verdreifachen der Zahlen 2 und 3 und anschließendes Spiegeln am Nullpunkt der Zahlengeraden veranschaulicht werden kann (s. Bild).

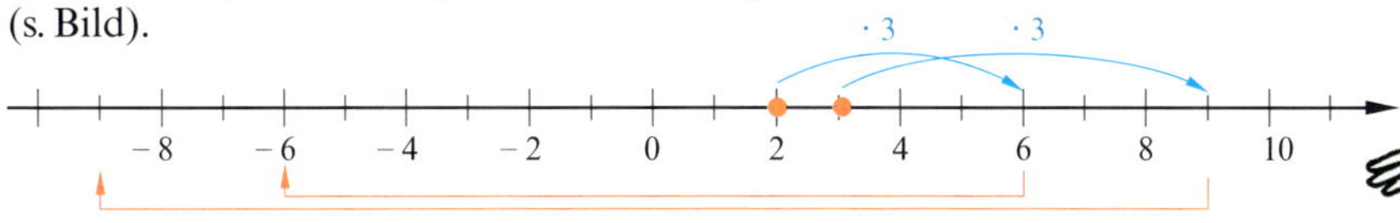

b) Multipliziere die folgenden Ungleichungen mit der in Klammern angegebenen Zahl und veranschauliche an einer Zahlengeraden.
$5 < 7\ (-2)$ $\quad$ $6 > 4\ (-3)$ $\quad$ $-5 < 2\ (-2)$

21[L]

Löse die Ungleichungen in $\mathbb{Q}$. Führe eine Kontrolle mit einer Zahl der Lösungsmenge durch.

a) $\frac{x-2}{4} + \frac{3}{2}x < 9$ $\qquad$ **b)** $(2x-3)\frac{3}{4} > \frac{5}{6}x$

c) $\frac{5(2-3)x}{4} < \frac{5x+17}{3}$ $\qquad$ **d)** $\frac{-3}{5}(2+3x) > \frac{3+2x}{2}$

e) $\frac{5x+3}{2} + x < 7$ $\qquad$ **f)** $2x - \frac{3-x}{5} < 1$

g) $2 \cdot \frac{3+x}{3} + 3 \cdot \frac{2-x}{2} > 1$ $\qquad$ **h)** $\frac{2x}{3} + \frac{x+3}{2} > 4 \cdot \frac{x+1}{6}$

i) $\frac{2}{3}x + \frac{4}{5}x < \frac{x+3}{6} + 2$ $\qquad$ **j)** $\frac{2x+3}{2} + 5x - 3 < \frac{4(1-2x)}{3} - 7x$

22

Ermittle jeweils die Lösungsmenge in $\mathbb{Q}$ und veranschauliche sie. Gib dann die Lösungsmenge in $\mathbb{Z}$ an.

a) $|2x| < 1$ $\quad$ **b)** $|2x| \leq 1$ $\quad$ **c)** $|2x| > 1$ $\quad$ **d)** $|2x| \geq 1$

e) $|x-1| < x$ $\quad$ **f)** $1 + |x| < x$ $\quad$ **g)** $1 - |x| > x$ $\quad$ **h)** $2|x| < x$

23

Gib jeweils zwei Ungleichungen zu der angegebenen Lösungsmenge an.

a) $\left\{x \mid x > \frac{1}{2}\right\}$ $\quad$ **b)** $\{x \mid x < 3\}$ $\quad$ **c)** $\{x \mid x < 2 \text{ und } x > -2\}$

24

a) Untersuche an selbst gewählten Gleichungen und Ungleichungen, ob es eine Äquivalenzumformung bezüglich des Variablengrundbereichs $\mathbb{Q}$ ist, wenn man beide Seiten in die dritte Potenz erhebt.

b) Untersuche an selbst gewählten Gleichungen und Ungleichungen, ob das Ziehen der Quadratwurzel auf beiden Seiten eine Äquivalenzumformung in $\mathbb{Q}^+$ ist.

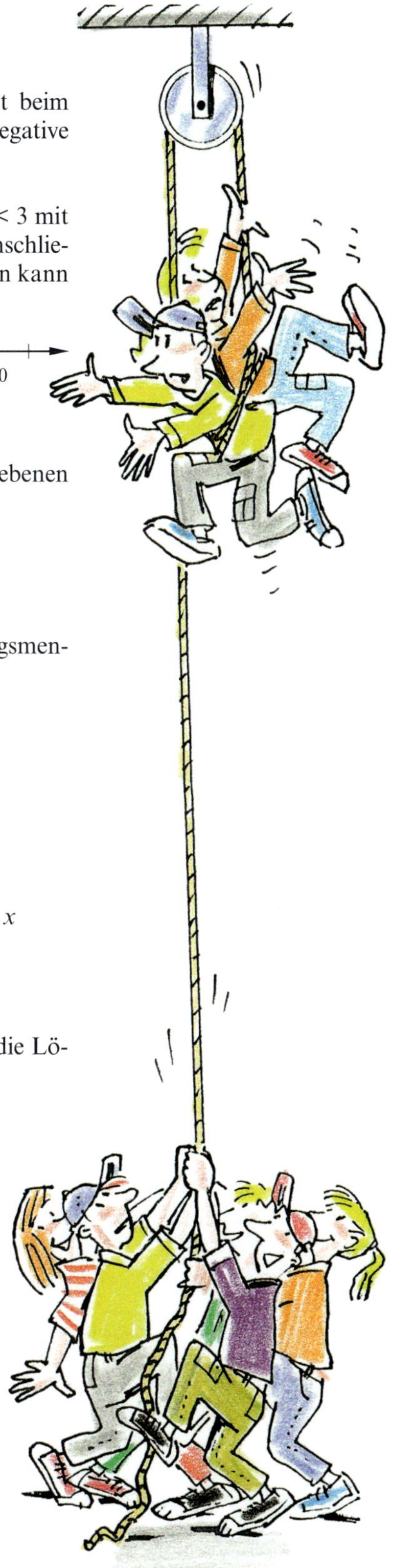

Teste dich!

Grundwissen

1

a) Addiert man zum Siebenfachen einer natürlichen Zahl ihr Doppeltes, teilt das Ergebnis durch das Sechsfache der Zahl und subtrahiert anschließend noch $\frac{1}{2}$, so kommt 1 heraus. Um welche natürliche Zahl handelt es sich?

b) Wenn man das 21fache einer Zahl um das um 3 verminderte Sechsfache der Zahl vermehrt, so erhält man das Dreifache des um 5 vermehrten 27fachen der Zahl. Welche Zahl ist es?

2

Gib zu jeder der folgenden Aussagen eine Gleichung an, auf die die Aussage zutrifft.

a) Die Gleichung hat genau eine Lösung im Bereich der gebrochenen Zahlen, aber keine Lösung im Bereich der natürlichen Zahlen.

b) Die Gleichung hat genau eine Lösung im Bereich der ganzen Zahlen, aber keine Lösung im Bereich der rationalen Zahlen.

c) Die Gleichung hat unendlich viele Lösungen.

d) Die Gleichung hat keine Lösung.

e) Die Gleichung hat genau zwei Lösungen, und zwar eine positive und eine negative.

f) Die Gleichung hat genau zwei negative Zahlen als Lösungen.

3

Gib für die folgenden Gleichungen jeweils die zulässige Grundmenge an. Löse die Gleichung dann mithilfe von Äquivalenzumformungen.

a) $29a + 74 = (3 - (9{,}75 - a)) : 0{,}75$

b) $\frac{2}{y}(12 - 0{,}5y) = 8 + \frac{8 - 3y}{4y}$

c) $\frac{9}{4z - (23 - 2z)} - \frac{8}{3z - (22 - z)} = 0$

4

Löse die folgenden Gleichungen.

a) $(x - 13{,}7) \cdot \left(x + \frac{7}{11}\right) = 0$

b) $y \cdot (45y - (2 - y)) = 0$

5

Gib für die folgenden Gleichungen jeweils die zulässige Grundmenge an und löse sie.

a) $\sqrt{-3x} = 9$ **b)** $3 + (c - 3{,}5)^2 = 12$

6

In den Gleichungen dieser Aufgabe ist a ein Parameter. Die Variable ist x.

a) Gib für die Gleichung $ax + 14 = -13$ eine Zahl a so an, dass die Zahl 9 eine Lösung der Gleichung ist.

b) Gib für die Gleichung $\frac{2}{a}x - (7 - x) = x + 7$ eine Zahl a so an, dass die Zahl -14 eine Lösung der Gleichung ist.

7

Überlege dir zu dem Text eine sinnvolle Frage. Beschreibe den Sachverhalt durch eine Gleichung und versuche, die Frage zu beantworten, indem du die Gleichung löst.

a) Ein Kasten Mineralwasser mit zwölf Flaschen kostet 7,38 € einschließlich 3,30 € Pfand.

b) Wenn Stefan den Geldbetrag in seiner Geldbörse verdoppelt, dann hat er 70 Cent weniger als 10,00 €.

8

a) In einem gleichschenkligen Dreieck sei die Länge eines der beiden Schenkel das 2,5fache der Länge der Basis. Der Umfang betrage 12 cm. Wie lang sind die Seiten des Dreiecks?

b) In einem gleichschenkligen Dreieck sei die Basis anderthalbmal so lang wie die Höhe auf der Basis. Der Flächeninhalt des Dreiecks betrage 12 cm². Wie lang sind die Seiten des Dreiecks?

9

Ermittle die Lösungsmenge der Ungleichung
$|2x - 4| + 16 < 20$

a) in $\mathbb{Z}$ **b)** in $\mathbb{Q}$

und stelle sie in beiden Fällen grafisch dar.

10

Gib eine Ungleichung an, die unendlich viele rationale Zahlen als Lösung hat, aber keine ganze Zahl.

Sachaufgaben und Probleme

11

Ein quaderförmiger Tank mit quadratischer Grundfläche und den Innenmaßen 45 dm, 45 dm und 35 dm enthält 200 hl Flüssigkeit. Wie hoch steht diese im Tank?

12

Eine Fähre fährt von Sassnitz nach Trelleborg. In Trelleborg startet zur selben Zeit eine Fähre nach Sassnitz. Die zurückzulegende Entfernung beträgt etwa 130 km. Die eine Fähre macht 20 Knoten, die andere 22 Knoten.
Wann und wo begegnen sie sich? Nutze einen Taschenrechner.
(*Hinweis:* Die Geschwindigkeit von Schiffen wird in Knoten angegeben. 1 Knoten ist gleich 1,852 km/h.)

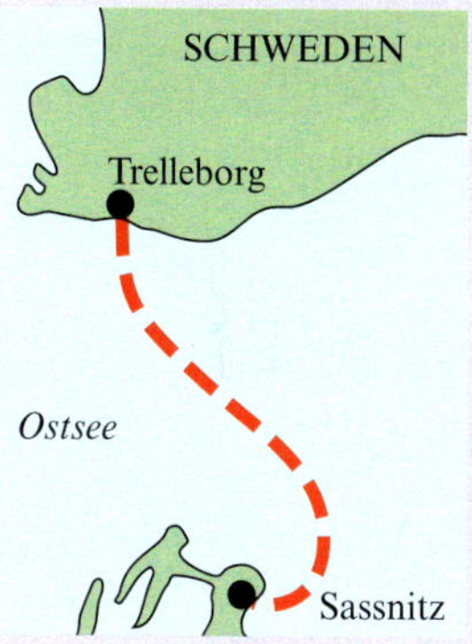

13

Die Hälfte der Tiere eines Bauern hat Federn, ein Viertel gibt Milch, und ein Siebtel hat keine Beine. Dazu kommen noch einige Schweine und drei Hunde. Der Bauer hat mehr Schweine als Hunde und insgesamt weniger als 100 Tiere. Wie viele Tiere besitzt dieser Bauer? Was könnten das für Tiere sein?

AUSWERTUNG

Gleichungen und Ungleichungen – Überprüfe dein Wissen und Können!

Schätzt eure Leistung zunächst selbst ein, nachdem ihr die Aufgaben bearbeitet habt.

Konntest du nicht alle Aufgaben lösen? Die folgende Tabelle enthält einige Tipps, mit denen du vielleicht doch noch zum Ziel kommen kannst.

Aufgabe	Tipp
1	Übersetze die Texte Schritt für Schritt in Terme. Müssen Klammern gesetzt werden?
2	Du kannst von einer wahren oder falschen Aussage oder dem geforderten Ergebnis ausgehen und daraus durch Umformungen eine Gleichung „basteln“.
3	Prüfe zuerst, ob bestimmte Umformungen (z. B. Multiplikation mit einem geeigneten Term, Übergang zum Reziproken, Auflösen von Klammern) die Terme sofort vereinfachen können.
4	Wann wird ein Produkt null?
5	Hat jede Zahl eine Wurzel? Wie viele Zahlen gibt es, deren Quadrat eine bestimmte Zahl ist?
6	Die gesuchten Werte des Parameters müssen die Lösungen einer Gleichung sein, die sich aus der Forderung über die Lösungsmenge der gegebenen Gleichung ergibt.
7	Deine Gleichungen sind vermutlich durch inhaltliche Überlegungen zu lösen.
8	Wähle die Basislänge als Variable und stelle mithilfe der Formeln zur Berechnung von Umfang und Flächeninhalt eine Gleichung auf.
9	Welche Bedingung muss x erfüllen, damit der Term in den Betragsstrichen negativ ist? Daraus ergibt sich eine Unterscheidung in zwei Fälle.
10	Nutze z. B. aus, dass zwischen zwei ganzen Zahlen unendlich viele rationale Zahlen liegen.
11	Wie kann man das Volumen durch die gesuchte Größe ausdrücken?
12	Drücke die von den Fähren bis zum Zeitpunkt des Zusammentreffens zurückgelegten Entfernungen durch die Fahrzeit t aus. Was gilt für die Summe dieser Entfernungen?
13	Teilbarkeit spielt hier eine Rolle.

Beratet mit eurer Lehrerin oder eurem Lehrer, wie ihr eventuell noch vorhandene „Wissenslücken“ schließen könnt. Die Lösungen zu den Aufgaben findest du auf Seite 259.

ZUSAMMENFASSUNG

Termumformungen	Beispiele
Ordnen	$3x - 7 + 8y - 4xy + 2y - 3x + 8 = 3x - 3x + 8y + 2y - 4xy - 7 + 8$
Zusammenfassen	$2a - 7b + 3ab - 5ab^2 + ab - 4a + 3ab^2 = -2a - 7b + 4ab - 2ab^2$
Ausmultiplizieren	$(-2)(3x - 4 + 5y) = -6x + 8 - 10y$
Ausklammern	$33x^2 - 22x = 11x(3x - 2)$

Lösen von Gleichungen	Beispiele
durch systematisches Probieren	$2(x + 1) = 101 - x$ $x = 1$: $4 = 100$ falsch; viel zu klein $x = 10$: $22 = 91$ falsch; viel zu klein $x = 40$: $82 = 61$ falsch; zu groß $x = 30$: $62 = 91$ falsch; zu klein $x = 35$: $72 = 66$ falsch; zu groß $x = 33$: $68 = 68$ wahr; $L = \{33\}$
durch inhaltliches Überlegen	$3x + 5 = 7$ $2 + 5 = 7$, also muss $3x = 2$ sein. $3 \cdot \frac{2}{3} = 2$, also muss $x = \frac{2}{3}$ sein. Probe: $3 \cdot \frac{2}{3} + 5 = 7 \rightarrow 7 = 7$ wahr $L = \left\{\frac{2}{3}\right\}$
durch Äquivalenzumformungen	$5x - 3 - 3x = 7 + 7x + 5$ | Zusammenfassen $2x - 3 = 12 + 7x$ | $-7x + 3$ $-5x = 15$ | $:(-5)$ $x = -3$ Probe: $5 \cdot (-3) - 3 - 3 \cdot (-3) = 7 + 7 \cdot (-3) + 5$ $-15 - 3 + 9 = 7 - 21 + 5$ $-9 = -9$ wahr $L = \{-3\}$

Lösen von Ungleichungen	Beispiel
Ungleichungen kann man auch durch systematisches Probieren, durch inhaltliches Überlegen und durch Äquivalenzumformungen lösen. Die Lösungsmengen von Ungleichungen sind häufig unendliche Mengen. Nur bei den Variablengrundbereichen ℕ und ℤ kann man dann die Elemente aufzählen. Bei den Grundmengen $\mathbb{Q}^+$ und $\mathbb{Q}$ muss man die Lösungsmenge beschreiben.	$4x < 8$ Offensichtlich muss $x < 2$ sein. Angabe der Lösungsmenge in $\mathbb{Q}$: $L = \{x \in \mathbb{Q} \mid x < 2\}$ (L ist die Menge aller rationalen Zahlen, die kleiner als 2 sind.) Veranschaulichung der Lösungsmenge: 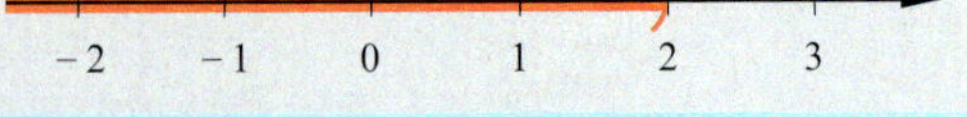

Äquivalenzumformungen bei Gleichungen und Ungleichungen

- Termumformungen auf der einen oder anderen Seite
- Addieren oder Subtrahieren desselben Terms auf beiden Seiten
- Multiplizieren oder Dividieren mit demselben Term, aber ungleich null, auf beiden Seiten (beachte *!)
- Vertauschen beider Seiten (beachte *!)

* Bei Ungleichungen muss bei Multiplikation mit einer negativen Zahl, bei Division durch eine negative Zahl und beim Vertauschen der Seiten das Ungleichheitszeichen umgedreht werden.

Geometrie in der Ebene

Der Grieche Thales von Milet gilt als Begründer der Mathematik im Sinne einer exakten, nach den Gesetzen der Logik aufgebauten Wissenschaft. So war er der erste, der auch scheinbar selbstverständliche geometrische Beobachtungen bewies, indem er sie aus noch einfacheren Annahmen herleitete.
Thales war einer der „Sieben Weisen“, die bei den Römern als Vertreter von Weisheit und Wissenschaft verehrt wurden. Auf diesem Mosaik aus Torre Annunziata bei Pompeji könnte Thales die Person in der Mitte sein, die auf die Himmelskugel weist.

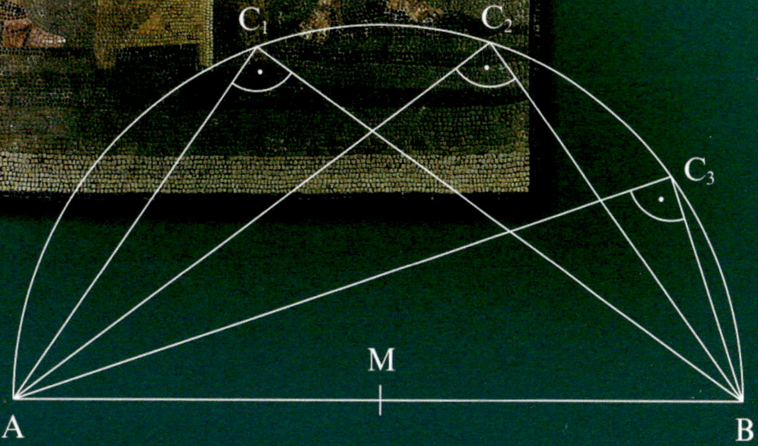

Kongruenzsätze für Dreiecke (Wdh.)

1

a) Wie hoch ist der Turm? Löse die Aufgabe durch eine maßstabsgerechte Zeichnung.

b) Warum gibt es genau eine Lösung für die Aufgabe, und weshalb kann man sie durch Konstruktion ermitteln?

2

Zu konstruieren ist jeweils ein Dreieck aus den folgenden Stücken:

(1) $b = 3$ cm; $\alpha = 75°$; $\gamma = 70°$
(2) $b = 3$ cm; $\beta = 35°$; $\gamma = 70°$
(3) $b = 3$ cm; $\alpha = 75°$; $\beta = 35°$
(4) $a = 5$ cm; $b = 3$ cm; $\gamma = 70°$
(5) $a = 5$ cm; $b = 3$ cm; $\alpha = 75°$
(6) $a = 5$ cm; $b = 3$ cm; $\beta = 35°$

a) Wie kann man *ohne zu zeichnen* erkennen, dass die Dreiecke (1) bis (3) alle gleich sind? Begründe.

Gruppenarbeit

b) Teilt die Klasse in drei etwa gleichgroße Gruppen ein und ordnet jeder Gruppe eine der Konstruktionsaufgaben (4) bis (6) zu. Jede Gruppe führt ihre Aufgabe aus und konstruiert ein Dreieck aus den gegebenen Stücken. Sie achtet dabei genau darauf, ob es eventuell mehr als eine Lösung gibt, und konstruiert gegebenenfalls weitere Dreiecke aus den gegebenen Stücken. Jede Gruppe gibt an der Tafel eine kurze Beschreibung ihrer Konstruktion.

c) Diskutiert eure Beobachtungen und versucht, diese als mathematische Sätze zu formulieren; zum Beispiel: *„Wenn zwei Dreiecke in einer Seite und zwei Winkeln übereinstimmen, dann…“* oder auch *„Ein Dreieck ist durch die Angabe von … eindeutig bestimmt“* oder auch *„Wenn … gegeben sind, dann gibt es verschiedene Dreiecke, die …“*.

BEACHTE
Wir beziehen uns in Aufgabe 2 und auch sonst, wenn nichts anderes vermerkt ist, auf ein folgendermaßen bezeichnetes Dreieck:

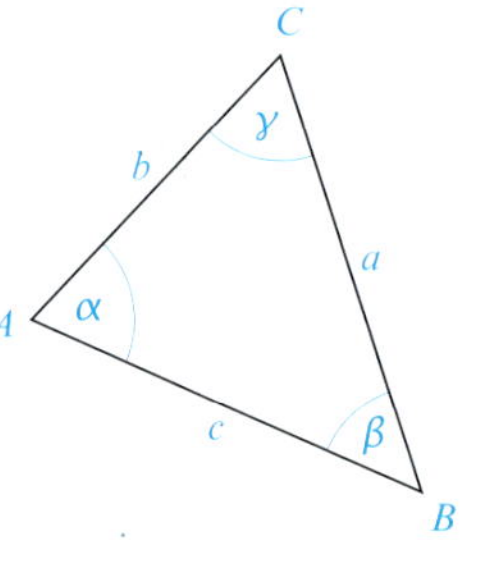

3

a) Zeichne ein beliebiges Dreieck. Schneide sechs zu diesem kongruente Dreiecke aus und lege sie wie im nebenstehenden Bild. Begründe anhand des Bildes, dass die Summe der Innenwinkel im Dreieck 180° beträgt.

b) Lege ebensolche Figur aus sechs kongruenten stumpfwinkligen Dreiecken.

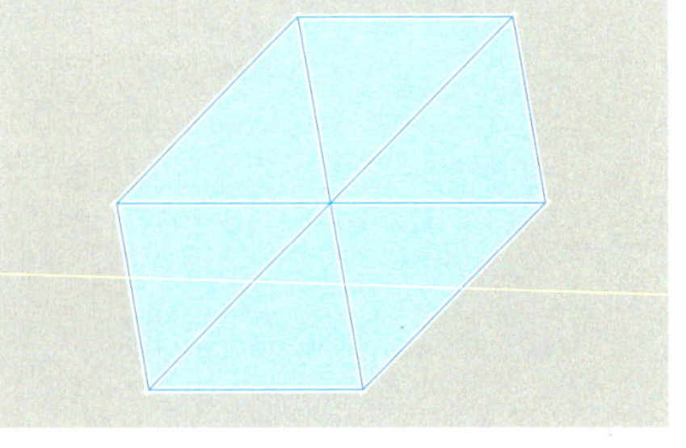

4

Untersuche, ob sich aus zwei bzw. drei bzw. vier bzw. fünf kongruenten Dreiecken ein Viereck legen lässt. (*Tipp*: Probiere es mit den verschiedenen Dreiecksarten: mit spitzwinkligen, rechtwinkligen und stumpfwinkligen Dreiecken. Schneide die notwendige Anzahl kongruenter Dreiecke aus und probiere.)

AUFGABE
Was versteht man unter **deckungsgleichen** (= **kongruenten**) Figuren in der Ebene? Formuliere eine Definition.

WISSEN

Kongruenzsätze für Dreiecke

Satz: Zwei Dreiecke sind genau dann kongruent zueinander, wenn sie in den einander entsprechenden drei Seitenlängen und in den einander entsprechenden drei Innenwinkeln übereinstimmen.
Die Bedingung dieses Satzes, dass Dreiecke in allen einander entsprechenden Stücken übereinstimmen müssen, kann abgeschwächt werden. Die entsprechenden Aussagen werden als Kongruenzsätze für Dreiecke bezeichnet:

Kongruenzsatz sss: Wenn zwei Dreiecke in den drei Seiten übereinstimmen, dann sind sie zueinander kongruent.

Kongruenzsatz sws: Wenn zwei Dreiecke in zwei Seiten und dem eingeschlossenen Winkel übereinstimmen, dann sind sie zueinander kongruent.

Kongruenzsatz SsW: Wenn zwei Dreiecke in zwei Seiten und dem der längeren Seite gegenüberliegenden Winkel übereinstimmen, dann sind sie zueinander kongruent.

Kongruenzsatz wsw: Wenn zwei Dreiecke in einer Seite und den anliegenden Winkeln übereinstimmen, dann sind sie zueinander kongruent.

Eindeutigkeit der Konstruktion: Wenn von einem Dreieck drei Stücke nach einem der vier genannten Kongruenzsätze gegeben sind, so ist es aus diesen drei Stücken eindeutig konstruierbar.

BEACHTE
Kongruenz ist eine Relation zwischen (ebenen) geometrischen Figuren, ähnlich wie die Gleichheit eine Relation zwischen Termen ist: Zwei Terme sind entweder gleich oder nicht gleich; zwei Figuren sind entweder kongruent oder nicht kongruent zueinander.
Wie die Gleichheitsrelation ist auch die Kongruenz eine sogenannte **Äquivalenzrelation** und als solche insbesondere **transitiv.** Das bedeutet: Ist F_1 kongruent zu F_2 und F_2 kongruent zu F_3, so sind auch F_1 und F_3 kongruent zueinander.
Die Transitivität kann in der Praxis nützlich sein, um die Kongruenz zweier Figuren nachzuweisen.

5

Entscheide, ob aus den folgenden Stücken ein Dreieck konstruiert werden kann. Wenn ja, konstruiere das Dreieck.

a) $a = 3$ cm, $b = 5$ cm, $c = 6$ cm
b) $a = 4{,}1$ cm, $\beta = 89°$, $\gamma = 95°$
c) $a = 6$ cm, $b = 3{,}5$ cm, $c = 10$ cm
d) $b = 3{,}5$ cm, $c = 4{,}2$ cm, $\alpha = 37°$
e) $a = 4{,}1$ cm, $c = 3{,}4$ cm, $\beta = 68°$
f) $\alpha = 72°$, $\beta = 84°$, $\gamma = 24°$
g) $a = 5{,}4$ cm, $b = 3{,}4$ cm, $\alpha = 78°$
h) $b = 6{,}1$ cm, $\beta = 67°$, $\gamma = 54°$
i) $c = 3{,}4$ cm, $\alpha = 112°$, $\gamma = 74°$
j) $a = 3{,}1$ cm, $b = 5{,}8$ cm, $c = 2{,}5$ cm

6

Entscheide, ob die folgenden gegebenen Stücke ein Dreieck eindeutig bestimmen. Begründe deine Antwort.

a) $a = 3{,}5$ m, $b = 4{,}3$ m, $\beta = 87°$
b) $a = 54$ m, $c = 39$ m, $\gamma = 68°$
c) $b = 3{,}4$ km, $c = 1{,}2$ km, $\alpha = 12°$
d) $b = 12$ mm, $c = 23$ mm, $\beta = 72°$
e) $c = 28$ m, $\alpha = 46°$, $\gamma = 67°$
f) $\alpha = 35°$, $\beta = 105°$, $\gamma = 40°$
g) $a = 0{,}34$ m, $c = 28$ cm, $\gamma = 81°$
h) $b = 0{,}98$ cm, $c = 12$ mm, $\gamma = 92°$
i) $b = 8{,}7$ m, $\alpha = \beta = \gamma$
j) $c = 2{,}3$ m, $\alpha = 2\beta$, $\beta = \gamma$

7

Wähle drei passende, ganzzahlige Seitenlängen (in cm) und konstruiere ein Dreieck mit diesen Seiten. Miss in dem Dreieck sämtliche Innenwinkel so genau wie möglich. (Beachte dabei, dass die Summe der Innenwinkelgrößen nicht beliebig ist.)
Gib deiner Nachbarin oder deinem Nachbarn drei Stücke (Seiten oder Winkel), aus denen sie oder er ein Dreieck konstruieren soll, und zwar so, dass dieses Dreieck notwendig in drei Stücken (Seiten oder Winkel) mit deinem Dreieck übereinstimmt und doch nicht kongruent zu diesem ist.

NACHGEFRAGT
Was heißt „passende Seitenlängen" im Fall der Aufgabe 7? Was wären „unpassende" Seitenlängen?

8

Von einem gegebenen Dreieck sind die Längen der drei Seiten und die Größen der drei Innenwinkel bekannt. Wie viele Möglichkeiten gibt es, aus diesen sechs Stücken drei auszuwählen? In wie vielen Fällen liefert die Konstruktion eines Dreiecks aus den drei ausgewählten Stücken notwendig ein zu dem gegebenen Dreieck deckungsgleiches?

Anwenden der Kongruenzsätze: Ermittlung von Längen und Höhen im Gelände

9

Wir bauen Winkelmessgeräte.

a) Nehmt eine Holzlatte von mindestens 50 cm Länge und befestigt in der Mitte ein Geodreieck und einen Gegenstand an einem Faden wie im Bild links oben. Wie lest ihr den Höhenwinkel am Geodreieck ab (siehe Bild rechts oben)?

b) Übertrage die Winkeleinteilung auf eine Pappscheibe. Befestige sie beweglich mitten auf einer Holzlatte, auf der du an beiden Enden Schrauben mit ringförmigen Köpfen anbringst (siehe unteres Bild).
Erläutere, wie du den horizontalen Winkel messen kannst. (*Hinweis:* Jemand anderes sollte bei der Messung die Pappscheibe festhalten.)

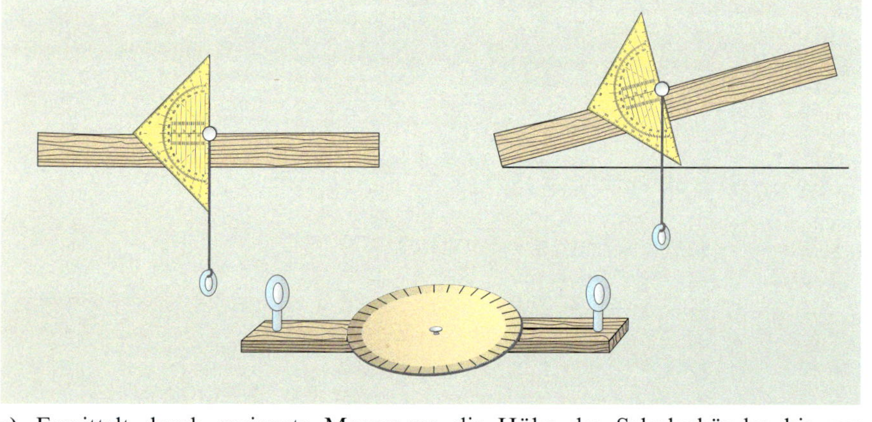

c) Ermittelt durch geeignete Messungen die Höhe des Schulgebäudes bis zur Dachrinne. (Bei derartigen Messungen erhaltet ihr die gesuchten Maße aus einer maßstabgerechten Zeichnung.)

d) Wie lässt sich die Breite des Schulgebäudes aus 20 m Entfernung mithilfe von Messungen bestimmen? Wählt einen geeigneten Abstand auf eurem Schulhof und führt die Messungen aus.

e) Vergleicht eure Ergebnisse und informiert euch über die tatsächlichen Maße des Schulgebäudes.

INFORMATION
Zur Landvermessung kann ein Theodolit verwendet werden. Dieses Gerät ist horizontal und vertikal drehbar. Durch ein Fernrohr werden zu vermessende Punkte angepeilt. An den in beiden Richtungen angebrachten Skalen kann man die Winkel zu den anvisierten Punkten ablesen.

Historischer Theodolit

Gruppenarbeit

10

Begründe, dass bei der Höhenermittlung in Aufgabe 9c) eine Längen- und eine Winkelmessung genügt. Erläutere: Ist das in Aufgabe 9d) auch möglich?

11

Vermiss die Giebelseite des Schulgebäudes oder deines Wohnhauses und fertige eine maßstabgerechte Zeichnung an. Ermittle die Höhe des Hauses und die Länge der Dachschrägen.

12

Kai und Jana stehen 130 m voneinander entfernt auf einem Feld und lassen einen Drachen steigen. Der Drachen befindet sich direkt über Jana. Kai sieht den Drachen unter einem Höhenwinkel von 32°.
In welcher Höhe befindet sich der Drachen?

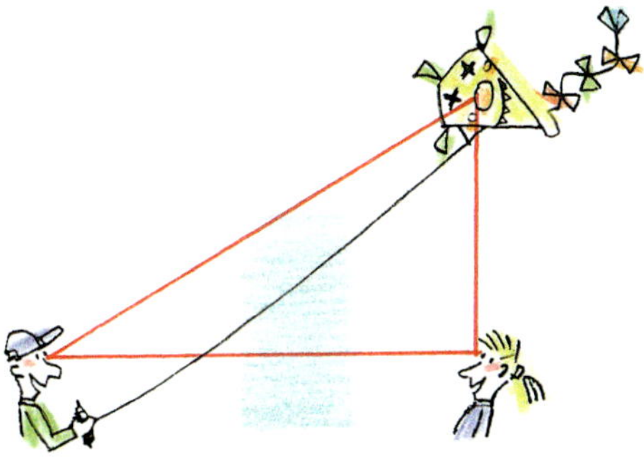

HINWEIS

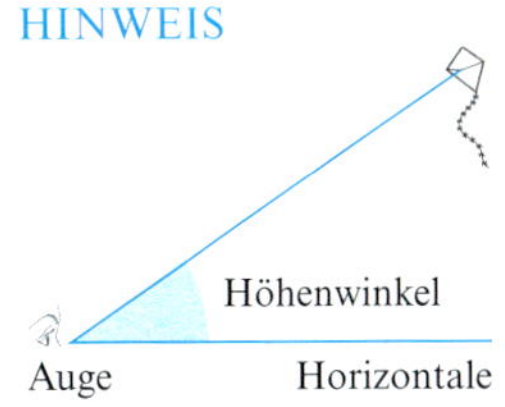

13

Markus möchte eine maßstabgerechte Zeichnung des an der Bahn gelegenen Wochenendgrundstücks seiner Eltern anfertigen (Skizze des Grundstücks).

a) Welchen Maßstab soll er wählen?

b) Welche Strecken oder Winkel soll er messen?

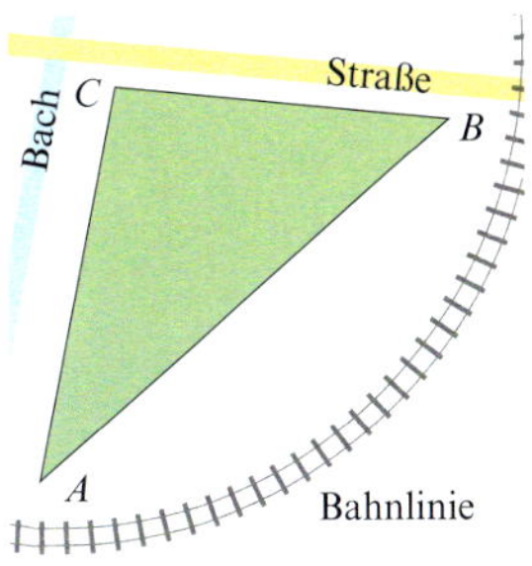

14

Bianca und Daniel sind 280 m voneinander entfernt. Genau zwischen ihnen steht ein Turm. Bianca sieht die Turmspitze unter einem Höhenwinkel von 26°, Daniel unter einem Höhenwinkel von 31°. Wie hoch ist der Turm?

15

Nadine möchte den Abstand zweier Punkte A und B ermitteln. Eine direkte Messung ist nicht möglich, da ein Hindernis dazwischen steht.
Sie wählt einen Punkt C, von dem aus sowohl A als auch B gut sichtbar sind. Dann misst sie $\overline{CA} = 257$ m, $\overline{CB} = 310$ m und den Winkel $\sphericalangle ACB = 49°$. Dann fertigt sie eine maßstabgerechte Zeichnung an und entnimmt die Länge der Strecke $\overline{AB}$ der Zeichnung.

a) Konstruiere das Dreieck ABC in einem geeigneten Maßstab.

b) Wie lang ist die Strecke $\overline{AB}$?

TIPP
zu den Aufgaben 14 und 15:
Fertige eine Skizze zum Sachverhalt an.
Trage die gegebenen Stücke in die Skizze ein.
Markiere die gesuchte Größe.

16

Arbeitet zu zweit: Wählt in der Umgebung der Schule zwei Punkte A und B, deren Entfernung nicht direkt gemessen werden kann. Ermittelt die Länge der Strecke $\overline{AB}$ nach der in Aufgabe 15 beschriebenen Methode.

17

Wie lang ist die Strecke $\overline{AB}$ in Wirklichkeit?

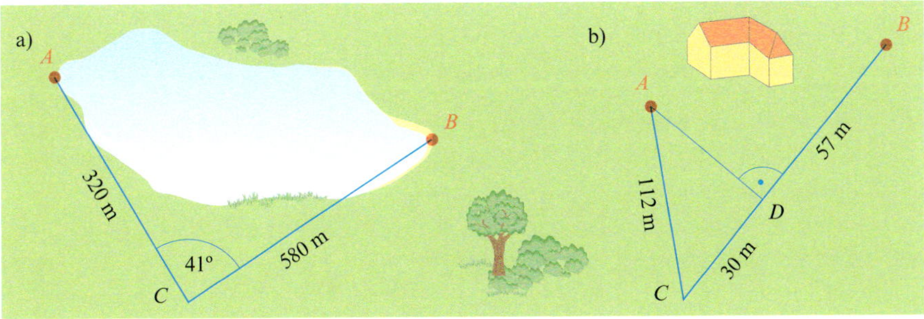

Beweisen mithilfe der Kongruenzsätze

18

a) Überlegt euch gemeinsam Erklärungen für den Begriff der Achsensymmetrie und für den Zusammenhang zwischen Achsenspiegelung und Achsensymmetrie. Diskutiert eure Vorschläge untereinander und mit eurem Lehrer oder eurer Lehrerin und formuliert schließlich gültige Definitionen und Sätze.

Gruppenarbeit

b) Begründe: Wenn ein Dreieck achsensymmetrisch ist, dann ist es gleichschenklig.

c) Gilt auch die Umkehrung der Aussage aus b)? Formuliere eine Vermutung und versuche, sie zu begründen.

BEISPIEL

Beispiel für einen Beweis mithilfe der Kongruenzsätze

Zu beweisen ist:
Wenn ein Dreieck gleichschenklig ist, dann ist es achsensymmetrisch.

Vorüberlegung:
Als Symmetrieachse kommt nur eine Winkelhalbierende in Betracht.
Die Winkelhalbierende muss dann zu einer Seite senkrecht sein und sie in ihrem Mittelpunkt schneiden.

Voraussetzung: Im Dreieck ABC ist $a = b$.

Behauptung: $w_\gamma \perp c$ und $\overline{AD} = \overline{BD}$.

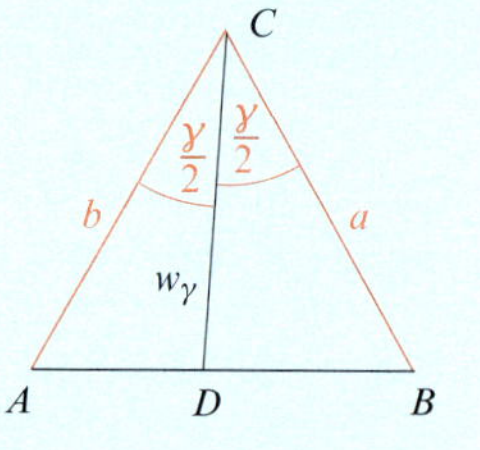

Beweis:
Die Dreiecke ADC und DBC stimmen in zwei Seitenlängen ($a = b$, $\overline{DC}$ gemeinsame Seite) und dem eingeschlossenen Winkel $\left(\frac{\gamma}{2}\right)$ überein.
Sie sind also nach sws kongruent. Deshalb sind auch $\overline{AD}$ und $\overline{BD}$ gleich lang und für die Winkel gilt $\sphericalangle CDA = \sphericalangle BDC = \frac{1}{2} \cdot \sphericalangle BDA = 90°$.

AUFGABE
Zum Beweis des Satzes aus dem Beispiel kann man auch eine andere Vorüberlegung verwenden: Als Symmetrieachse kommt nur eine Seitenhalbierende in Betracht.
Formuliere einen Beweis mithilfe der Kongruenzsätze, der von dieser Vorüberlegung ausgeht. Welche Kongruenzsätze verwendest du dabei?

19

Beweise die folgenden Sätze. Überlege dir sorgfältig die Voraussetzungen.

a) Wenn P ein Punkt auf der Mittelsenkrechten der Strecke $\overline{AB}$ ist, dann hat er von A und B denselben Abstand.

b) Wenn P ein Punkt auf der Winkelhalbierenden eines Winkels ist, dann hat er von beiden Schenkeln des Winkels denselben Abstand (linkes Bild).

c) Das rechte Bild zeigt die Konstruktion der Winkelhalbierenden mit Zirkel und Lineal. Weise nach: $\triangle SAP \cong \triangle SPB$.
Begründe, dass der Strahl $\overrightarrow{SP}$ deshalb die Winkelhalbierende sein muss.

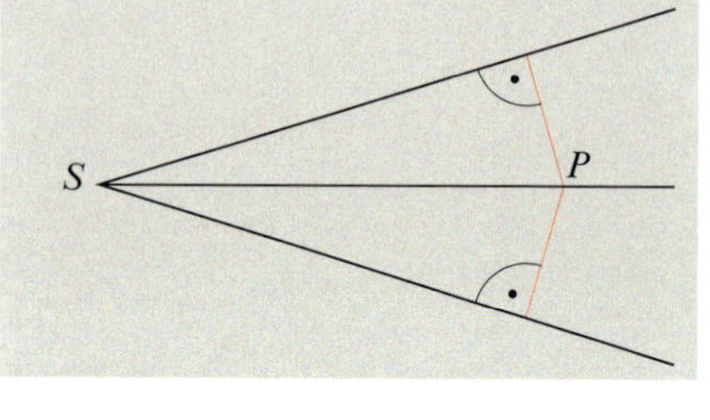

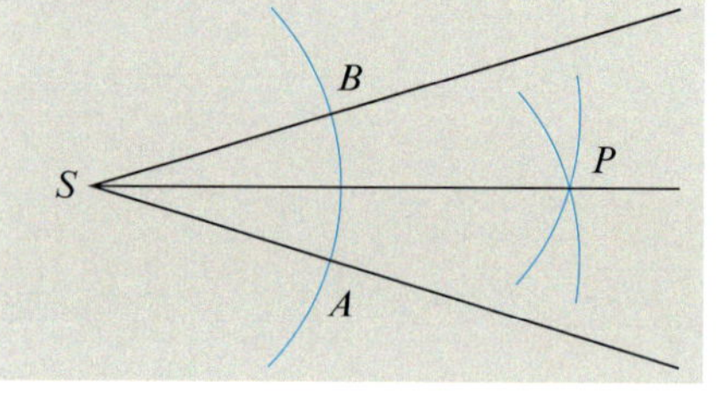

Flächeninhalt von Dreiecken und Vierecken

1

Schneide zwei kongruente rechtwinklige Dreiecke aus. Lege daraus ein Rechteck. Ermittle den Flächeninhalt des Dreiecks.

2

Luisa meint: Das Auszählen des Flächeninhalts ist eine sehr aufwendige Tätigkeit. Sie möchte den Flächeninhalt lieber berechnen, wie man das für Rechtecke kann. Sie probiert, wie man ein Dreieck in ein Rechteck verwandeln kann.

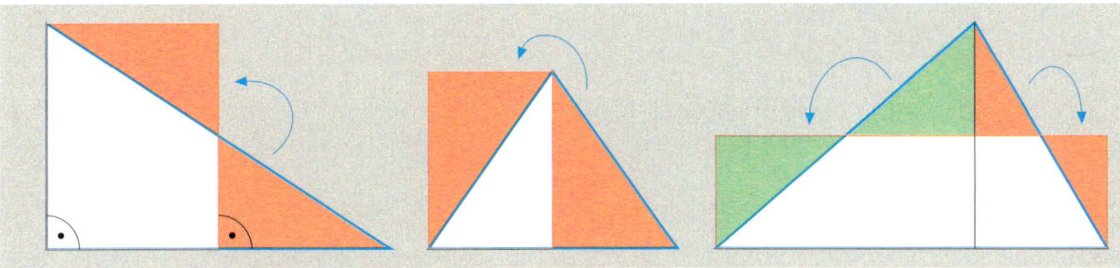

a) Begründe, dass jeweils ein Rechteck entsteht.
b) Welche Möglichkeit zur Berechnung des Flächeninhalts eines Dreiecks ergibt sich daraus?

WISSEN

Gegeben sei ein Dreieck mit einer Seite g und der Höhe h_g auf g.
Dann gilt für den Flächeninhalt A des Dreiecks:
$A = \frac{g \cdot h_g}{2}$

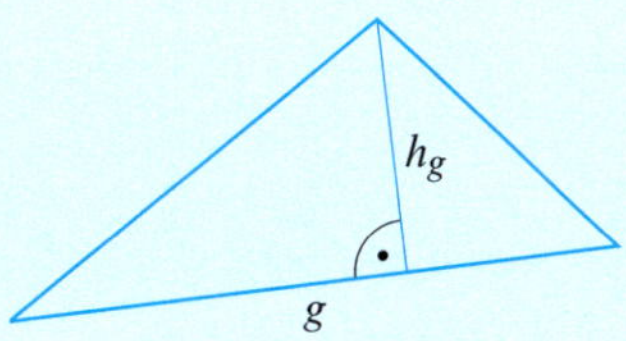

3

Berechne den Flächeninhalt der Dreiecke, von denen eine Seite und die dazugehörende Höhe gegeben sind.

a) $c = 23$ cm; $h_c = 0{,}45$ m
b) $a = 0{,}347$ km; $h_a = 167$ m
c) $b = 624$ mm; $h_b = 0{,}34$ m
d) $a = 1{,}2$ km; $h_a = 890$ m
e) $b = 34{,}2$ cm; $h_b = 125$ mm
f) $c = 0{,}034$ m; $h_c = 23$ mm
g) $b = 603$ m; $h_b = 0{,}098$ km
h) $a = 435$ mm; $h_a = 1{,}2$ m

4

a) Zeichne drei verschiedene Dreiecke, die alle einen Flächeninhalt von 12 cm² haben.
b) Suche ein Dreieck mit möglichst kleinem Umfang, dessen Flächeninhalt 12 cm² beträgt.
c) Suche ein Dreieck mit möglichst großem Umfang, dessen Flächeninhalt 12 cm² beträgt

5

Von einem rechtwinkligen Dreieck ist bekannt: $u = 30$ cm, $A = 30$ cm². Die Zahlenwerte der Seitenlängen (Einheit cm) sind ganzzahlig. Finde die Seitenlängen.

TIPP
Übertrage die Dreiecke auf Karopapier, schneide sie aus und verwandle sie in Rechtecke.

NACHGEDACHT
René meint, dass die Überlegung von Luisa (s. Bild zur Aufgabe 2) vielleicht nicht für jedes Dreieck gilt.
Lässt sich Luisas Idee z. B. auch auf das unten stehende Dreieck übertragen?

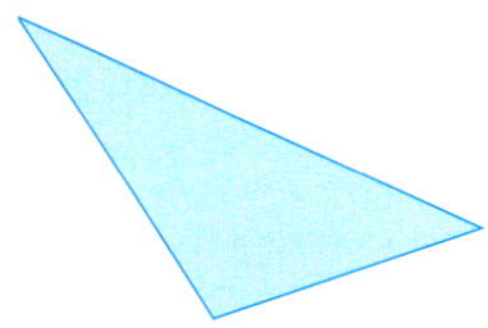

6

Welchen Oberflächeninhalt hat ein Tetraeder mit einer Kantenlänge von 6 cm?

7

Von einem Dreieck sind bekannt: $a = 4{,}8$ cm, $c = 5{,}2$ cm, $h_a = 3{,}9$ cm.
Wie groß ist h_c?

8

Von einem Dreieck sind bekannt: $A = 12{,}8\ \text{cm}^2$, $b = 40$ mm, $h_a = 25{,}6$ mm.
Ermittle a und h_b.

9

Constanze soll den Flächeninhalt des nebenstehenden Fünfecks ermitteln.
Sie zerlegt das Fünfeck in drei Dreiecke, berechnet den Flächeninhalt der Dreiecke und addiert das Ergebnis. Welches Ergebnis erhält sie?

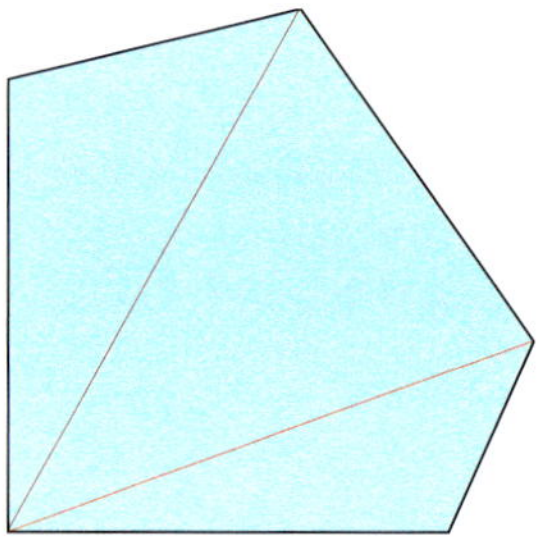

10

Zeichne das Vieleck $ABCDEF$ in einem Koordinatensystem.
Errechne seinen Flächeninhalt.

a) $A(1|1)$, $B(2|2)$, $C(7|0)$, $D(6|-2)$, $E(3|-3)$, $F(0|-1)$
b) $A(-2|-2)$, $B(-1|3)$, $C(7|0)$, $D(6|-2)$, $E(3|-3)$, $F(0|-1)$
c) $A(1|1)$, $B(5|3)$, $C(7|0)$, $D(6|-2)$, $E(3|-3)$, $F(-2|-2)$
d) $A(1|1)$, $B(5|3)$, $C(7|0)$, $D(6|-2)$, $E(3|0)$, $F(0|-1)$

11

Irina sucht eine Formel für die Berechnung des Flächeninhalts eines Parallelogramms. Sie zerlegt das Parallelogramm in zwei kongruente Dreiecke, indem sie eine Diagonale einzeichnet.
Sie wählt im Dreieck ABC die Seite a als Grundseite. Der Flächeninhalt des Dreiecks ist $A = \frac{1}{2} \cdot a \cdot h_a$. Welche Formel erhält Irina für die Berechnung des Flächeninhalts des Parallelogramms?

WISSEN

Der Flächeninhalt eines Parallelogramms ergibt sich als Produkt einer Seitenlänge des Parallelogramms und der Länge der zu dieser Seite gehörenden Höhe.

$\boldsymbol{A = g \cdot h_g}$

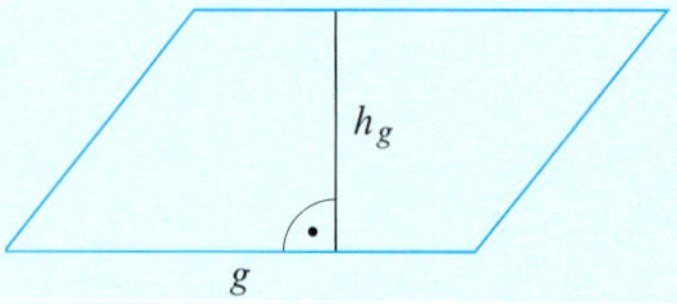

ERINNERE DICH

Jedes Viereck, bei dem die gegenüberliegenden Seiten gleich lang sind und das (wenigstens) einen rechten Innenwinkel hat, heißt **Rechteck**.
Der Flächeninhalt eines Rechtecks mit den Seitenlängen a und b ist $A = ab$.

Ein Viereck, mit vier gleich langen Seiten heißt **Rhombus** oder auch **Raute.**

12

Aufgabe für die ganze Klasse:
Es soll der Flächeninhalt eines Parallelogramms mit den Seiten $a = 6$ cm und $b = 7{,}2$ cm ermittelt werden.
Konstruiert alle ein Parallelogramm mit diesen Maßen. Entnehmt die erforderlichen Maße zur Berechnung des Flächeninhalts der Zeichnung.
Vergleicht eure Ergebnisse. Was stellt ihr fest?

AUFGABE

Entscheide, ob das Viereck mit vier rechten Winkeln ein Quadrat ist:
a) $A = 64\ \text{cm}^2$, $u = 40$ cm
b) $A = 36\ \text{cm}^2$, $u = 24$ cm
c) $A = 56{,}25\ \text{m}^2$, $u = 30$ m
d) $A = 40{,}96\ \text{m}^2$, $u = 32$ m

13

Rebekka meint, aus den Angaben $a = 7$ cm, $d = 4$ cm, $\alpha = 76°$, $b = 5$ cm könne man eindeutig ein Trapez konstruieren.
René ist der Auffassung, es genügen stets zwei Seiten und zwei Winkel, um ein Trapez eindeutig konstruieren zu können.
Prüfe die Aussagen von Rebekka und René. Begründe.

ERINNERE DICH
Ein Viereck mit wenigstens einem Paar paralleler Seiten heißt **Trapez**.

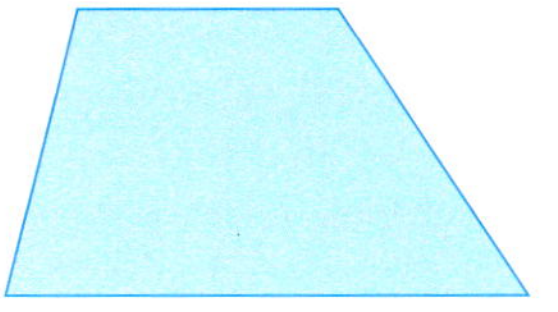

14

Es gibt Trapeze, die keine Parallelogramme sind und eine Symmetrieachse haben.
a) Finde heraus, wie diese Trapeze aussehen.
b) Man nennt sie gleichschenklige Trapeze. Warum wohl?

WISSEN
Sind a und c die Seitenlängen zueinander paralleler Seiten und h die Höhe eines Trapezes, so gilt für seinen Flächeninhalt:

$$A = \frac{a + c}{2} \cdot h$$

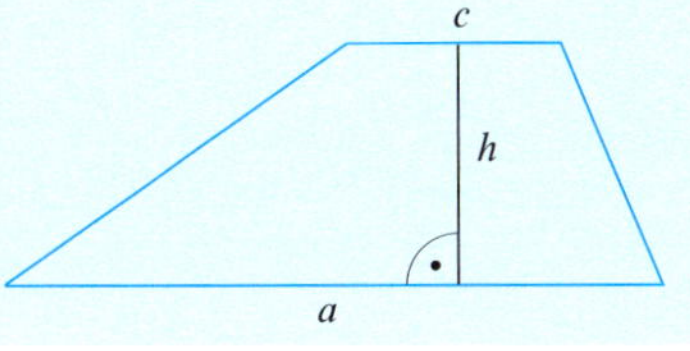

15

a) Begründe anhand der linken Abbildung die Formel zur Berechnung des Flächeninhalts eines Trapezes.
b) Begründe anhand der rechten Abbildung die Formel zur Berechnung des Flächeninhalts eines Trapezes.

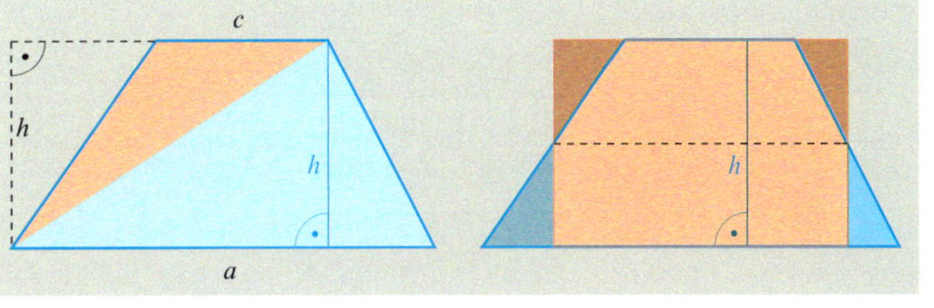

16

Berechne den Flächeninhalt des Trapezes.
a) $a = 6$ cm, $c = 4$ cm, $h = 3$ cm
b) $a = 10$ cm, $c = 2$ cm, $h = 5$ cm
c) $a = 17$ m, $c = 28$ m, $h = 5{,}5$ m
d) $a = 23$ mm, $c = 11$ mm, $h = 45$ mm

17

Beweise ausgehend von der Definition in der Randspalte:
a) Jedes Drachenviereck hat zwei Paare gleich langer benachbarter Seiten.
b) Jedes Drachenviereck hat ein Paar gegenüberliegende gleich große Innenwinkel.
c) In jedem Drachenviereck stehen die Diagonalen senkrecht aufeinander.

ERINNERE DICH
Ein konvexes Viereck mit einer Symmetrieachse, die durch zwei Eckpunkte geht, heißt **Drachenviereck.**

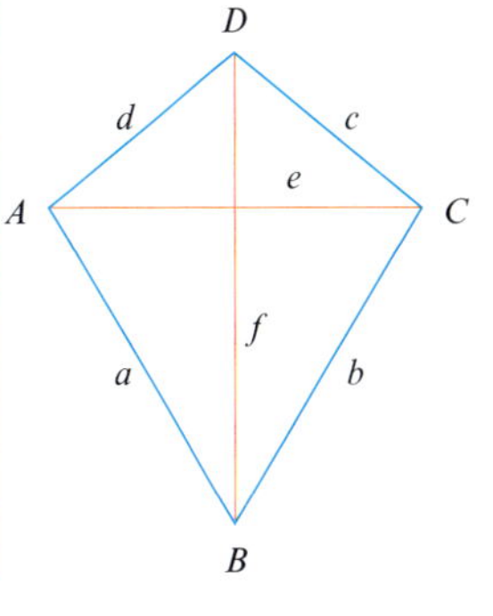

18

Ina meint, ein Drachenviereck sei stets ein besonderes Parallelogramm. Stimmt das?

19

a) Begründe: Ein Drachenviereck mit den Diagonalen e und f hat den Flächeninhalt $A = \frac{e \cdot f}{2}$.
b) Konstruiere ein Drachenviereck aus $b = 35$ mm, $e = 60$ mm, $f = 20$ mm (bzw. aus $a = 5$ cm, $c = 3$ cm, $f = 7$ cm) und ermittle seinen Flächeninhalt.

Verschiebungen, Spiegelungen und Drehungen – Symmetrie von Figuren

1

a) Was versteht man unter einer (ebenen) achsensymmetrischen Figur? Gib eine Definition an.

b) Unter welchen Voraussetzungen ist ein Dreieck achsensymmetrisch? Wie viele Symmetrieachsen kann ein Dreieck haben? Begründe.

2

a) Gegeben sind in einem rechtwinkligen Koordinatensystem die Punkte $A(1|1)$, $B(3|2)$, $C(2|3)$ und $P(3|1)$. Zeichne das Dreieck ABC und konstruiere sein Bild unter der Parallelverschiebung um den Pfeil $\overrightarrow{OP}$ (Dabei ist $O(0|0)$ der Koordinatenursprung.) Welche Koordinaten haben die Bildpunkte der Eckpunkte des Dreiecks ABC? Wie kann man sie aus den Koordinaten der Originalpunkte berechnen?

b) Formuliere wahre Aussagen über die Länge von Original- und Bildstrecken, die Größe von Original- und Bildwinkeln und über die Lagebeziehung von Original- und Bildgeraden bei einer Parallelverschiebung.

WISSEN

Für Verschiebungen gilt:

1. Jede Bildstrecke hat die gleiche Länge wie die Originalstrecke (z. B. $\overline{AC} = \overline{A'C'}$).
2. Jeder Bildwinkel hat die gleiche Größe wie der Originalwinkel (z. B. $\alpha = \alpha'$).
3. Original- und Bildgerade sind zueinander parallel (z. B. $AC \| A'C'$).
4. Zwei nacheinander ausgeführte Verschiebungen können durch eine Verschiebung ersetzt werden.

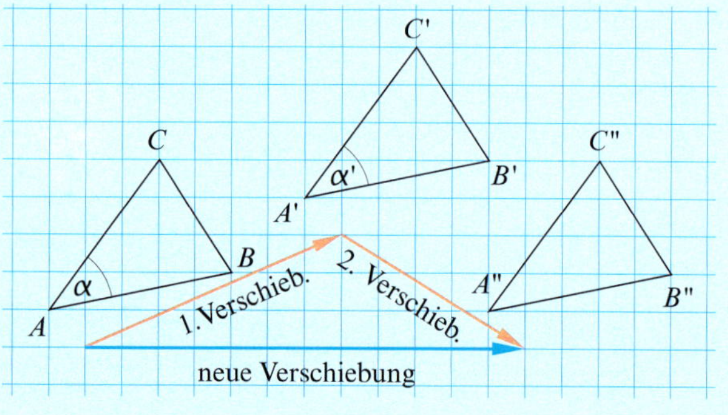

3

Matthias hat das Viereck $ABCD$ an der Geraden g und anschließend das Bild $A'B'C'D'$ an der Geraden h gespiegelt.

a) Begründe, dass er das Viereck $A''B''C''D''$ aus dem Viereck $ABCD$ auch durch eine Verschiebung erhalten kann.

b) Verfahre mit einer eigenen Figur wie Matthias. Nimm dazu Papier ohne Kästchen. Zeichne zuerst die beiden Spiegelgeraden g und h im Abstand von 5 cm. Ergibt sich auch bei dir eine Verschiebung der Figur?
Vergleicht eure Ergebnisse miteinander.

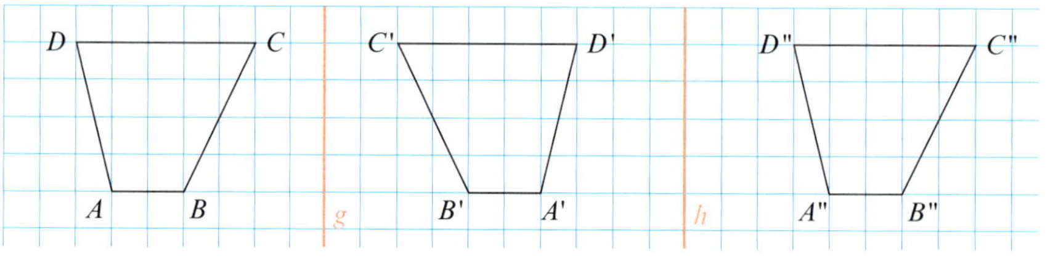

4

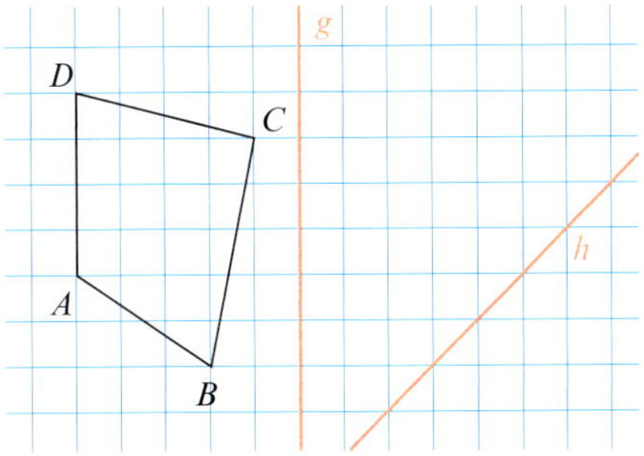

Miriam behauptet, dass sich immer eine Verschiebung ergibt, wenn man zwei Spiegelungen nacheinander ausführt.

a) Übertrage die Figur aus dem Bild ins Heft. Spiegele zunächst $ABCD$ an g und dann $A'B'C'D'$ an h. Überprüfe, ob sich $A''B''C''D''$ durch Verschiebung aus $ABCD$ ergibt.

b) Welche der Eigenschaften einer Verschiebung (siehe Seite 144) ist in **a)** nicht erfüllt? Warum ist dies in Aufgabe 3 a) anders?

c) Formuliere einen Satz im Heft:
„Eine Figur wird zweimal nacheinander an zwei Geraden gespiegelt.
Wenn ______________________________,
dann kann man die zweite Bildfigur auch durch eine Verschiebung aus der Ausgangsfigur herstellen.“

5

Spiegele das Dreieck ABC mit $A(1|2)$, $B(4|5)$, $C(2|7)$ zuerst an der Geraden g durch $K(4|1)$ und $L(4|9)$ und das Bilddreieck $A'B'C'$ an der Geraden h durch $M(10|1)$ und $N(10|9)$.

a) Welche Verschiebung des Dreiecks ABC ergibt das Dreieck $A''B''C''$?

b) Was fällt dir bei der Lösung von **a)** auf? Überprüfe an einem selbstgewählten Beispiel.

6

Julia meint: „Zwei nacheinander ausgeführte Spiegelungen einer Figur an zwei Geraden sind nicht durch eine Verschiebung ersetzbar, wenn die Geraden durch die Figur und die erste Bildfigur verlaufen.“
Wähle ein geeignetes Beispiel und überprüfe Julias Ansicht. Zeichne dabei auf Papier ohne Kästchen.

7

Das Dreieck ABC mit $A(2|9)$, $B(7|10)$, $C(5|11)$ wird um 8 Einheiten in umgekehrter y-Richtung verschoben.

a) Suche zwei geeignete Geraden, an denen das Dreieck nacheinander zweimal gespiegelt werden kann, so dass sich dasselbe Bilddreieck ergibt wie bei der Verschiebung. Beschreibe, wie du vorgehst.

b) Spiegele das Dreieck ABC zuerst an der Geraden g durch $K(1|8)$ und $L(9|8)$ und danach das Bilddreieck $A'B'C'$ an der Geraden h durch $M(1|12)$ und $N(9|12)$. Beobachte und vergleiche mit der Lösung aus **a)**.

8

Nimm Papier ohne Kästchen. Zeichne darauf ein Dreieck und markiere einen Punkt Z. Drehe das Dreieck zuerst um $\delta_1 = 67°$ um Z. Drehe anschließend das Bilddreieck um $\delta_2 = 42°$ um Z.
Begründe: Wenn zwei Drehungen um das Drehzentrum Z hintereinander ausgeführt werden, dann kann man sie durch eine einzige Drehung um Z ersetzen.

WUSSTEST DU SCHON?

Die mehr oder weniger achsensymmetrischen Klecksbilder, die sich ergeben, wenn man einen Tropfen Tinte auf eine Seite eines in der Mitte gefalteten Papiers bringt und dieses dann zusammenfaltet und plattdrückt, spielen in der medizinischen Psychologie eine gewisse Rolle. Die von dem Psychoanalytiker Hermann Rorschach (1884 – 1922) begründete Methode basiert auf der menschlichen Neigung, Beobachtungen – insbesondere abstrakte oder mehrdeutige Bilder – als Widerspiegelung der eigenen Gefühle und Gedanken zu deuten. Aus der Interpretation, die die Testperson einer Tintenklecksfigur gibt, kann ein erfahrener Psychologe Rückschlüsse auf verborgene Charakterzüge oder seelische Probleme der Testperson ziehen.
Der **Rorschachtest** ist allerdings nicht unumstritten.

9

a) Spiegele das Dreieck mit den Eckpunkten $A(1|1)$, $B(3|2)$, $C(2|3)$ am Punkt $O(0|0)$. Welche Koordinaten haben die Bildpunkte?
b) Kann man das Bilddreieck auch durch eine Achsenspiegelung oder eine Drehung erhalten?
c) Gibt es punktsymmetrische Dreiecke? Gibt es punktsymmetrische Vierecke? Begründe und gib gegebenenfalls Beispiele an.

WISSEN

Bei einer **Drehung** liegen Originalpunkt A und Bildpunkt A' auf demselben Kreis um das **Drehzentrum** Z.
A und A' haben deshalb den gleichen Abstand von Z.
Alle Punkte einer Figur werden bei der Drehung um denselben **Drehwinkel** $\delta = \sphericalangle AZA'$ um Z gedreht.

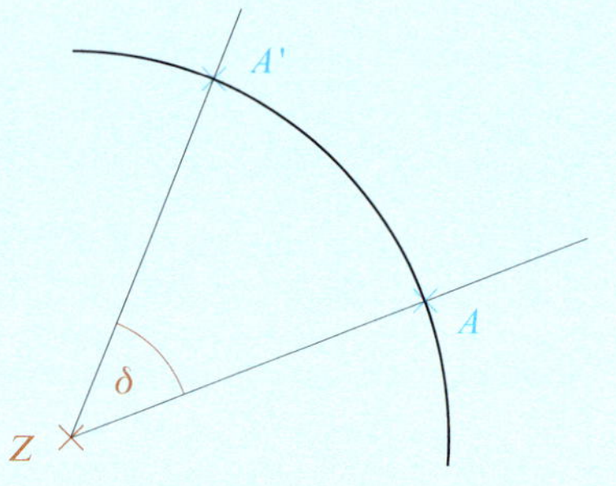

Für jede Drehung gilt: Jede Bildstrecke hat die gleiche Länge wie die Originalstrecke, jeder Bildwinkel hat die gleiche Größe wie der Originalwinkel.

Die Hintereinanderausführung zweier Drehungen mit den Drehwinkeln α und β und demselben Drehzentrum Z kann durch eine einzige Drehung mit dem Drehzentrum Z und dem Drehwinkel $(\alpha + \beta)$ ersetzt werden.

Eine Figur heißt **drehsymmetrisch**, wenn sie bei einer Drehung von weniger als 360° auf sich selbst abgebildet wird.

Eine Drehung um 180° mit einem Punkt Z als Drehzentrum wird auch als **Punktspiegelung** an Z bezeichnet.

Eine Figur, die durch eine Punktspiegelung an einem Punkt Z auf sich selbst abgebildet wird, heißt **punktsymmetrisch** oder **zentralsymmetrisch**.

MERKE
Der Drehwinkel wird im mathematisch positiven Sinn, das heißt entgegen der Richtung des Uhrzeigers angetragen.

10

Zeichne jeweils ein Quadrat, ein Rechteck, eine Raute, ein Parallelogramm, ein Drachenviereck, ein Trapez ins Heft.
a) Welches der gezeichneten Vierecke ist achsensymmetrisch, punktsymmetrisch, drehsymmetrisch? Entscheide und begründe.
b) Kann es ein Viereck geben, das drehsymmetrisch, aber nicht punktsymmetrisch ist? Überlege sorgfältig und begründe deine Meinung.

11

a) Versuche mithilfe der Symmetrieeigenschaften (z. B. Anzahl der Symmetrieachsen) Ordnung in die Vielzahl der Vierecksarten zu bringen.
b) Begründe, dass Vierecke mit einer Symmetrieachse nur gleichschenklige Trapeze oder Drachenvierecke sein können.
Wie unterscheidet sich der Verlauf der Symmetrieachse bei gleichschenkligen Trapezen von dem bei Drachenvierecken?
c) Begründe, dass es keine Vierecke mit genau drei Symmetrieachsen gibt.

AUFGABE
Begründe, dass jede Symmetrieachse eines Vierecks entweder durch gegenüberliegende Eckpunkte des Vierecks oder durch die Mittelpunkte gegenüberliegender Seiten verläuft.

12

Übertrage die Zeichnungen aus den Bildern in dein Heft.

a) Spiegele jeweils das Dreieck ABC zuerst an der Geraden g und dann das Bilddreieck $A'B'C'$ an der Geraden h.

b) Wenn das Dreieck ABC durch eine Drehung auf das Dreieck $A''B''C''$ abgebildet werden kann, müssen die Eigenschaften einer Drehung erfüllt sein (Wissenskasten auf Seite 146).
Überprüfe die Eigenschaften für beide Zeichnungen.

c) Bestimme, sofern die Spiegelungen durch eine Drehung ersetzt werden können, den Drehwinkel δ und das Drehzentrum Z.

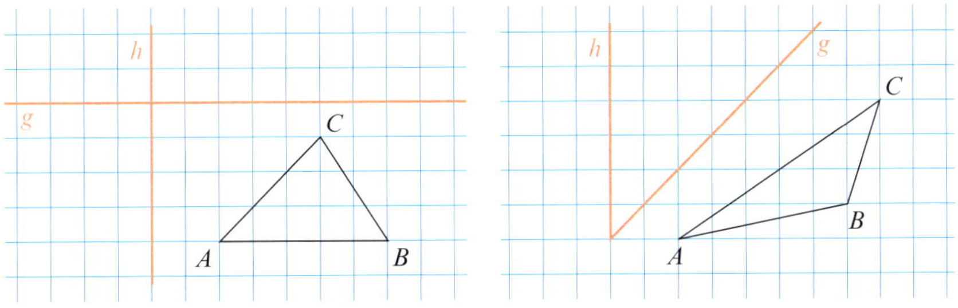

13

Eine Abbildung der Ebene auf sich heißt **Kongruenzabbildung**, wenn bei dieser Abbildung jede beliebige Figur der Ebene auf eine zu ihr kongruente Figur abgebildet wird.
Begründe, dass jede Drehung, jede Parallelverschiebung und jede Achsenspiegelung und also auch jede aus diesen zusammengesetzte Abbildung eine Kongruenzabbildung ist.

INFORMATION
Es gilt übrigens auch die Umkehrung des in Aufgabe 13 formulierten Satzes: Jede Kongruenzabbildung der Ebene kann als Hintereinanderausführung von Drehungen, Verschiebungen und Spiegelungen dargestellt werden. Die Ergebnisse der Aufgaben 3 und 12 zeigen, dass man dann offenbar sogar mit der Hintereinanderausführung von Achsenspiegelungen auskommt.

14

Ein Vieleck, bei dem alle Seiten gleich lang und alle Innenwinkel gleich groß sind, heißt *regelmäßiges Vieleck*.

a) Konstruiere ein regelmäßiges Dreieck und ein regelmäßiges Viereck. Beschreibe jeweils die Konstruktion. Wie nennt man ein regelmäßiges Dreieck und ein regelmäßiges Viereck noch?

b) Konstruiere ein regelmäßiges Fünfeck.

c) Konstruiere weitere regelmäßige Vielecke deiner Wahl.

15

Begründe, dass die Eckpunkte eines regelmäßigen n-Ecks auf einer Kreislinie liegen. (*Hinweis*: Begründe zuerst, dass die Winkelhalbierenden der Innenwinkel das n-Eck in n kongruente gleichschenklige Dreiecke zerlegen.)

16

Präsentieren

Untersuche die Symmetrieeigenschaften (Achsensymmetrie, Punktsymmetrie, Drehsymmetrie) eines regelmäßigen n-Ecks in Abhängigkeit von der Eckenzahl n. Beginne mit konkreten Beispielen: Dreieck, Viereck, Fünfeck, Sechseck, Siebeneck, Achteck etc.
Diskutiert über eure Ergebnisse und stellt sie auf einem Poster dar.
Lasst euch dabei von eurer Lehrerin oder eurem Lehrer beraten.

Unser Thema

Finden von Vermutungen mit DGS

Auf den folgenden Seiten erfährst du an einigen Beispielen, wie man Dynamische Geometriesoftware (DGS) nutzen kann, um Vermutungen zu gewinnen und einen mathematischen Sachverhalt zu entdecken. Ein mathematischer Sachverhalt ist zum Beispiel: *„In jedem Dreieck beträgt die Summe der Innenwinkel 180°.“* Man spricht von mathematischen Sätzen.
DGS kann dir helfen, verschiedene Situationen und Spezialfälle schnell zu betrachten. Beobachte genau und protokolliere deine Arbeitsschritte. Notiere deine Vermutungen und versuche durch weitere Variationen deiner Konstruktionen diese zu bestätigen und deine Ideen dadurch immer weiter zu präzisieren.

Übrigens

Wofür steht die Abkürzung DGS? Was sind die wesentlichen Eigenschaften von DGS? Erinnere dich bzw. schlage nach.

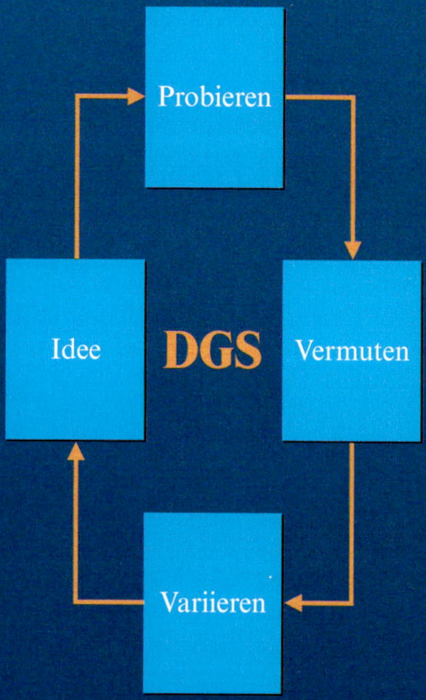

AUFGABE

1. Gegeben sind eine Strecke $\overline{PQ}$ und ein Punkt A, der nicht auf $\overline{PQ}$ liegt. Die Entfernung von A zu P bzw. zu Q wurde gemessen.
- Miss die Entfernung der Punkte B, C, D und E jeweils zu P und zu Q. Beschreibe die Situation.
- Ziehe an den Punkte A, B, C, D und E so, dass sie jeweils von P und Q ungefähr denselben Abstand haben.
- Welche Vermutung ergibt sich aus deinen Beobachtungen? Überprüfe die Vermutung mithilfe weiterer Punkte.

148-1

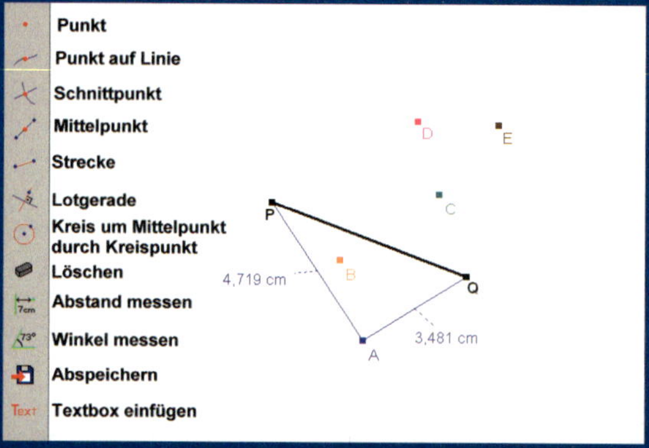

„Vermutlich gleich groß" – Messen als Grundlage des Vermutens. Um mithilfe von DGS gezielt Vermutungen über geometrische Sachverhalte aufstellen zu können, sind die **Messwerkzeuge** einer DGS unentbehrlich. Drei besonders wichtige werden dir hier vorgestellt.

Ein Sextant dient in der Seefahrt zum Messen des Winkels zwischen Sonne und Horizont. Damit wird die geographische Breite bestimmt.

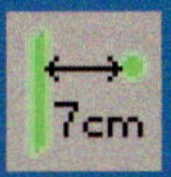

Abstand messen. Klicke mit der linken Maustaste die beiden Objekte an, deren **Abstand** du messen willst. Die DGS kann den Abstand zweier Punkte, den Abstand eines Punktes von einer Geraden, den Abstand zweier paralleler Geraden und auch die Abstände von Punkten oder Geraden zu einem Kreis messen. Wir benötigen in diesem Buch vorwiegend den Abstand zweier Punkte.

Winkel messen. Um einen Winkel zu messen, benötigst du drei Punkte, die du in folgender Reihenfolge anklicken musst:
1. Punkt auf dem ersten Schenkel
2. Scheitelpunkt des Winkels
3. Punkt auf dem zweiten Schenkel

Dabei kommt es auf die Reihenfolge an. *Beachte:* Winkel werden gegen den Uhrzeigersinn gemessen! Ein rechter Winkel wird besonders markiert. Entweder wird ein zusätzlicher Punkt im Winkelfeld angezeigt oder es wird ein rechtwinkliger Haken gezeigt.

Term-Objekt. Mit dem Term-Objekt kannst du Messungen von Winkeln oder Abständen durch Rechenoperationen wie Addition, Subtraktion und Multiplikation verbinden.

Beispiel: Messen der Innenwinkelsumme in einem Dreieck *ABC*:
1. mit dem Werkzeug *Winkel messen* die Winkel messen
2. *Term-Objekt* aufrufen
3. Term eingeben: nacheinander auf die Maßzahlen der Winkel klicken; dazwischen „+"-Zeichen über die Tastatur eingeben
4. das Ergebnis mit OK bestätigen

Ein Term-Objekt erzeugt zwei Textzeilen auf dem Bildschirm. In der ersten Zeile steht der eingegebene Term, in der zweiten Zeile sein jeweils aktueller Wert, der sich im Zugmodus auch verändern kann.
Mit dem Term-Objekt kannst du auch Flächeninhalte messen.

Achtung

Zu den Aufgaben auf den Seiten 148 – 155 findest du DGS-Dateien im Internet.

Bevor du mit den Aufgaben beginnst, lies dir noch die folgenden Tipps durch.

Tipps zum Finden von Vermutungen mithilfe von DGS:
- Nutze den Zugmodus zur Variation der Konstruktion.
- Vereinfache die Situation: Lass Unnötiges weg oder lass evtl. einzelne Objekte erst einmal unberücksichtigt.
- Ergänze weitere geeignete Objekte, zum Beispiel Punkte oder Geraden, zur Unterstützung deiner Beobachtungen.
- Wähle besondere Lagen der geometrischen Objekte. Verschiebe beispielsweise Punkte auf besonderen Linien wie Strecken, Geraden, Kreisen,...

Allgemeine Tipps für die Arbeit mit DGS
- Zwischensicherung: Du kannst Zwischenergebnisse jederzeit abspeichern.
- Gelöscht? Du kannst die Dateien immer wieder neu laden.
- Gegen die Vergesslichkeit: Notiere Beobachtungen und Vermutungen möglichst sofort, ehe sie wieder in Vergessenheit geraten.

AUFGABEN

2. Die beiden Kreise um P und Q haben hier immer beide denselben Radius, der durch die Länge der grünen Strecke gegeben ist. Diesen Radius kannst du durch Ziehen am Punkt *Zug* verändern.

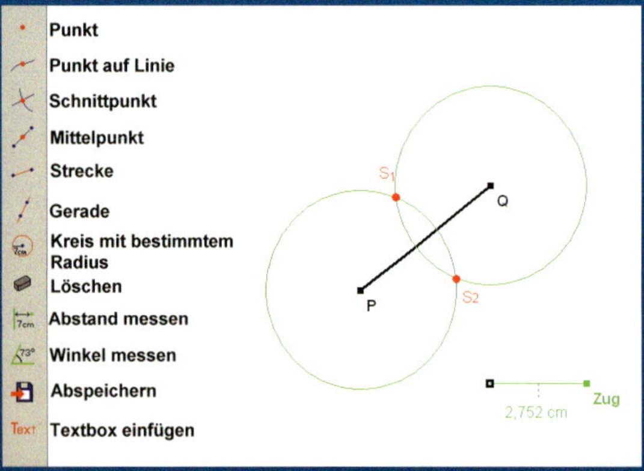

- Was passiert, wenn du den Radius veränderst?
- Welche Vermutungen kannst du dazu aufstellen?
- Welche Lage nehmen die beiden Punkte S_1 und S_2 an, wenn du den Radius der beiden Kreise veränderst? Notiere deine Beobachtungen.
- Begründe deine Vermutungen auch mithilfe geeigneter zusätzlicher Konstruktionen.

3. Gegeben sind eine Strecke $\overline{PQ}$ und ein Punkt A. An A kannst du nur eingeschränkt ziehen.
- Konstruiere einen Kreis mit dem Mittelpunkt A, der durch P geht.
- Was fällt dir auf? Muss das immer so sein? Begründe.
- Ziehe an A und beobachte die besondere Lage von A.
- Nutze das entsprechende DGS-Werkzeug, um die *Ortslinie* aufzuzeichnen, auf der sich der Punkt A bewegen kann. Beobachte genau, und präzisiere gegebenenfalls deine Vermutungen.

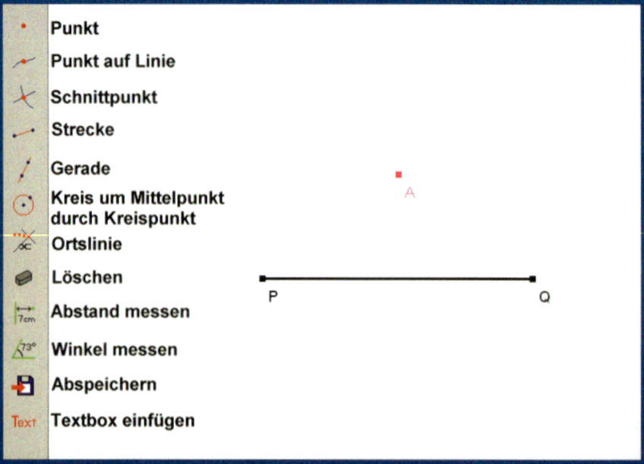

150-1

4. Zwischen zwei Geraden g_1 und g_2 sind verschiedene Punkte A, B, C, D, E eingezeichnet worden. Es wurden zwei Messungen durchgeführt.

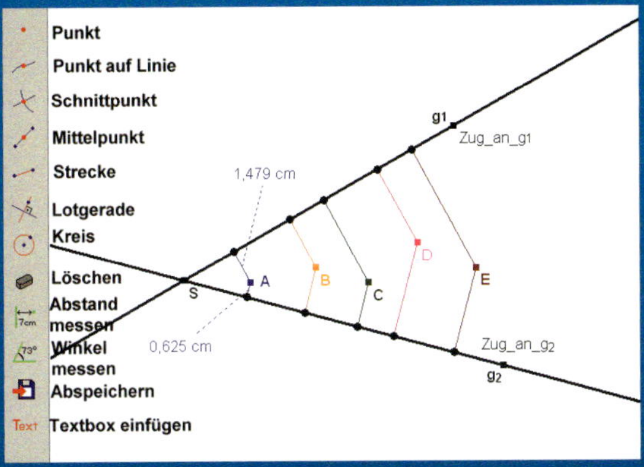

- Beschreibe die dargestellte Situation und führe weitere sinnvolle Messungen durch.
- Ziehe an den Punkten so, dass sie jeweils von den beiden Geraden g_1 und g_2 denselben Abstand haben. Was fällt dir dann an ihrer Lage auf? Notiere deine Antwort auch in der *Textbox*.
- Wenn man an g_1 und g_2 zieht, verändert sich diese besondere Lage der Punkte. Finde eine geeignete Konstruktion, so dass diese besondere Lage auch im Zugmodus erhalten bleibt.

5. Stell dir vor, du wanderst vom Punkt Start vorwärts nach A, drehst dich in Richtung B und gehst nach B, drehst dich in Richtung C und gehst nach C, drehst dich in Richtung A und gehst bis zum Punkt Start.
- Um welchen Winkel hast du dich insgesamt gedreht?
- Ziehe nun am Punkt *Zug*. Was bewirkt das Ziehen an *Zug*?
- Wieso kannst du deine Vermutung damit begründen?
  Stelle deine Ergebnisse in schriftlicher Form zusammen.

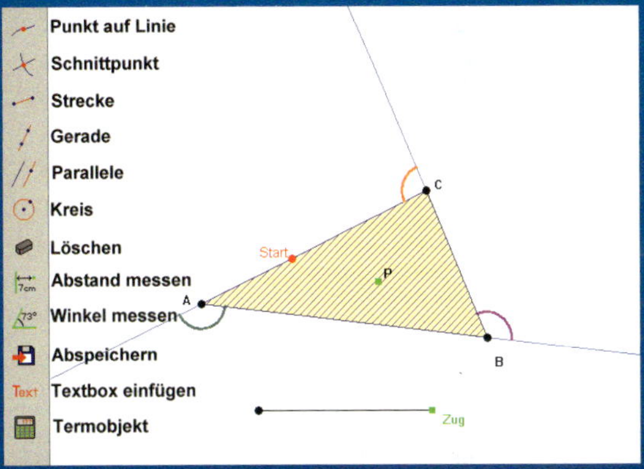

151-1

Die Entfernungsschilder bei Westport/Cap in Neuseeland verdeutlichen die extreme geopolitische Randlage der neuseeländischen Insel.

Besondere Linien und besondere Punkte im Dreieck. Du kannst mit einer DGS leicht in verschiedenen Dreiecken alle „besonderen" Linien (z. B. Mittelsenkrechten der Seiten, Seitenhöhen, Winkelhalbierende) konstruieren, die dir einfallen, und so selbstständig interessante Vermutungen (z. B. über die Bedeutung der Schnittpunkte solcher Linien) aufstellen. Die folgenden Aufgaben geben dir einige Anregungen und Hilfen dazu.
Einige besondere Punkte und Linien sind mit den Namen von berühmten Mathematikern verbunden. In den Aufgaben 10 und 11 wirst du zwei kennen lernen.

AUFGABEN

6. Führe folgende Grundkonstruktionen mit deiner DGS aus. Als Hilfe können dir die Abb. 1 bis Abb. 3 und eine Startdatei dienen.
- Zeichne zwei Geraden g_1 und g_2, die sich in einem Punkt S schneiden.
- Konstruiere zwei Punkte P und Q, die von S jeweils gleich weit entfernt sind. (*Tipp:* Verwende das Werkzeug *Kreis*.)
- Konstruiere die Mittelsenkrechte der Strecke $\overline{PQ}$.
- Markiere einen Punkt A auf der Mittelsenkrechten. Erkunde durch Ziehen an A seine Lage bezogen auf die beiden Geraden g_1 und g_2. (*Tipp:* Die Messwerkzeuge sind dabei hilfreich.)
- Welche Erkenntnisse ergeben sich aus obiger Konstruktion? Versuche zu verallgemeinern.

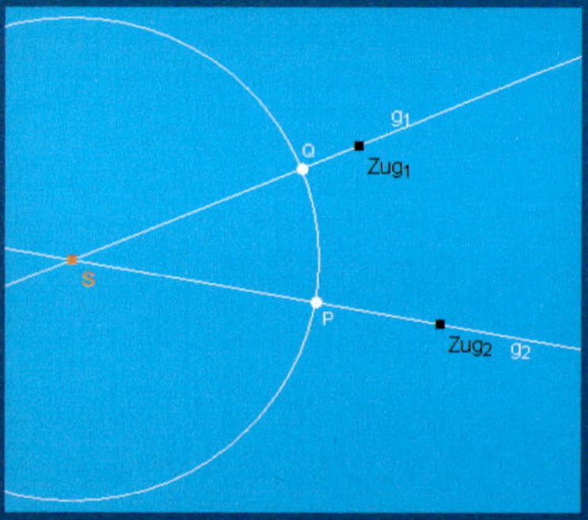

1

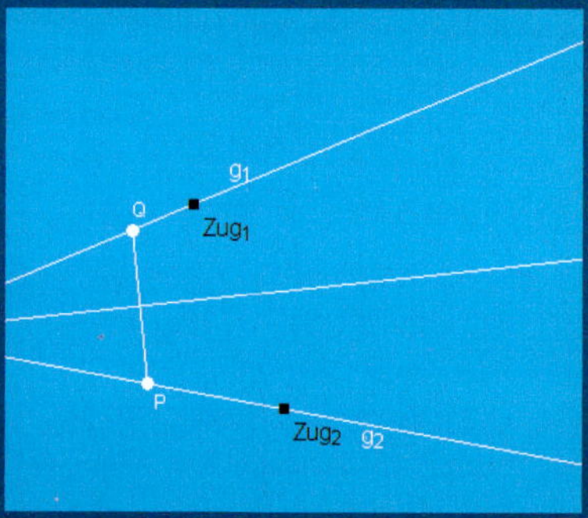

2

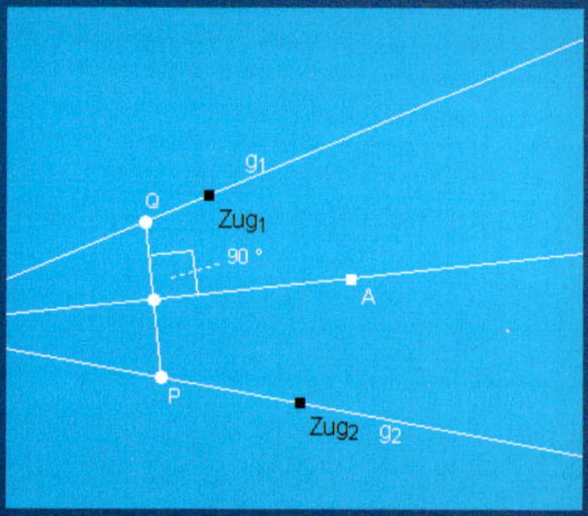

3

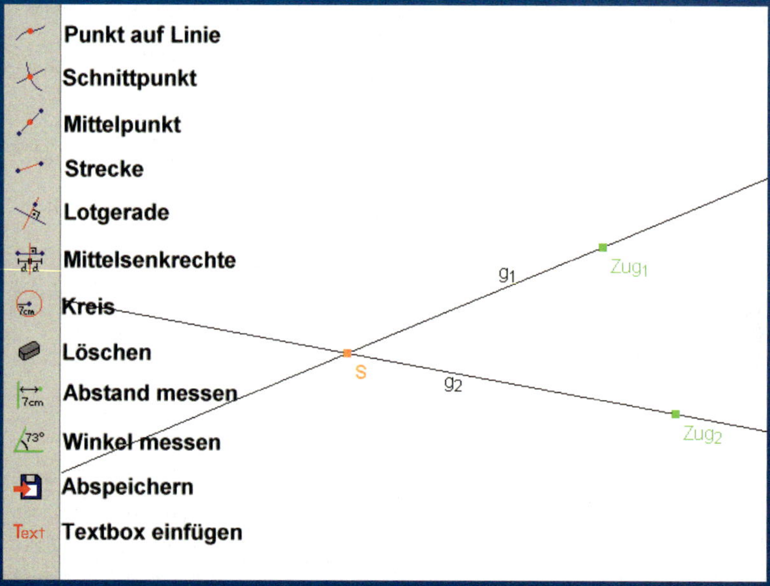

152-1

7. Von einem (noch unvollständigen) Dreieck sind eine Strecke $\overline{AB}$ und ein Punkt I gegeben, der Inkreismittelpunkt eines Dreiecks ABC sein soll.

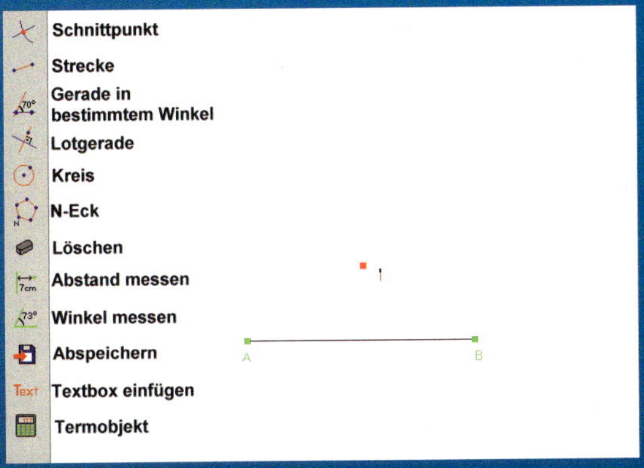

- Vervollständige die Konstruktion des Dreiecks ABC.
- Wieviele Möglichkeiten findest du, diese Konstruktion durchzuführen?

8. Experimentiere mithilfe deiner DGS. Als Hilfe stehen dir jeweils Startdateien zur Verfügung.
- Konstruiere drei „gleichartige“ Linien in einem Dreieck.
- Welche Beobachtungen kannst du machen, wenn du das Dreieck im Zugmodus variierst? (*Hinweis:* „Gleichartige“ Linien können zum Beispiel Mittelsenkrechten sein.)

9. Ergänze folgende Überlegungen unter Zuhilfenahme deiner DGS:
- Verbindet man die Mittelpunkte der Seiten in einem Dreieck und variiert man die Ecken des Dreiecks im Zugmodus, so kann man Folgendes beobachten: ...
- Verbindet man die Mittelpunkte der Seiten in einem Viereck und variiert man die Ecken des Vierecks im Zugmodus, so entsteht immer ...

153-1

10. Zu einem Dreieck ABC sind der Inkreismittelpunkt I, der Umkreismittelpunkt U, der Höhenschnittpunkt H und der Schwerpunkt S konstruiert worden.

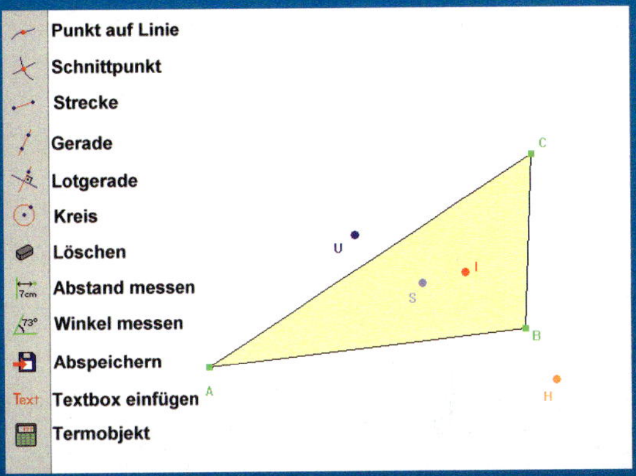

- Verändere das Dreieck durch Ziehen an einem der Eckpunkte. Was stellst du für die Lage von I, U, H, S fest? (*Tipp:* Berücksichtige auch die verschiedenen Formen eines Dreiecks.)
- Welche Sonderfälle kannst du feststellen ?
- Was stellst du speziell für die verschiedenen Lagen von S fest?
- Gibt es Verbindungen zu dir bereits bekannten Ergebnissen über Punkte bzw. Linien im Dreieck?
- Informiere dich mithilfe des Internets über den Mathematiker Leonhard Euler und die Eulersche Gerade.

Leonhard Euler
(1707-1783)

AUFGABEN

11. Eine Firma produziert an den drei Standorten Barcelona, Rom und Paris. Die Luftlinienentfernung zwischen Paris und Barcelona beträgt ca. 800 km, die zwischen Barcelona und Rom ca. 850 km und die zwischen Rom und Paris ca. 1100 km. Gesucht wird der optimale Standort für ein Lager. Hierzu reicht die Planungsgruppe zwei Lösungsvorschläge ein.
Vorschlag 1: Das Lager soll von allen drei Standorten gleich weit entfernt sein.
Vorschlag 2: Die Summe der Entfernungen zu den drei Produktionsstätten soll möglichst gering sein.

- Fertige eine maßstabsgetreue Zeichnung mit der DGS an und ermittle damit den passenden Standort für das Lager nach *Vorschlag 1*.
- Versuche zunächst experimentell den Standort für das Lager nach *Vorschlag 2* zu finden. (*Tipp:* Verwende das Werkzeug *Termobjekt*.) Untersuche auch: Welche Winkel treten dann bei Punkt *Lager* (gerundet) auf?
- Vergleiche die beiden Lösungsvorschläge und bewerte sie. Beachte die konkreten geografischen Bedingungen.

154-1

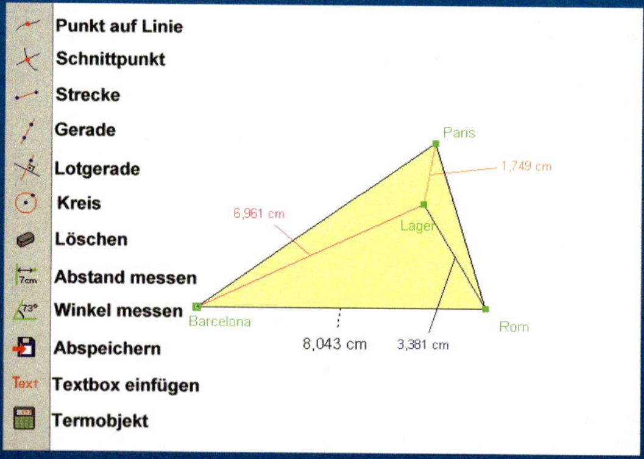

- Lass die konkreten Standorte und Entfernungsangaben jetzt unberücksichtigt. Betrachte (nur) das Dreieck ABC. Könnten die beiden eingereichten Vorschläge übereinstimmen? Wenn das der Fall ist, wie sieht dann dieses Dreieck aus?
- Der **Fermat-Punkt**, benannt nach dem französischen Rechtsanwalt und Mathematiker Pierre de Fermat, gehört zu den besonderen Punkten eines Dreiecks. Recherchiere die Konstruktionen des Fermat-Punktes im Internet und führe sie durch.

Winkel am Kreis spielen bei vielen geometrischen Problemen und Konstruktionen eine wichtige Rolle. Einige grundlegende Beobachtungen dazu kannst du hier selbst machen.

AUFGABEN

12. Konstruktion und Untersuchung eines Vierecks in einem Kreis:

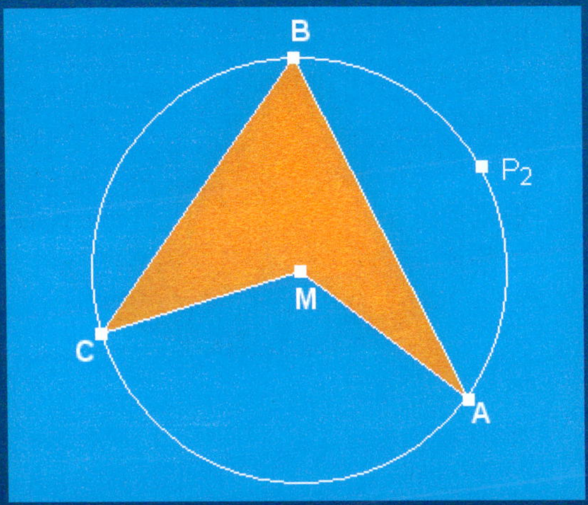

- Zeichne einen Kreis mit dem Mittelpunkt P_1, der durch einen Punkt P_2 geht. Benenne den Mittelpunkt P_1 in M um und mache den Punkt P_2 unsichtbar. (*Tipp:* Werkzeug *Kreis um Mittelpunkt durch Kreispunkt* verwenden.)
- Lege drei weitere Punkte auf den Kreis und verbinde diese Punkte und M zu einem Viereck. (*Tipp:* Werkzeug *N-Eck* verwenden.)
- Die Punkte A, B und C müsstest du nun auf der Kreislinie ziehen können. Achte insbesondere auf die Innenwinkelmaße des Vierecks, wenn du im Zugmodus verschiedene Formen des Vierecks untersuchst.

13. Im Bild sind fünf besondere Dreiecke eingezeichnet. Sie haben alle die Grundseite $\overline{AB}$ gemeinsam. Die Eckpunkte C_1 bis C_5 sind unterschiedlich frei beweglich. Die Innenwinkelmaße in den fünf verschiedenen Dreiecken sollen näher untersucht werden. (*Tipp:* Teilt euch in Gruppen auf und untersucht in einer Gruppe jeweils *eins* der fünf Dreiecke.)

155-1

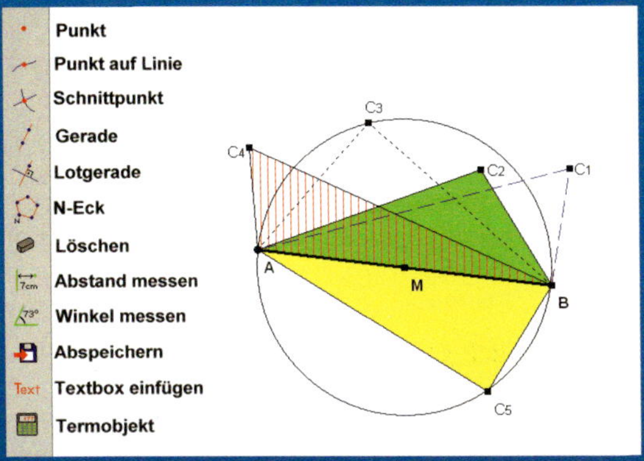

- Miss die Innenwinkel und verändere im Zugmodus die jeweilige Lage des Eckpunktes C. Was stellst du fest?
- Konstruiere weitere Dreiecke nach ähnlich aufgebautem Muster und untersuche sie im Zugmodus. Bestätige dadurch deine Vermutungen. Beachte auch die besonderen Formen von Dreiecken, wenn du die Innenwinkel untersuchst.

14. Ein Viereck MQM_1R ist konstruiert worden.

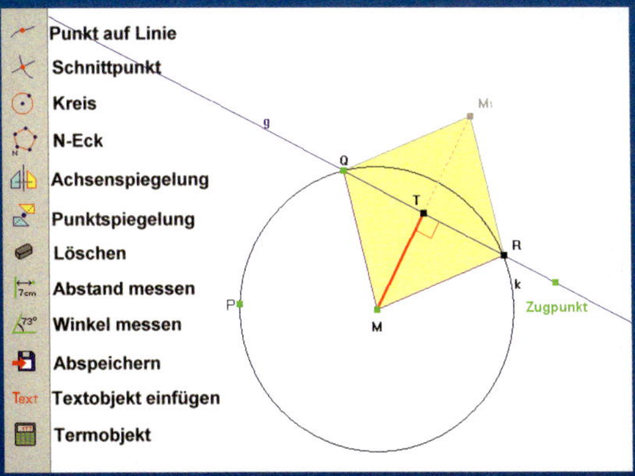

- Ziehe an P. Welche Eigenschaft kannst du an dem Viereck MQM_1R erkennen?
- Wie wurde M_1 vermutlich konstruiert ? (*Tipp:* Es gibt mehrere Möglichkeiten.)
- Welche Bedeutung hat die Strecke $\overline{MM_1}$ im Viereck?
- Welche besondere Situation kann für g beim Ziehen am Zugpunkt eintreten?
- Notiere deine Ergebnisse.

Kreise – Grundbegriffe

1

Die kunstvolle Fenstergestaltung gotischer Kirchen ist ein eindrucksvolles Beispiel für die Verwendung von Kreisen und Kreisbögen als Schmuckelemente in der Baukunst. Wie mögen die alten Baumeister wohl solche Formen entworfen haben?
Versuche, mit Zirkel und Geodreieck das hier abgebildete Rosettenfenster in seinen Grundformen nachzuzeichnen.

2

Überlegt euch gemeinsam, wie man die folgenden Bilder mithilfe eines Zirkels zeichnen kann. Probiert es aus und entwerft weitere Muster.

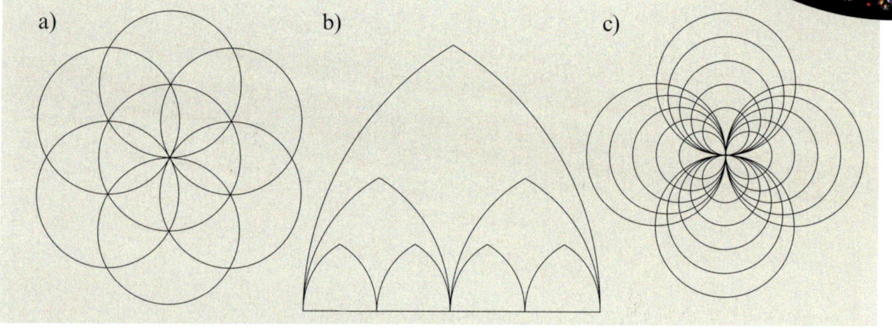

3

Wie kann man Kreise auch ohne Zirkel zeichnen? Gib Beispiele hierfür an.

4

In der Klasse wird diskutiert: Was ist ein Kreis?

Peter: Ein Kreis ist rund.
Anja: Ein Kreis ist eine gebogene Linie.
Maria: Wenn man mit dem Zirkel zeichnet, erhält man einen Kreis.
Felix: Ein Kreis hat keine Ecken.
Karin: Der Kreis besteht aus Punkten, die vom Mittelpunkt gleich weit entfernt sind.
Kay: Der Rand eines Tellers ist ein Kreis.
Tobias: Der Kreis ist eine geschlossene Figur.
Steffi: Ein Kreis hat überall die gleiche Breite.

Was meinst du? Kannst du helfen? Wie beantwortest du diese Frage?

5

Markiere einen Punkt M. Zeichne von M aus zehn Strecken $\overline{MP}$ der Länge 4 cm in verschiedene Richtungen. Wie viele Strecken lassen sich auf diese Weise zeichnen? Wo liegen alle Punkte P?

NACHGEDACHT
Kurt Tucholsky schrieb 1928:
„Die Nationen wurden aufgefordert, einen Kreis zu zeichnen.
Der Amerikaner trat an mit einer Kreiszeichnungsmaschine, the biggest of the world; der Engländer zeichnete freihändig einen fast einwandfreien Kreis, der Franzose ein reichgeschmücktes Oval, der Österreicher sagte: ‚Gehns – mir wern uns do net herstelln' und pauste den englischen Kreis durch.
Die Deutschen lieferten ein Tausendundsechsundneunzig-Eck, das fast wie ein Kreis aussah, es war aber keiner."

WISSEN

M sei ein Punkt der Ebene und *r* eine Streckenlänge.
Die Menge aller Punkte *P* der Ebene, die von *M* den Abstand *r* haben, heißt **Kreis** um den Mittelpunkt *M* mit dem **Radius** *r*.

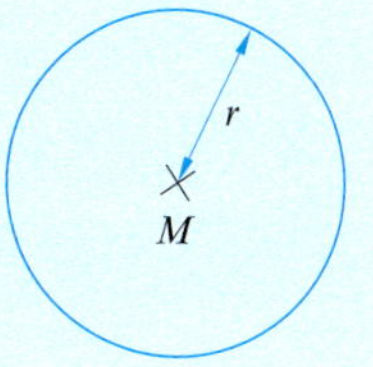

HINWEIS
Der Begriff „Radius“ wird in zwei Bedeutungen gebraucht: Jede der Strecken, die man erhält, wenn man den Mittelpunkt eines Kreises mit einem beliebigen Kreispunkt geradlinig verbindet, wird als Radius bezeichnet. Andererseits wird auch die Länge jeder dieser Strecken als Radius des Kreises bezeichnet

6

Wähle einen beliebigen Punkt der Ebene als Mittelpunkt *M* und zeichne Kreise mit den angegebenen Radien.
a) $r = 3$ cm **b)** $r = 45$ mm **c)** $r = 2{,}5$ cm **d)** $r = 18$ mm **e)** $r = 5{,}5$ cm

7

a) Untersuche die Lage der Punkte im nebenstehenden Bild in Bezug zum Kreis. Welche der Punkte liegen auf dem Kreis, welche im Inneren und welche außerhalb des Kreises?
b) Welche Bedingung erfüllen alle Punkte, die auf dem Kreis liegen?
c) Erkläre die Begriffe Kreislinie und Kreisfläche.
d) Welche Strecken entsprechen dem Radius, welche dem Durchmesser?

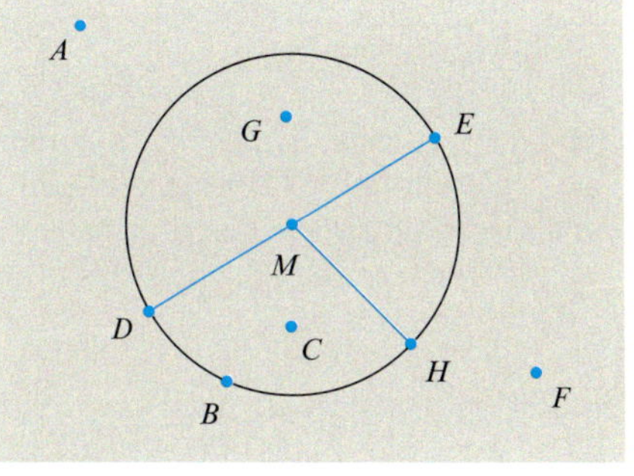

BEACHTE
Beim Zeichnen eines Kreises mit dem Zirkel darf sich der Abstand der beiden Schenkel nicht verstellen.
Günstig sind Zirkel, deren Schenkel durch eine Achse mit einer Stellschraube verbunden sind.

8

Zeichne einen Kreis mithilfe eines kreisförmigen Gegenstands, zum Beispiel mithilfe einer Tasse oder einer Münze. Schneide die Figur aus. Finde den Mittelpunkt des Kreises durch Falten.
Wie oft musst du mindestens falten, um den Mittelpunkt zu erhalten?

WISSEN

A und *B* seien zwei Kreispunkte.
Die Strecke $\overline{AB}$ heißt **Sehne** des Kreises.

Eine Sehne durch den Kreismittelpunkt heißt **Durchmesser** des Kreises.

Der Durchmesser eines Kreises ist doppelt so lang wie der Radius.

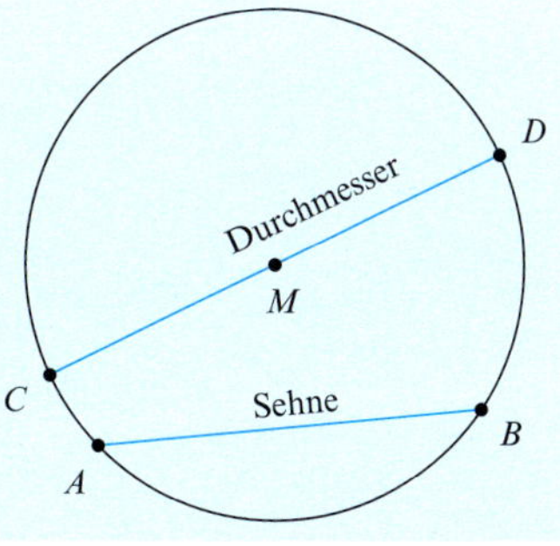

HINWEIS
Auch der Begriff Durchmesser wird wie der Begriff Radius in zwei Bedeutungen gebraucht, sowohl als Strecke als auch als Länge dieser Strecke.

9

a) Zeichne einen Kreis mit dem Radius $r = 3$ cm.
Zeichne Sehnen dieses Kreises der Länge 2 cm, 3 cm, 4 cm und 5 cm.
Wie lang ist die längste Sehne, die man in diesen Kreis zeichnen kann?
b) Zeichne eine Strecke der Länge 3 cm. Konstruiere einen Kreis, der diese Strecke als Durchmesser enthält. Wie viele solche Kreise gibt es? Begründe deine Konstruktion.

10

Zeichne in einen Kreis vom Radius 3 cm eine 4 cm lange Sehne $\overline{AB}$ ein. Konstruiere dann ein gleichschenkliges Dreieck ABC mit der Basis $\overline{AB}$ und der Schenkellänge 3 cm, das ganz im Inneren des Kreises enthalten ist. Beschreibe die Lage des Punktes C. Begründe.

AUFGABE
Nenne verschiedene geometrische *Körper*, bei denen sich kreisförmige Schnittflächen ergeben, wenn sie in geeigneter Weise von einer Ebene zerschnitten werden. Skizziere die Körper und wie sie geschnitten werden müssen.

11

Zeichne einen Kreis mit dem Mittelpunkt M und dem Radius $r = 3{,}5$ cm.

a) Zeichne eine möglichst lange Sehne $\overline{AB}$ ein. Beschreibe die Lage der Sehne möglichst genau und gib ihre Länge an.

b) Konstruiere die Mittelsenkrechte zu $\overline{AB}$. Sie schneide den Kreis in den Punkten C und D. Verbinde C und D jeweils mit A und B. Wie viele Sehnen sind insgesamt in der Zeichnung enthalten?

c) Was für eine geometrische Figur ist bei Aufgabe b) entstanden? Begründe.

12

Zeichne einen Kreis mit dem Radius $r = 3$ cm. Trage einen Durchmesser $\overline{AC}$ ein. Konstruiere eine Sehne $\overline{BD}$, die senkrecht zum Durchmesser $\overline{AC}$ ist und die die Länge 4 cm hat. Begründe, dass das Viereck $ABCD$ ein Drachenviereck ist.

13

Zeichne in einen Kreis mit dem Radius $r = 3$ cm ein Viereck $ABCD$, dessen Seiten $\overline{AB} = 4$ cm, $\overline{BC} = 5{,}5$ cm und $\overline{CD} = 4$ cm Sehnen des Kreises sind.
Was für ein besonderes Viereck erhältst du? Begründe deine Vermutung.

14

Konstruiere die folgenden oder ähnliche Entwürfe für Rundfenster. Beschreibe dein Vorgehen und die Lage der verwendeten Kreise (Kreisteile) zueinander.

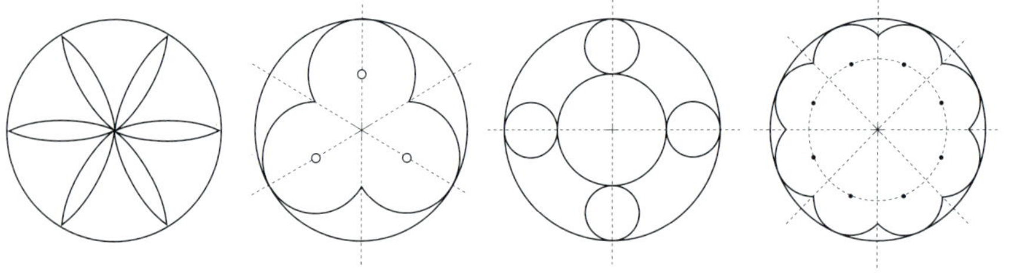

Jahresringe an einer Fichte

15

Zeichne zwei Kreise mit den Radien 3 cm und 5 cm auf ein Zeichenblatt und schneide die Kreisflächen aus. Markiere die Kreislinien farbig.

a) Probiere aus, wie man die beiden Kreise auf einem Blatt Papier anordnen kann. Die beiden Kreise sollen zuerst keinen Punkt gemeinsam haben. Skizziere einige Beispiele für die gefundenen Anordnungen.

b) Suche nun nach Lagen der beiden Kreise, bei denen sie genau einen gemeinsamen Punkt haben. Skizziere je ein Beispiel.

c) Skizziere Anordnungen, bei denen die beiden Kreise genau zwei Punkte gemeinsam haben.

d) Vergleicht untereinander. Wie viele verschiedene Fälle habt ihr gefunden?

e) Zu welcher Lage zweier Kreise passt der Begriff „konzentrisch“?

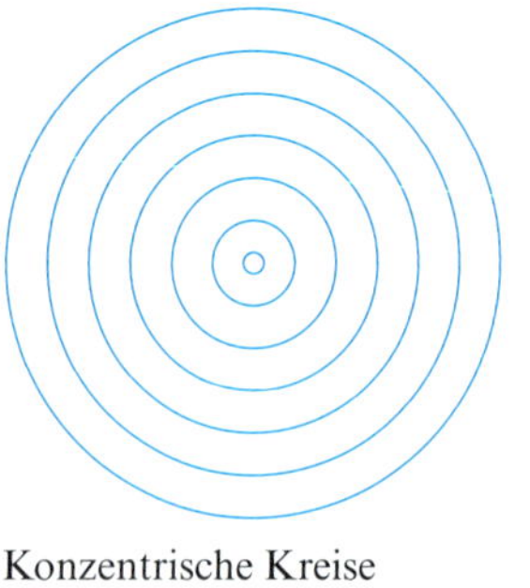

Konzentrische Kreise

Definitionen, Sätze und Beweise

1

Im vorigen Abschnitt hast du im Zusammenhang mit dem Kreis eine ganze Reihe neuer Begriffe kennengelernt, die zum Teil auch in der Alltagssprache verwendet werden, dort aber oft in etwas oder sogar gänzlich anderer Bedeutung.
Welche Begriffe sind das, und welche umgangssprachlichen Bedeutungen (manchmal mehr als eine!) können sie haben? Stelle eine entsprechende Tabelle zusammen.

2

Heike sagt: „Ein Viereck heißt Rechteck, wenn die gegenüberliegenden Seiten gleich lang und zueinander parallel sind, alle Innenwinkel 90° betragen und die Diagonalen gleich lang sind und einander halbieren."
Klaus erwidert: „Das ist viel zu kompliziert. Es genügt, wenn du sagst, dass ein Viereck genau dann Rechteck heißt, wenn es drei rechte Innenwinkel hat."

a) Begründe, dass Klaus recht hat, das heißt, dass jedes Rechteck nach der Definition von Klaus auch ein Rechteck im Sinne von Heike ist.
b) Warum verwendet Klaus in seiner Definition den Ausdruck „genau dann"?

NACHGEDACHT
„Ein Viereck heißt dann und nur dann *spitzwinklig*, wenn alle seine Innenwinkel spitz sind."
Ist das eine sinnvolle Definition?

WISSEN

Von den Begriffsdefinitionen wohl zu unterscheiden sind Aussagen über die Begriffe, die sich notwendig aus der Definition ergeben, die also gefolgert oder bewiesen werden können.

In der Mathematik heißen – im Unterschied zur Umgangssprache – nur wahre Aussagen **Sätze**. Von der Wahrheit der Aussage eines mathematischen Satzes überzeugt man sich durch einen **Beweis**. Man stützt sich dabei auf schon bewiesene Sätze und auf die Definitionen der im Satz vorkommenden (mathematischen) Begriffe.

Häufig werden mathematische Sätze in der „**Wenn-dann-Form**" angegeben: **Wenn** bestimmte Voraussetzungen erfüllt sind, **dann** ist eine bestimmte Aussage wahr.

BEISPIEL
für einen mathematischen Satz in „Wenn-dann-Form": Wenn ein Dreieck gleichschenklig ist, dann sind zwei seiner Innenwinkel gleich groß.

3

Sieh dir die Aussagen in den beiden Wissenskästen auf Seite 157 noch einmal genau an. Handelt es sich dabei um Definitionen oder um mathematische Sätze? Begründe und versuche, die Sätze (falls welche dabei sind) zu beweisen.

4

„Seit wir hier wohnen", schreit Bartholomäus, „ist bei jedem Gewitter die Internetverbindung zusammengebrochen. *Immer*, wenn ein Gewitter ist, bricht die Internetverbindung zusammen, so wage ich zu behaupten!"
„Nein, da irrst du dich", entgegnet sein Freund Hannibal. „Gestern ist die Internetverbindung doch auch zusammengebrochen, und da war ja kein Gewitter."

a) Kommentiere die Bemerkung Hannibals. Ist seine Argumentation in Ordnung?
b) Wie könnte man Bartholomäus Aussage verändern, damit aus der Erwiderung Hannibals eine sinnvolle Bemerkung wird?

5

„Die Straße wird dann und nur dann nass, wenn es regnet."
Stimmt das? Überlegt gemeinsam, wie man diese Aussage in zwei Teilaussagen zerlegen kann, und prüft beide Teilaussagen auf ihre Richtigkeit.

WISSEN

Vertauscht man in einem mathematischen Satz Voraussetzung und Behauptung, dann spricht man von der **Umkehrung des Satzes** oder vom **Kehrsatz**. Die Umkehrung eines Satzes kann eine wahre oder falsche Aussage sein.

Sind ein Satz und seine Umkehrung wahr, dann können beide Sätze (Satz und Kehrsatz) mithilfe einer Formulierung wie **„genau dann, wenn"** oder **„dann und nur dann"** zu einem einzigen Satz zusammengefasst werden.

BEISPIEL
Die Umkehrung des Beispielsatzes aus dem Wissenskasten der vorigen Seite ist ebenfalls wahr. Wir können also formulieren: „Ein Dreieck ist genau dann gleichschenklig, wenn zwei seiner Innenwinkel gleich groß sind" oder auch „Ein Dreieck ist dann und nur dann gleichschenklig, wenn zwei seiner Innenwinkel gleich groß sind".

6

Bei einer bestimmten Theateraufführung wird Kindern unter 12 Jahren und Senioren ab 65 Jahren eine Ermäßigung des Eintrittspreises gewährt.
Untersuche die folgenden Aussagen auf ihre Richtigkeit.

a) Es wird ein Preisnachlass gewährt, wenn der Besucher jünger als 12 Jahre ist.
b) Genau dann wird einem Besucher kein Preisnachlass gewährt, wenn sein Alter zwischen 12 und 65 Jahren liegt.
c) Nur dann erhält ein Besucher einen Preisnachlass, wenn er älter als 65 Jahre ist.
d) Nur dann erhält ein Besucher einen Preisnachlass, wenn er älter als 65 Jahre oder jünger als 12 Jahre ist.
e) Dann und nur dann erhält ein Besucher einen Preisnachlass, wenn er älter als 65 Jahre oder jünger als 12 Jahre ist.
f) Eine Frau erhält genau dann einen Preisnachlass, wenn sie älter als 65 Jahre oder jünger als 12 Jahre ist.

7

Untersuche, ob die Umkehrungen der folgenden Aussagen wahr sind. Begründe.
Formuliere gegebenenfalls einen Satz mithilfe der Redewendung „genau dann, wenn".

a) Wenn eine natürliche Zahl durch 4 teilbar ist, dann ist sie gerade.
b) Wenn eine natürliche Zahl durch 9 teilbar ist, dann ist auch ihre Quersumme durch 9 teilbar.
c) Wenn eine natürliche Zahl durch 2 teilbar ist, dann ist sie gerade.
d) Wenn zwei Rechtecke zueinander kongruent sind, dann sind ihre Flächeninhalte gleich groß.

8

Untersuche, ob die Umkehrungen der folgenden Aussagen wahr sind. Begründe.
Formuliere gegebenenfalls einen Satz mithilfe der Redewendung „genau dann, wenn".

a) Wenn ein Viereck ein Parallelogramm ist, dann halbieren seine Diagonalen einander.
b) Wenn ein Viereck ein Drachenviereck ist, dann stehen seine Diagonalen senkrecht aufeinander.

Kreis und Gerade

1

Zeichne ein Quadrat und zwei Kreise um den Schnittpunkt der Diagonalen des Quadrats. Der Durchmesser des einen Kreises soll so lang sein wie eine Seite, der Durchmesser des anderen Kreises so lang wie eine Diagonale des Quadrats. Beschreibe die Lage der Geraden, auf denen die Quadratseiten liegen, zu den beiden Kreisen.

TIPP
Eine DGS (Dynamische Geometriesoftware) ist ein geeignetes Werkzeug, um einen Weg wie in Aufgabe 2 experimentell zu finden. Eine vorbereitete Datei findet ihr im Internet.

2

www 161-1

Zeichne ein rechtwinkliges Koordinatensystem (Einheit 1 cm) und trage darin die Punkte $A(4|1)$, $B(5|9)$ und $M(4|4)$ ein. Zeichne mit dem Zirkel einen Kreis um M mit dem Radius 2 cm. Das Innere des Kreises soll einen See darstellen, die Punkte A und B zwei Ortschaften. Aufgabe ist es, auf möglichst kurzem Wege trockenen Fußes von A nach B zu gelangen. Zeichne den deiner Meinung nach kürzesten Weg (näherungsweise) ein. (Gibt es genau einen kürzesten Weg?)
Beschreibe den Weg genau. Vergleiche auch mit der „Luftlinie“ zwischen A und B.

WISSEN

Eine Gerade heißt **Tangente** des Kreises, wenn sie genau einen Punkt mit dem Kreis gemeinsam hat. Man sagt, die Tangente berührt den Kreis.
Der gemeinsame Punkt von Tangente und Kreis heißt **Berührungspunkt** der Tangente.

Eine Gerade heißt **Sekante** des Kreises, wenn sie den Kreis in zwei Punkten schneidet.

Eine Gerade heißt **Passante** des Kreises, wenn sie den Kreis weder schneidet noch berührt.

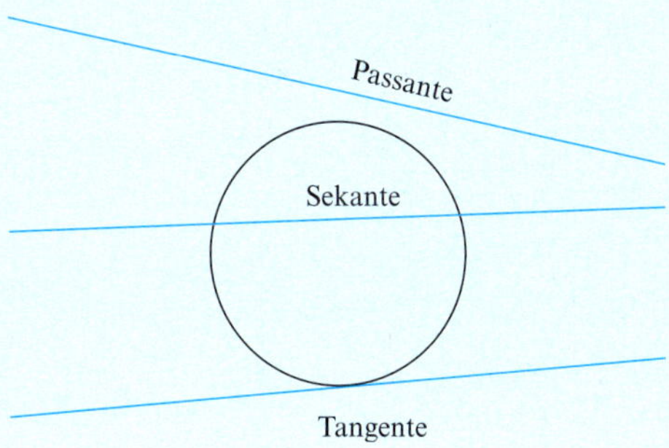

NACHGEDACHT
Wie viele Punkte können ein Kreis und eine Gerade gemeinsam haben?

MERKE
Tangente = Berührende (von lat. *tangere*)
Sekante = Schneidende (von lat. *secare*)
Passante = Vorübergehende (von lat. *passare*)

3

Welche der Geraden sind Tangenten bzw. Sekanten bzw. Passanten des Kreises?

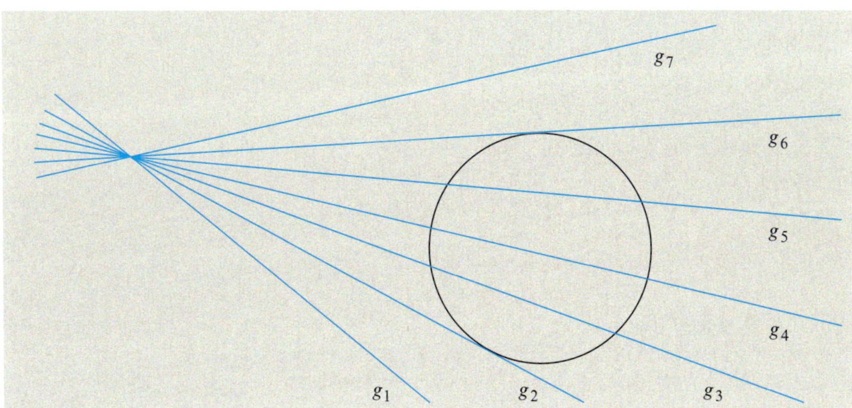

4

Zeichne in ein Koordinatensystem mit der Einheit 1 cm den Kreis um $M\,(4|3)$ mit $r = 3$ cm. Zeichne jeweils die Geraden AB, CD, EF und entscheide, ob sie eine Tangente bzw. Sekante bzw. Passante des Kreises sind.
Ermittle den Abstand des Punktes M von der jeweiligen Geraden.

a) $A\,(1|1)$, $B\,(8|4)$, $C\,(1|0)$, $D\,(1|6)$, $E\,(0|6)$, $F\,(4|8)$
b) $A\,(1|0)$, $B\,(7|0)$, $C\,(1|3)$, $D\,(7|3)$, $E\,(1|7)$, $F\,(8|7)$

5

a) In die Mitte einer kreisförmigen Metallscheibe soll ein Loch gebohrt werden. Diskutiert in der Klasse: Wie könnte man den Mittelpunkt der Scheibe finden?
b) Zeichne mithilfe einer Tasse, einer Dose oder einem anderen kreisförmigen Gegenstand einen Kreis. Versuche den Mittelpunkt des Kreises zu konstruieren.

6

Zeichne einen Kreis mit dem Mittelpunkt M und einer Sehne $\overline{AB}$. Verbinde den Mittelpunkt P der Sehne $\overline{AB}$ mit M.
Miss den Winkel zwischen $\overline{PM}$ und $\overline{AB}$ möglichst genau. Vergleicht eure Ergebnisse miteinander. Was vermutet ihr?

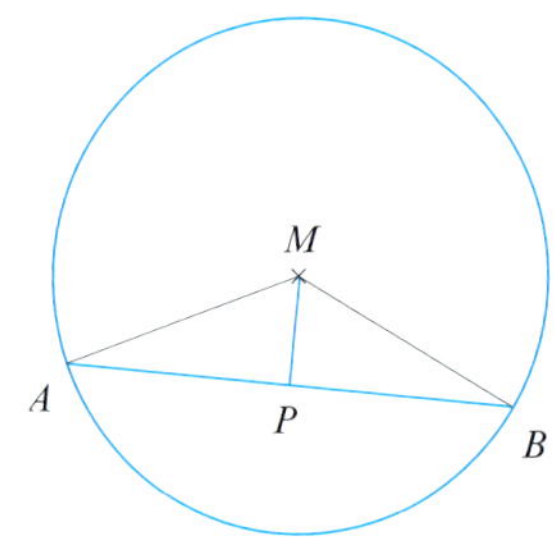

WISSEN

SATZ
Die Mittelsenkrechte einer Sehne eines Kreises geht durch den Mittelpunkt des Kreises.

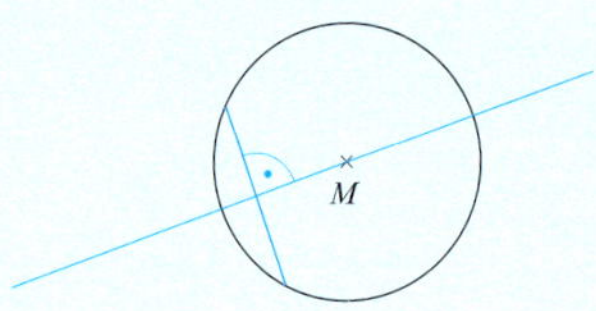

7

Beweise den obigen Satz.
Tipp: Zeige dazu, dass die Dreiecke APM und BMP zueinander kongruent sind. Betrachte dann die Winkel $\sphericalangle MPA$ und $\sphericalangle BPM$ und $\sphericalangle BPA$.

BEACHTE
Nachmessen (z. B. mit dem Geodreieck) ist kein mathematischer Beweis. Der vorangegangene Satz kann also aufgrund der Resultate von Aufgabe 6 nur vermutet werden; er bedarf noch eines Beweises.

8

Zeichne mithilfe unterschiedlicher kreisförmiger Gegenstände drei Kreise und konstruiere mithilfe des obigen Satzes ihre Mittelpunkte. Erläutere deine Konstruktion.

9

Die Gerade PQ im Bild rechts wird um den Punkt P gedreht. Überlege, wann aus der Sekante PQ eine Tangente des Kreises wird. Formuliere eine Vermutung.

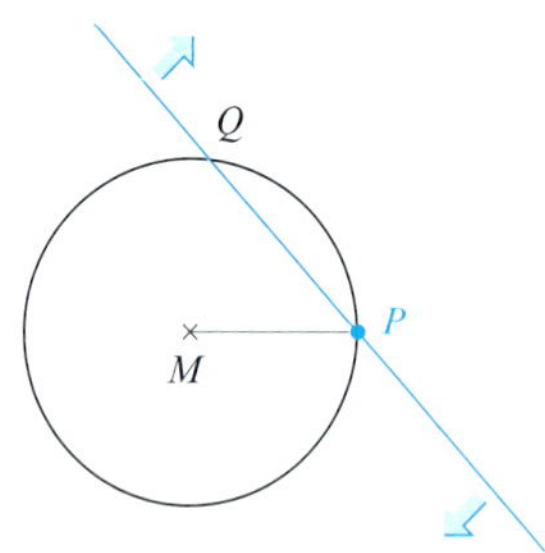

10

Zeichne einen Kreis mit dem Mittelpunkt M und markiere einen Punkt P auf dem Kreis. Versuche, eine Tangente zu zeichnen, die den Kreis in P berührt. Miss den Winkel zwischen der Strecke $\overline{MP}$ und der berührenden Geraden.
Vergleicht eure Ergebnisse miteinander. Wie viele Geraden gibt es, die einen Kreis in einem gegebenen Punkt P berühren? Diskutiert diese Frage in der Klasse und begründet eure Ansichten.

11

Zeichne einen Kreis mit dem Mittelpunkt M und markiere einen Punkt P auf dem Kreis. Zeichne die Strecke $\overline{MP}$ und konstruiere die zu $\overline{MP}$ senkrechte Gerade t, die durch den Punkt P geht.
Zeige mithilfe der folgenden Beweisskizze, dass die Gerade t eine Tangente des Kreises ist.
Man muss zeigen, dass P der einzige Punkt ist, den t mit dem Kreis gemeinsam hat. Angenommen, Q wäre ein weiterer gemeinsamer Punkt des Kreises und der Geraden t. Dann wäre PMQ ein gleichschenkliges Dreieck. (Warum?)
Nutze deine Kenntnisse über gleichschenklige Dreiecke (Was gilt für die Basiswinkel, was für die Innenwinkelsumme?), um zu begründen, dass das nicht sein kann, dass also die Annahme eines von P verschiedenen gemeinsamen Punktes Q zu einem Widerspruch führt.
Diese Annahme muss also falsch sein, das heißt, P ist der einzige gemeinsame Punkt von t und dem Kreis.

INFORMATION
Die Beweise aus den Aufgaben 11 und 12 folgen dem Prinzip des *indirekten* Beweises: Aus den Voraussetzungen und der *Annahme*, die Behauptung wäre falsch, wird etwas Unmögliches gefolgert. Die *Annahme* muss also falsch sein. Also ist die Behauptung wahr.

12

Beweise folgende Aussage: Sei t eine Tangente eines Kreises mit dem Mittelpunkt M. Der Berührungspunkt der Tangente sei der Punkt P. Dann steht die Strecke $\overline{MP}$ senkrecht auf t.
Anleitung: Nimm an, dass $\overline{MP}$ *nicht* senkrecht auf t steht. Dann ist der Fußpunkt L des Lotes von M auf t verschieden von P. Spiegele dann (in Gedanken) den Punkt P an dem Lot $\overline{ML}$. Begründe, dass der Bildpunkt P' sowohl auf t als auch auf dem Kreis liegen muss – im Widerspruch zur Voraussetzung, dass t als Tangente nur den Punkt P mit dem Kreis gemeinsam haben sollte.

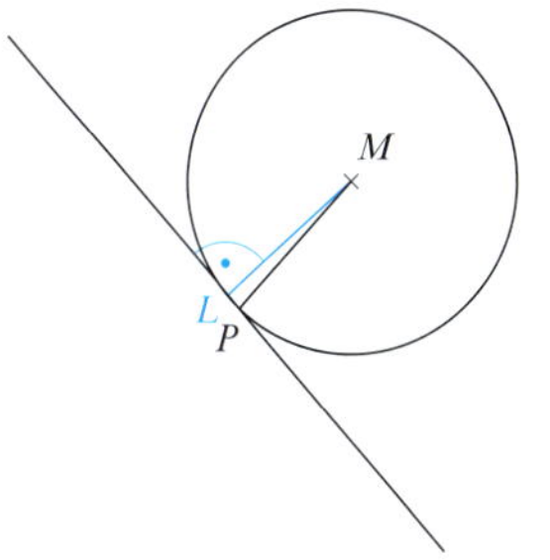

WISSEN

SATZ
M sei der Mittelpunkt eines Kreises und P ein Punkt auf dem Kreis.
Dann gilt:
(1) Eine Gerade t, die durch P geht, und senkrecht auf dem Radius $\overline{MP}$ steht, ist Tangente des Kreises mit dem Berührungspunkt P.
(2) Ist t eine Tangente des Kreises mit dem Berührungspunkt P, so steht t senkrecht auf $\overline{MP}$.

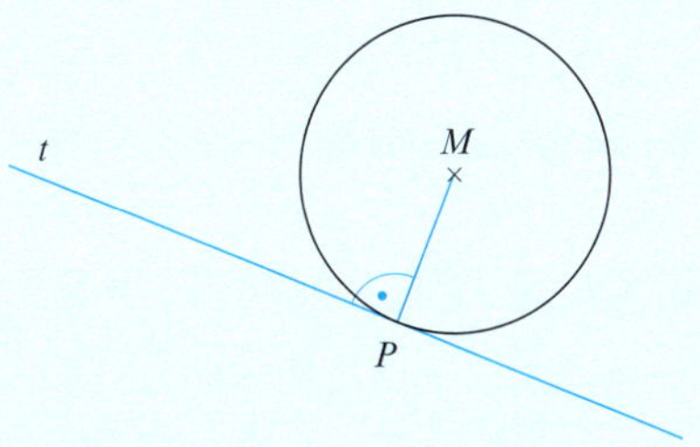

Folgerung:
Da es zu einer gegebenen Strecke $\overline{MP}$ nur genau eine Gerade durch P gibt, die senkrecht auf $\overline{MP}$ steht, gibt es in jedem Punkt eines Kreises genau eine Tangente des Kreises, die diesen Punkt als Berührungspunkt hat.

Definition:
Die Strecke $\overline{MP}$ heißt **Berührungsradius** der Tangente.

BEACHTE
Es ist allein aus der Definition einer Tangente (Seite 161) nicht klar, ob es überhaupt Tangenten gibt, auch wenn das auf den ersten Blick ganz selbstverständlich zu sein scheint. Beachte aber, dass die Anschauung täuschen kann, und dass es außerdem unmöglich ist, unendlich dünne Linien zu zeichnen, die einander in genau einem Punkt berühren. In Aufgabe 11 wird aber bewiesen, dass es Tangenten gibt.
In den Aufgaben 11 und 12 wird der Beweis des nebenstehenden Satzes erbracht.

13

Die Aussage (2) (Beweis in Aufgabe 12) kann als Umkehrung der Aussage (1) (Beweis in Aufgabe 11) aufgefasst werden.
Formuliere beide Aussagen zusammengefasst in einem einzigen „‚Genau dann, wenn'-Satz".

14

Zeichne in einen Kreis mit $r = 2{,}5$ cm eine Sehne $\overline{AB}$ der Länge 4 cm ein. Konstruiere mithilfe des Geodreiecks die Tangenten in A und B.

15

Gegeben sind ein Kreis mit dem Mittelpunkt M, dem Radius r und einem Kreispunkt P.
Wie kann man mit Zirkel und Lineal die Tangente in P an den Kreis zeichnen? Beschreibe die Konstruktion und führe sie aus.

16

Zeichne eine Gerade g und einen Punkt M, der nicht auf g liegt. Konstruiere den Kreis um M (und dazu den Berührungsradius $\overline{MP}$), der die Gerade g als Tangente hat, **a)** mithilfe des Geodreiecks, **b)** mithilfe von Zirkel und Lineal.

17

Konstruiere parallele Geraden, die vom Punkt M den Abstand 2 cm, 3 cm und 4 cm haben. Zeichne um M einen Kreis mit dem Radius $r = 3$ cm.
Welche der Geraden ist Passante, Sekante bzw. Tangente des Kreises?

18

Beweise: Wenn die Sehnen $\overline{AB}$ und $\overline{CD}$ eines Kreises gleich lang sind, so haben sie den gleichen Abstand vom Mittelpunkt des Kreises.

19

Zeichne einen Kreis mit $r = 3{,}5$ cm. Wähle im Inneren des Kreises einen Punkt P, aber nicht den Mittelpunkt M.
Konstruiere eine Sehne des Kreises, die durch P halbiert wird.

20

Zeichne einen Kreis mit $r = 3$ cm und zwei Radien $\overline{MA}$ und $\overline{MB}$, die einen Winkel $\sphericalangle AMB$ von 45° einschließen. Konstruiere in A und in B die Tangenten.
Berechne den Winkel, unter dem die Tangenten einander schneiden.

21

Gegeben sind eine Gerade g und auf ihr ein Punkt P. Zeichne vier verschiedene Kreise, die durch P gehen und für die g eine Tangente ist.

22

Zeichne in einen Kreis zwei verschiedene Durchmesser $\overline{AC}$ und $\overline{BD}$ ein, die nicht aufeinander senkrecht stehen.

a) Beweise: Das von den Punkten A, B, C, D gebildete Viereck ist ein Rechteck.

b) Konstruiere in den Punkten A, B, C und D die Tangenten an den Kreis.
Die Schnittpunkte der Tangenten bilden die Eckpunkte eines Vierecks.
Um was für ein spezielles Viereck handelt es sich? Begründe.

c) Wie ändern sich die Aussagen in a) und b), wenn $\overline{AC}$ senkrecht zu $\overline{BD}$ ist?

WAS MEINST DU DAZU?
(Optische Täuschungen)

Ist das ein Quadrat oder nicht?

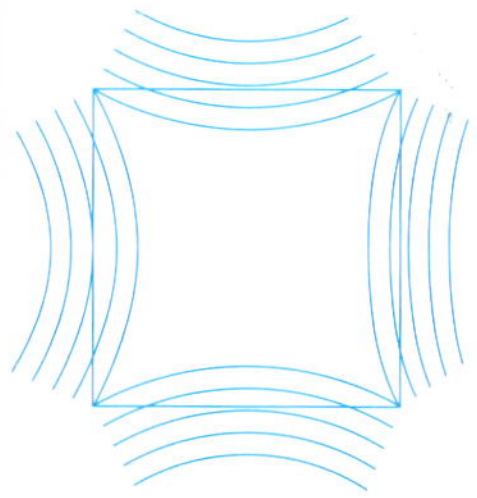

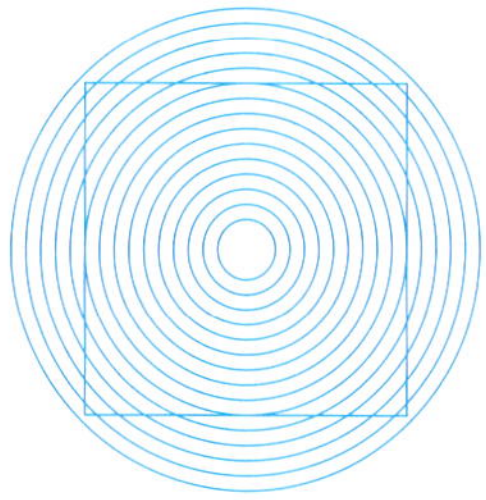

Ist das ein Kreis oder nicht?

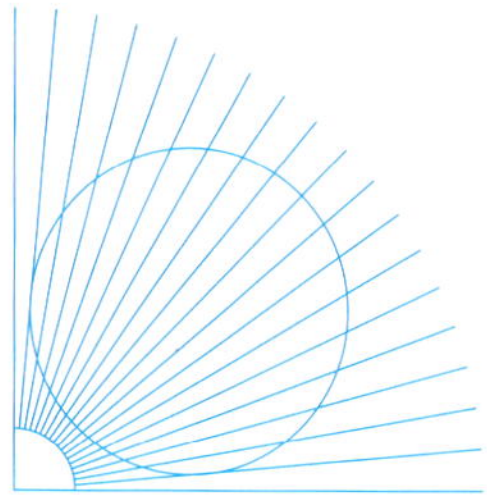

Umkreis von Dreieck und Viereck

1

Bei Ausgrabungen hat man drei Pfähle gefunden, von denen die Archäologen annehmen, dass sie zu einer ehemals kreisförmigen Befestigungsanlage gehörten (s. Lageplan).
Übertrage den Lageplan in dein Heft und versuche den Mittelpunkt der ehemaligen Befestigungsanlage zu finden und ihren Durchmesser zu ermitteln.

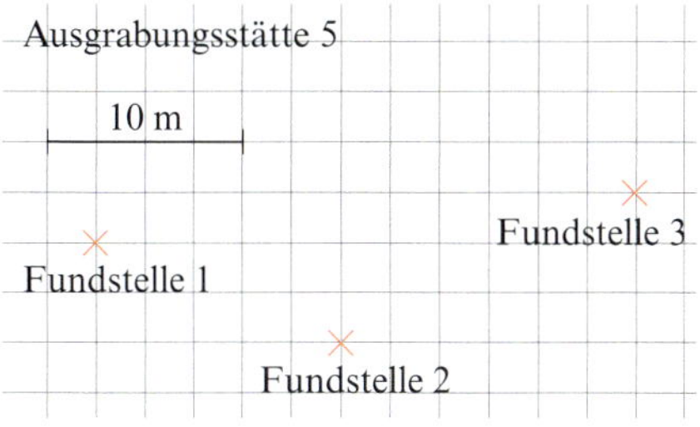

2

Konstruiere ein Dreieck *ABC* mit den Seiten: $a = 5{,}4$ cm, $b = 4{,}8$ cm, $c = 6{,}2$ cm.

a) Wo liegen alle Punkte *P*, die von *A* und *B* den gleichen Abstand haben?
b) Wo liegen alle Punkte *Q*, die von *B* und *C* den gleichen Abstand haben?
c) Gibt es auch Punkte, die sowohl von *A* und *B* als auch von *B* und *C* den gleichen Abstand haben?

3

Peter hat ein Dreieck und die dazu gehörenden Mittelsenkrechten gezeichnet. Er überlegt: Zwei Mittelsenkrechten schneiden einander in einem Punkt. Warum geht dann auch die dritte Mittelsenkrechte durch genau diesen Schnittpunkt? Vielleicht ist es nur bei meinem Dreieck so? Könnte es nicht auch so wie im nebenstehenden Bild aussehen? Dann gibt es drei verschiedene Kreise durch *A*, *B* und *C*. Diskutiert in der Klasse darüber.

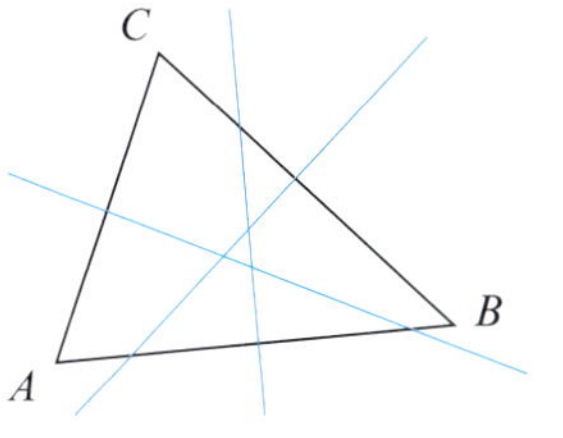

4

Maria meint, sie könne beweisen, dass alle drei Mittelsenkrechten eines Dreiecks durch einen Punkt gehen. Sie argumentiert folgendermaßen:
„Ich zeichne die Mittelsenkrechten von den Seiten $\overline{AC}$ und $\overline{BC}$. Diese schneiden einander in genau einem Punkt *P*. Diesen Punkt *P* verbinde ich mit dem Mittelpunkt der Seite $\overline{AB}$. Jetzt kann ich zeigen, dass $\overline{PM}$ senkrecht zu $\overline{AB}$ ist. Dazu weise ich nach, dass die Dreiecke *AMP* und *MBP* zueinander kongruent sind.“
Führe den Beweis von Maria aus.

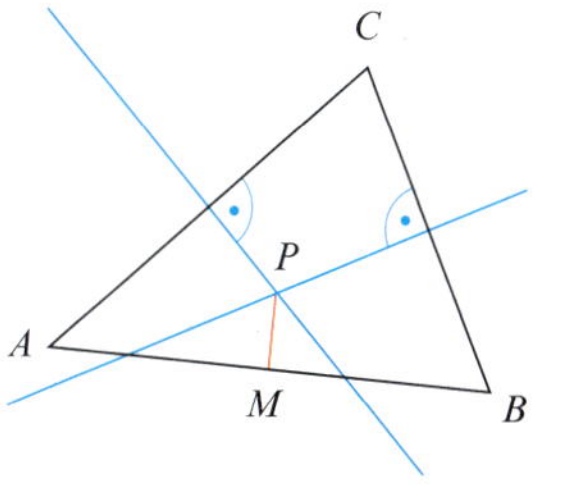

WISSEN

Ein Kreis, der durch die Eckpunkte des Dreiecks *ABC* geht, heißt **Umkreis** des Dreiecks.

Jedes Dreieck hat genau einen Umkreis. Deshalb spricht man auch von *dem* Umkreis eines Dreiecks.

Der Mittelpunkt des Umkreises ist der Schnittpunkt der drei Mittelsenkrechten der Dreiecksseiten.

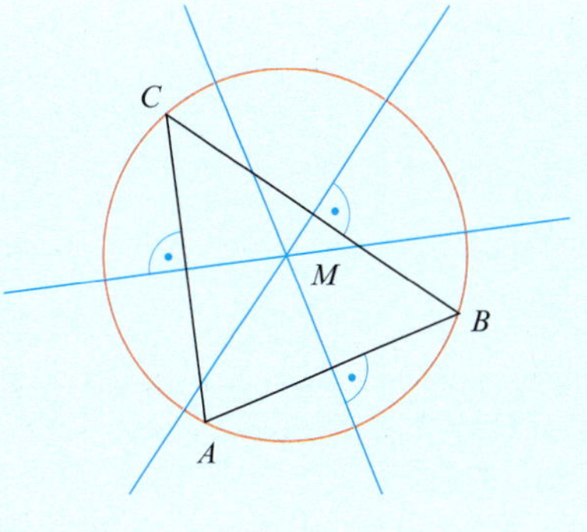

BEACHTE
Durch drei beliebige (aber verschiedene) Punkte eines Kreises ist der Kreis bereits eindeutig festgelegt.
Denn drei Kreispunkte bilden stets ein Dreieck und das hat genau einen Umkreis.

5

Untersucht den vorangegangenen Wissenskasten gemeinsam im Hinblick auf die Unterscheidung zwischen (mathematischen) Sätzen und Definitionen. Haben die Sätze (falls welche dabei sind) eine besondere Struktur (z. B. „Wenn-dann-Form“)?

6

Zeichne ein Dreieck ABC, konstruiere den Umkreis und miss dessen Radius.

a) $a = 4{,}4$ cm, $b = 5{,}6$ cm, $\gamma = 75°$ **b)** $c = 5{,}8$ cm, $a = 4{,}2$ cm, $\beta = 105°$

c) $c = 6{,}4$ cm, $b = 5{,}2$ cm, $\alpha = 90°$ **d)** $c = 5{,}4$ cm, $\alpha = 40°$, $\beta = 100°$

7

a) Zeichne ein rechtwinkliges Koordinatensystem mit der Einheit 1 cm auf jeder der beiden Achsen und trage die Punkte $A(1{,}5|2{,}5)$ und $M(3|4)$ ein. Konstruiere ein Dreieck ABC mit dem Umkreismittelpunkt M und dem Innenwinkel $\alpha = 65°$ bei A.
Wie viele solche Dreiecke gibt es?

b) Zeichne ein rechtwinkliges Koordinatensystem mit der Einheit 1 cm auf jeder Achse. Konstruiere ein gleichschenkliges Dreieck ABC mit dem Eckpunkt $A(1{,}5|2{,}5)$, dem Umkreismittelpunkt $M(3|4)$ und der Basis c. Wähle für c selbst eine geeignete Länge.

ANREGUNG
Untersuche sowohl bei a) als auch bei b) mit einer Dynamischen Geometriesoftware (DGS), ob das Dreieck ABC in bestimmten Fällen rechtwinklig wird.

METHODE

Finden von Vermutungen mithilfe Dynamischer Geometriesoftware

Um zu untersuchen, wie sich die Veränderung bestimmter Stücke in einer geometrischen Figur auswirkt, kann **D**ynamische **G**eometrie-**S**oftware (DGS) ein sehr geeignetes Werkzeug sein.
Systematisches Probieren mit einer DGS kann so zu einer Vermutung über einen mathematischen Sachverhalt führen.
Beachte dazu die folgenden Tipps:

- Überlege genau, was du untersuchen willst, bevor du mit der DGS konstruierst und experimentierst.
- Nutze den Zugmodus der DGS. Er ermöglicht dir, ohne großen Aufwand viele Spezialfälle einer bestimmten Situation zu betrachten. Überlege, was im Zugmodus (eingeschränkt) beweglich sein, was stets gleich bleiben soll.
- Beobachte beim Experimentieren genau, insbesondere: Welche Größen verändern sich, welche bleiben gleich?
- Nutze dazu die Messwerkzeuge der DGS.
- Wenn du eine Gesetzmäßigkeit zu erkennen meinst, formuliere eine entsprechende Vermutung.
- Überlege genau, was die Voraussetzungen in deiner Vermutung sind und worin die Behauptung besteht.
- Versuche, deine Vermutung durch theoretische Überlegungen zu beweisen. (Wenn dir das gelingt, hast du einen mathematischen Satz entdeckt.)

Beispiel:
Untersuche das folgende Problem:
„Gibt es eine besondere Lage der Dreiecksseite c als Sehne im Umkreis des Dreiecks, sodass der Winkel γ ein rechter Winkel ist?“
(vgl. auch mit Aufgabe 7)

Mit DGS kannst du eine entsprechende Konstruktion ausführen und mithilfe des Zugmodus die Sehne c variieren und dabei den Winkel γ messen lassen. So kannst du beobachten, in welchem Falle $\gamma = 90°$ gilt und eine entsprechende Vermutung aufstellen.
Eine vorbereitete DGS-Datei findest du im Internet.

www 166-1

Du wirst übrigens etwas später in diesem Buch einen mathematischen Satz kennenlernen, der die obige Frage erschöpfend beantwortet. Vielleicht entdeckst du diesen Satz beim Experimentieren mit DGS ja jetzt schon selbst.

8

a) Konstruiere jeweils ein Dreieck aus c, β und dem Umkreisradius r_u.
(1) $c = 5$ cm; $\beta = 70°$; $r_u = 3$ cm (2) $c = 6{,}5$ cm; $\beta = 35°$; $r_u = 5{,}5$ cm

b) Konstruiere jeweils ein Dreieck aus a, b und dem Umkreisradius r_u.
(1) $a = 6$ cm; $b = 4$ cm; $r_u = 3$ cm (2) $a = 2{,}5$ cm; $b = 1{,}5$ cm; $r_u = 4$ cm

c) Konstruiere jeweils ein gleichschenkliges Dreieck aus einer Seite und dem Umkreisradius r_u.
(1) Basis $c = 4{,}7$ cm; $r_u = 3{,}2$ cm (2) Schenkel $a = 3{,}8$ cm; $r_u = 2{,}5$ cm

d) Konstruiere jeweils ein Dreieck aus c, r_u und der Seitenhalbierenden s_c.
(1) $c = 3{,}7$ cm; $s_c = 3$ cm; $r_u = 2{,}3$ cm (2) $c = 3{,}7$ cm; $s_c = 4$ cm; $r_u = 2{,}3$ cm

Untersuche jeweils, ob die Konstruktion eindeutig ausführbar ist.

ERINNERE DICH
Wie ist die Seitenhalbierende einer Dreiecksseite definiert?

9

Konstruiere mit einer dynamischen Geometriesoftware (DGS) den Umkreis zu einem beliebigen Dreieck ABC. Verändere dann im Zugmodus die Form des Dreiecks. Formuliere eine Aussage über die Lage des Umkreismittelpunktes bezüglich des Dreiecks in Abhängigkeit von den Winkeln des Dreiecks.

10

a) Zeichne ein Quadrat, ein Rechteck, ein Parallelogramm, einen Rhombus und ein Trapez. Welche dieser Vierecke besitzen einen Umkreis?

b) Konstruiere wenn möglich den Mittelpunkt und zeichne den Umkreis.

BEACHTE
„Raute“ und „Rhombus“ sind verschiedene Namen für dieselbe geometrische Figur. Wir verwenden beide Begriffe nebeneinander.

WISSEN

Es gibt Vierecke, die einen Umkreis haben, und es gibt Vierecke, die keinen Umkreis haben.

Bei Vierecken, die einen Umkreis besitzen, sind die Seiten des Vierecks zugleich Sehnen des Umkreises. Man nennt deshalb ein Viereck mit einem Umkreis ein **Sehnenviereck**.

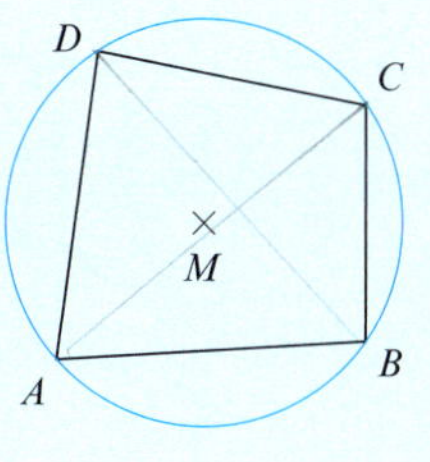

BEISPIEL

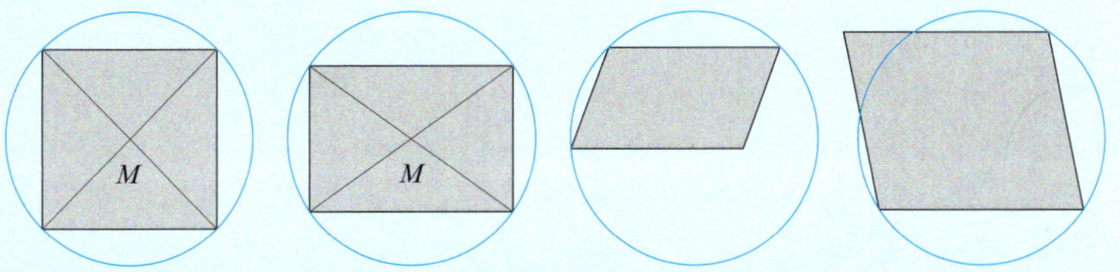

Quadrat und Rechteck besitzen stets einen Umkreis. Parallelogramme und Rauten, die kein Rechteck oder Quadrat sind, haben keinen Umkreis.

HINWEIS
Je drei Eckpunkte eines Vierecks legen bereits genau einen Kreis fest. Für den vierten Eckpunkt gibt es nur zwei Möglichkeiten: Entweder er liegt auch auf diesem Kreis oder er liegt nicht auf diesem Kreis.

11

Zeichne mit einer DGS ein beliebiges Sehnenviereck.
Miss die Größe der Innenwinkel. Verändere dann im Zugmodus die Lage der Eckpunkte des Sehnenvierecks auf dem Kreis. Beobachte, wie sich die Größen der Innenwinkel ändern. Formuliere eine Gesetzmäßigkeit.

12

Arbeitet in Gruppen:
Zeichnet jeder drei verschiedene Sehnenvierecke. Messt die Größe aller Innenwinkel und sammelt die Messergebnisse in einer Tabelle (s. Muster).
Erkennt ihr eine Gesetzmäßigkeit?
Formuliert eure Vermutung.

α					
β					
γ					
δ					

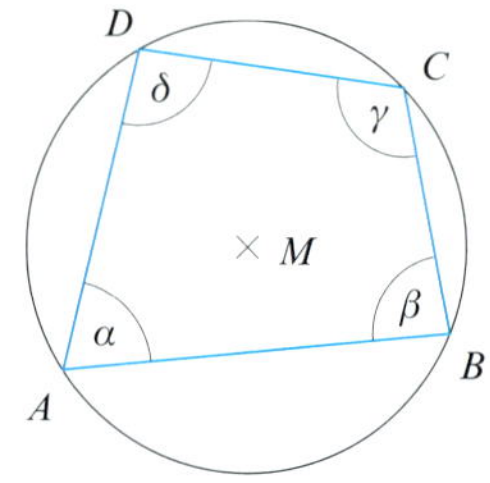

WISSEN

Satz über die Gegenwinkel im Sehnenviereck

In jedem Sehnenviereck beträgt die Summe der gegenüberliegenden Winkel jeweils 180°.

$\boldsymbol{\alpha + \gamma = 180°}$, $\boldsymbol{\beta + \delta = 180°}$

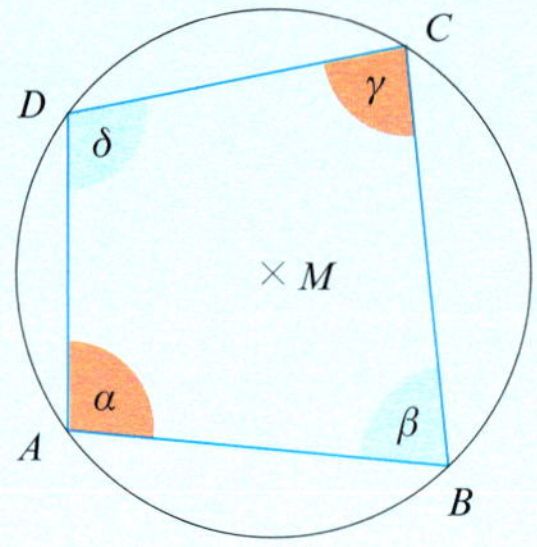

13

Im Folgenden wird der Satz über die Gegenwinkel im Sehnenviereck für den Fall bewiesen, dass der Mittelpunkt M des Umkreises im Innern des Vierecks $ABCD$ liegt. Allerdings enthält der Beweis noch „Lücken".
Übertrage den Beweis ins Heft und vervollständige ihn.

Voraussetzung:
Die Eckpunkte des Vierecks $ABCD$ liegen auf einem Kreis mit dem Mittelpunkt M.

Behauptung:
$\alpha + \gamma = 180°$ und $\beta + \delta = 180°$

Beweis:
Verbindet man den Mittelpunkt M mit den Eckpunkten des Sehnenvierecks, so entstehen vier Dreiecke.

Die Dreiecke ABM, BCM, CDM, DAM sind ______________________,
denn $\overline{AM}$, $\overline{BM}$, $\overline{CM}$, $\overline{DM}$ sind ______________________.

Die jeweils mit gleicher Farbe gekennzeichneten Winkel sind gleich groß,
denn ______________________.

Die Summe der Innenwinkel im Viereck beträgt ______________________.

Wenn alle Innenwinkel des Vierecks addiert werden, kommt jede mit gleicher Farbe gekennzeichnete Winkelgröße zweimal vor.

2  + 2  + 2 + 2  = 360° |: 2

 +  + +  = 180°

In den gegenüberliegenden Winkeln α und γ bzw. β und δ kommen Winkel aller vier Farben jeweils einmal vor.

Es gilt also $\alpha + \gamma = 180°$ und $\beta + \delta = 180°$.

Beweisfigur:

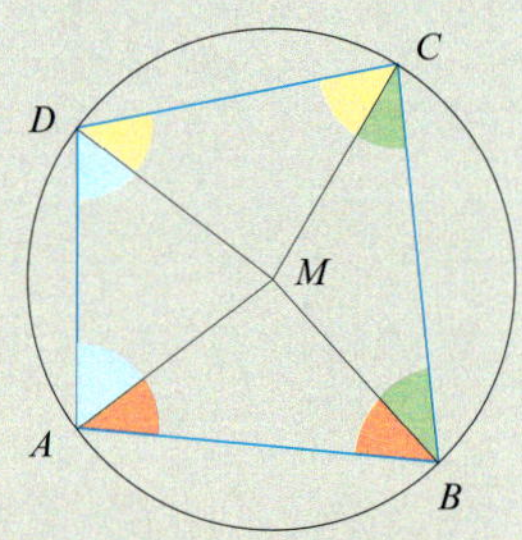

14

In Aufgabe 13 wurde der Beweis des Satzes über die Gegenwinkel im Sehnenviereck für den Fall geführt, dass der Mittelpunkt M des Umkreises innerhalb des Vierecks liegt.
Zeichne nun eine Beweisfigur und beweise den Satz über Gegenwinkel im Sehnenviereck für den Fall,

a) dass der Mittelpunkt M auf einer Seite des Sehnenvierecks liegt,
b) dass der Mittelpunkt M außerhalb des Sehnenvierecks liegt.

WISSEN

Es gilt auch die Umkehrung des Satzes über die Gegenwinkel im Sehnenviereck: Wenn in einem Viereck die Summe der gegenüberliegenden Winkel jeweils 180° beträgt, dann ist das Viereck ein Sehnenviereck.

BEACHTE

Es ist nicht selbstverständlich, dass die Umkehrung eines mathematischen Satzes ebenfalls wahr, das heißt, auch ein mathematischer Satz ist. Sie muss bewiesen werden. Wir verzichten an dieser Stelle allerdings auf den Beweis des nebenstehenden Satzes.

15

Überprüfe, ob die folgenden Aussagen wahr oder falsch sind. Begründe genau. (*Hinweis:* Erinnere dich insbesondere an das, was du über Existenz- und Allaussagen weißt.)

a) Jede Raute ist ein Sehnenviereck.
b) Es gibt Drachenvierecke, die Sehnenvierecke sind.
c) Nicht jedes Rechteck ist ein Sehnenviereck.
d) Jedes gleichschenklige Trapez ist ein Sehnenviereck.

16

Von einem Viereck sind die Innenwinkel bekannt. Entscheide, ob das Viereck ein Sehnenviereck ist.

a) $\alpha = 120°$, $\beta = 70°$, $\gamma = 60°$, $\delta = 110°$
b) $\alpha = 90°$, $\beta = 100°$, $\gamma = 80°$, $\delta = 90°$
c) $\alpha = 115°$, $\beta = 85°$, $\gamma = 75°$, $\delta = 85°$
d) $\alpha = 105°$, $\beta = 90°$, $\gamma = 70°$, $\delta = 95°$
e) $\alpha = 80°$, $\beta = 90°$, $\gamma = 100°$, $\delta = 90°$
f) $\alpha = 85°$, $\beta = 95°$, $\gamma = 85°$, $\delta = 95°$

17

Von einem Sehnenviereck $ABCD$ mit dem Umkreismittelpunkt M sind folgende Winkel gegeben (s. nebenstehendes Bild):
$\sphericalangle CBA = 100°$,
$\sphericalangle MBA = 70°$,
$\sphericalangle ADM = 30°$.
Berechne alle Winkel der Figur.

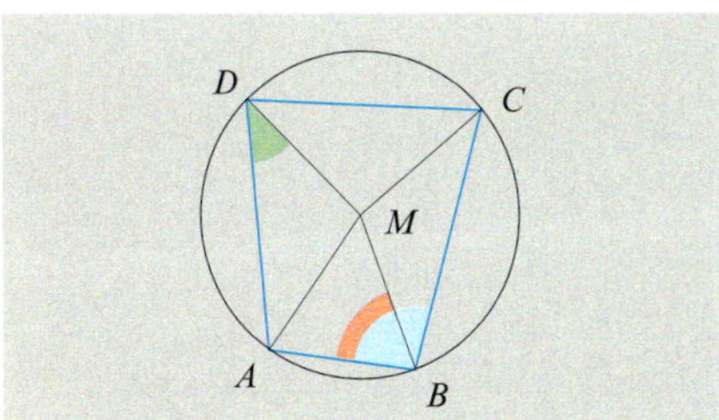

18

Von einem Sehnenviereck mit den Innenwinkeln α, β, γ und δ sind zwei Innenwinkel gegeben. Berechne, wenn es möglich ist, die beiden anderen Innenwinkel.

a) $\alpha = 60°$, $\beta = 105°$
b) $\beta = 80°$, $\gamma = 95°$
c) $\beta = 75°$, $\delta = 105°$
d) $\gamma = 100°$, $\delta = 105°$
e) $\alpha = 90°$, $\gamma = 90°$
f) $\alpha = 45°$, $\delta = 125°$

Inkreis von Dreieck und Viereck

1

Aus einem dreieckigen Stück Pappe soll eine möglichst große kreisförmige Fläche herausgeschnitten werden. Wie könnte man vorgehen?
Probiere, zeichne einen möglichst großen Kreis in ein Dreieck.

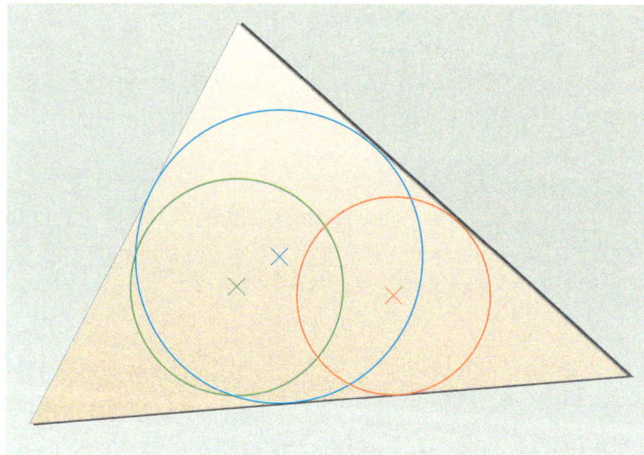

2

a) Zeichne einen Winkel von 60°.
b) Konstruiere Kreise mit dem Radius 1,5 cm, 2,5 cm und 3,5 cm, die jeweils beide Schenkel des Winkels berühren.
c) Wie heißt die Gerade, auf der die Mittelpunkte der gezeichneten Kreise liegen?

3

a) Konstruiere ein Dreieck ABC mit den Seiten $c = 11$ cm, $a = 9$ cm, $b = 10$ cm.
b) Konstruiere die Winkelhalbierenden der Innenwinkel des Dreiecks.
c) Fälle vom Schnittpunkt M der Winkelhalbierenden das Lot auf eine Dreiecksseite. Der Fußpunkt des Lotes sei P.
d) Zeichne um M den Kreis mit dem Radius $\overline{MP}$. Überzeuge dich davon, dass der Kreis drei Seiten des Dreiecks berührt.

WISSEN

Ein Kreis, der die drei Seiten eines Dreiecks berührt, heißt **Inkreis** des Dreiecks.

Der Mittelpunkt des Inkreises ist der Schnittpunkt der Winkelhalbierenden der Innenwinkel des Dreiecks.

Jedes Dreieck besitzt genau einen Inkreis. Deshalb spricht man auch von *dem* Inkreis eines Dreiecks.

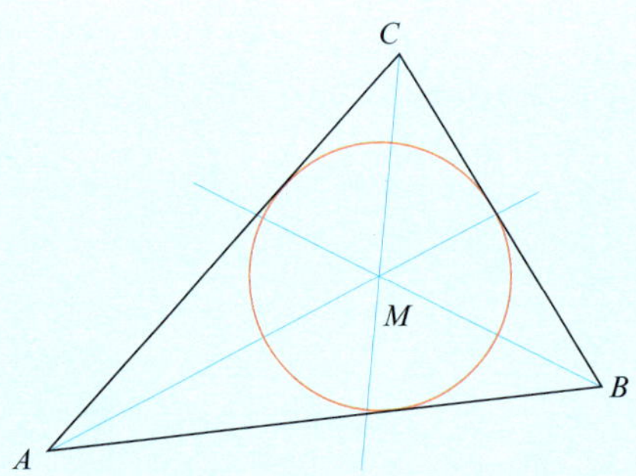

AUFGABE
Zeichne ein rechtwinkliges und ein stumpfwinkliges Dreieck.
Konstruiere jeweils den Inkreis.
Wo liegt jeweils der Mittelpunkt des Inkreises?

4

Ermittle näherungsweise den Inkreisradius eines Dreiecks mit
a) $a = 4{,}3$ cm; $c = 7{,}4$ cm; $\alpha = 72°$
b) $\alpha = 42°$; $\beta = 60°$; $h_c = 3{,}5$ cm
c) $a = b$; $c = 5$ cm; $h_c = 6$ cm
d) $\alpha = 24°$; $c = 4$ cm; $r_u = 2{,}5$ cm

5

Konstruiere – falls möglich – Dreiecke aus den gegebenen Stücken bzw. Informationen. Untersuche jeweils, ob die Konstruktion eindeutig ausführbar ist.
a) $c = 4{,}3$ cm; $\alpha = 40°$; $r_i = 1{,}2$ cm
b) gleichseitiges Dreieck mit $r_i = 2$ cm
c) $\alpha = 55°$; $\beta = 30°$; $r_i = 1{,}5$ cm
d) $c = 5{,}1$ cm; $\alpha = 60°$; $r_i = 3{,}7$ cm

6

Zeichne ein Quadrat, ein Rechteck, einen Rhombus und ein Parallelogramm. Versuche, in jedes dieser Vierecke einen Inkreis zu zeichnen.

WISSEN

Es gibt Vierecke, die einen Inkreis haben, und Vierecke, die keinen Inkreis haben.

Bei Vierecken, die einen Inkreis besitzen, sind die Seiten des Vierecks zugleich Tangenten des Inkreises. Ein Viereck mit Inkreis heißt deshalb **Tangentenviereck**.

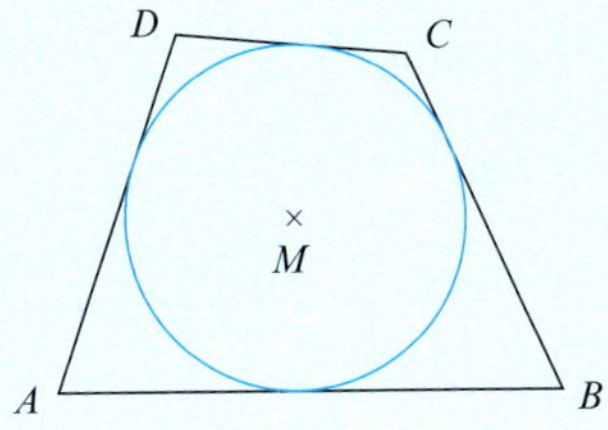

7

a) Konstruiere mit einer DGS ein beliebiges Tangentenviereck. Lege dazu auf einem Kreis vier Punkte fest und konstruiere durch diese Punkte die Tangenten an den Kreis. Markiere die Schnittpunkte der Tangenten.

b) Miss die Längen der Seiten des Tangentenvierecks. Verändere im Zugmodus die Form des Tangentenvierecks. Berechne die Summe der Längen gegenüberliegender Seiten des Tangentenvierecks und formuliere eine Gesetzmäßigkeit.

8

Das Viereck $ABCD$ sei ein Tangentenviereck.

a) Beweise, dass gilt: $\overline{AE} = \overline{AH}$, $\overline{BE} = \overline{BF}$, $\overline{CF} = \overline{CG}$ und $\overline{DG} = \overline{DH}$.

b) Beweise, dass für die Seitenlängen des Tangentenvierecks die Gleichung gilt: $\overline{AB} + \overline{CD} = \overline{BC} + \overline{AD}$.

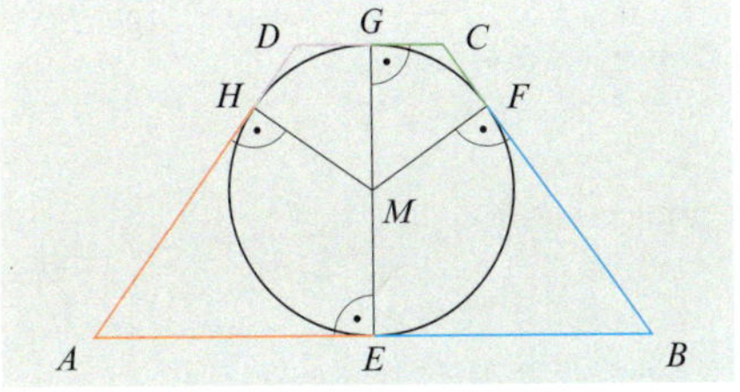

TIPP
Zeichne Hilfslinien in die Figur, sodass Dreiecke entstehen, die du auf Kongruenz untersuchen kannst.

WISSEN

Satz über die Seitenlängen im Tangentenviereck

Wenn ein Viereck ein Tangentenviereck ist, dann sind die Summen der Längen gegenüberliegender Seiten gleich groß:

$\boldsymbol{a + c = b + d}$

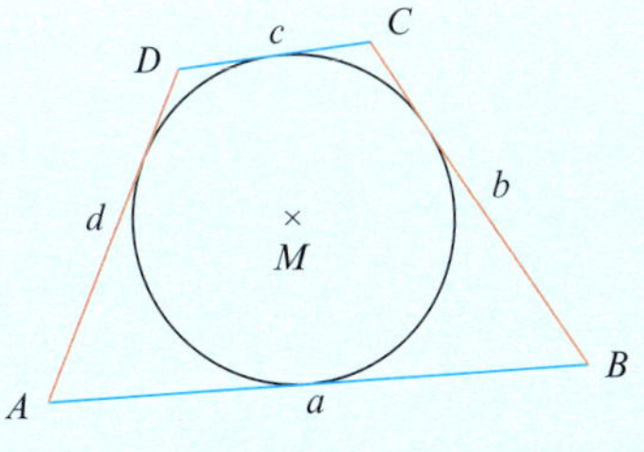

Es gilt auch die Umkehrung:
Wenn in einem (konvexen) Viereck die Summen der Längen gegenüberliegender Seiten gleich groß sind, dann ist das Viereck ein Tangentenviereck.

BEACHTE
Die Umkehrung des Satzes über die Seitenlängen im Tangentenviereck haben wir nicht bewiesen.

9

Ist ein konvexes Viereck mit den folgenden Seitenlängen ein Tangentenviereck?

a) $a = 6{,}4$ cm, $b = 4{,}5$ cm, $c = 5{,}2$ cm, $d = 7{,}1$ cm

b) $a = 5{,}5$ cm, $b = 6{,}1$ cm, $c = 7{,}2$ cm, $d = 6{,}4$ cm

c) $a = 3{,}5$ cm, $b = 6{,}1$ cm, $c = 4{,}2$ cm, $d = 2{,}4$ cm

ERINNERE DICH
Ein Viereck heißt genau dann **konvex**, wenn jeder Innenwinkel des Vierecks kleiner als 180° ist.

10

Von einem Tangentenviereck sind jeweils drei Seiten bekannt. Berechne die vierte Seite.

a) $a = 7{,}5$ cm, $b = 4{,}2$ cm, $c = 3{,}9$ cm
b) $a = 8{,}8$ cm, $c = 5{,}5$ cm, $d = 9{,}2$ cm
c) $b = 4{,}4$ cm, $c = 6{,}6$ cm, $d = 7{,}7$ cm
d) $a = 4{,}3$ cm, $b = 5{,}6$ cm, $d = 7{,}1$ cm

11

a) Beweise, dass die folgenden Figuren stets einen Inkreis besitzen: Quadrat, Rhombus und Drachenviereck.
b) Beweise die folgende Aussage: Rechtecke und Parallelogramme haben keinen Inkreis, sofern sie kein Quadrat bzw. Rhombus sind.
c) Beweise die folgende Aussage: Nicht jedes Trapez ist ein Tangentenviereck.

12

Beweise: Jedes regelmäßige n-Eck (z. B. Fünfeck, Sechseck etc.) hat einen Inkreis. (Der Inkreis eines Vielecks ist ein Kreis, der jede Seite des Vielecks berührt.)

ERINNERE DICH
Ein Vieleck heißt **regelmäßig,** wenn alle seine Seiten gleich lang sind und seine Ecken auf einem Kreis liegen.

AUFGABEN ZUR WIEDERHOLUNG

1. Schreibe als Term.
   a) das Doppelte von a vermindert um 3
   b) das Produkt aus der Summe von c und 7 und der Zahl 5
   c) der Quotient aus x und y vermindert um das Dreifache von x
   d) die Differenz aus 12 und dem Siebenfachen von b
   e) das Produkt aus dem Vorgänger der natürlichen Zahl a, dem Nachfolger der natürlichen Zahl b und der Differenz aus a und b

2. Ordne und fasse zusammen.
   a) $2a + 6b - 2y + a - 3a + y$
   b) $5x - x - \frac{x}{y}$
   c) $9s + \frac{4}{5}t - 2t + 0{,}1s$

3. Das Kantenmodell eines Würfels besteht aus Draht. Die Länge aller seiner Kanten beträgt 1,5 m. Wie lang ist eine Kante? Welches Volumen hat der Würfel? Berechne auch den Oberflächeninhalt des Würfels.

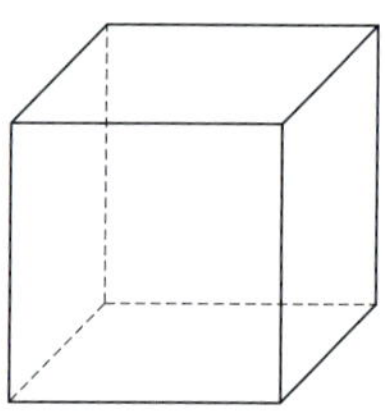

4. Beschreibe die Terme mit Worten.
   a) $4x$
   b) $5 - a$
   c) $7x - 4$
   d) $(a - 1)(a + 1)$
   e) $\frac{1}{x} + 5x$
   f) $\frac{x}{(x-1)(x-2)}$
   g) $100 - 5a - 2b$
   h) $(4 + x)(2 + x)$

5. Löse die folgenden Gleichungen.
   a) $4a + 3 = -a + 18$
   b) $\frac{1}{2}b = \frac{3}{4}b + 0{,}5$
   c) $14x - 2x = 4x + 2x + 1$

6. 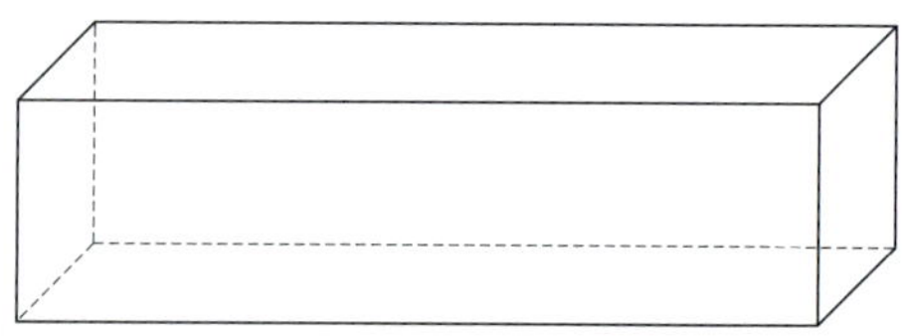

   Der Quader hat eine Gesamtkantenlänge von 66 cm. Die längsten Kanten sind 2 cm länger als die mittleren, die wiederum 2 cm länger als die kürzesten Kanten sind. Welche Abmessungen hat der Quader? Wie groß sind Oberfläche und Volumen des Quaders?

Winkel am Kreis

1

a) Wie viele Stücke fehlen von der Torte im nebenstehenden Bild?
b) Zeichne eine Torte, die in 12 Tortenstücke geteilt wurde.
c) Wie kann man messen, ob alle Tortenstücke gleich groß sind?

2

Anja bastelt für ihre kleine Schwester einen Faschingshut. Sie zeichnet auf Pappe einen Kreis mit dem Radius $r = 30$ cm und einen Kreisausschnitt, der ein Achtel der Kreisfläche beträgt. Der Kreisausschnitt wird von zwei Radien des Kreises begrenzt.
Für das Zusammenkleben des Papphutes hat sie noch einen Klebefalz vorgesehen (s. Bild).

a) Wie groß ist der Winkel, der zu dem Kreisausschnitt gehört? Berechne den verbleibenden Winkel.
b) Baue selber solche Faschingshüte. Verändere den Winkel und damit die Form der Hüte.

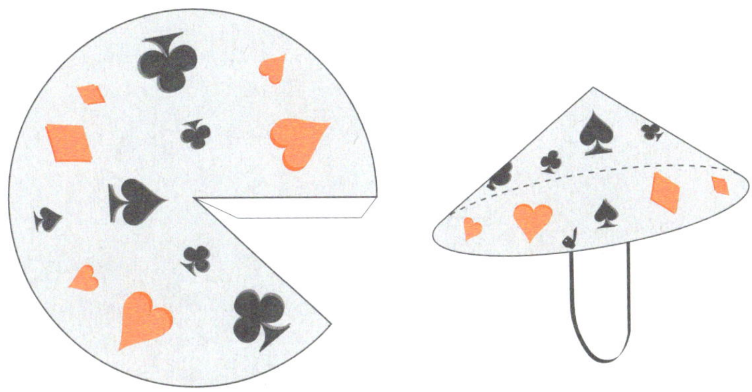

WISSEN

A und B sind Punkte eines Kreises mit dem Mittelpunkt M und dem Radius r. Durch A und B wird der Kreis in den **Bogen $\widehat{AB}$** und den **Bogen $\widehat{BA}$** zerlegt.

Der Winkel $\sphericalangle AMB$ heißt **Zentriwinkel** oder **Mittelpunktswinkel** über dem Bogen $\widehat{AB}$.

Die Strecken $\overline{MA}$, $\overline{MB}$ und der Bogen $\widehat{AB}$ begrenzen einen Teil der Kreisfläche, der als **Kreisausschnitt** oder als **Kreissektor** bezeichnet wird.

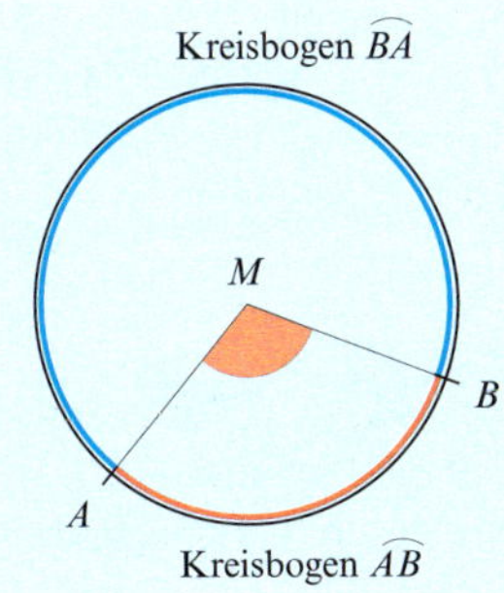

3

Ein Kreis wurde in 6, 8 bzw. 12 gleiche Kreisbögen geteilt. Gib die Größe der Mittelpunktswinkel an, die zu den Kreisbögen $\widehat{AB}$, $\widehat{BC}$, $\widehat{CD}$ gehören.

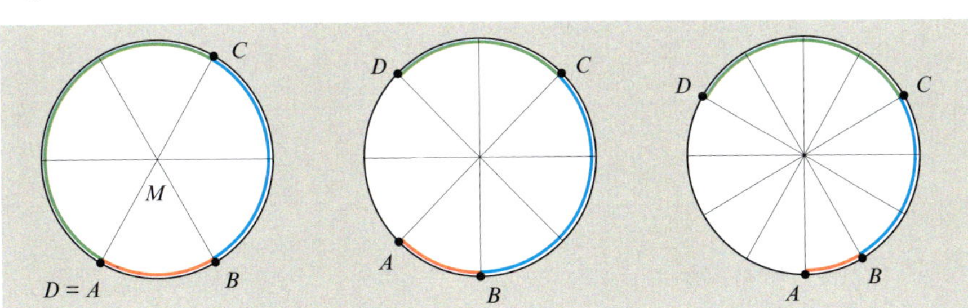

4

Zeichne einen Kreis mit dem Radius $r = 4$ cm. Markiere auf dem Kreis einen Kreisbogen $\overset{\frown}{AB}$, der zu folgendem Zentriwinkel α gehört.
a) $\alpha = 70°$ **b)** $\alpha = 40°$ **c)** $\alpha = 150°$ **d)** $\alpha = 210°$ **e)** $\alpha = 270°$ **f)** $\alpha = 180°$

Bei den Sehnenvierecken haben wir Winkel betrachtet, deren Scheitelpunkte auf dem Kreis lagen. Für solche Winkel hat man in der Mathematik einen besonderen Namen.

WISSEN

Gegeben seien ein Kreis und drei Punkte A, B, C auf dem Kreis. C liegt außerhalb des Bogens $\overset{\frown}{AB}$.
Der Winkel $\sphericalangle ACB$ heißt **Peripheriewinkel** oder **Umfangswinkel über dem Bogen $\overset{\frown}{AB}$**.

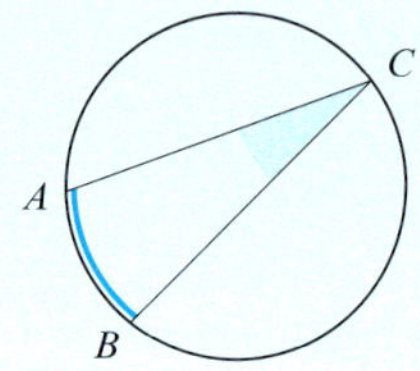

5

Diskutiert und probiert zu folgendem Problem in Gruppen:
Das Konzert einer bekannten Musikgruppe findet in einem Zirkus statt. Grit, Jenni, Frank und Lars haben nur noch getrennte Plätze in der letzten Bankreihe der kreisförmigen Arena bekommen. Nach dem Konzert diskutieren sie, welcher Platz am besten war.
Könnt ihr helfen? Von welchem Punkt aus, sieht man die Bühne unter dem größten Winkel?

Lars Grit Frank Jenni

6

Gruppenarbeit; Werkzeugeinsatz

Das Bild zeigt die Bildschirmansicht einer DGS-Anwendung, die ihr unter der am Rand angegebenen Internetadresse findet. Es wurden fünf besondere Dreiecke eingezeichnet, die alle als Grundseite die Sehne $\overline{AB}$ gemeinsam haben. Die Eckpunkte C_1 bis C_5 sind nur eingeschränkt beweglich. Die Innenwinkelmaße in den fünf verschiedenen Dreiecken sollen näher untersucht werden.
Teilt euch in Gruppen auf und untersucht in einer Gruppe jeweils *eins* der fünf Dreiecke.

www 174-1

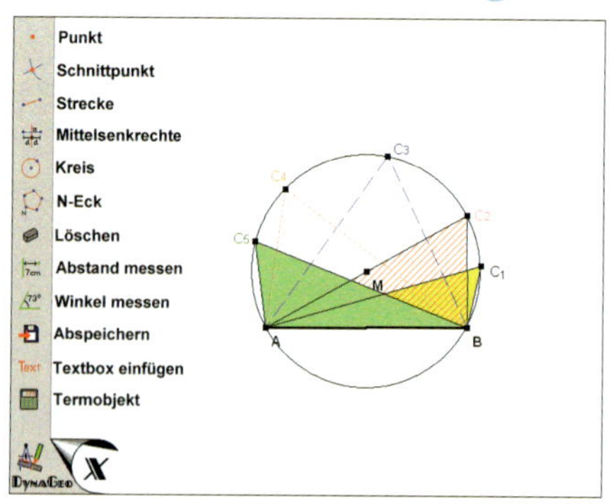

Messt die Innenwinkel und verändert im Zugmodus die jeweilige Lage des Eckpunktes C. Was fällt euch dabei auf? Untersucht insbesondere: Was verändert sich, was bleibt gleich?
Konstruiert weitere Dreiecke nach ähnlich aufgebautem Muster und untersucht sie im Zugmodus. Bestätigt dadurch eure Vermutungen.

BEACHTE
Eine vorbereitete Datei zu Aufgabe 6 findet ihr im Internet.

WISSEN

Umfangswinkelsatz (Peripheriewinkelsatz)

Wenn zwei Peripheriewinkel über demselben Bogen liegen, dann sind sie gleich groß.

$\gamma_1 = \gamma_2$

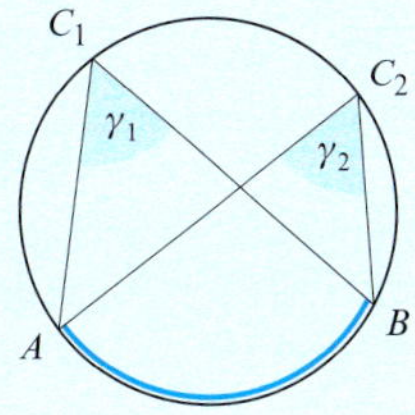

7

Beweise den Umfangswinkelsatz. Nutze dabei folgende Anleitung:
Übertrage die Figur zum Umfangswinkelsatz ins Heft. Zeichne auf dem Bogen $\overset{\frown}{AB}$ einen Punkt P. Betrachte die Sehnenvierecke $APBC_1$ und $APBC_2$.
Bezeichne die Größe des Winkels $\sphericalangle BPA$ mit α. Wende den Satz über die Gegenwinkel auf beide Sehnenvierecke an. Ziehe eine Schlussfolgerung aus den aufgestellten Gleichungen.

8

a) Zeichne mit einem DGS einen beliebigen Kreis k und einen Umfangswinkel $\sphericalangle AC_1B$ über dem Bogen $\overset{\frown}{AB}$. Miss die Größe des Winkels $\sphericalangle AC_1B$.
Zeichne dann einen weiteren Winkel $\sphericalangle AC_2B$ über $\overset{\frown}{AB}$, dessen Scheitelpunkt nicht auf dem Kreis k liegt. Miss die Größe des Winkels AC_2B. Bewege im Zugmodus C_2 nacheinander so, dass C_2 außerhalb, innerhalb bzw. auf dem Kreis liegt. Was stellst du fest?

b) Zeichne über dem Bogen $\overset{\frown}{AB}$ einen Mittelpunktswinkel $\sphericalangle AMB$. Miss die Größe des Winkels $\sphericalangle AMB$ und vergleiche sie mit der Größe des Umfangswinkels $\sphericalangle AC_1B$.
Verändere im Zugmodus die Größe des Bogens $\overset{\frown}{AB}$. Vergleiche erneut die Größe von Umfangs- und Mittelpunktswinkel über dem Bogen $\overset{\frown}{AB}$.

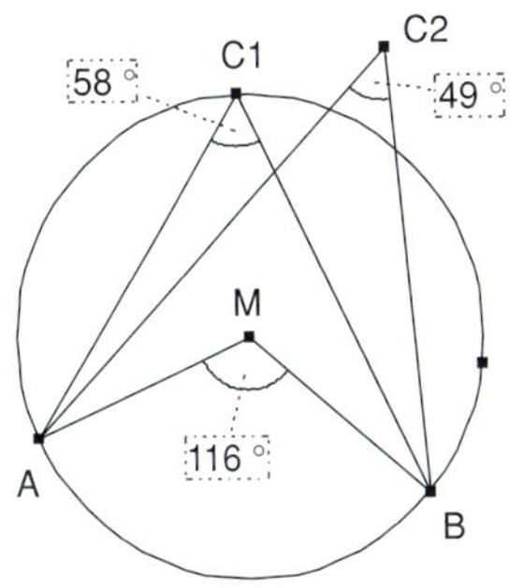

9

Arbeitet in Gruppen:

a) Zeichnet jeder einen Kreis mit dem Radius $r = 3{,}5$ cm.
Konstruiert einen Bogen $\overset{\frown}{AB}$, der zu einem Mittelpunktswinkel von 80° gehört.
Zeichnet über dem Bogen $\overset{\frown}{AB}$ drei verschiedene Umfangswinkel.

b) Messt die Umfangswinkel und vergleicht ihre Größe mit der Größe des Mittelpunktswinkels. Stellt eine Vermutung auf.

c) Verändert die Größen von Radius und Mittelpunktswinkel und überprüft erneut eure Vermutung.

d) Versucht, eine Beweisidee für eure Vermutung zu finden.

WISSEN

Mittelpunktswinkel-Umfangswinkel-Satz

Jeder Umfangswinkel über einem Kreisbogen ist halb so groß wie der Mittelpunktswinkel über demselben Bogen.

$\gamma = \frac{\alpha}{2}$

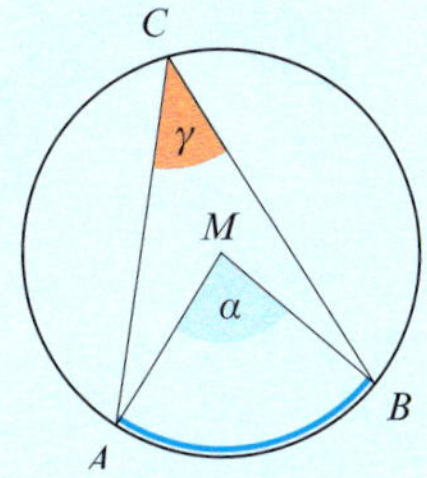

WUSSTEST DU SCHON?

„Man muss einen mathematischen Satz erraten, ehe man ihn beweist, man muss die Idee eines Beweises erraten, ehe man die Einzelheiten durchführt.“

G. Polya

10

176-1

DGS kann auch nützlich sein, um einen mathematischen Beweis zu finden: Betrachte den (rot markierten) Mittelpunktswinkel und den Innenwinkel bei Punkt C im Zugmodus. Der Zusammenhang zwischen diesen beiden Winkeln lässt sich mit geeigneten Hilfskonstruktionen begründen. Hierzu einige Tipps:

- Eine vorbereitete Datei findest du unter der angegebenen Internetadresse.
- Konstruiere in *einem* der Dreiecke Verbindungslinien zum Mittelpunkt. Dadurch entstehen drei Teildreiecke. Zur besseren Übersicht kannst du hierzu eine neue Datei laden.
- Achte auf Winkel- und Längenmaße in diesen Teildreiecken. Notiere diese Besonderheiten.
- Durch geeignete Kombination der Winkelmaße lässt sich die aufgestellte Behauptung beweisen.

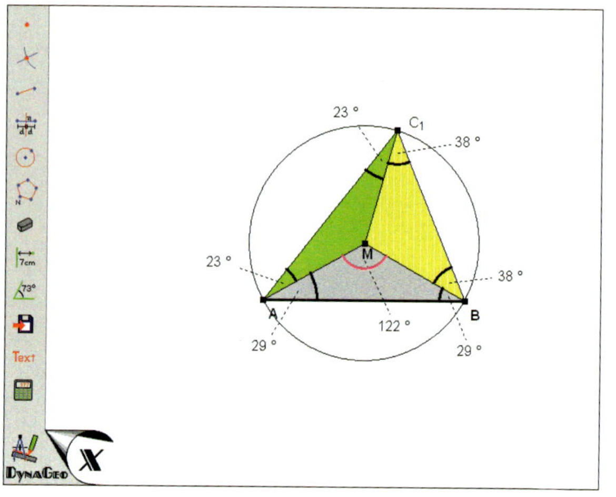

BEISPIEL

Beweis des Mittelpunktswinkel-Umfangswinkel-Satzes für $\alpha < 180°$

Voraussetzung: α ist Mittelpunktswinkel über $\overset{\frown}{AB}$.
γ ist Umfangswinkel über $\overset{\frown}{AB}$.

Behauptung: $\gamma = \frac{\alpha}{2}$.

Beweis:
In der Beweisfigur wählen wir den Scheitelpunkt des Umfangswinkels auf der Verlängerung von $\overline{BM}$.

Beweisfigur:

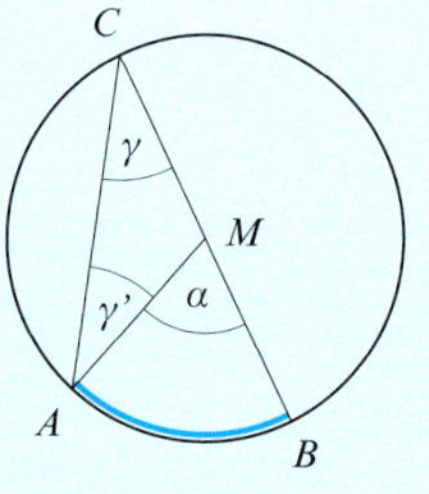

(1) $\gamma' = \gamma$,

denn γ' und γ sind Basiswinkel im gleichschenkligen Dreieck AMC.

(2) $\alpha = \gamma + \gamma'$,

denn α ist Außenwinkel und γ, γ' sind die nicht anliegenden Innenwinkel im gleichschenkligen Dreieck AMC.

Aus (1) und (2) folgt $\alpha = \gamma + \gamma = 2\gamma$ und

daraus folgt die Behauptung $\gamma = \frac{\alpha}{2}$.

BEACHTE
Eine vorbereitete Datei zu Aufgabe 10 findet ihr im Internet.

11

Begründe die Beweisschritte im obigen Beispiel:

a) Weshalb kann man in der Beweisfigur den Scheitelpunkt des Umfangswinkels γ auf der Verlängerung von $\overline{BM}$ wählen? Wird dadurch der Beweis nicht auf einen Spezialfall eingeschränkt?

b) Formuliere die Sätze, die zur Begründung der Beweisschritte (1) und (2) verwendet werden können.

ANREGUNG
Falls du Aufgabe 10 bearbeitet hast: Vergleiche den Beweis des Mittelpunktswinkel-Umfangswinkel-Satzes, der sich aus Aufgabe 10 ergibt, mit dem Beweis aus dem Beispiel.

12

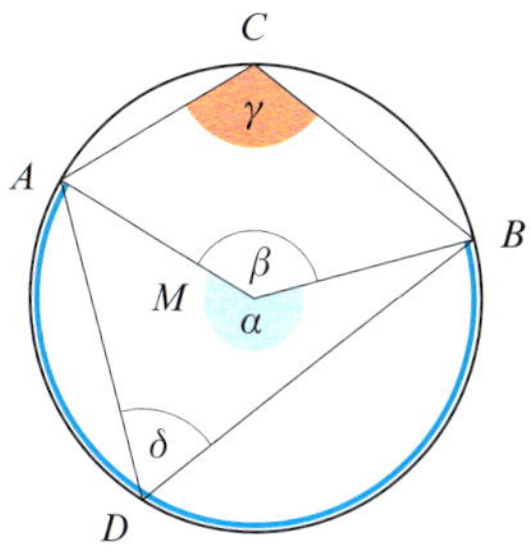

a) Beweise den Mittelpunktswinkel-Umfangswinkel-Satz für $\alpha = 180°$.

b) Begründe mithilfe des nebenstehenden Bildes, dass man den Beweis für $\alpha > 180°$ auf den Fall $\alpha < 180°$ zurückführen kann.

13

a) Ein Mittelpunktswinkel über dem Bogen $\overset{\frown}{AB}$ hat die Größe 105°. Wie groß ist der Umfangswinkel über demselben Bogen?

b) Ein Umfangswinkel über dem Bogen $\overset{\frown}{CD}$ hat die Größe 49°. Wie groß ist der Mittelpunktswinkel über demselben Bogen?

c) Zeichne die Winkel aus a) und b) in einen Kreis. Markiere die Kreisbögen.

14

Zeichne eine Strecke $\overline{AB}$ der Länge 4,6 cm. Konstruiere einen Kreis mit $\overline{AB}$ als Sehne, sodass ein Umfangswinkel über dem Bogen $\overset{\frown}{AB}$ die Größe $\gamma = 70°$ hat.

15

Der Skipper einer Segeljacht beobachtet die Signale dreier Leuchttürme unter den Winkeln $\alpha = 28°$ und $\beta = 38°$.
Die Entfernung der Leuchttürme voneinander und den Winkel zwischen den Verbindungsstrecken der Leuchttürme entnimmt er einer Landkarte. Er findet $\overline{AB} = 4{,}2$ km, $\overline{BC} = 5{,}3$ km und $\sphericalangle CBA = 155°$.
Fertige eine maßstäbliche Zeichnung des Dreiecks ABC an (Maßstab 1 : 100 000). Konstruiere dann die Position, wo sich die Segeljacht befindet.
Wie weit ist die Jacht von den Leuchttürmen entfernt?

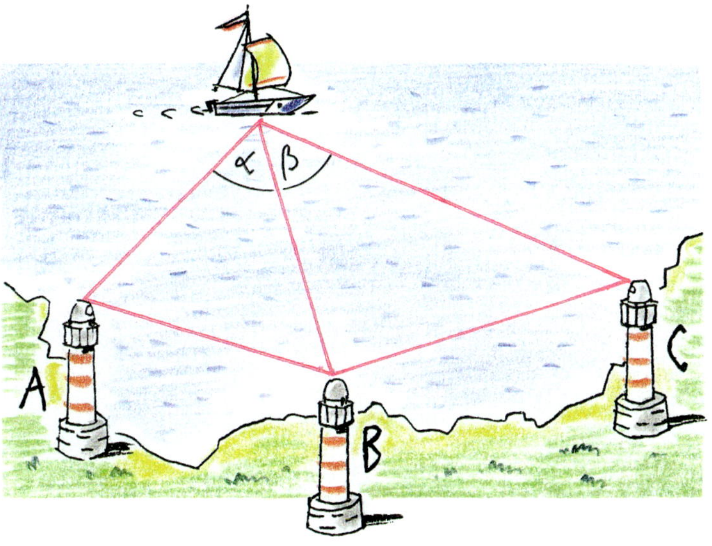

16

Konstruiere ein Dreieck ABC aus $c = 5{,}4$ cm, $h_c = 2{,}8$ cm und $\gamma = 70°$.

a) Veranschauliche die folgenden Vorüberlegungen an einer Skizze.
Der Punkt C liegt auf zwei Bestimmungslinien:
(1) auf der Parallelen zu c im Abstand h_c und
(2) auf dem Kreis über der Sehne c mit dem Mittelpunktswinkel 2γ und dem Umfangswinkel γ.

b) Führe die Konstruktion aus und überprüfe die Eindeutigkeit.

ANREGUNG
Bei Aufgabe 15 kannst du zur Konstruktion und zur Ermittlung der Entfernung auch eine DGS verwenden.

17

Konstruiere jeweils ein Dreieck ABC aus den gegebenen Stücken, falls das möglich ist. Untersuche auch jeweils, ob die Konstruktion eindeutig ausführbar ist.

a) $a = 3{,}4$ cm; $h_a = 3{,}8$ cm; $\alpha = 50°$

b) $c = 7{,}2$ cm; $s_c = 4{,}5$ cm; $\gamma = 27°$

c) $c = 6{,}5$ cm; $h_c = 2{,}0$ cm; $\gamma = 120°$

d) $b = 3{,}5$ cm; $s_b = 1{,}0$ cm; $\beta = 65°$

Der Satz des Thales

1

Führe folgendes Experiment aus: Schneide in ein Stück Pappe einen geradlinigen Schlitz und stecke von unten den rechten Winkel eines Geodreiecks hindurch.
Bewege jetzt das Dreieck so, dass die Schenkel des Winkels stets die Endpunkte des Schlitzes berühren.
Beobachte, wie sich der Scheitelpunkt des rechten Winkels über der Pappe bewegt. Markiere seine Lage an möglichst vielen Stellen.

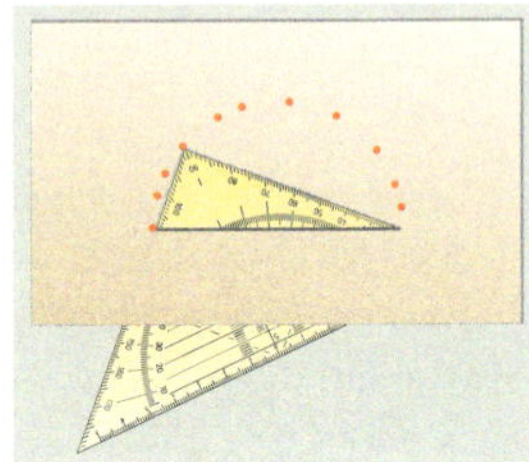

2

WWW 178-1

Für diese Aufgabe findet ihr im Internet eine DGS-Datei. Teilt euch in Gruppen auf und untersucht gemeinsam die Innenwinkelmaße in den fünf Dreiecken mit den im Zugmodus eingeschränkt beweglichen Eckpunkten C_1 bis C_5 und der Grundseite $\overline{AB}$. Achtet dabei auch auf die besonderen Formen der Dreiecke. Diskutiert eure Beobachtungen in Bezug auf die Ergebnisse der vorigen Lerneinheit. Vergleicht insbesondere mit Aufgabe 6 von Seite 174. Was ist hier anders?

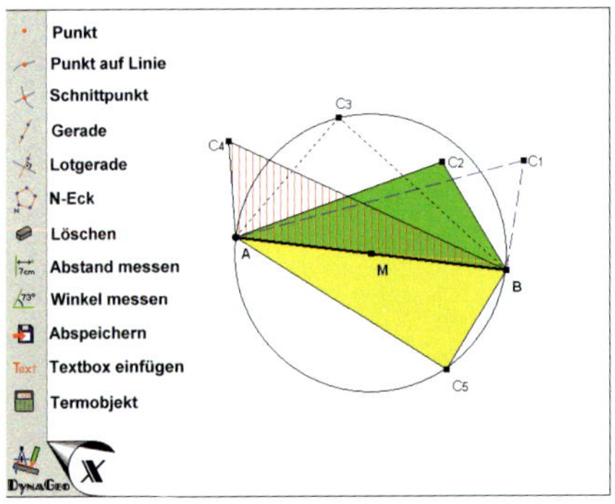

BEACHTE
Eine Datei zu Aufgabe 2 findet ihr im Internet.

3

Zeichne mit einer DGS eine Strecke $\overline{AB}$ und eine Strecke $\overline{AD}$ so, dass $\sphericalangle BAD$ ein spitzer Winkel ist. Fälle von B das Lot auf $\overline{AD}$. Der Lotfußpunkt sei C.
Bewege im Zugmodus den Punkt D und lasse für den Punkt C die Ortslinie zeichnen.
Was kannst du über diese Ortslinie sagen?

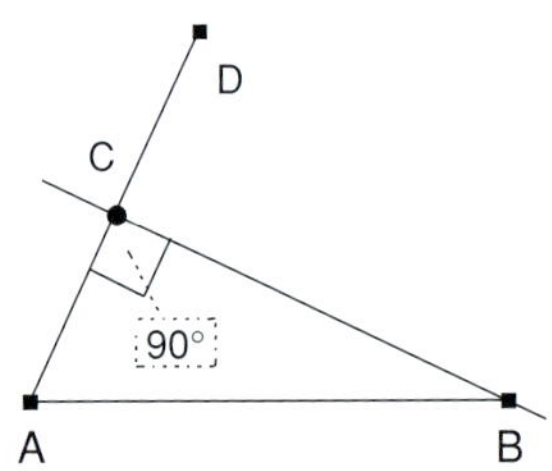

WISSEN

Satz des Thales:

Alle Umfangswinkel über einem Halbkreis sind rechte Winkel.

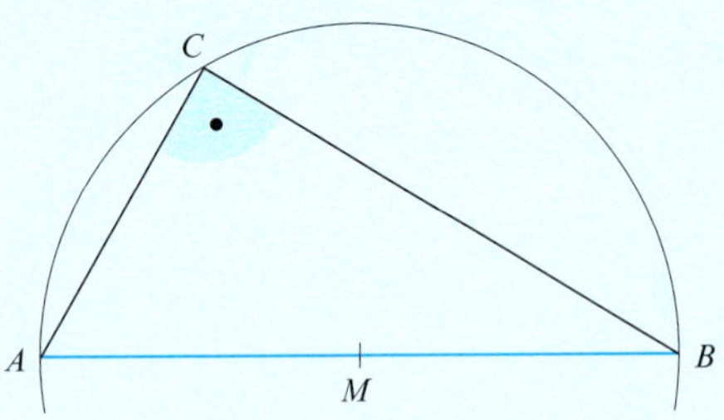

Das bedeutet:
Wenn der Punkt C auf dem Kreis mit dem Durchmesser $\overline{AB}$ liegt, so ist $\sphericalangle ACB$ ein rechter Winkel.

Es gilt auch die Umkehrung:
Wenn $\sphericalangle ACB$ ein rechter Winkel ist, so liegt der Punkt C auf dem Kreis mit dem Durchmesser $\overline{AB}$.

Der Satz des Thales und seine Umkehrung zusammengefasst:

ABC sei ein Dreieck. Genau dann, wenn C auf dem Kreis mit dem Durchmesser $\overline{AB}$ liegt, ist $\sphericalangle ACB$ ein rechter Winkel.

Den Halbkreis über einer Strecke $\overline{AB}$ bezeichnet man auch als **Thaleskreis**.

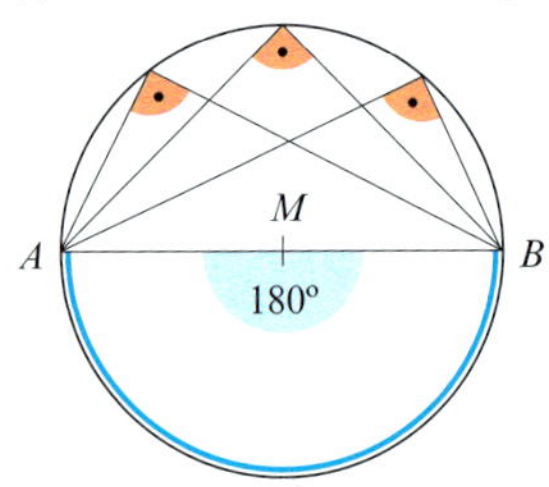

ERINNERE DICH
„Genau dann, wenn …“ bedeutet:
„Nur dann, wenn …, sonst nicht.“
Man sagt deshalb auch manchmal:
„Dann und nur dann, wenn …“

4

Beweise den Satz des Thales, indem du ihn auf den Mittelpunktswinkel-Umfangswinkel-Satz zurückführst.

5

Beweise die Umkehrung des Satzes des Thales nach folgender Idee: Man muss zeigen, dass in einem beliebigen rechtwinkligen Dreieck ABC mit dem rechten Winkel bei C die Seitenhalbierende der Seite c halb so lang ist wie die Seite c. (Warum genügt das?). Spiegele dazu das Dreieck am Mittelpunkt M der Seite c und argumentiere mithilfe geeigneter Sätze über Winkel an geschnittenen Parallelen, dass (z. B.) das Dreieck CAM gleichschenklig ist.
Begründe alle deine Aussagen genau.

6

Konstruiere ein rechtwinkliges Dreieck ABC mit dem rechten Winkel bei C aus den folgenden Stücken.

a) $c = 8$ cm, $\alpha = 55°$ **b)** $c = 7$ cm, $h_c = 3$ cm
c) $c = 6$ cm, $a = 3$ cm **d)** $c = 6{,}8$ cm, $h_c = 3{,}4$ cm
e) $c = 7{,}4$ cm, $h_c = 4{,}1$ cm **f)** $c = 6{,}4$ cm, $\beta = 52°$
g) $c = 7{,}6$ cm, $b = 6$ cm **h)** $c = 5{,}6$ cm, $\alpha = 45°$

BEACHTE
Thales von Milet (um 600 v. Chr.) war ein griechischer Gelehrter, Philosoph und Mathematiker. Der nach ihm benannte Satz, dass alle Peripheriewinkel in einem Halbkreis rechte Winkel sind, war schon vor ihm bekannt, aber Thales war wohl der erste, der diesen Satz streng bewiesen hat. Mehr über Thales erfährst du auf den Seiten 135 und 181.

TIPP
Zu Aufgabe 6:
Konstruiere ggf. den Thaleskreis über $c = \overline{AB}$.

BEISPIEL

Konstruktion der Tangenten an einen Kreis von einem außerhalb des Kreises liegenden Punkt P

Überlegungen:
A und B seien die Berührungspunkte der gesuchten Tangenten t_1 und t_2 mit dem Kreis.
Da die Berührungsradien senkrecht auf den Tangenten stehen, muss gelten: $\overline{MA} \perp t_1$ und $\overline{MB} \perp t_2$.
Die Punkte A und B liegen erstens auf dem gegebenen Kreis und zweitens auf dem Thaleskreis über $\overline{MP}$.

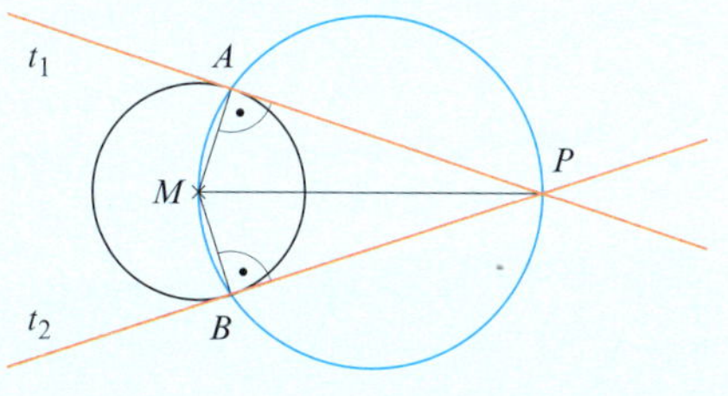

INFORMATION
Im nebenstehenden Beispiel nennt man den gegebenen Kreis und den Thaleskreis über $\overline{MP}$ auch **Ortslinien** oder **Bestimmungslinien** der Punkte A und B.

7

Zeichne in ein Koordinatensystem (Einheit: 1 cm) den Kreis mit dem Mittelpunkt M und dem Radius r sowie den Punkt P.
Konstruiere vom Punkt P die Tangenten an den Kreis.
Lies die Koordinaten der Berührungspunkte A und B (näherungsweise) ab.

a) $M(0|0)$; $r = 2{,}5$ cm; $P(0|7)$ **b)** $M(1|2)$; $r = 3$ cm; $P(-4|1)$
c) $M(3|3{,}5)$; $r = 2{,}5$ cm; $P(8|6)$ **d)** $M(-2|-2)$; $r = 4$ cm; $P(0|5)$
e) $M(2|6)$; $r = 3{,}5$ cm; $P(-1{,}5|1)$ **f)** $M(2|0)$; $r = 2$ cm; $P(3|5)$

8

Konstruiere ein gleichseitiges Dreieck, dessen Inkreisradius 1,5 cm beträgt.

9

t_1 und t_2 seien die Tangenten an einen Kreis mit dem Mittelpunkt M von einem Punkt P außerhalb des Kreises. A und B seien die Berührungspunkte der Tangenten. Beweise: Die Gerade MP halbiert den Winkel zwischen den Tangenten t_1 und t_2 und es ist $\overline{AP} = \overline{BP}$.

10

Konstruiere ein Dreieck aus folgenden Angaben.

a) $b = 4{,}5$ cm; $c = 6{,}2$ cm; $h_c = 3{,}2$ cm
b) $c = 7$ cm; $\alpha = 54°$; Inkreisradius $r_i = 2{,}2$ cm
c) $\alpha = 62°$; $\beta = 80°$; Inkreisradius $r_i = 2{,}7$ cm
d) gleichschenkliges Dreieck mit Basis $c = 6{,}4$ cm und Inkreisradius $r_i = 1{,}8$ cm
e) $c = 5$ cm; $h_a = 3{,}5$ cm; Seitenhalbierende $s_a = 4{,}2$ cm

AUFGABE
Untersuche bei Aufgabe 10 auch jedes Mal, ob die Konstruktion eindeutig ausführbar ist. Verändere bei jeder Teilaufgabe einen Wert so, dass die Konstruktion nicht ausführbar ist. Begründe.

11

Zeichne ein beliebiges Dreieck ABC. Konstruiere um den Mittelpunkt der Seite $\overline{AC}$ einen Kreis mit dem Durchmesser $\overline{AC}$. Konstruiere um den Mittelpunkt der Seite $\overline{BC}$ einen Kreis mit dem Durchmesser $\overline{BC}$. Die beiden Kreise schneiden einander außer im Punkt C noch in einem weiteren Punkt D.
Wo liegt dieser Punkt D, welche Eigenschaft hat er? Begründe deine Vermutung.

12

Betrachte verschiedene Lagen zweier Kreise mit den Radien r_1 und r_2. Die Mittelpunkte der Kreise sollen den Abstand a voneinander haben. Welche Beziehungen müssen zwischen a, r_1 und r_2 bestehen, damit es 1, 2, 3 bzw. 4 gemeinsame Tangenten an die beiden Kreise gibt?

BEACHTE
Die Anzahl und die Lage gemeinsamer Tangenten an zwei Kreise hängt davon ab, wie die Kreise zueinander liegen.

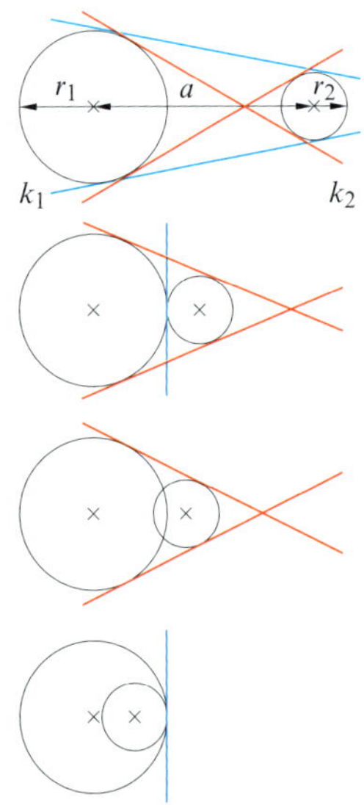

In der Situation des obersten Bildes bezeichnet man die beiden blauen Geraden als **äußere Tangenten**, die beiden roten Geraden als **innere Tangenten**.

13

a) Gehe von nebenstehender Planfigur aus: t sei eine äußere Tangente (siehe Rand) an die Kreise um M_1 und M_2. Verschiebe t parallel durch M_2.
Wie groß ist der Radius des Kreises um M_1, für den die verschobene Gerade t' eine Tangente ist?
Beschreibe ausgehend von diesem Hilfskreis k_1' die Konstruktion einer Tangente an die beiden Kreise.

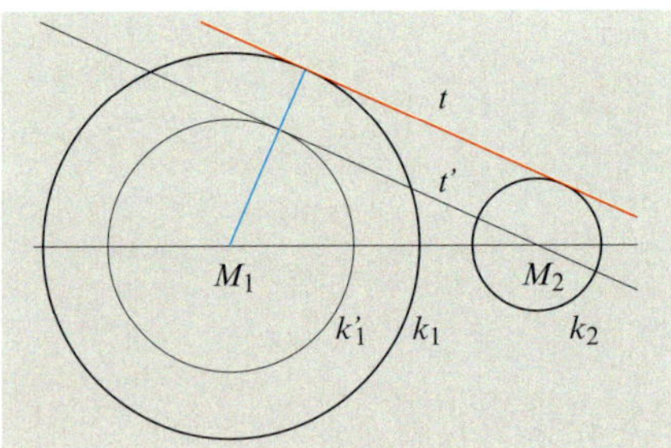

b) Überlegt gemeinsam, wie man auf ähnliche Weise die inneren Tangenten an zwei Kreise in geeigneter Lage konstruieren kann. Beschreibt eure Lösung genau.

14

a) Konstruiere alle gemeinsamen Tangenten der Kreise mit den Radien $r_1 = 3{,}5$ cm bzw. $r_2 = 1{,}2$ cm und dem Mittelpunktsabstand $a = 6$ cm.
b) Zeichne in einem Koordinatensystem (Einheit: 1 cm) einen Kreis k_1 um den Punkt $M_1\,(3\,|\,3{,}5)$ mit dem Radius $r_1 = 2{,}5$ cm und einen Kreis k_2 um den Punkt $M_2\,(8\,|\,2)$ mit dem Radius $r_2 = 1$ cm. Konstruiere die gemeinsamen Tangenten an beide Kreise. Gib näherungsweise die Koordinaten der Berührungspunkte.

Thales von Milet

Thales von Milet (um 624 v. Chr. – ca. 547 v. Chr.) war ein griechischer Universalgelehrter: Philosoph, Wissenschaftler und Staatsmann – ein „Weiser" –, und er ist der erste Mathematiker, dessen Namen man heute noch kennt.

Viele der geometrischen Sätze, mit denen sich Thales beschäftigte, waren schon viel früher den Ägyptern und Babyloniern bekannt; sie hatten sie an Beispielen erprobt und wendeten sie ohne weitere Begründung wie ein Rezept an. Thales große Leistung als Mathematiker besteht darin, dass er die Notwendigkeit erkannte, auch anschaulich scheinbar völlig selbstverständliche Aussagen streng logisch zu begründen. So soll er als erster bewiesen haben, dass ein Durchmesser einen Kreis in zwei gleiche Teile teilt und dass die Basiswinkel im gleichschenkligen Dreieck gleich groß sind. Mit Thales nimmt also die Mathematik als eine nach den Gesetzen der Logik aus Annahmen, Definitionen, Sätzen und Beweisen aufgebaute Wissenschaft ihren Anfang.

Thales war keineswegs nur ein Theoretiker und Denker. Er hatte einen ausgeprägten Sinn für praktische Dinge und genoss auch deshalb hohes Ansehen. So gab er seinen Landsleuten wertvolle politische Ratschläge und beriet Seeleute bei der Navigation. Besonderes Aufsehen erregte er durch die Vorhersage der Sonnenfinsternis vom 28. Mai 585 v. Chr.

Ausgepresst

Aristoteles berichtet in seiner „Politik" über Thales von Milet die folgende Anekdote:

„Man hielt ihm seine Armut vor, vermutlich um zu beweisen, dass man mit der Philosophie nicht sehr weit käme. Wie der Erzähler fortfährt, wusste Thales aus seiner Kenntnis der Sternenwelt, obwohl es noch Winter war, dass im kommenden Jahr eine reiche Olivenernte zu erwarten sei; da er ein wenig Geld besaß, mietete er alle Olivenpressen in Chios und Milet; er bekam sie preiswert, da niemand ihn überbot. Als plötzlich zur Erntezeit alle Pressen gleichzeitig benötigt wurden, lieh er sie zu jedem in seinem Belieben stehenden Betrag aus und verdiente eine Menge Geld daran. So bewies er der Welt, dass auch Philosophen leicht reich werden können, wenn sie nur wollen, dass das aber nicht ihr Ehrgeiz ist."

(Zitiert nach einem Artikel des Internetlexikons Wikipedia.)

Olivenpresse

NACHGEDACHT

Wie kann man beweisen, dass ein Durchmesser einen Kreis in zwei gleiche Teile teilt? Um überhaupt etwas beweisen zu können, muss ganz klar sein, was die Voraussetzungen sind und worin die Behauptung eigentlich besteht. Wann sind zwei (ebene) geometrische Figuren als „gleich" anzusehen? Dann nämlich, wenn sie zueinander kongruent sind, das heißt, wenn es eine abstandstreue Abbildung (eine Bewegung) der Ebene in sich gibt, bei der die eine der beiden Figuren die Bildfigur der anderen ist.
Beweist gemeinsam, dass ein Durchmesser einen Kreis in zwei gleiche Teile teilt, indem ihr zeigt, dass es eine Spiegelung gibt, die beide Teile aufeinander abbildet.

Ermittlung des Erdumfangs

Astronomie und Weltraumforschung haben sehr genaue Daten über unsere Erde und das Sonnensystem geliefert. Dabei waren oft Kreisberechnungen erforderlich.

Bereits Aristoteles (384 bis 322 v. Chr.) behauptete, dass die Erde eine Kugel sei. Ihm war bei Mondfinsternissen aufgefallen, dass der Schatten der Erde immer kreisförmig ist. Das ist nur möglich, wenn die Erde kugelförmige Gestalt hat.

Die erste Messung des Erdumfangs gelang Eratosthenes (276 bis 194 v. Chr.), einem griechischen Gelehrten, der in Alexandria lebte.

Seine Überlegung war denkbar einfach:

Ein Zentriwinkel von 360° ergibt den ganzen Kreis, einer von 180° einen Halbkreis und einer von 90° einen Viertelkreis. Man braucht also nur einen kleinen Teil des Erdumfangs und den zugehörigen Winkel zu messen und kann dann den Umfang der Erde berechnen.

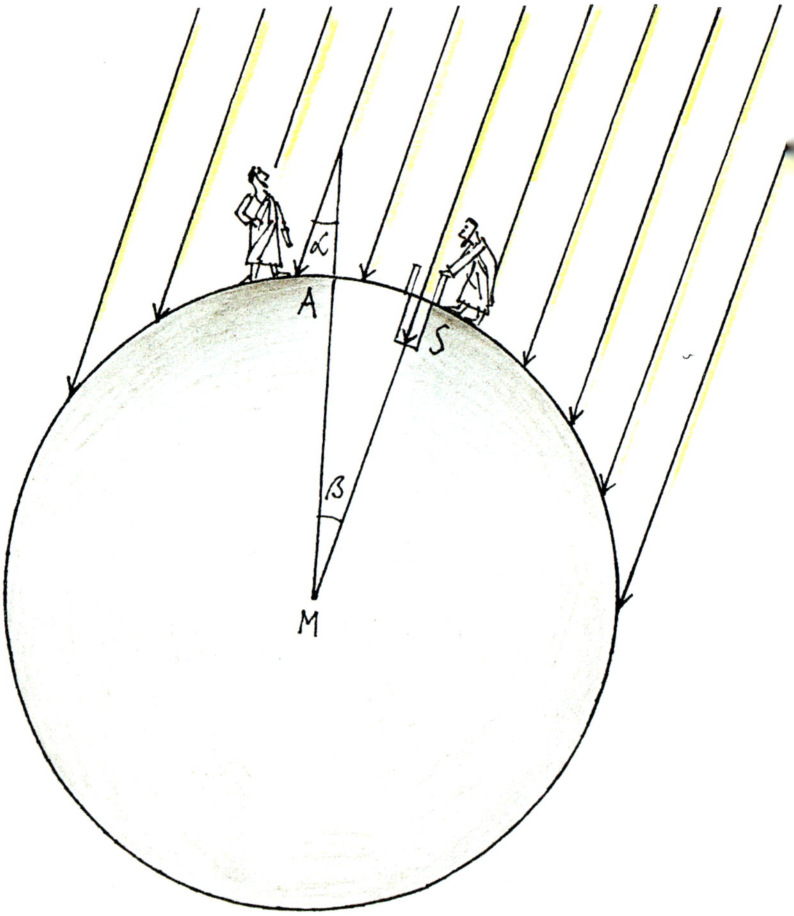

Eratosthenes wusste, dass an einem Tag im Jahr die Sonnenstrahlen über Syene (Assuan) genau senkrecht in einen tiefen Brunnenschacht fielen. Dagegen trafen sie am gleichen Tage in Alexandria unter einem Winkel von 7,5° zu einem lotrechten Stab ein.

Weil 7,5° etwa ein Fünfzigstel von 360° ist, muss der Erdumfang etwa 50-mal so groß wie die Entfernung zwischen Syene und Alexandria sein.

Diese Entfernung wurde von Schrittläufern ermittelt, die diese Strecke zu Fuß zurücklegten und die Anzahl ihrer Schritte zählten. Sie ermittelten eine Streckenlänge von 5000 Stadien. Ein Stadion war eine Längeneinheit, deren Größe heute nicht genau bekannt ist, aber vermutlich etwa 185 m beträgt.

1

a) Begründe, dass die im oben stehenden Bild mit α und β bezeichneten Winkel gleich groß sind.
Beachte, dass auf Grund der Größe und der weiten Entfernung der Sonne ihre Strahlen parallel auf die Erde treffen.

b) Welchen Wert hat Eratosthenes für den Erdumfang erhalten?

c) Vergleiche den Wert von Erathosthenes mit den Daten über die Erde aus deinem Tafelwerk.

d) Wie kann man aus dem Umfang der Erde ihren Durchmesser berechnen?

Umfang von Kreisen

1

Welchen Weg legt ein Fahrrad zurück, wenn sein Vorderrad eine volle Umdrehung ausgeführt hat? Beachte die Ventilstellung. Miss den Durchmesser des Vorderrades und die Länge des bei einer Umdrehung zurückgelegten Weges.

2

a) Miss den Durchmesser d und den Umfang u von unterschiedlich großen Kreisen an verschiedenen Gegenständen, z. B. einem Topf, einem Eimer, einer Schüssel, einer Tasse, einer Dose etc. Verwende für das Messen des Umfangs ein Bandmaß. Notiere die Ergebnisse in einer Tabelle.

b) Überprüfe, ob die Zuordnung zwischen dem Durchmesser d und dem Umfang u eines Kreises proportional ist. Berechne dazu die Quotienten $\frac{u}{d}$ für die verschiedenen ausgemessenen Kreise.

WISSEN

Der **Umfang u eines Kreises** ist zu seinem Durchmesser d proportional.
Der Proportionalitätsfaktor wird **Kreiszahl** genannt und mit π bezeichnet.
Es gilt: $\boldsymbol{u = \pi \cdot d}$ bzw. $\boldsymbol{u = 2 \cdot \pi \cdot r}$ mit $\boldsymbol{\pi = 3{,}14159\ldots}$
Bei Rechnungen mit der Zahl π muss man das Ergebnis stets sinnvoll runden.

WUSSTEST DU SCHON?

Die Zahl π ist eine unendliche nichtperiodische Dezimalzahl. Sie ist wie viele Quadratwurzeln eine irrationale Zahl. (Siehe dazu auch die Randbemerkung auf Seite 87.)
Die ersten Stellen lauten: 3,141 592 653 589 793 238 462 643 383 279 502 884 197 169 399 375 105…
Für Berechnungen verwendet man je nach der erforderlichen Genauigkeit einen sinnvollen Näherungswert, z. B. 3,14 oder 3,14159 oder $\frac{22}{7}$.
Die meisten Taschenrechner besitzen eine Taste π und rechnen mit dem Näherungswert 3.1415927.

BEISPIEL

Für den Durchmesser eines Kreises wurden 24,7 cm gemessen. Der Umfang des Kreises soll berechnet werden.

Lösung: Aus $u = \pi\, d$ erhält man mit dem Näherungswert 3,14 für π als Ergebnis einer zum Beispiel schriftlichen Rechnung $u = 3{,}14 \cdot 24{,}7 = 77{,}558$, also nach sinnvoller Rundung $u = 77{,}6$ cm.
Mit einem Taschenrechner ergibt sich $u = \pi \cdot 24{,}7 = 77{,}597\,339$.
Da der gemessene Wert $d = 24{,}7$ cm drei zuverlässige Ziffern hat, rundet man das Ergebnis ebenfalls auf drei Ziffern. Man erhält wiederum $u = 77{,}6$ cm.

3

Berechne den Umfang des Kreises. Runde das Ergebnis.

a) $r = 3{,}5$ cm **b)** $d = 124$ mm **c)** $r = 0{,}45$ m
d) $d = 25$ cm **e)** $r = 1{,}22$ m **f)** $d = 4{,}4$ cm
g) $r = 48$ mm **h)** $d = 36$ cm **i)** $r = 0{,}12$ cm

4

Berechne Durchmesser und Radius für Kreise mit folgendem Umfang, runde das Ergebnis sinnvoll.

a) $u = 0{,}44$ m **b)** $u = 12{,}6$ dm **c)** $u = 26{,}8$ mm
d) $u = 86{,}4$ m **e)** $u = 6{,}2$ dm **f)** $u = 0{,}35$ km
g) $u = 4{,}8$ cm **h)** $u = 444$ m **i)** $u = 25{,}56$ cm

BEACHTE

Der Umfang kann höchstens mit der Genauigkeit berechnet werden, mit der der Durchmesser gemessen wurde.

5

Der Durchmesser eines Rades vom Fahrrad beträgt beim Kinderrad 48 cm, beim Tourenrad 72 cm und bei einem Hochrad aus dem Jahre 1882 sogar 124 cm. Berechne jeweils den Weg, der bei einer Umdrehung des Rades zurückgelegt wird.

6

a) Der Umfang der Erde am Äquator beträgt etwa 40 000 km. Berechne den Durchmesser der Erde.

b) Die Bahn der Erde um die Sonne weicht nur wenig von einem Kreis ab. Der Abstand der Erde von der Sonne beträgt etwa 150 Millionen km. Wie groß ist der Weg, den die Erde in einem Jahr zurücklegt? Wie groß ist ihre Geschwindigkeit auf ihrem Weg um die Sonne?

Mammutbaum im Calaveras State Park (USA)

7

a) Eine Fichte hat einen Durchmesser von 37 cm. Berechne ihren Umfang.

b) Eine Eiche hat einen Umfang von 2,48 m. Wie groß ist ihr Durchmesser?

c) Im Guinness-Buch der Rekorde steht: Der schwerste lebende Baum ist der kalifornische Riesenmammutbaum namens „General Sherman“, der sich im Sequoia-Nationalpark Kaliforniens befindet. Seine Höhe beträgt etwa 84 m, sein Durchmesser 11,1 m. Berechne seinen Umfang. Wie viele Schüler müssten sich mit ausgestreckten Armen an diesen Baum stellen, um ihn zu umfassen?

8

Für die Kreiszahl π nutzt man unterschiedliche Näherungswerte. Vergleiche die Näherungswerte jeweils mit dem vom Taschenrechner verwendeten Wert und berechne die prozentuale Abweichung.

a) $\pi \approx 3{,}14$ **b)** $\pi \approx \frac{22}{7}$ **c)** $\pi \approx \left(\frac{16}{9}\right)^2$ **d)** $\pi \approx 3\frac{10}{71}$

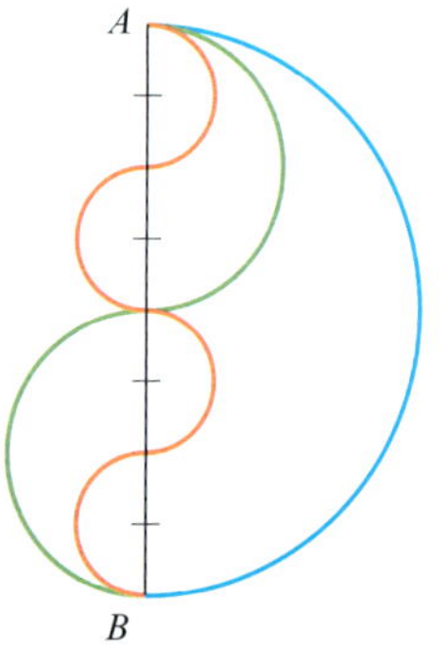

9

Betrachte den Weg von A nach B entlang gleichfarbiger Kreisbögen. Welcher Weg ist länger, der Weg auf den blauen, auf den grünen oder auf den roten Kreisbögen? Berechne die Länge der jeweiligen Wege, wenn die Strecke $\overline{AB}$ die Länge 8 cm hat.

10[L]

Berechne jeweils den Durchmesser eines Kreises, wenn

a) ein Halbkreisbogen eine Länge von 12,6 cm,

b) ein Viertelkreisbogen eine Länge von 8,1 cm,

c) ein Sechstelkreisbogen eine Länge von 7,9 cm,

d) ein Achtelkreisbogen eine Länge von 5,6 cm hat.

11

Der Erdumfang am Äquator beträgt 40 074 km.
Ein Nachrichtensatellit umfliegt die Erde in 36 200 km Höhe über dem Äquator.
Berechne den Umfang seiner kreisförmigen Bahn.
Die Geschwindigkeit des Nachrichtensatelliten beträgt 3,1 km/s. Wie lange benötigt er für seinen Flug um die Erde? Was kann man daraus folgern?

Nachrichtensatellit in der Erdumlaufbahn

Flächeninhalt von Kreisen

1

Ein Uhrmacher hat ein Ziffernblatt aus purem Gold gefertigt. Das Ziffernblatt ist kreisrund und hat einen Durchmesser von 3 cm. Er berechnet für das dafür benötigte Material 850 €. Ist dieser Preis korrekt, wenn 1 cm² des Materials 30 € kostet?

2

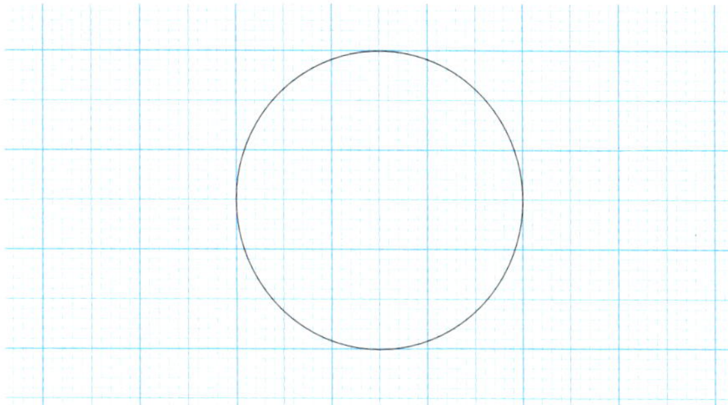

Im nebenstehenden Bild wurde ein Kreis mit dem Durchmesser $d = 3$ cm auf Millimeterpapier gezeichnet.

a) Wie groß ist der Flächeninhalt eines Quadrates, dessen Seiten Tangenten an den Kreis sind?
b) Wie groß ist der Flächeninhalt eines Quadrates, dessen Seiten Sehnen des Kreises sind?
c) Schätze die Größe des Flächeninhaltes des Kreises.
d) Bestimme einen Näherungswert für den Flächeninhalt des Kreises durch Auszählen der im Kreis enthaltenen Einheitsquadrate.
Wie kann man sich das Auszählen vereinfachen?

3

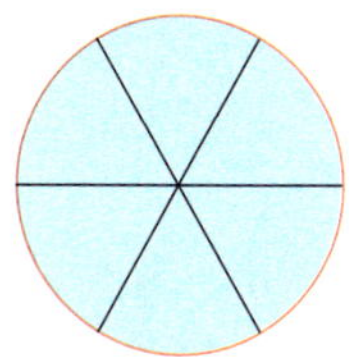

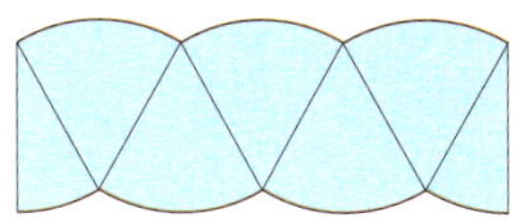

Der Flächeninhalt eines Kreises soll ermittelt werden.

a) Zerlege eine Kreisfläche in 6 gleich große Kreissektoren und einen davon wiederum in zwei gleich große Teile. Setze die Teile so zusammen, wie es im Bild rechts dargestellt ist.
b) Zerlege die Kreisfläche in 12 gleich große Kreissektoren und einen davon wiederum in zwei gleich große Teile. Setze sie in gleicher Weise wie bei a) zusammen.
c) Welcher Form nähert sich die neu zusammengesetzte Figur an, wenn man den Kreis in 24, 48, 96, … Teile zerlegt? Entwickle daraus eine Formel zur Berechnung des Flächeninhalts eines Kreises.

WISSEN

Für den Flächeninhalt A eines Kreises mit dem Radius r und dem Durchmesser d gilt: $\boldsymbol{A = \pi r^2}$ bzw. $\boldsymbol{A = \frac{\pi}{4} d^2}$

4

Gegeben ist der Radius, der Durchmesser oder der Flächeninhalt eines Kreises. Berechne die beiden nicht gegebenen Größen. Runde sinnvoll.

a) $r = 8{,}4$ cm	**b)** $r = 65$ m	**c)** $r = 66$ mm	**d)** $r = 64$ km
e) $d = 12{,}6$ cm	**f)** $d = 12{,}6$ m	**g)** $d = 66$ mm	**h)** $d = 220$ km
i) $A = 52\ \text{cm}^2$	**j)** $A = 0{,}124\ \text{m}^2$	**k)** $A = 376\ \text{km}^2$	**l)** $A = 12\ \text{mm}^2$
m) $A = 248\ \text{m}^2$	**n)** $A = 36{,}4\ \text{cm}^2$	**o)** $A = 2\,400\ \text{km}^2$	**p)** $A = 987\ \text{m}^2$

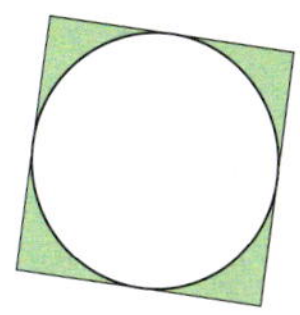

5L

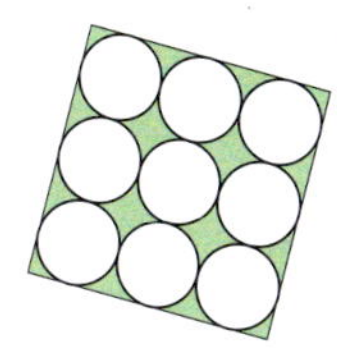

Aus drei quadratischen Pappscheiben mit einer Seitenlänge von 12 cm wurden wie in den Abbildungen in der Randspalte kreisförmige Untersetzer in verschiedenen Größen geschnitten. Wie viel Prozent beträgt jeweils der Abfall?

6

Berechne den Flächeninhalt bzw. den Umfang des Kreises.

a) $u = 12{,}4$ cm **b)** $u = 66{,}2$ m **c)** $u = 1{,}2$ km **d)** $u = 400$ m
e) $A = 246\ \text{cm}^2$ **f)** $A = 85{,}3\ \text{m}^2$ **g)** $A = 128\ \text{km}^2$ **h)** $A = 55{,}3\ \text{dm}^2$

7

Berechne Flächeninhalt und Umfang eines Kreises mit dem Radius $r = 1{,}6$ cm.
Wie ändern sich Flächeninhalt und Umfang des Kreises, wenn der Radius verdoppelt, verdreifacht und vervierfacht wird. Formuliere eine Gesetzmäßigkeit.

8

Bereits Hippokrates (um 440 v. Chr.) kannte Figuren, die von Kreisbögen begrenzt werden, bei deren Flächenberechnung die Zahl π jedoch nicht auftritt.
Gib für den Inhalt der blau markierten Flächen eine Formel an. Was fällt dir auf?

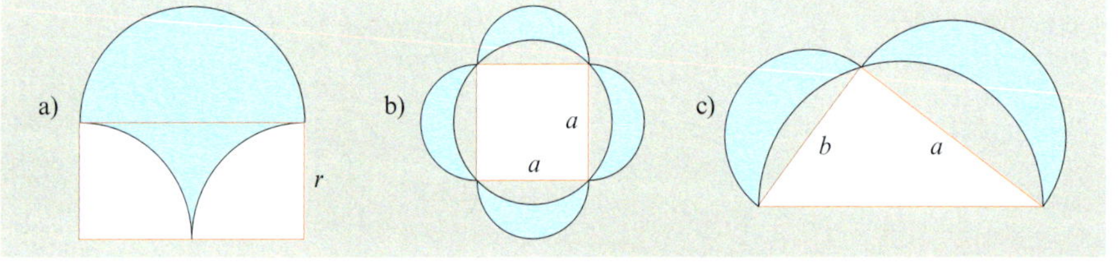

9

Ein Kreis mit dem Radius $r = 2$ cm ist in ein Quadrat mit gleichem Flächeninhalt zu verwandeln. Berechne die Seitenlänge a des Quadrates.

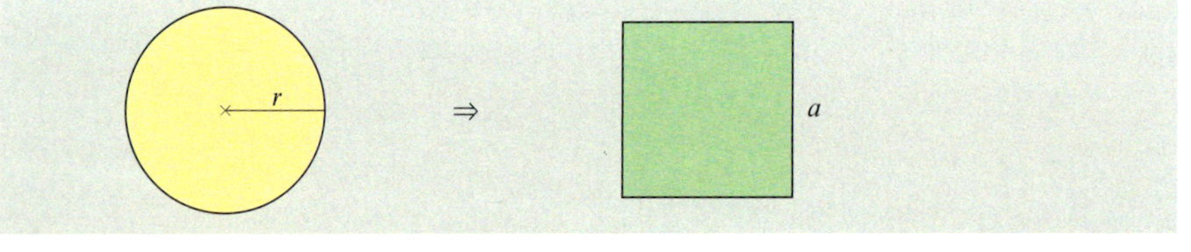

10

Eine schon sehr alte Näherungslösung zur Bildung eines dem Kreise flächengleichen Quadrates gibt folgende Regel an:
Die Quadratseite ist $\frac{8}{9}$ des Kreisdurchmessers.
Beurteile die Genauigkeit dieser Regel. Berechne den prozentualen Fehler.

11

Die Laufbahn des Sportplatzes wird von zwei Halbkreisen und zwei Strecken begrenzt. Der Radius der Halbkreise beträgt 36,50 m.

a) Zeichne einen Sportplatz im Maßstab 1:100.
b) Wie lang sind die geradlinigen Laufstrecken zwischen den beiden Kurven, wenn die Länge einer Stadionrunde auf der Innenbahn 400 m beträgt?
c) Wie viel länger ist die zweite Laufbahn (von innen) als die Innenbahn, wenn die Breite der einzelnen Bahnen jeweils 1,22 m beträgt?

DIE QUADRATUR DES KREISES

Die Mathematiker des Altertums betrachteten eine Konstruktionsaufgabe nur dann als lösbar, wenn sie allein mit Zirkel und Lineal und in endlich vielen Konstruktionsschritten ausführbar war.

Ist in diesem Sinne die Aufgabe lösbar, einen Kreis mit Zirkel und Lineal in ein flächengleiches Quadrat zu verwandeln? Dieses Problem bezeichnet man als **Quadratur des Kreises**. (Beachte dazu die Aufgaben 9 und 10.)

Mehr als zwei Jahrtausende lang haben Mathematiker und Nichtmathematiker vergeblich nach einer exakten Lösung für die Quadratur des Kreises gesucht.

Im Jahre 1882 hat Ferdinand von Lindemann dieser Suche ein Ende gesetzt. Er hat zeigen können, dass die Quadratur des Kreises unmöglich ist.

Von der „Quadratur des Kreises" spricht man daher auch im übertragenen Sinne, wenn man zum Ausdruck bringen will, dass man eine bestimmte Aufgabe für prinzipiell unlösbar hält.

12

Die Ausgangsfigur in den folgenden Bildern ist jeweils ein Quadrat mit der Seitenlänge von 4 cm, das in vier gleich große Teilquadrate eingeteilt wurde.
Berechne für die gefärbten Flächen den Umfang und den Flächeninhalt.

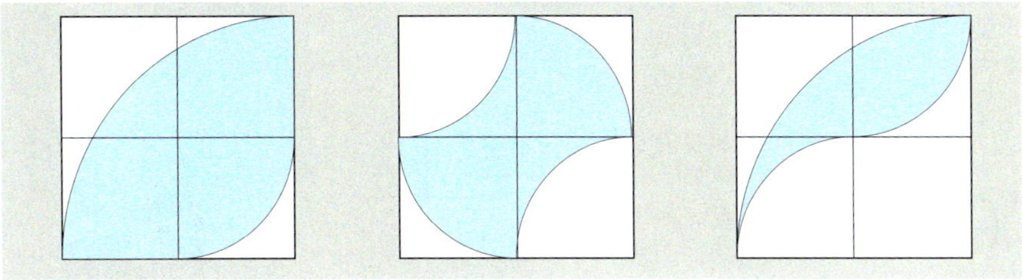

13

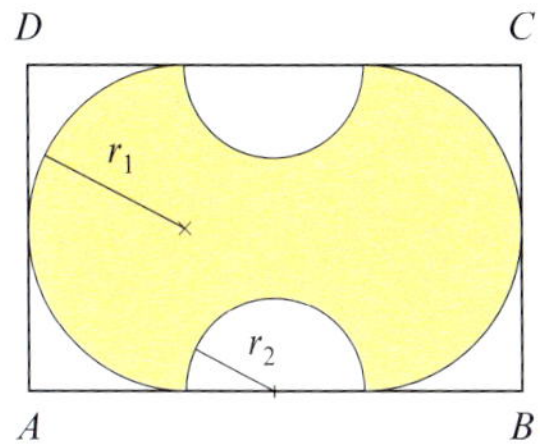

Das Viereck $ABCD$ ist ein Rechteck. Die Länge der Seite $\overline{AB}$ beträgt 8,8 cm, die Länge von $\overline{AD}$ beträgt 5,6 cm.
Berechne den Inhalt der farbigen Fläche.

14

Ringkämpfe finden auf einer Matte statt, deren eigentliche Kampffläche ein Kreis von 7 m Durchmesser ist. Die Mitte ist durch einen Kreis mit dem Durchmesser von 1 m markiert. Die Kampffläche wird von einer 1 m breiten Passivitätszone umgeben, die bei der Abwehr nicht betreten werden darf.
Berechne den Flächeninhalt der Kampffläche und der Passivitätszone.

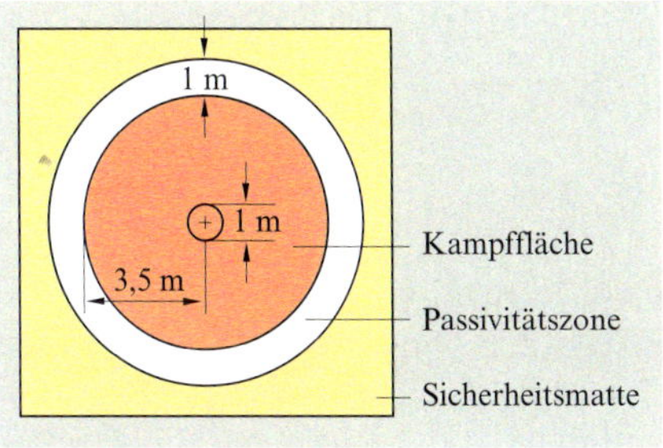

WISSEN

Kreise mit demselben Mittelpunkt heißen **konzentrische Kreise**.

Ein **Kreisring** wird durch zwei konzentrische Kreise mit den Radien r_a und r_i mit $r_a > r_i$ begrenzt.

Der Flächeninhalt eines Kreisringes, der von konzentrischen Kreisen mit den Radien r_a und r_i gebildet wird, beträgt:
$\boldsymbol{A = \pi(r_a^2 - r_i^2) = \pi(r_a + r_i)(r_a - r_i)}$

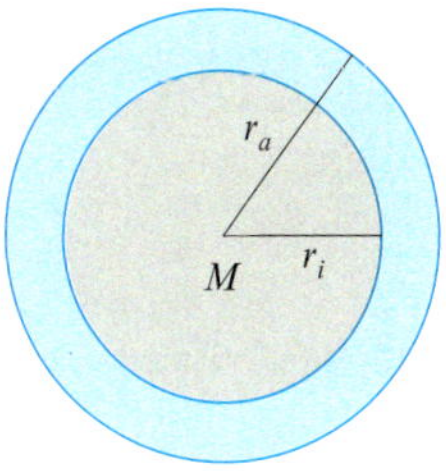

15

a) Begründe die Formel zur Berechnung des Flächeninhaltes eines Kreisringes.
b) Stelle eine Formel zur Berechnung des Flächeninhaltes eines Kreisringes auf, wenn die Durchmesser d_a und d_i des äußeren und des inneren Kreises gegeben sind.

16

Berechne den Flächeninhalt des Kreisringes.

a) $r_a = 4{,}2$ cm, $r_i = 3{,}5$ cm
b) $d_a = 33$ mm, $d_i = 24$ mm,
c) $r_a = 0{,}45$ m, $r_i = 0{,}39$ m
d) $d_a = 12{,}4$ cm, $d_i = 11{,}7$ cm

Kreisbogen und Kreissektor

1

a) Georg behauptet, dass sich die Spitze des 15 mm langen Minutenzeigers seiner Armbanduhr genau so schnell bewegt wie der 1,5 m lange Minutenzeiger der Kirchturmuhr. Was meinst du dazu?

b) Die Fläche, die der Minutenzeiger der Kirchturmuhr in 5 Minuten überstreicht ist 100-mal so groß wie die Fläche, die der Minutenzeiger der Armbanduhr in der gleichen Zeit überstreicht. Stimmt das? Begründe.

Uhr am Big Ben in London

Armbanduhr

2

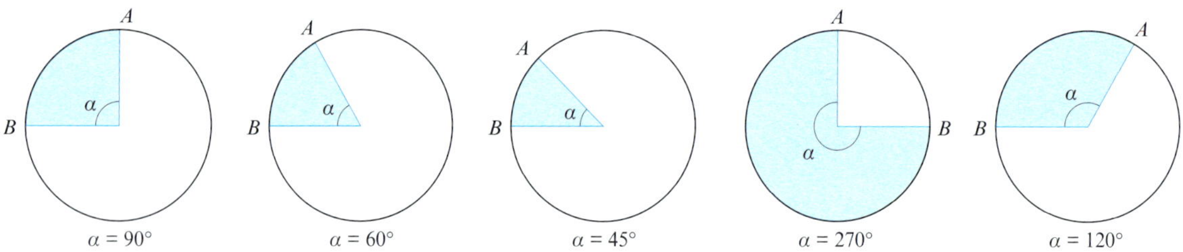

Der Radius der im obigen Bild dargestellten Kreise sei jeweils $r = 3{,}6$ cm.

a) Begründe, dass die Länge b_α des Kreisbogens $\overset{\frown}{AB}$ proportional ist zu α.

b) Berechne die Längen der Kreisbögen, die jeweils zum Zentriwinkel α gehören.

c) Begründe, dass der Flächeninhalt A_α des Kreisausschnittes jeweils proportional ist zum Zentriwinkel α.

d) Berechne die Flächeninhalte der farbig gekennzeichneten Kreisausschnitte.

WISSEN

Ein Kreis mit dem Mittelpunkt M habe den Radius r.

Die **Länge b_α des Kreisbogens über einem Zentriwinkel α** beträgt:

$$b_\alpha = 2\pi r \frac{\alpha}{360°} = \frac{\pi r \alpha}{180°}$$

Der **Flächeninhalt A_α des Kreisausschnittes für den Zentriwinkel α** beträgt:

$$A_\alpha = \pi r^2 \frac{\alpha}{360°}$$

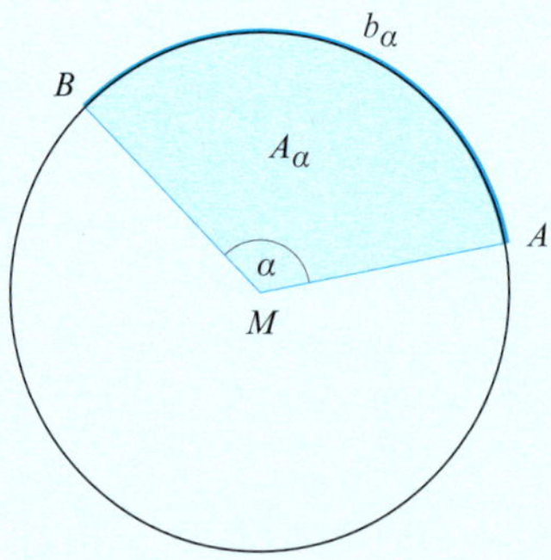

MERKE
Statt Kreisausschnitt sagt man auch **Kreissektor**.

3

a) Begründe die Formeln zur Berechnung der Länge eines Kreisbogens und des Flächeninhalts eines Kreisausschnittes.

b) Wie lauten entsprechende Formeln, in denen nicht r sondern d vorkommt?

4[L]

Berechne jeweils den Kreisbogen b_α und den Kreisausschnitt A_α.

a) $r = 7{,}2$ cm, $\alpha = 72°$ **b)** $r = 12{,}6$ cm, $\alpha = 125°$ **c)** $r = 4{,}25$ m, $\alpha = 210°$
d) $r = 1{,}24$ km, $\alpha = 5°$ **e)** $d = 22{,}40$ m, $\alpha = 16°$ **f)** $d = 48{,}2$ cm, $\alpha = 135°$

5

Zwei der vier Stücke r, α, b_α und A_α sind gegeben. Berechne die anderen beiden.

a) $r = 12{,}4$ cm; $b_\alpha = 24{,}8$ cm **b)** $\alpha = 124°$; $b_\alpha = 37{,}2$ cm
c) $r = 6{,}9$ cm; $A_\alpha = 214$ cm² **d)** $\alpha = 45°$; $A_\alpha = 105$ m²

6

Um die Endpunkte A und B einer Strecke $\overline{AB}$ der Länge 6 cm wurden Kreisbögen gezeichnet, die sich in C schneiden. D ist der Mittelpunkt der Strecke $\overline{AB}$. Über $\overline{AD}$ und $\overline{BD}$ als Durchmesser wurden Halbkreise gezeichnet.
Berechne den Umfang und den Flächeninhalt der rot gefärbten Fläche.

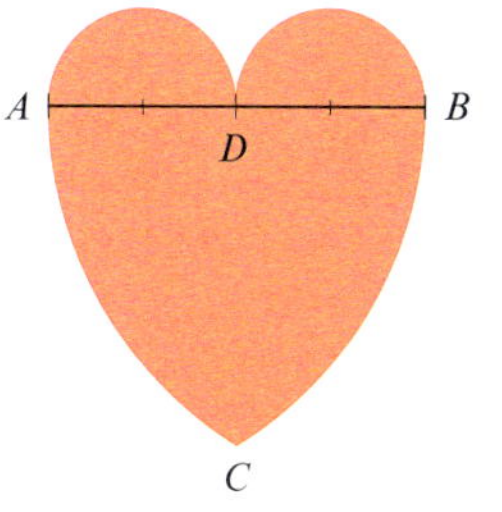

7

Welcher Zentriwinkel gehört zu einem Kreisbogen, der
a) genau so groß, **b)** doppelt so groß, **c)** halb so groß
ist wie der Durchmesser des Kreises?

8

Begründe folgende Aussage: Ist b_α der zu α und r gehörende Kreisbogen, so gilt für den Flächeninhalt A_α des Kreissektors die Gleichung $A_\alpha = \frac{1}{2} b_\alpha r$.
Vergleiche diese Formel mit der zur Berechnung des Flächeninhaltes eines Dreiecks.

WISSEN

A und B seien Punkte eines Kreises um M mit dem Radius r.

Die Sehne $\overline{AB}$ und der Bogen $\overset{\frown}{AB}$ begrenzen einen Teil der Kreisfläche, der als **Kreissegment** oder **Kreisabschnitt** bezeichnet wird.

Der Flächeninhalt des Kreissegmentes ergibt sich für $\alpha < 180°$ aus der Differenz und für $\alpha > 180°$ aus der Summe der Flächeninhalte von Kreissektor und Dreieck.

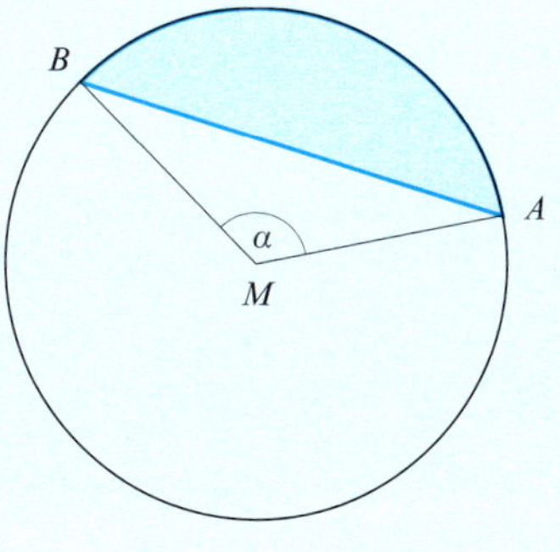

9

a) Zeichne in einen Kreis mit dem Radius $r = 4{,}8$ cm eine Sehne der Länge 6 cm. Berechne den Flächeninhalt des Kreissegments. Entnimm der Zeichnung die fehlenden Maßangaben.
b) A und B seien Punkte eines Kreises um M mit dem Radius $r = 3{,}6$ cm. Der Zentriwinkel $\measuredangle AMB$ soll 120° betragen. Zeichne den Kreis und die Sehne $\overline{AB}$. Berechne die beiden Kreissegmente, die von der Sehne $\overline{AB}$ und dem Bogen $\overset{\frown}{AB}$ bzw. $\overset{\frown}{BA}$ begrenzt werden. Entnimm der Zeichnung die fehlenden Maßangaben.

Historisches

Zur Geschichte der Kreiszahl π

Ägyptischer Schreiber um 2000 v. Chr.

Bereits die ältesten mathematischen Überlieferungen aus dem 2. Jahrtausend v. Chr. enthalten Versuche, den Kreisumfang und die Kreisfläche in Abhängigkeit vom Durchmesser anzugeben.
Der Grund hierfür ist in der Bedeutung kreisförmiger Gegenstände, z. B. der Töpferscheibe und des Wagenrades, zu sehen.
Eine umfangreiche Aufgabensammlung aus dem alten Ägypten, der Papyrus Rhind, stammt aus der Epoche des Mittleren Reiches (2000 bis 1800 v. Chr.).
Diese Schriftrolle mit einer Länge von 5,25 m und einer Breite von 0,33 m enthält 84 Aufgaben mit ihren Lösungen. Sie ist das älteste bekannte mathematische Handbuch.
Den Flächeninhalt eines Kreises bestimmte der Schreiber Achmes dieses Papyrus mit einem Verfahren, das der Formel

$A = \left(\frac{8}{9}d\right)^2 = \left(\frac{16}{9}\right)^2 r^2$ entspricht, d. h. hier wurde mit einem Näherungswert für π von $\left(\frac{16}{9}\right)^2$ gearbeitet.

Wie die Ägypter ihren Rechenweg gefunden haben, ist nicht bekannt.
Aus heutiger Sicht ist folgender Weg denkbar:

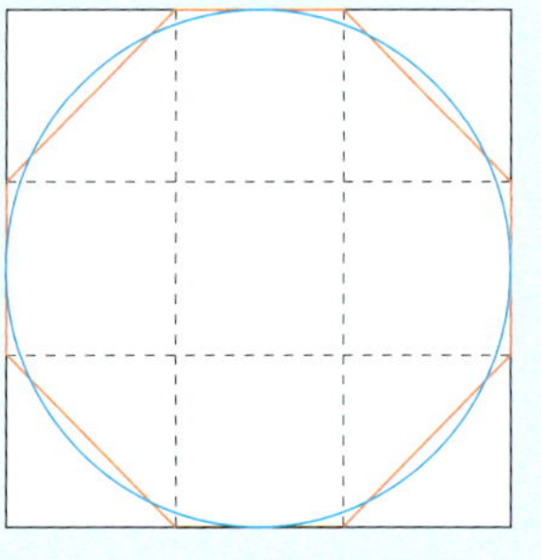

Um einen Kreis wurde ein Quadrat gezeichnet. Dieses Quadrat wurde in neun gleich große Teilquadrate zerlegt. Die Quadrate in den Ecken wurden durch Diagonalen halbiert (siehe Randspalte).
Das so entstandene Achteck hat einen Flächeninhalt, der etwa dem Flächeninhalt des Kreises entspricht. Es gilt

$$A = 7\left(\frac{d}{3}\right)^2 = \frac{7}{9}d^2 = \frac{63}{81}d^2 \approx \frac{64}{81}d^2 = \left(\frac{8}{9}d\right)^2 = \left(\frac{16}{9}r\right)^2 = \frac{256}{81}r^2.$$

Rundet man nicht, so erhält man einen weiteren Näherungswert für π:

$$A = \frac{63}{81}d^2 = \frac{252}{81}r^2, \quad \text{also} \quad \pi \approx \frac{252}{81}.$$

1

Vergleiche den Flächeninhalt eines Kreises mit dem Flächeninhalt des Achtecks, das in der Randspalte rot dargestellt ist. Welche Fläche ist größer? Um wie viel Prozent weicht der Inhalt der Achteckfläche von dem der Kreisfläche ab?

2

Vergleiche die oben angegebenen Näherungswerte für π mit dem Näherungswert, den der Taschenrechner für π anzeigt.

Auch im Altertum gab es viele Untersuchungen, um die Zahl π noch genauer zu bestimmen. Hervorgehoben werden muss besonders die Leistung von Archimedes (287 bis 212 v. Chr.), einem bedeutenden griechischen Mathematiker, der ein Verfahren entwickelte, mit dem er die Zahl π schrittweise immer genauer bestimmte.
Als Ergebnis erhielt er folgende Schranken: $3\frac{10}{71} < \pi < 3\frac{1}{7}$.

Archimedes beschritt einen recht einfachen Weg, um die Zahl π mit guter Genauigkeit zu berechnen. Er ging davon aus, dass der Kreisumfang zwischen den Umfängen des dem Kreis einbeschriebenen und umbeschriebenen regelmäßigen n-Ecks liegt.

Als Ausgangsfiguren wählte er regelmäßige 6-Ecke. Danach konstruierte er 12-Ecke, 24-Ecke, 48-Ecke und 96-Ecke. Er berechnete die Umfänge dieser n-Ecke und näherte sich dem Kreis immer genauer an.

Archimedes von Syrakus

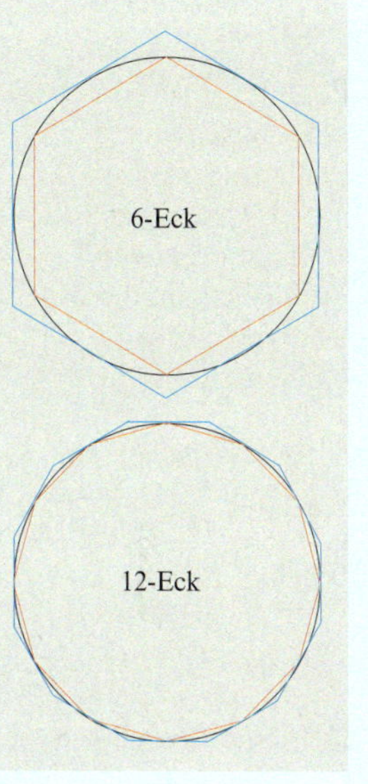

Ab dem 17. Jahrhundert wurden eine Vielzahl von Formeln zur Berechnung von π gefunden, z. B.

von Leibniz (1646 bis 1716): $\frac{\pi}{4} = 1 - \frac{1}{3} + \frac{1}{5} - \frac{1}{7} + \frac{1}{9} - \frac{1}{11} + \ldots$

und von Euler (1707 bis 1783): $\frac{\pi^2}{8} = 1 + \frac{1}{3^2} + \frac{1}{5^2} + \frac{1}{7^2} + \frac{1}{9^2} + \frac{1}{11^2} + \ldots$

Das Besondere an der Zahl π wurde jedoch erst klar, als im Jahre 1767 von Johann Heinrich Lambert bewiesen wurde, dass π nicht als rationale Zahl darstellbar ist, sondern wie $\sqrt{2}$ eine **irrationale Zahl** ist (vgl. S. 87).

Etwa ab Mitte des 20. Jahrhunderts erfolgten Berechnungen der Zahl π mit Computern. Diese Rechnungen dokumentieren vor allem die ständig wachsende Leistungsfähigkeit der Rechenanlagen:

ENIAC	1949	auf	2 037 Stellen
CEA Paris	1969	auf	1 000 000 Stellen
Universität Tokio	1995	auf	6 442 450 000 Stellen

3

a) Beurteile die Genauigkeit der von Archimedes angegebenen Schranken für π.
b) Konstruiere für einen Kreis ein einbeschriebenes und ein umbeschriebenes 6-Eck. Ermittle die Umfänge der 6-Ecke und des Kreises und vergleiche die Werte miteinander.

4

Wie viele Blätter Papier benötigt man zum Drucken der Tokioter Näherung für π, wenn auf ein Blatt 60 Zeilen mit jeweils 100 Ziffern passen? Wie hoch wird dann der Papierstapel, wenn 500 Blatt Papier eine Höhe von 5 cm haben?

Teste dich!

Grundwissen

1

Zeichne in einem rechtwinkligen Koordinatensystem einen Kreis mit dem Mittelpunkt $M\,(5|6)$, der durch den Punkt $P\,(2|2)$ geht.

a) Zeichne einen Radius in den Kreis ein und gib seine Länge an.

b) Zeichne in den Kreis je eine Sehne der Länge 2 cm, 3 cm und 4 cm ein.

c) Wie lang kann eine Sehne dieses Kreises höchstens sein?
Zeichne auch eine Sehne *dieser* Länge in den Kreis ein.

2

Zeichne einen Kreis und eine Passante des Kreises. Ermittle den Punkt des Kreises, der von der Passante den kleinsten Abstand hat.

3

Zeichne einen Kreis mit dem Durchmesser 4 cm und eine (beliebige) Passante des Kreises.
Zeichne alle Tangenten und einige Sekanten des Kreises, die zu der gegebenen Passante parallel sind.

4

Konstruiere jeweils ein Dreieck aus den gegebenen Stücken. Ermittle dann die Radien und die Flächeninhalte des Umkreises und des Inkreises des Dreiecks.

a) $a = 4{,}7$ cm; $b = 5{,}3$ cm; $\beta = 42°$

b) $\alpha = 56°$; $c = 3{,}5$ cm; $h_c = 2{,}7$ cm

5

a) Beschreibe möglichst exakt die Lage des Umkreismittelpunktes eines rechtwinkligen Dreiecks.

b) Wie muss ein Dreieck aussehen, dessen Umkreismittelpunkt außerhalb (innerhalb) des Dreiecks liegt?

6

Ein Sehnenviereck hat zwei Innenwinkel der Größen 48° und 122°. Wie groß sind die anderen beiden Innenwinkel? Begründe.

7

a) Konstruiere ein Sehnenviereck aus folgenden Stücken:
$a = 3$ cm; $b = 2{,}5$ cm; $c = 4$ cm; $\alpha = 64°$

b) Konstruiere aus *denselben* Stücken ein Tangentenviereck.

8

Berechne die Inhalte der roten und der grünen Fläche.

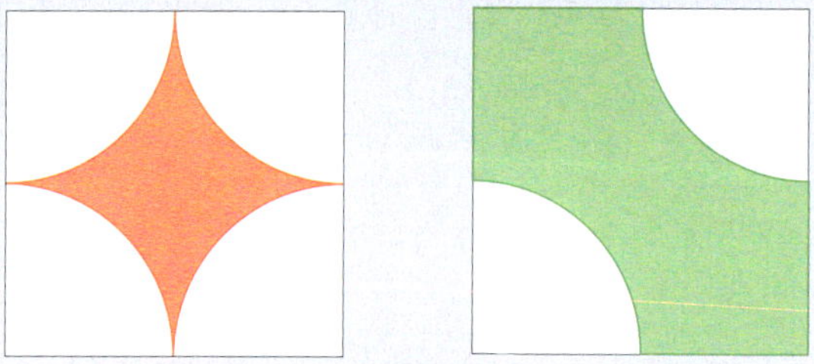

9

Gegeben sind der Punkt $P\,(2|1)$ und ein Kreis mit dem Radius $r = 1{,}5$ cm um den Punkt $M\,(4|4)$.
Gib (näherungsweise) die Koordinaten der Berührungspunkte der Tangenten von P aus an den Kreis an.
Wie groß ist (näherungsweise) der Winkel, den diese Tangenten miteinander einschließen?

10

Beantworte durch theoretische Überlegungen (also nicht durch Messen) die folgende Frage:
Wie groß sind die in der Abbildung gekennzeichneten Winkel?
Begründe deine Antworten.

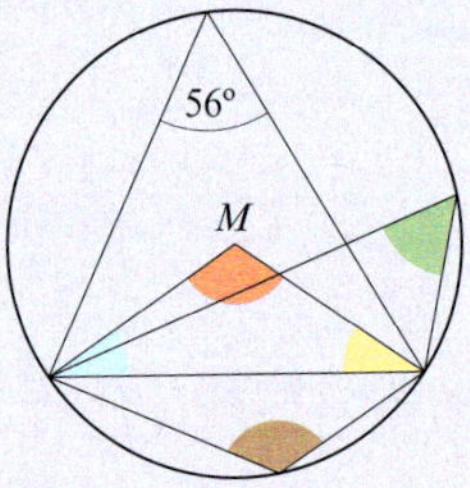

11

a) Konstruiere ein rechtwinkliges Dreieck mit dem rechten Winkel bei C aus $c = 4{,}5$ cm und $h_c = 1{,}8$ cm.

b) Konstruiere ein Dreieck aus
$c = 4{,}5$ cm; $h_c = 3{,}6$ cm; $\gamma = 42°$.

Sachaufgaben und Probleme

12

Wie muss ein Dreieck aussehen, bei dem der Umkreismittelpunkt und der Inkreismittelpunkt zusammenfallen? Begründe deine Antwort genau.

13

Auf dem Anwesen von Bauer Briesebratz gibt es einen großen Garten, dessen viereckige Rasenfläche von üppigen Sträuchern, einigen größeren Bäumen und verschiedenen Beeten umgeben ist. Die Rasenfläche hat folgende Abmessungen: Zwei ihrer Kanten haben eine Länge von je 17,70 m und schließen einen rechten Winkel ein. Die anderen beiden Kanten haben eine Länge von 15 m bzw. von 20 m.
Bauer Briesebratz besitzt zwei sehr leistungsfähige, rotierende Rasensprenger, einen mit einer Reichweite von 14 m und einen mit einer Reichweite von 12 m.
Untersuche für jeden der beiden Rasensprenger, ob er so aufgestellt werden kann, dass die gesamte Rasenfläche benetzt wird. Falls das der Fall ist, wo müsste er dann aufgestellt werden? Gibt es mehrere mögliche Standorte?
Fertige eine Zeichnung im Maßstab 1 : 500 an und begründe deine Antworten.

AUSWERTUNG

Geometrie in der Ebene – Überprüfe dein Wissen und Können!

Schätzt eure Leistung zunächst selbst ein, nachdem ihr die Aufgaben bearbeitet habt.

Konntest du nicht alle Aufgaben lösen? Die folgende Tabelle enthält einige Tipps, mit denen du vielleicht doch noch zum Ziel kommen kannst.

Aufgabe	Tipp
1	Beachte die Definitionen in den Wissenskästen auf Seite 157.
2, 3	Sieh dir noch einmal die Wissenskästen auf den Seiten 161 bis 163 an.
4, 5	Wie konstruiert man den Umkreis und den Inkreis eines Dreiecks? Auf welchen Ortslinien liegen die Mittelpunkte dieser Kreise? Beachte die Wissenskästen auf den Seiten 165, 170 und 185.
6, 7	Wende die Sätze über Sehnenvierecke und über Tangentenvierecke auf den Seiten 168 und 171 an.
8	Welche Radien gehören zu den auftretenden Kreisteilen? Wie lang sind die Quadratseiten?
9	Wie konstruiert man eine Tangente an einen Kreis, die durch einen gegebenen Punkt läuft? Beachte das Beispiel auf Seite 179.
10	Wende die Sätze über Mittelpunktswinkel und Umfangswinkel von Seite 175 an.
11	Nutze den Thaleskreis und den Mittelpunktswinkel-Umfangswinkel-Satz.
12	Noch einmal: Auf welchen Ortslinien liegen die Mittelpunkte von Umkreis und Inkreis? Wann stimmen diese Ortslinien überein?
13	Die Frage ist hier, ob ein gegebenes Viereck von einer Kreisfläche mit vorgegebenem Radius vollständig überdeckt werden kann. Sieh dir noch einmal die Sätze über Lagebeziehungen von Kreisen und Vierecken an, die du in diesem Kapitel kennengelernt hast. Untersuche durch genaues Nachmessen, ob das Viereck in dieser Hinsicht besondere Eigenschaften hat.

Beratet mit eurer Lehrerin oder eurem Lehrer, wie ihr eventuell noch vorhandene „Wissenslücken" schließen könnt. Lösungen und Lösungshinweise in Form kurzer Konstruktionsbeschreibungen zu den Aufgaben findest du auf den Seiten 260 und 261.

ZUSAMMENFASSUNG

Kreise: Grundbegriffe, Umfang und Flächeninhalt

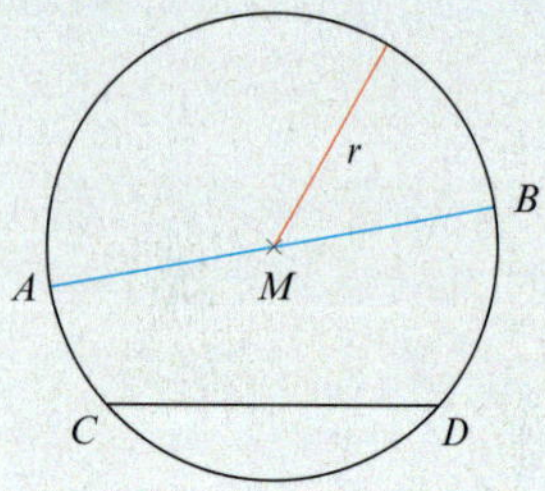

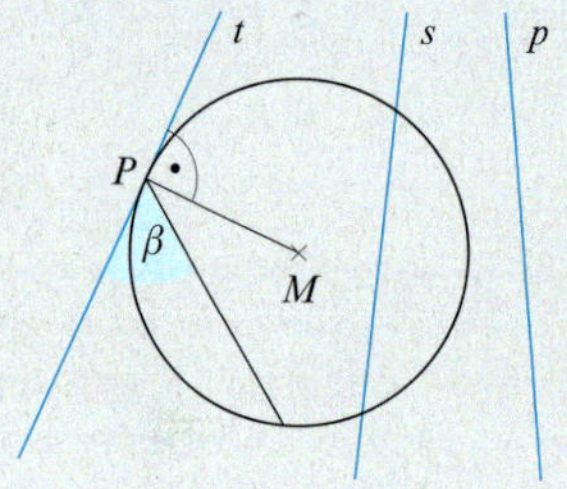

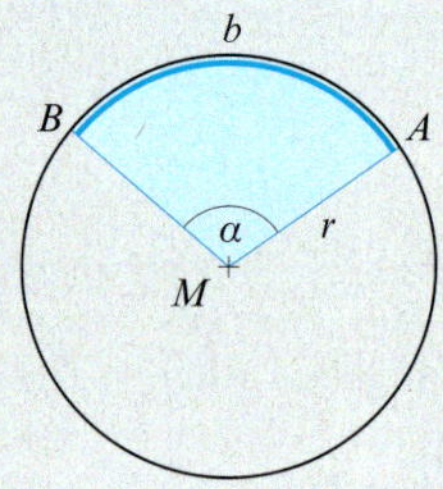

M Mittelpunkt
r Radius
$\overline{AB} = d$ Durchmesser
$\overline{CD}$ Sehne

Umfang des Kreises:
$u = 2\pi r = \pi d$

Flächeninhalt des Kreises:
$A = \pi r^2 = \frac{1}{4}\pi d^2$

Kreiszahl $\pi \approx 3{,}1415927$

s Sekante
t Tangente
P Berührungspunkt
$\overline{MP}$ Berührungsradius ($\overline{MP} \perp t$)
p Passante
β Sehnentangentenwinkel

$\widehat{AB}$ Bogen
α Zentriwinkel oder Mittelpunktswinkel
γ_1, γ_2 Umfangswinkel oder Peripheriewinkel

Länge des Kreisbogens $\widehat{AB}$:
$b = 2\pi r \frac{\alpha}{360°} = \frac{\pi r \alpha}{180°}$

Flächeninhalt des Kreissektors:
$A = \pi r^2 \frac{\alpha}{360°} = \frac{1}{2} b r$

Sätze über Winkel am Kreis

Umfangswinkelsatz

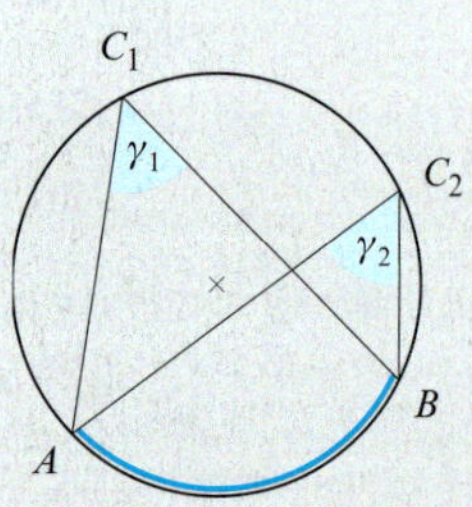

Umfangswinkel (Peripheriewinkel) über demselben Bogen sind gleich groß: $\gamma_1 = \gamma_2$

Mittelpunktswinkel-Umfangswinkel-Satz

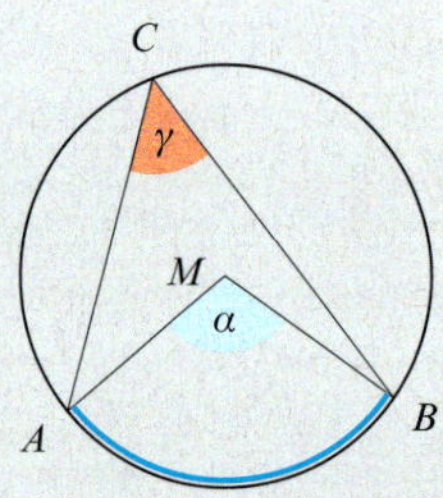

Jeder Umfangswinkel ist halb so groß wie der Mittelpunktswinkel über demselben Bogen: $\gamma = \frac{\alpha}{2}$

Satz des Thales

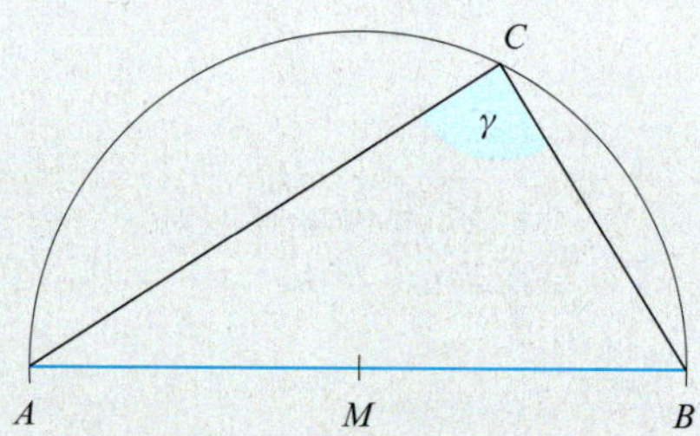

$\sphericalangle ABC$ ist genau dann ein rechter Winkel, wenn C auf dem Kreis mit dem Durchmesser $\overline{AB}$ liegt.

Umkreis und Inkreis von Vierecken

Die Summen der Längen der Gegenseiten im Tangentenviereck sind gleich groß.
$\alpha + \gamma = 180°$
$\beta + \delta = 180°$

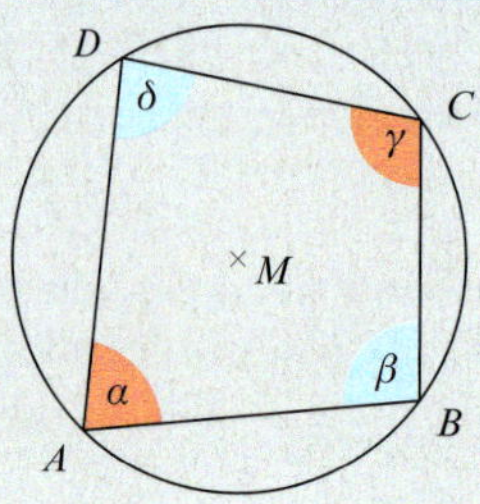

Die Summe der Gegenwinkel im Sehnenviereck beträgt 180°.

$a + c = b + d$

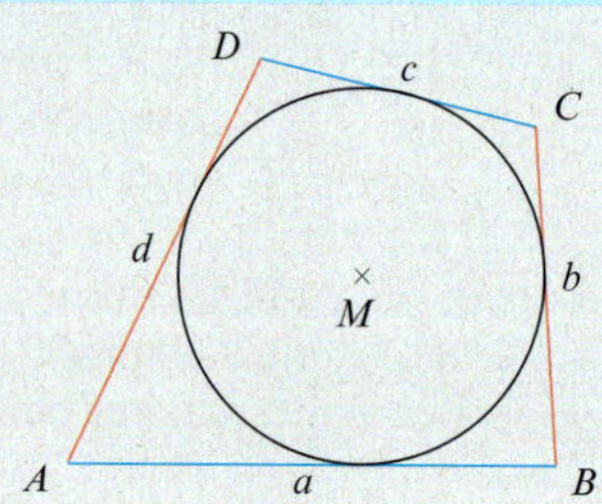

Erfassen und Auswerten von Daten

Bei der Wetterbeobachtung und Wettervorhersage kommen komplizierte mathematisch-physikalische Modelle zum Einsatz.
Diese basieren nicht zuletzt auf der statistischen Auswertung von Daten, die über viele Jahre gesammelt wurden. Die Darstellung dieser Ergebnisse in Diagrammen und Karten hilft beim Erkennen und Verstehen von Zusammenhängen und Entwicklungen.

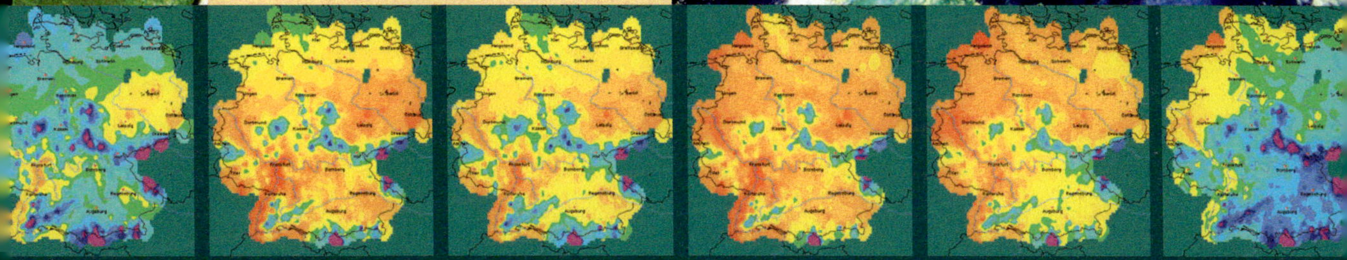

Erfassen und Darstellen von Daten

1

Nora, Sophie und Robin arbeiten in der Redaktion einer Schülerzeitung. Sie wollen in der nächsten Ausgabe darüber berichten, wie die Schüler der 7. Klassen die Freizeit verbringen. Dazu haben sie einen Fragebogen entwickelt und die Antworten der Mitschüler ausgewertet.

Frage 1: **Mit wem verbringst du deine Freizeit am liebsten?**

Freunde	Geschwister	Eltern	alleine	andere
20	3	5	1	1

Frage 2: **Wofür nimmst du dir am meisten Zeit?**

Spielen	Fernsehen oder Musik hören	mit Freunden unterwegs sein	Schularbeiten	sonstiges
3	3	15	5	4

Frage 3: **Welche Spiele sind dir am liebsten?**

Brettspiele	Sportspiele	Computerspiele	andere
2	15	10	3

Frage 4: **Wie viel Minuten verbringst du täglich vor dem Fernseher?**

0 bis 30	30 bis 60	60 bis 90	90 bis 120	120 bis 150
1	6	6	8	5

150 bis 180	180 bis 210	210 bis 240	mehr als 240
1	1	2	0

Frage 5: **Wie viele Stunden benötigst du durchschnittlich in der Woche zur Erledigung der Hausaufgaben?**

0 bis 2	2 bis 4	4 bis 6	6 bis 8	8 bis 10	mehr als 10
3	4	6	15	2	0

Frage 6: **Hilfst du im Haushalt?**

gar nicht	etwas	ziemlich viel	sehr viel
0	13	14	3

Frage 7: **Gibt es in deinem Wohngebiet genügend Beschäftigungsmöglichkeiten für Kinder?**

völlig ausreichend	es geht so	viel zu wenig
3	9	18

a) Was können Nora, Sophie und Robin in der nächsten Ausgabe berichten?
b) Entwickelt selbst einen Fragebogen zu Themen, bei denen euch die Meinung der Mitschüler interessiert.
c) Manchmal findet man auch im Briefkasten Fragebögen. Bringt ggf. unausgefüllte Fragebögen mit und vergleicht die Anlage mit dem Beispielfragebogen.

ERINNERE DICH
Wie berechnet man den Prozentwert, den Prozentsatz, den Grundwert?

2

Das folgende Bild zeigt verschiedene Diagrammarten, die ein Tabellenkalkulationsprogramm zur Darstellung von Daten anbietet. Entscheide für jedes der unter a) bis f) genannten Themen, welche dieser Diagrammarten dir für die Darstellung von Daten zu diesem Thema besonders geeignet scheint. Begründe deine Wahl.

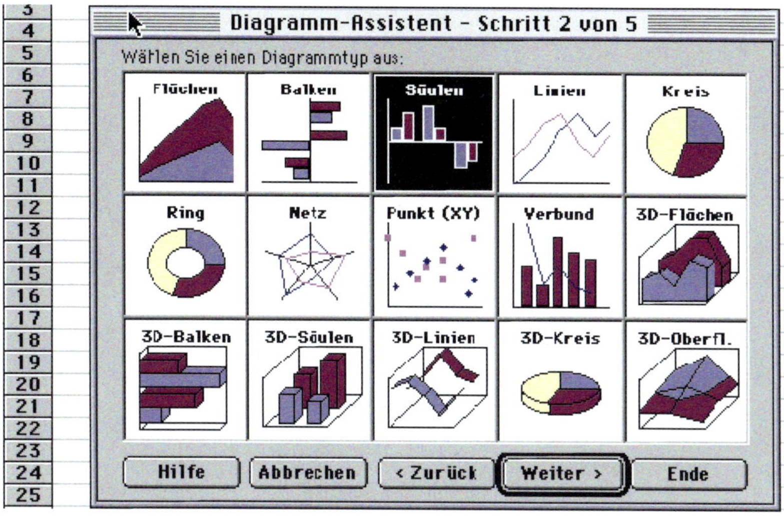

a) Anteil der Fächergruppen an den Arbeitsgemeinschaften
b) Entwicklung der Teilnehmerzahl an der Mathematik-Olympiade in den zurückliegenden fünf Jahren
c) Anteil der Zahl von Eltern, Lehrern und sonstigen Personen im Schulförderverein
d) Beliebte Freizeitbeschäftigungen der Schülerinnen und Schüler der Klassenstufe 7 (Mehrfachnennungen waren möglich)
e) Entwicklung der Auflagenstärke der Schülerzeitung
f) Anzahl der in den einzelnen Fächern im Laufe einer Woche an der Schule unterrichteten Stunden

ANREGUNG
Gewiss ist dir klar, dass Daten wie Anteile, Preise usw. in Büchern nur im Herstellungsjahr des jeweiligen Buches aktuell sind.
Versuche zu den betrachteten Sachverhalten aktuelle Daten zu finden, z. B. im Internet, in statistischen Jahrbüchern, Bibliotheken etc.

3

Was kannst du den im folgenden Bild dargestellten Diagrammen entnehmen? Sind die Diagrammdarstellungen gut gewählt? Sind sie leicht verständlich? Wären eingedruckte Prozentzahlen oder andere Zahlenangaben hilfreich oder wünschenswert? Diskutiert über diese Fragen in der Klasse.

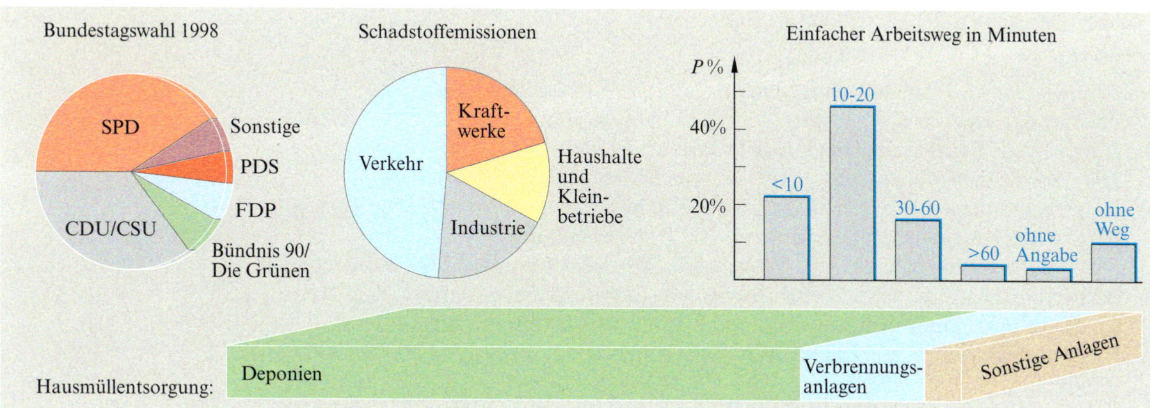

4

Zu den in Aufgabe 2 a)–e) genannten Themen wurden an der Schule von Nora, Sophie und Robin die folgenden Daten erfasst.
Veranschauliche diese Daten in entsprechenden Diagrammen.
Vergleiche mit den Diagrammen von Mitschülern.
Falls ihr verschiedene Diagrammarten gewählt habt, überlegt, welches Diagramm die größere Aussagekraft hat.

(1)

Deutsch	Kunst/ Musik	Fremd- sprachen	Mathe- matik	Infor- matik	Naturwis- senschaft	Gesellschafts- wissenschaft	Sport
8%	14%	10%	12%	30%	7%	5%	14%

(2)

1997	1998	1999	2000	2001
132	168	189	196	206

(3)

Eltern	Lehrer	Sonstige
0,55	0,22	0,23

(4)

Sport treiben	Fern- sehen	Lesen	Computer- spiele	andere Spiele	mit Freunden unterwegs sein	Musik hören	Sonstiges
23	35	12	18	12	35	20	25

(5)

Ausgabe	1	2	3	4	5	6
Auflage	250	250	200	250	275	300

AUFGABE
Führt selbst ähnliche Befragungen an eurer Schule durch.
Stellt die Ergebnisse in geeigneten Diagrammen dar.
Vergleicht mit den Umfrageergebnissen aus Aufgabe 4.

ANREGUNG
Übertragt die Tabellen auf das Arbeitsblatt einer Tabellenkalkulation.
Nun könnt ihr zu jeder Tabelle mehrere Diagramme verschiedener Art automatisch erstellen lassen.
Überlegt auch hier, welche Diagramme die größte Aussagekraft haben.

5

Nachfolgend werden einige Aussagen über Diagramme dargelegt.
Welche der Aussagen treffen deiner Meinung nach auf alle Diagramme zu, welche nur auf spezielle Diagrammarten? Begründe deine Meinung.

a) Diagramme dienen dazu, den Vergleich von Zahlen visuell darzustellen.
b) Diagramme dienen dazu, visuell zu verdeutlichen, welchen Anteil die einzelnen Häufigkeiten an der Gesamthäufigkeit 100 Prozent haben
c) Diagramme sollen verdeutlichen, wie sich Anzahlen oder Anteile zeitlich verändern.
d) Bestimmte Diagramme entstehen aus einem Stabdiagramm, wenn die Spitzen der Stäbe miteinander verbunden und die Stäbe selbst weggelassen werden.
e) Diagramme machen die Ergebnisse statistischer Untersuchungen leichter verständlich.
f) Diagramme können irreführend sein.

WISSEN

Vor der Durchführung einer **statistischen Erhebung** überlegt man, welche **Ergebnisse** auftreten können.
Alle möglichen Ergebnisse zusammen bilden die **Ergebnismenge**.
Ist es nicht oder nur sehr schwer möglich, alle möglichen Ergebnisse anzugeben, so hilft man sich oft durch das Hinzufügen von Ergebnissen wie „Sonstige", „Andere" oder „Weitere".

Die Anzahl der Beobachtungen eines Ergebnisses bezeichnet man als **absolute Häufigkeit** des Ergebnisses.
Dividiert man die absolute Häufigkeit eines Ergebnisses durch die Gesamtzahl der Beobachtungen, so erhält man die **relative Häufigkeit** des Ergebnisses. Die relative Häufigkeit wird oft in Prozent angegeben.
Als **Häufigkeitsverteilung** bezeichnet man die Zuordnung, die jedem Ergebnis seine (absolute oder relative) Häufigkeit zuordnet. Es ist oft günstig, eine Häufigkeitsverteilung grafisch darzustellen.

Bei einer statistischen Erhebung ist die Summe der absoluten Häufigkeiten aller auftretenden Ergebnisse gleich der Gesamtzahl aller Beobachtungen.
Die Summe der relativen Häufigkeiten aller auftretenden Ergebnisse ist gleich 1 bzw. gleich 100 %, wenn sie in Prozent angegeben werden. Eventuelle Abweichungen davon sind auf Rundungsfehler zurückzuführen.

MERKE
Oft werden Umfrageergebnisse zunächst in einer Strichliste erfasst. Die absolute Häufigkeit eines Ergebnisses entspricht dann der Anzahl der zu diesem Ergebnis gehörigen Striche.

6

Befrage deine Mitschülerinnen und Mitschüler, für welches Unterrichtsfach sie in der letzten Woche am meisten gelernt haben.
Stelle eine Ergebnismenge auf und ermittle die absoluten und relativen Häufigkeiten der einzelnen Ergebnisse.

7

a) Ermittle für die Fragen 1, 2, 4, 5 und 6 des Fragebogens aus Aufgabe 1 jeweils die absolute und die relative Häufigkeit der einzelnen Ergebnisse. Gib die relative Häufigkeit auch in Prozent an.
b) Addiere jeweils die absoluten bzw. die relativen Häufigkeiten der einzelnen Ergebnisse einer Frage. Was stellst du fest?
c) Warum waren die Ergebnisse „andere" bzw. „sonstige" in den Fragen 1 bis 3 erforderlich?

ANREGUNG
Denke dir weitere Fragestellungen aus und wiederhole dein Vorgehen. Entwickle gemeinsam mit Mitschülerinnen und Mitschülern einen Fragebogen für eure Klasse.

8

Um gezielt neue Bücher einzukaufen, wurde in einer Bibliothek gezählt wie viele Bücher aus welchen Bereichen ausgeliehen wurden (s. Tabelle).

Belletristik	Krimis	Fachbücher	Biografien	Sciencefiction	Reisen/Länder	Kinderbücher	andere
2 547	1 876	1 017	351	634	474	2 075	1 007

a) Ermittle die relativen Häufigkeiten, mit denen Bücher aus den einzelnen Bereichen ausgeliehen wurden (auch in Prozent).
b) Berechne die Summen aller absoluten Häufigkeiten und aller relativen Häufigkeiten und aller prozentualen Anteile.

INFORMATION
Belletristik (franz.) ist Unterhaltungsliteratur
Sciencefiction (amerik.) ist wissenschaftlich-utopische Literatur

9

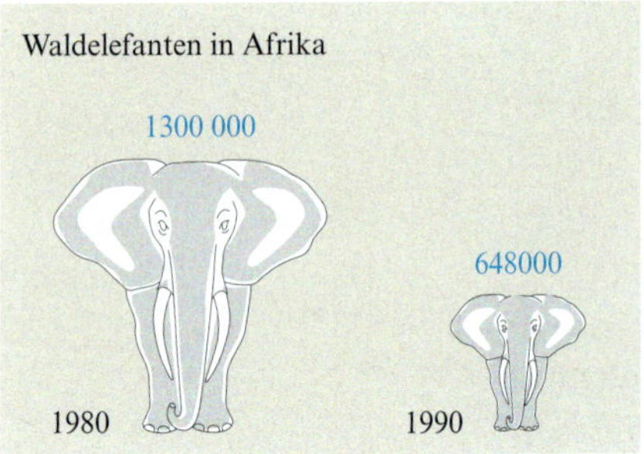

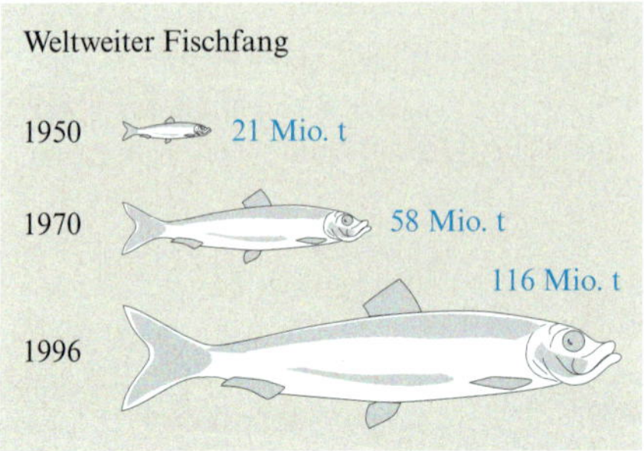

Mitunter stellt man Häufigkeiten in Piktogrammen dar. Piktogramme sind stilisierte bildliche Darstellungen oder grafische Symbole mit einer bestimmten Bedeutung.

a) In den beiden Bildern sind Beispiele für Piktogramme gegeben. Was kannst du ablesen?

b) Warum werden in Zeitungen und Zeitschriften oft Piktogramme zur grafischen Veranschaulichung von Häufigkeiten gewählt?

c) Welche Gefahr besteht beim Darstellen von Daten mithilfe von Piktogrammen? Vergleiche dazu das Verhältnis der darzustellenden Zahlen mit dem Verhältnis der Höhen bzw. der Flächen der dargestellten Bilder.

d) Was ist zu beachten, wenn räumliche Figuren als Piktogramme dienen sollen? Welche Größen müssen hier im richtigen Verhältnis stehen?

10

a) Suche in Zeitungen oder Zeitschriften, auf Plakaten oder anderem Werbe- oder Informationsmaterial nach Piktogrammen zur grafischen Veranschaulichung von Daten.
Sind die Einzelbilder im richtigen Verhältnis dargestellt?

b) Suche dir einige der bisher in dieser Lerneinheit gelösten Aufgaben aus und zeichne dazu Piktogramme.

11

In der folgenden Abbildung werden Benzinpreise verglichen.

a) Welche Informationen kannst du den Diagrammen entnehmen?

b) Gib zu beiden Diagrammen eine Überschrift an.

c) Wie hätte man den im linken Diagramm dargestellten Sachverhalt „verharmlost" darstellen können?

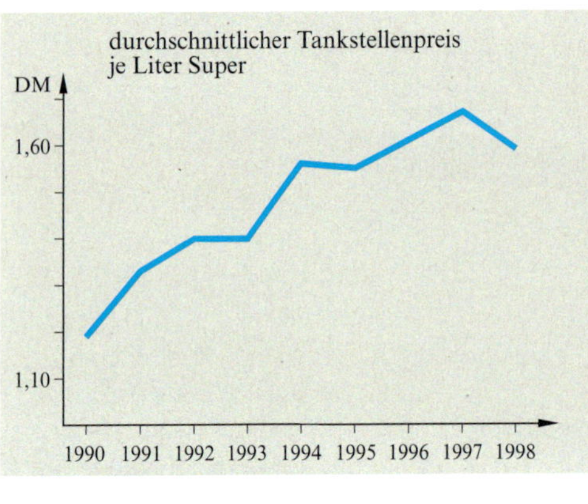

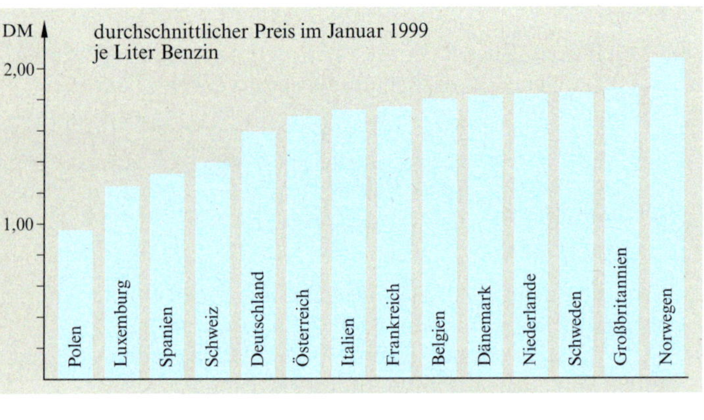

Statistische Kennwerte

Sicher hast du die Begriffe Ozonloch und Ozonbelastung schon einmal gehört. Ozon ist eine besondere Form des Sauerstoffs. Es befindet sich überwiegend in höheren Schichten unserer Atmosphäre. Dort hat es eine wichtige Aufgabe, denn es schützt uns vor schädlichen Bestandteilen der Sonnenstrahlung. Verringert sich in der Atmosphäre der Anteil des Ozons, entsteht also ein Ozonloch, können bei den Menschen schwere Erkrankungen auftreten.
Vor allem in Großstädten kann es unter bestimmten Bedingungen dazu kommen, dass sich Ozon in den unteren Schichten der Atmosphäre, also auch in der Atemluft, anreichert. Diesen Effekt bezeichnet man als Ozonbelastung, denn für viele Menschen, vor allem Kinder und Senioren, kommt es dadurch zu starken Beeinflussungen des Wohlbefindens.

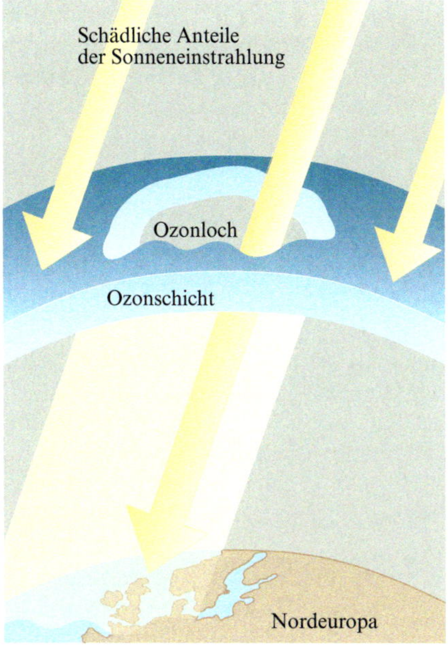

ANREGUNG
Informiere dich, zu welchen gesundheitlichen Beeinträchtigungen das Ozonloch und eine hohe Ozonbelastung führen können.
Wie kann man sich vor den Auswirkungen des Ozonlochs schützen?
Wie sollte man sich bei einer hohen Ozonbelastung schützen?

1

Die folgende Tabelle zeigt für eine Großstadt, an wie vielen Tagen in den Sommermonaten Juni, Juli und August ein bestimmter Wert der Ozonbelastung gemessen wurde. Die Werte wurden dabei auf Zehner gerundet, d. h. in den Bereich 90 fallen alle die Tage, an denen die Ozonbelastung zwischen 85 und 95 $\frac{\mu g\ \text{Ozon}}{m^3\ \text{Luft}}$ lag.

Ozonbelastung in $\frac{\mu g\ \text{Ozon}}{m^3\ \text{Luft}}$	30	40	50	60	70	80	90	100	110	120	130
Anzahl der Tage	4	4	3	7	9	15	7	8	6	5	4

Ozonbelastung in $\frac{\mu g\ \text{Ozon}}{m^3\ \text{Luft}}$	140	150	160	170	180	190	200	210	220	230	240
Anzahl der Tage	3	2	3	1	3	2	1	1	2	1	1

a) Als gesundheitlich bedenklich bezeichnet man Ozonbelastungen mit Zahlenwerten über 130. Wie groß war die relative Häufigkeit für solche Tage?

b) Ab einer Ozonbelastung von 220 $\frac{\mu g\ \text{Ozon}}{m^3\ \text{Luft}}$ wird ein Fahrverbot für Autos (mit Ausnahmen für unbedingt erforderliche Fahrzeuge) ausgesprochen.
Wie hoch war die prozentuale Häufigkeit dafür?

c) Einige Autofahrer lassen aus Einsicht ihr Auto auch schon unbenutzt, wenn der Ozongehalt noch 25 Prozent unter dem Wert für das Fahrverbot liegt. An wie vielen Tagen geschah das? Berechne die relative Häufigkeit.

d) Trage in ein Streifendiagramm die relativen Häufigkeiten für die genannten Ozonwerte ein. Kennzeichne dabei besonders den „Bereich der Gesundheitsgefährdung" und den „Bereich der rücksichtsvollen Autofahrer".

HINWEIS
Die Ozonbelastung in der bodennahen Atmosphäre wird in Mikrogramm (µg) Ozon pro Kubikmeter Luft angegeben.
$1\ \mu g = \frac{1}{1\,000\,000}\ g$

2

Eine Fußballzeitschrift bewertet die Bundesligaspieler A, B und C nach jedem Spieltag mit 1 bis 10 Punkten (1 Punkt – Totalausfall; 10 Punkte – Weltklasse).
Die drei Spieler haben an allen beobachteten Spieltagen mitgespielt.
Die folgende Tabelle zeigt, wie oft welcher Spieler welche Punktzahl erhielt.

Punkte	1	2	3	4	5	6	7	8	9	10
Spieler A	0	0	2	3	7	8	4	4	1	1
Spieler B	0	1	1	2	6	7	6	3	2	2
Spieler C	2	2	3	3	3	1	5	5	3	3

BEACHTE beim Berechnen der Durchschnittswerte, dass einzelne Punktwerte mehrmals erreicht wurden.

a) Wie viele Spieltage wurden zur Bewertung der Spieler herangezogen?
b) Wie viele Punkte erhielt jeder der drei Spieler insgesamt?
c) Wie viele Punkte erhielt jeder der drei Spieler durchschnittlich pro Spiel?
d) Berechne für jeden Spieler die relative Häufigkeit, mit der die einzelnen Punktwerte auftreten.
e) Welchen der drei Spieler sollte die Zeitschrift nach der Saison als den besten Spieler auszeichnen?
f) Welche beiden Spieler haben den gleichen Durchschnittswert erreicht? Welche Unterschiede stellst du zwischen diesen beiden Spielern fest?

3L

Ein Fernsehmagazin befragte seine Zuschauer nach ihrer Meinung zu den bekannten Politikern X, Y und Z. Dabei durften Punkte von – 5 bis 5 vergeben werden.

Punkte	–5	–4	–3	–2	–1	0	1	2	3	4	5
Politiker X	61	64	93	117	145	125	101	99	84	61	50
Politiker Y	160	125	80	60	55	45	52	56	113	117	137
Politiker Z	12	38	81	96	170	254	128	91	87	28	15

a) Wie viele Personen wurden befragt?
b) Ermittle die Durchschnittsnote der einzelnen Politiker.
c) Berechne für Y und Z jeweils die prozentualen Häufigkeiten der einzelnen Noten. Welcher der beiden Politiker neigt wohl eher zu extremen Aussagen?
d) Ein weiterer Politiker (W) erhält die gleiche Durchschnittsnote wie X.
Gib mindestens zwei mögliche Umfrageergebnisse an, die sich von denjenigen für X unterscheiden.

HINWEIS
Der Durchschnitt einer Datenreihe wird verfälscht durch einen weit von den anderen Werten entfernt liegenden Wert. Ein solcher Wert heißt **Ausreißer**.
Ein solcher kann durch einen Messfehler oder eine kurzzeitige Änderung der Bedingungen entstehen

Beispiel:
Ein Formel-1-Rennwagen wird getestet. Er erreicht Rundenzeiten von
4-mal 1:30 min
5-mal 1:31 min
3-mal 1:32 min
1-mal 1:45 min
Wodurch kann es zu dem Ausreißer gekommen sein?

WISSEN

Als Ergebnisse statistischer Erhebungen erhält man oftmals Zahlen (**Daten**). Eine Möglichkeit zur Auswertung einer aus Zahlen bestehenden Datenmenge ist die Berechnung des **arithmetischen Mittels $\bar{x}$** (Mittelwert, Durchschnitt):

Wurden n verschiedene Beobachtungen durchgeführt und sind $x_1, x_2, \ldots, x_n$ die einzelnen Beobachtungsergebnisse, so gilt:

$$\bar{x} = \frac{x_1 + x_2 + \ldots x_n}{n}.$$

4[L]

Berechne jeweils den Mittelwert.

a) Die Mädchen der Klasse 7 a erreichten folgende Weiten beim Ballweitwurf:
22 m, 24 m, 15 m, 31 m, 18 m, 22 m, 26 m, 23 m, 17 m, 12 m, 21 m, 19 m, 17 m, 25 m, 27 m, 11 m, 19 m.

b) Die Spieler einer Basketballmannschaft haben folgende Körpergrößen:
1,97 m, 2,11 m, 1,99 m, 2,03 m, 2,04 m, 2,00 m, 1,85 m, 1,98 m, 2,11 m, 2,06 m, 1,79 m, 2,07 m

c) Im 1000-m-Lauf erreichten die Jungen der 7 c folgende Zeiten:
3 : 47 min; 4 : 02 min; 3 : 35 min; 3 : 36 min; 3 : 52 min;
3 : 27 min; 4 : 15 min; 4 : 35 min; 3 : 42 min; 3 : 51 min;
3 : 39 min; 3 : 50 min; 3 : 58 min; 4 : 27 min.

5

Zur Auswertung der folgenden Tabelle soll der Mittelwert berechnet werden.

Wert	1	2	3	4	5	6
absolute Häufigkeit	2	6	12	6	3	1
relative Häufigkeit	$\frac{2}{30}$	$\frac{1}{5}$	$\frac{2}{5}$	$\frac{1}{5}$	$\frac{1}{10}$	$\frac{1}{30}$

Sebastian rechnet:

$1 + 1 + 2 + 2 + 2 + 2 + 2 + 2 + 3 + 3 + 3 + 3 + 3 + 3 + 3 + 3 + 3 + 3 + 3 + 3 + 4 + 4 + 4 + 4 + 4 + 4 + 5 + 5 + 5 + 6 = 95$

$\bar{x} = \frac{95}{30} \approx 3{,}2$

Juliane rechnet:

$\bar{x} = \frac{2 \cdot 1 + 6 \cdot 2 + 12 \cdot 3 + 6 \cdot 4 + 3 \cdot 5 + 1 \cdot 6}{30}$

Anne rechnet:

$\bar{x} = \frac{2}{30} \cdot 1 + \frac{1}{5} \cdot 2 + \frac{2}{5} \cdot 3 + \frac{1}{5} \cdot 4 + \frac{1}{10} \cdot 5 + \frac{1}{30} \cdot 6$

a) Begründe – ohne zu rechnen –, dass Juliane und Anne zum gleichen Ergebnis wie Sebastian gelangen werden.

b) Beschreibe, wie man möglichst schnell den Mittelwert einer großen Anzahl von Werten berechnen kann.

6

Berechne jeweils den Mittelwert.

a) An einem Bundesligaspieltag fielen in den Spielen zwischen 0 und 7 Tore.

Tore	0	1	2	3	4	5	6	7
Häufigkeit	2	4	3	3	1	2	0	1

b) Es wird getestet, in welcher Zeit ein Auto von 0 auf 100 km/h beschleunigt.

Zeit in s	9,6	9,7	9,8	9,9	10,0	10,1
Anzahl	6	15	23	27	8	1

7

Thomas ist der beste Basketballspieler seiner Klasse. In den letzten Spielen erreichte er viermal 8 Punkte, dreimal 9 Punkte, fünfmal 10 Punkte und zweimal 12 Punkte.

a) Berechne den Durchschnittswert seiner erreichten Punkte in den letzten Spielen.

b) Kann er im nächsten Spiel seinen Punktedurchschnitt auf 10 erhöhen, wenn er davon ausgeht, dass er höchstens 14 Punkte in einem Spiel schafft?

8

Die Gruppe „Superboys" ist mit einem Superhit seit 15 Wochen in den Top-Ten platziert. Von Woche zu Woche änderte sich der Platz wie folgt:

$9 \to 5 \to 3 \to 3 \to 2 \to 2 \to 2 \to 2 \to 1 \to 4 \to 7 \to 5 \to 3 \to 5 \to 8$

Wenn sich die „Superboys" noch weitere 5 Wochen in den Top-Ten platzieren, könnte sich der Mittelwert für die Platzierung ändern.

a) Berechne das arithmetische Mittel für die Platzierung in den 15 Wochen.

b) Welcher Mittelwert ergibt sich, wenn die weiteren Platzierungen 4, 7, 7, 7, 10 lauten?

c) Gib mögliche Platzierungen an, so dass $\bar{x} = 5$ ist.

d) Ist es möglich, für die 16. bis 20. Woche Platzierungen in den Top-Ten anzugeben, sodass $\bar{x} = 7$ bzw. $\bar{x} = 2$ ist?

9

Pirouette auf dem Eis

Stine sieht mit Begeisterung Eiskunstlaufen. Ihre Lieblingsläuferin ist schon gelaufen und hat die folgenden Bewertungen erhalten.

A-Note: 5,7 5,4 5,5 5,4 5,2 5,3 5,5 5,2 5,2
B-Note: 5,8 5,4 5,7 5,5 5,5 5,4 5,5 5,3 5,4

Mit Spannung erwartet Stine die Bewertung der Hauptkonkurrentin ihrer Lieblingsläuferin. Zuerst erscheint deren A-Note auf der Anzeigetafel:

A-Note: 5,7 5,5 5,3 5,3 5,4 5,4 5,6 5,2 5,3

a) Ermittle den Durchschnittswert aller in der A- und B-Note vergebenen Punkte für Stines Lieblingsläuferin.

b) Wie könnte die B-Note der Hauptkonkurrentin aussehen, wenn deren Durchschnittswert für A- und B-Note zusammen 5,5 beträgt?
Gib mindestens drei Möglichkeiten an.

10

An einer Schule wurden alle Schülerinnen und Schüler nach der Anzahl ihrer Geschwister gefragt.
Die Ergebnisse wurden in der folgenden Tabelle festgehalten.

Anzahl der Geschwister	0	1	2	3	4	5
Anzahl	186	274	147	35	6	2

Als Ergebnis der Umfrage wurde angegeben, dass die „durchschnittliche Familie" 1,09 Kinder hat.
Was wurde hier gewiss falsch gemacht?
Welcher Fehler könnte noch aufgetreten sein?
Kann man aus der Tabelle überhaupt eine Aussage ableiten (welche)?

TIPP
Wie viele Kinder hat die abgebildete Familie und wie viele Geschwister hat jedes der Kinder?

11

a) Beim Basketball sieht man besonders häufig große Spieler. Warum?
b) Die Größen der jeweils 5 Feldspieler zweier Mannschaften betragen:
Mannschaft A: 183 cm, 187 cm, 193 cm, 197 cm, 202 cm.
Mannschaft B: 168 cm, 178 cm, 186 cm, 205 cm, 212 cm.
Berechne jeweils die Durchschnittsgröße.
c) Diskutiert in Gruppen: Ist die Mannschaft mit den durchschnittlich größeren Spielern im Vorteil?

12

Eva kommt mit dem Bus zur Schule. Ihre Fahrzeiten betrugen: Montag 8 min, Dienstag 7 min, Mittwoch 7 min, Donnerstag 35 min und Freitag 6 min.
a) Nenne mögliche Gründe dafür, dass Evas Fahrzeiten so unterschiedlich waren.
b) Wie viel Zeit benötigt Eva durchschnittlich, um zur Schule zu kommen?
c) Berechne den Durchschnittswert der Fahrzeiten, ohne den Donnerstag zu berücksichtigen. Hältst du den Durchschnittswert aus Aufgabenteil b) oder den Durchschnittswert aus Aufgabenteil c) für aussagekräftiger? Begründe.
d) Ordnet man Evas Fahrzeiten der Größe nach, so ergibt sich folgende Liste:
6 min, 7 min, **7 min**, 8 min, 35 min.
In der Mitte der Liste liegt der Wert 7 min. Lässt dieser Wert Aussagen über Evas Schulweg zu? Begründe.

13[L]

Die Jungen der 7 a haben beim Schulsportfest im Weitspringen folgende Weiten (in Meter) erzielt:

0,00 3,88 3,52 3,74 3,32 4,01 3,09 2,97 3,26 3,11

Bei den Jungen der 7 b waren es:

3,29 3,01, 3,77 5,17 2,89 3,63 3,92 3,13 3,24 3,76 3,33

a) Berechne für beide Klassen das arithmetische Mittel.
b) Diskutiert in Gruppen oder in der Klasse: Wie kommt man zu einer „gerechten" Entscheidung, welche Klasse die besseren Weitsprungergebnisse hatte.

TIPP
Das arithmetische Mittel wurde in beiden Klassen stark durch Ausreißer beeinflusst: in der 7 a sehr negativ durch die Weite 0,00 m (dreimal übertreten), in der 7 b sehr positiv durch die Weite 5,17 m (ein Schüler sprang aufgrund langen Trainings viel weiter).

WISSEN

Der Wert in der Mitte einer geordneten Liste heißt **Zentralwert** oder auch **Median**.
Enthält eine Liste eine gerade Anzahl von Zahlen, so bildet man den Mittelwert der beiden in der Mitte stehenden Zahlen (s. Beispiel auf Seite 206).

BEISPIEL

Ordnet man die Ergebnisse der Aufgabe 13 nach der Größe, so erhält man:

Klasse 7 a:
0,00 2,97 3,09 3,11 **3,26** **3,32** 3,52 3,74 3,88 4,01
Zentralwert: (3,26 + 3,32) : 2 = **3,29**

Klasse 7 b:
2,89 3,01 3,13 3,24 3,29 **3,33** 3,63 3,76 3,77 3,92 5,17
Zentralwert: **3,33**

ANREGUNG
Mithilfe einer Tabellenkalkulation lassen sich Listen automatisch der Größe nach sortieren. Du kannst außerdem das arithmetische Mittel berechnen lassen.

14

Vergleiche jeweils den Zentralwert und den Mittelwert der folgenden Datenreihen. Welche Daten würdest du eventuell als Ausreißer bezeichnen? Begründe.

a) Körpergewichte von zufällig ausgewählten Männern:
72 kg; 117 kg, 83 kg; 79 kg, 86 kg, 69 kg, 92 kg

b) Zeiten von Frank für seinen Heimweg von der Schule an 10 Tagen:
13 min, 17 min, 14 min, 15 min, 35 min, 13 min, 10 min, 15 min, 19 min, 14 min

c) Preise von zufällig ausgewählten Schuhsorten:
43 €, 17 €, 88 €, 25 €, 69 €, 34 €, 54 €

d) Von Teilnehmern einer Mathematikolympiade erreichte Punktzahlen:
23, 18, 40, 17, 39, 31, 22, 35, 19, 21, 27

e) Zimmeranzahlen von zufällig ausgewählten Einfamilienhäusern:
4, 3, 7, 2, 4, 4, 3, 5, 3, 4, 4, 3

f) Massen aller Waren eines Einkaufs:
3,5 kg, 125 g, 125 g, 1,2 kg, 250 g, 1 kg, 250 g, 1 kg, 780 g, 100 g, 45 g

NACHGEDACHT
Wie beeinflusst ein Ausreißer das arithmetische Mittel?
Wie beeinflusst ein „Ausreißer" den Zentralwert?

15

Bei einer Befragung wurden folgende Monatseinkommen angegeben:
1250 €, 1400 €, 2230 €, 3210 €, 1380 €, 1860 €, 9400 €, 2480 €.

a) Vergleiche das „zentrale" Einkommen und das „mittlere" Einkommen.

b) Gibt es einen Ausreißer?

c) Berechne das mittlere Einkommen, ohne den Ausreißer zu berücksichtigen. Ist dieser Mittelwert deiner Meinung nach aussagekräftig? Begründe.

16

Note	1	2	3	4	5	6
Anzahl	3	4	7	11	4	1

Bei einer Klassenarbeit wurden obige Ergebnisse erzielt.
Karl sagt: „Die Arbeit ist insgesamt befriedigend ausgefallen."
Gabi widerspricht: „Die von der Klasse gezeigte Leistung ist nur ausreichend."
Wie kommen beide zu ihrer Meinung? Was meinst du zum Ergebnis der Arbeit?

17

Anne hat ihre Freundinnen befragt, wie viel Taschengeld sie monatlich erhalten:
7,50 €, 6 €, 8 €, 10 €, 5 €, 6 €, 8 €, 10 €, 9 €, 6 €.
Anne selbst erhält 7 € Taschengeld. Mit welchem Kennwert sollte Anne ihren Eltern gegenüber argumentieren, wenn sie um eine Taschengelderhöhung bittet. Wie könnte die Argumentation lauten?

18

a) In einem internationalen Wettkampf hat jeder Weitspringer sechs Versuche. Springer 1 erreicht eine durchschnittliche Weite von 7,98 Metern und Springer 2 durchschnittlich 8,03 Meter.
Kann daraus geschlussfolgert werden, welcher Springer im Wettkampf vor dem anderen lag? Begründe.

b) In einem kleinen See wird an 10 Messpunkten die Tiefe gemessen. Der Durchschnittswert liegt bei 90 Zentimetern. Kann der See zum Baden für Nichtschwimmer freigegeben werden? Begründe.

NACHGEDACHT
Was hältst du von der folgenden „Mittelwert-berechnung"?
Bianka geht 70 Meter pro Minute.
Sie gräbt 1 Meter pro Minute um.
Sie schwimmt 50 Meter pro Minute.
Sie isst 0,05 Meter Bockwurst pro Minute.
Sie läuft 300 Meter pro Minute.
Sie schreibt 0,6 Meter pro Minute.
Biankas mittlere Geschwindigkeit beträgt 70,275 Meter pro Minute.

19

a) In den Klassen 7 a und 7 b wurde die gleiche Mathematikarbeit geschrieben. In beiden Klassen wurde ein Zentralwert von 2,5 erreicht.
Kann daraus geschlussfolgert werden, dass es in beiden Klassen gleich viele „Matheasse" gibt? Begründe.

b) In zwei aufeinander folgenden Wintern ist die Durchschnittstemperatur gleich. Ist dann auch die Anzahl der „Frosttage" gleich? Begründe.

AUFGABEN ZUR WIEDERHOLUNG

Eines der bekanntesten Glücksspiele ist das Roulette.
Nach dem Drehen der Roulettescheibe wird eine Kugel entgegen der Drehrichtung auf die Scheibe geworfen. Die Roulettekugel fällt dann in genau eines der Felder 0 bis 36.
Vor dem Drehen können die Spieler Spielmarken auf den Roulettespielplan setzen – z. B. auf Rot oder auf Schwarz.

Spielplan

1. Die Ergebnismenge beim Roulette ist $\Omega = \{0; 1; 2; \ldots; 34; 35; 36\}$.
   Ermittle die Wahrscheinlichkeiten des Eintretens der folgenden Ereignisse.
   A – Rot gewinnt.
   B – Ungerade Zahl (Impair) gewinnt.
   C – Das dritte Dutzend(12^D; 25–36) gewinnt.
   D – Die Zahl 25 gewinnt.
   E – Die Querreihe (25, 26, 27) gewinnt.
   F – Der Viererblock (14, 15, 17, 18) gewinnt.

2. Entscheide, ob Zufallsexperimente vorliegen, bei denen alle Ergebnisse gleich wahrscheinlich sind (Laplace-Experimente).
   a) Die Kugel fällt beim Roulette in ein Feld; $\Omega = \{0; 1; 2; \ldots; 34; 35; 36\}$
   b) Wetterbeobachtung im April; $\Omega = \{\text{es schneit; es schneit nicht}\}$
   c) Wochentag, an dem ein Mensch geboren wird; $\Omega = \{\text{Mo; Di; Mi; Do; Fr; Sa; So}\}$
   d) Tag des Monats, an dem ein Mensch geboren wird; $\Omega = \{1.; 2.; \ldots; 31.\}$
   e) Würfeln einer Zahl mit einem Würfel; $\Omega = \{1; 2; 3; 4; 5; 6\}$

3. Berechne die Wahrscheinlichkeiten der folgenden Ereignisse.
   A – Mit einem Würfel wird eine Zahl größer als 2 gewürfelt.
   B – Mit einem Würfel wird eine ungerade Zahl gewürfelt.
   C – Aus einem Skatspiel wird ein Bube gezogen.
   D – Aus einem Skatspiel wird eine rote 9 gezogen.
   E – Ein Kind wird am Wochenende geboren.
   F – Der 1. Mai dieses Jahres fällt auf einen Werktag.
   G – Die erste beim Zahlenlotto ermittelte Zahl ist eine Quadratzahl.

Die zwei Probleme der Welternährung

Jährlich am 16. Oktober wird in mehr als 150 Ländern der Welternährungstag begangen. Er wurde ins Leben gerufen, um die Menschen daran zu erinnern, dass es in vielen Ländern der Welt noch nicht gelingt, alle Menschen ausreichend mit Nahrung zu versorgen. Er soll anregen, nach Lösungen für dieses Problem zu suchen.

Während in einem Teil der Welt täglich Menschen verhungern, erkranken bei uns und in vielen anderen Industrieländern Menschen an „zu guter" Ernährung und sterben sogar daran.

Ist dir bewusst, dass beide Probleme miteinander zu tun haben?

Hungernde Flüchtlinge in Zaire (Afrika)

1

Diskutiert in der Klasse oder in Gruppen über die Ursachen der beiden Probleme. Seht ihr Lösungen für das Hungerproblem?
Nutzt bei eurer Argumentation auch die folgenden Kreisdiagramme, in denen so genannte entwickelte Länder und Entwicklungsländer hinsichtlich dreier Aspekte verglichen werden. Ermittelt aus den Kreisdiagrammen die jeweiligen Anteile.

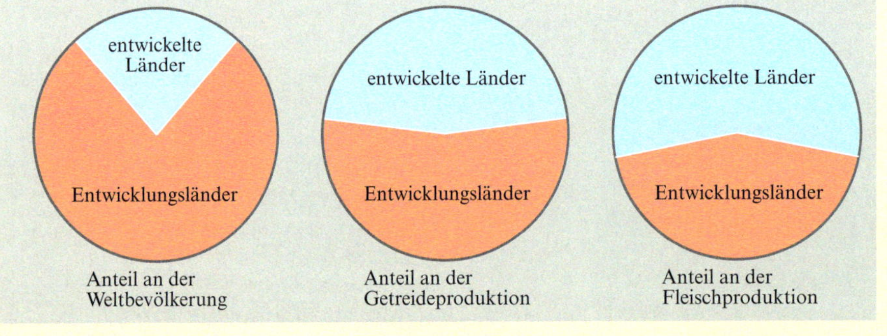

Von der Hungersnot sind gesellschaftlich Schwache, vor allem auch Kinder besonders betroffen. So ist insbesondere bei Kindern unter 5 Jahren aufgrund chronischer Unterernährung ein Untergewicht festzustellen.
Die Tabelle zeigt dir, wie viele Kinder Afrikas unter 5 Jahren untergewichtig waren bzw. es im Jahre 2005 vermutlich sein werden. Außerdem kannst du den Anteil der untergewichtigen Kinder an allen Kindern Afrikas unter 5 Jahren erkennen.

In Afrika an Untergewicht leidende Kinder unter 5 Jahren

Jahr	absolute Zahl in Millionen	Anteil
1975	19,7	26 %
1990	27,4	24 %
2005	36,5	22 %

2

a) Hast du eine Erklärung, warum trotz ständig steigender Zahl der an Untergewicht leidenden Kindern unter 5 Jahren deren prozentualer Anteil sinkt?

b) Berechne die Anzahlen aller Kinder Afrikas unter 5 Jahren für die Jahre 1975, 1990 und 2005.

c) Setze die Anzahl aller Kinder Afrikas unter 5 Jahren im Jahre 1975 gleich 100 Prozent. Auf wie viel Prozent ist die Anzahl aller Kinder unter 5 Jahre bis 1990 gestiegen und auf wie viel Prozent wird sie voraussichtlich bis 2005 steigen?

Zusammensetzung der Nahrung – Ideal und Wirklichkeit

Der tägliche Energiebedarf eines erwachsenen Menschen beträgt etwa 10 000 kJ (Kilojoule). Das folgende Diagramm zeigt, wie eine gesunde Ernährung zusammengesetzt sein sollte. Die angegebenen Anteile beziehen sich immer auf den Beitrag des jeweiligen Nahrungsbestandteils zur täglichen Energieaufnahme (100 % ≙ 10 000 kJ).

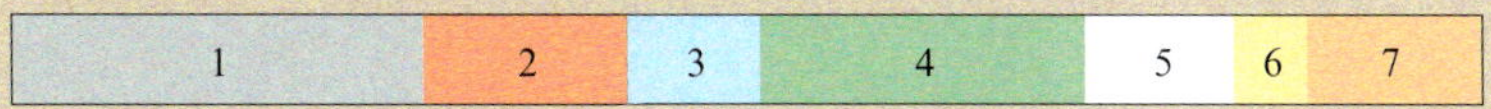

1 Getreide/-produkte, Kartoffeln
2 Obst
3 Fisch, Fleisch, Eier
4 Gemüse, Hülsenfrüchte
5 Milch/Milchprodukte
6 Fette, Öle
7 Getränke

Tatsächliche Zusammensetzung der Nahrung im Weltdurchschnitt, wobei die tägliche Energieaufnahme 11 300 kJ (≙ 100 %) beträgt.

Bestandteil	Anteil
Getreide/-produkte, Kartoffeln	56 %
Obst	4 %
Fisch, Fleisch, Eier	10 %
Zucker, Sirup, Honig	9 %
Gemüse, Hülsenfrüchte	4 %
Milch/Milchprodukte	4 %
Fette, Öle	10 %
andere	3 %

Tatsächliche Zusammensetzung der Nahrung in Industriestaaten, wobei die tägliche Energieaufnahme 14 650 kJ (≙ 100 %) beträgt.

Bestandteil	Anteil
Getreide/-produkte, Kartoffeln	29 %
Fleisch	17 %
Zucker, Sirup, Honig	13 %
Milch/Milchprodukte	11 %
tierische Fette und Öle	8 %
pflanzliche Fette und Öle	8 %
Alkohol	5 %
andere	9 %

3

Veranschauliche auch die Zusammensetzung der Nahrung im Weltdurchschnitt und in Industriestaaten in jeweils 10 cm langen Streifendiagrammen.
Vergleiche. Was stellst du fest? Dürfte es nach diesen Angaben überhaupt Hunger auf der Welt geben? Warum spricht man in den Industrieländern mitunter vom „Mangel durch Überfluss"?

4

Oft hört man angesichts der verfügbaren Nahrung: „Kein Mensch auf der Welt müsste hungern."
Argumentiert in Gruppen zu dieser Auffassung. Unterlegt eure Meinung mit Fakten. Vielleicht hilft euch dabei auch folgende Information: 1994 lebten auf der Erde etwa 5,7 Milliarden Menschen, die insgesamt 1,9 Milliarden Tonnen Getreide produzierten. Getreide enthält pro Kilogramm ca. 12 500 kJ Energie.

5

Nicht nur Unter-, sondern auch Überernährung führt zu gesundheitlichen Problemen.
Die Tabelle in der Randspalte belegt das am Beispiel Deutschlands. Stelle die Werte aus der Tabelle auch in einem Diagramm dar (s. Bild).
Erkennst du Zusammenhänge zu den oben dargestellten Ernährungsgewohnheiten in Industrieländern?

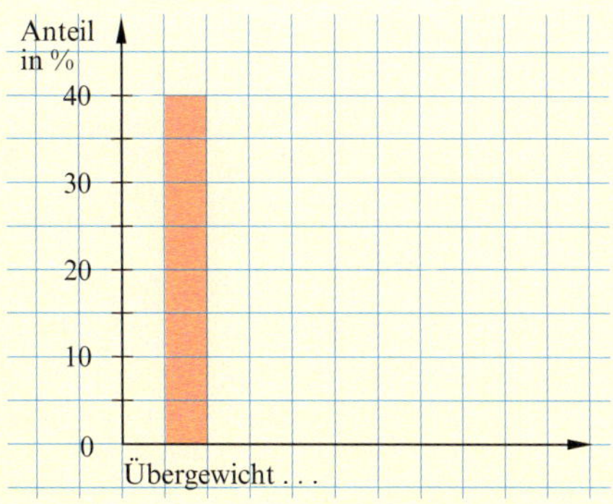

Prozentuale Häufigkeiten von ernährungsbedingten Krankheiten in Deutschland (bezogen auf die Gesamtbevölkerung)

Krankheit	Anteil
Übergewicht	40 %
Verdauungsprobleme	30 %
Bluthochdruck	15 %
erhöhte Blutfettwerte	15 %
Gallensteine	10 %
Gicht	7 %
Zuckerkrankheit	4 %

Untersuchen von Häufigkeitsverteilungen

1

In den Klassen 7 a, b und c wurde dieselbe Statistikaufgabe gestellt. Dabei wurden die möglichen Punktzahlen (0 bis 5) mit folgenden absoluten Häufigkeiten erreicht.

Punkte	0	1	2	3	4	5
Klasse 7 a	0	3	7	14	5	0
Klasse 7 b	2	5	4	4	7	3
Klasse 7 c	1	2	7	9	5	1

a) Zeige, dass alle drei Häufigkeitsverteilungen etwa denselben Mittelwert und genau denselben Zentralwert haben.

b) Erläutere, dass zwischen den drei Häufigkeitsverteilungen trotz gleichen Mittelwerts und gleichen Zentralwerts deutliche Unterschiede bestehen.

BEACHTE
bei Aufgabenteil 1 b) auch die Veranschaulichung der absoluten Häufigkeiten h:

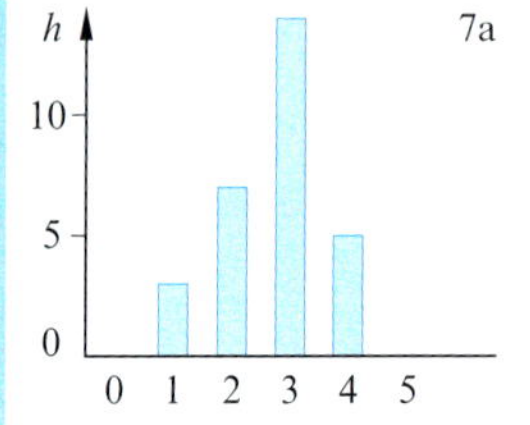

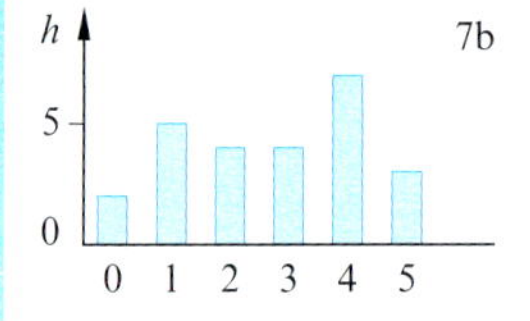

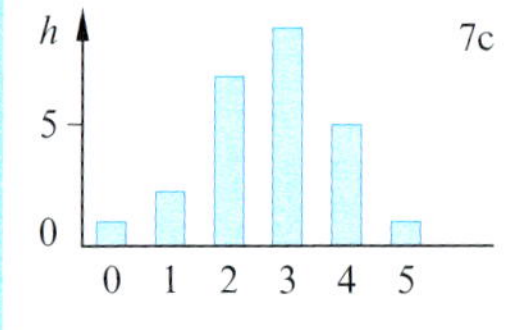

2

Eine Bundesligamannschaft hat zwei besonders sichere Elfmeterschützen, die Spieler Sorgfalt und Pike. An den letzten 10 Trainingstagen vor dem Pokalfinale ist es ihnen immer gelungen, von 20 geschossenen Elfmetern mindestens 14 zu verwandeln:

Tore	14	15	16	17	18	19	20
Sorgfalt	0-mal	0-mal	0-mal	3-mal	5-mal	1-mal	1-mal
Pike	1-mal	1-mal	2-mal	0-mal	0-mal	1-mal	5-mal

Der Trainer überlegt, wer von beiden beim Pokalfinale einen eventuellen Elfmeter schießen sollte. Wie würdest du entscheiden, wenn du der Trainer wärst? Begründe.

WISSEN

Verschiedene Häufigkeitsverteilungen können sich trotz desselben Mittelwertes oder desselben Zentralwertes deutlich unterscheiden:
Die einzelnen Werte können in unterschiedlicher Weise um den Mittelwert oder den Zentralwert **streuen.**

Ein **Streuungsmaß** kennen wir bereits: Die **Spannweite** ist die Differenz zwischen dem größten und dem kleinsten beobachteten Wert.

Die Streuung der Beobachtungswerte wird durch die Spannweite nur sehr grob beschrieben: Bei der Spannweite interessieren nur der größte und der kleinste Wert. Offen bleibt z. B., ob sich die anderen Beobachtungsergebnisse etwa gleichmäßig innerhalb der Spannweite verteilen oder ob sie sich in der Nähe des Mittel- oder Zentralwertes häufen.

BEISPIEL
Bei Aufgabe 1 streuen die erreichten Punktzahlen in der Klasse 7 a zwischen 1 und 4 Punkte.
Die Spannweite beträgt demnach 4 – 1 = 3.
Das heißt, der Unterschied zwischen der höchsten und der niedrigsten Punktzahl beträgt 3 Punkte.

3

a) Vergleiche die Spannweiten der bei der Statistikaufgabe in den Klassen 7 a, b und c erreichten Punktzahlen (s. Aufgabe 1).
Erläutere, ob durch die Spannweiten alle Unterschiede in den drei Häufigkeitsverteilungen ausreichend beschrieben werden. Beachte dabei auch die Diagramme in der Randspalte. Überlege, wie sich die Spannweite in den Diagrammen zeigt.

b) Gib für die Häufigkeitsverteilungen aus Aufgabe 2 die Spannweiten an.

BEISPIEL

Bei Aufgabe 1 erreichte die Klasse 7 a einen Mittelwert von etwa 2,7 Punkten. Wir untersuchen nun, wie die im Einzelnen erreichten Punkte von diesem Durchschnittswert abweichen. Dabei betrachten wir nur die absolute Abweichung und nicht, ob sie nach oben oder unten abweichen.

Punktzahl	0	1	2	3	4	5
Betrag der Abweichung vom Mittelwert 2,7	2,7	1,7	0,7	0,3	1,3	2,3
Häufigkeiten der Noten in der Klasse 7 a	0	3	7	14	5	0

Berechnen der **mittleren Abweichung** vom Mittelwert:

$$\frac{0 \cdot 2{,}7 + 3 \cdot 1{,}7 + 7 \cdot 0{,}7 + 14 \cdot 0{,}3 + 5 \cdot 1{,}3 + 0 \cdot 2{,}3}{29} \approx 0{,}7$$

Deutung der Ergebnisse:
Im Mittel streuen die in der Klasse 7 a erreichten Punktzahlen bei der Statistikaufgabe um $\pm 0{,}7$ um den Mittelwert von 2,7 Punkten. Das heißt, im Mittel liegen die Punktwerte zwischen $2{,}7 - 0{,}7 = 2{,}0$ und $2{,}7 + 0{,}7 = 3{,}4$.

NACHGEDACHT

Warum werden zur Berechnung der mittleren Abweichung die Absolutbeträge der Abweichungen der einzelnen Beobachtungswerte vom Mittelwert verwendet? Begründe, dass es zu unsinnigen Aussagen führt, wenn man zur Berechnung der mittleren Abweichung die vorzeichenbehafteten Differenzen zwischen Beobachtungswert und Mittelwert verwenden würde.

4

a) Werte auch die Ergebnisse der Klassen 7 b und 7 c (s. Aufgabe 1) wie im Beispiel aus. Welche Schlussfolgerungen ziehst du aus dem Vergleich der drei Klassen?

b) Begründe am Beispiel der drei Klassen, dass die mittlere Abweichung vom Durchschnittswert aussagekräftiger ist als die Spannweite.

5

Berechne zur Aufgabe 2 die mittleren Abweichungen von den Durchschnittswerten. Welche Erkenntnisse gewinnst du aus den mittleren Abweichungen vom Durchschnittswert bei den beiden Spielern?

WISSEN

Es seien $x_1, x_2, \ldots, x_n$ die Beobachtungsergebnisse bei einer statistischen Erhebung und x sei ihr arithmetisches Mittel.
Die **mittlere Abweichung** $d_{\overline{x}}$ vom Mittelwert ist dann:

$$d_{\overline{x}} = \frac{|x_1 - \overline{x}| + |x_2 - \overline{x}| + \ldots + |x_n - \overline{x}|}{n}$$

6

Bei den Aufgaben 4 auf Seite 203, 7 a) auf Seite 204 und 11 b) auf Seite 205 waren Durchschnitte zu berechnen. Berechne nun auch die Spannweite der beobachteten Werte und die mittlere Abweichung vom Durchschnittswert.

7

Claudia und Anke trainieren regelmäßig Weitsprung. Die Tabelle in der Randspalte zeigt die Weiten (in m) ihrer besten Sprünge an den letzen 7 Trainingstagen.
Die Trainerin kann eine von beiden zu den Kreismeisterschaften am nächsten Wochenende schicken.
Welche Erkenntnisse, die der Trainerin bei ihrer Entscheidung evtl. helfen können, gewinnst du aus einer statistischen Auswertung der Trainingsergebnisse?

Claudia	Anke
4,23	3,65
3,99	4,39
4,12	4,04
4,15	4,26
4,08	4,12
4,05	4,46
4,27	3,97

Teste dich!

Grundwissen

1

Berit, Uwe und Jürgen haben in ihrer Schule eine Umfrage durchgeführt und die Anzahl der Stunden erfasst, die Schülerinnen und Schüler pro Woche für die Erledigung ihrer Hausaufgaben aufwenden. (Mehr als 10 Stunden hatte niemand angegeben).

0 bis unter 2	2 bis unter 4	4 bis unter 6	6 bis unter 8	8 bis unter 10
21	104	115	125	66

a) Stelle die Ergebnisse in einen Säulendiagramm dar.
b) Welche Bedeutung könnte man bei dieser Umfrage der Breite der Säulen zumessen?
c) Versuche anhand dieser Umfrageergebnisse sinnvoll einen Mittelwert für die wöchentlich aufzuwendende Hausaufgabenzeit anzugeben.

2

Stelle die Angaben, die du dem folgenden Kreisdiagramm entnehmen kannst, in einem Säulendiagramm dar.

Verkehrsmittelnutzung für Freizeit und Urlaub

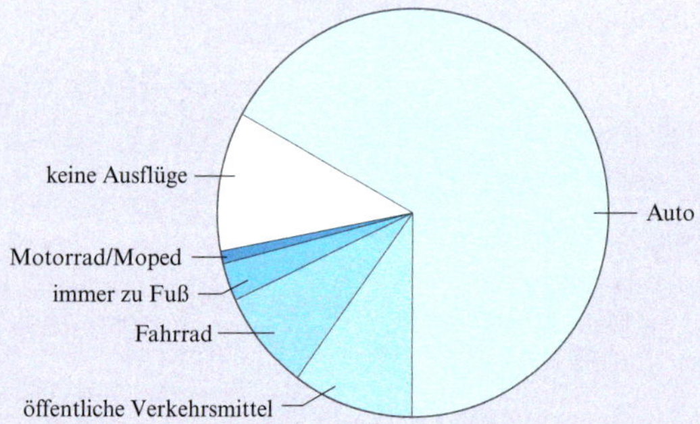

3

Bei einer Umfrage gab es die Antwortmöglichkeiten A, B, C, D, E und F.

Ergebnis	A	B	C	D	E	F
absolute Häufigkeit	4	8	12		6	
relative Häufigkeit	0,1			0,2		0,05

a) Übertrage und vervollständige die Tabelle.
b) Stelle die absoluten Häufigkeiten in einem Streifendiagramm und die relativen Häufigkeiten in einem Säulendiagramm dar.

4

Befrage deine Mitschüler nach Körpergröße, Gewicht und Schuhgröße.
a) Ermittle jeweils die Spannweite, den Median, das arithmetischen Mittel und die mittlere Abweichung vom arithmetischen Mittel der Daten.
b) Diskutiere die Ergebnisse im Hinblick auf etwaige Besonderheiten oder Unregelmäßigkeiten. Welche Ursachen könnten diese haben (falls es welche gibt)?
c) Stelle die Daten grafisch dar.

Sachaufgaben und Probleme

5

Welche Hobbys haben die Schülerinnen und Schüler deiner Klasse? Wie sind sie zu den Hobbys gekommen, was erwarten sie sich davon? Entwirf einen Fragebogen, werte die ausgefüllten Fragebögen aus und stelle die Ergebnisse „präsentationsfähig“ dar (zum Beispiel auf Folien oder auf einem Poster).

6

Der Manager eines Unternehmens soll über die Entwicklung des Umsatzes in den zurückliegenden Jahren berichten. Für seine Präsentation hat er die folgenden Grafiken vorbereitet. Welche Aussagen können aus welcher Grafik herausgelesen werden?

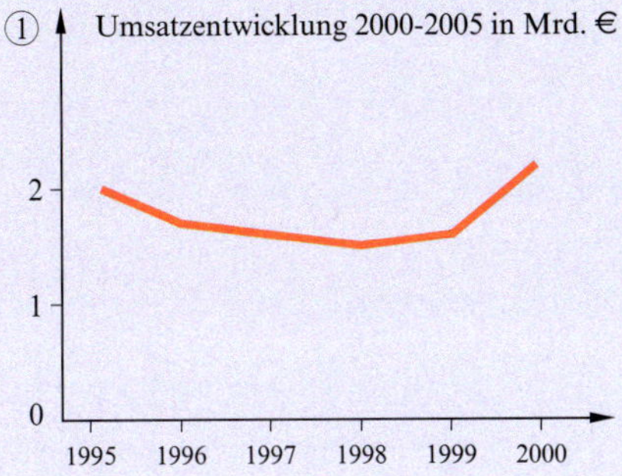

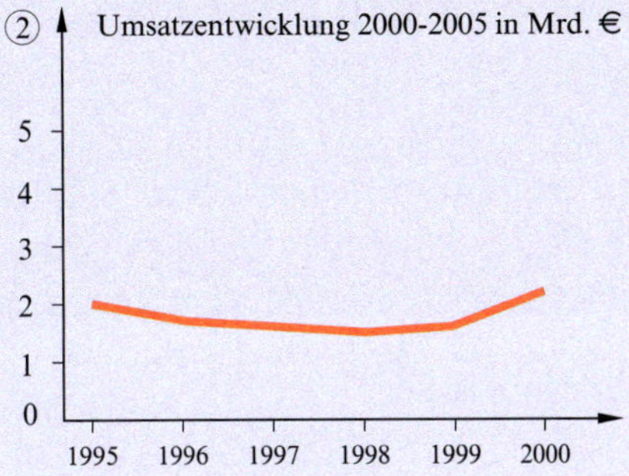

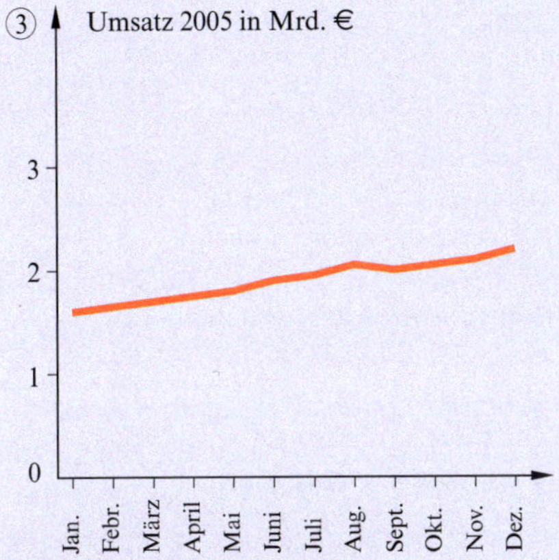

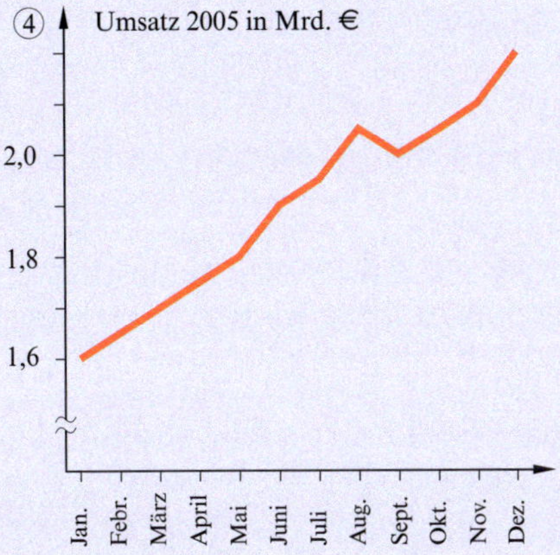

AUSWERTUNG

Erfassen und Auswerten von Daten – Überprüfe dein Wissen und Können!

Schätzt eure Leistung zunächst selbst ein, nachdem ihr die Aufgaben bearbeitet habt. Konntest du nicht alle Aufgaben lösen? Die folgende Tabelle enthält einige Tipps.

Aufgabe	Tipp
1	Wähle für das Säulendiagramm einen geeigneten Maßstab. Überlege, worin hier die Schwierigkeit bei der Ermittlung eines arithmetischen Mittels besteht.
2	Man muss Winkel messen.
3	Wie sind absolute und relative Häufigkeit definiert? Beachte den Wissenskasten auf Seite 199. Um die Anzahl der befragten Personen zu ermitteln, genügt die Spalte zum Ergebnis A.
4	Beachte die Wissenskästen auf den Seiten 202, 205, 210 und 211. Kommen bei den beobachteten Werten Ausreißer vor? Wähle für die grafische Darstellung eine geeignete Diagrammart.
5	Formuliere die Fragen so, dass du präzise, interessante Antworten erhältst und so, dass die Auswertung „leicht“ ist und die Ergebnisse kurz und knapp dargestellt werden können.
6	Überlege dir insbesondere, welchen Zweck der Manager verfolgen könnte. Welche Darstellung würde er evtl. bevorzugen bei einem Vortrag vor seiner Geschäftsführung, vor den Angestellten, vor einem Gremium, das über die Bewilligung von Fördermitteln zu entscheiden hat?

Beratet mit eurer Lehrerin oder eurem Lehrer, wie ihr eventuell noch vorhandene „Wissenslücken“ schließen könnt. Die Lösungen zu den Aufgaben findest du auf den Seiten 261 und 262.

ZUSAMMENFASSUNG

Durchführen und Auswerten einer statistischen Erhebung

Entwicklung eines Fragebogens

- interessierende Fragen überlegen
- zu jeder Frage überlegen, welche Ergebnisse auftreten können
  (Ist es nicht oder nur sehr umständlich möglich, alle möglichen Ergebnisse anzugeben, so hilft man sich oft durch das Hinzufügen von Ergebnissen wie „Sonstige“, „Andere“ oder „Weitere“.)
- überlegen, wie die möglichen Ergebnisse auf dem Fragebogen erfasst werden sollen

Auswerten der ausgefüllten Fragebögen

- mit einer Strichliste die Ergebnisse zu den einzelnen Fragen erfassen
- für jedes Ergebnis die Anzahl der Striche auszählen (absolute Häufigkeit der Ergebnisse ermitteln.)
  Kontrolle: Die Summe aller absoluten Häufigkeiten zu einer Frage muss gleich der Anzahl der ausgefüllten Fragebögen sein.
- für jedes Ergebnis die relative Häufigkeit ermitteln:
  $\text{relative Häufigkeit eines Ergebnisses} = \frac{\text{absolute Häufigkeit dieses Ergebnisses}}{\text{Anzahl der ausgefüllten Fragebögen}}$
  (Gegebenenfalls relative Häufigkeiten in Prozent angeben)
  Kontrolle: Die Summe aller relativen Häufigkeiten zu einer Frage muss 1 bzw. 100 % ergeben (geringe Abweichungen sind durch Rundungsfehler möglich).

Darstellen der ermittelten statistischen Daten in Diagrammen

- Wahl einer passenden Diagrammart: z. B. Säulendiagramm, Kreisdiagramm, Piktogramm, …

Statistische Kennwerte	**Beispiel**
Es liegen n Beobachtungswerte vor: $x_1, x_2, x_3, \dots x_n$	Für eine künftige Olympiastadt wird nachgesehen, wie viele Regentage in den letzten 10 Jahren auf den Zeitraum der Olympischen Spiele fielen: 2, 0, 1, 8, 1, 1, 0, 1, 1, 1.
Spannweite: Differenz des größten und des kleinsten beobachteten Wertes	Die Spannweite beträgt 8 – 0 = 8 (Regentage).
arithmetisches Mittel $\bar{x}$: $\bar{x} = \frac{x_1 + x_2 + x_3 + \dots x_n}{n}$	$\bar{x} = \frac{2+0+1+8+1+1+0+1+1+1}{10} = 1{,}6$
mittlere Abweichung $d_{\bar{x}}$: $d_{\bar{x}} = \frac{\lvert x_1 - \bar{x}\rvert + \lvert x_2 - \bar{x}\rvert + \dots + \lvert x_n - \bar{x}\rvert}{n}$	Durchschnittlich gab es also 2 Regentage. $d_{\bar{x}} = \frac{2\cdot(1{,}6-0) + 6\cdot(1{,}6-1) + 1\cdot(2-1{,}6) + 1\cdot(8-1{,}6)}{10} = 1{,}36 \approx 1{,}4$ Wegen der mittleren Abweichung müsste man mit $1{,}6 \pm 1{,}4$, also mit bis zu 3 Regentagen rechnen.
Der **Zentralwert (Median)** steht in der Mitte der nach der Größe geordneten Beobachtungswerte. Bei gerader Anzahl von Werten ist es der Mittelwert der beiden in der Mitte stehenden Werte.	Regentage der letzten 10 Jahre in geordneter Reihenfolge: 0, 0, 1, 1, **1**, **1**, 1, 1, 2, 8 Zentralwert: 1 Regentag

Darstellung und Berechnung von Körpern

Schon die alten Ägypter verfügten über beachtliche mathematische Kenntnisse. Ohne diese wären so gewaltige Bauwerke wie die Pyramiden von Gizeh nicht möglich gewesen. Die größte dieser Pyramiden ließ der Pharao Cheops (2638 bis 2613 v. Chr.) als Grabstätte für sich selbst errichten. Diese Pyramide wurde aus etwa 2 300 000 Steinquadern gebaut, von denen jeder rund 2,5 Tonnen wog. Die Grundfläche hat eine Kantenlänge von fast 230 m, die Höhe der Pyramide betrug ursprünglich 146,60 m.

Prismen und Pyramiden

1

Ein beliebtes Ausflugsziel der Berliner und Brandenburger war und ist die deutsche Ostseeküste. Das Foto zeigt die Seebrücke von Heringsdorf auf der Insel Usedom. Beschreibe die geometrischen Körperformen, welche du auf dem Foto in den einzelnen Gebäudeteilen der Seebrücke erkennst, möglichst genau.

INFORMATION
Bereits 1893 wurde in Heringsdorf eine prachtvolle Seebrücke mit Türmen, Kolonnaden und Restaurants erbaut. Infolge ungünstiger Witterungseinflüsse und mangelnder Pflege ging diese Seebrücke in die Brüche. Erst 1995 wurde die hier abgebildete neue Seebrücke eingeweiht. Sie ist mit einer Länge von über 500 m die längste Seebrücke des europäischen Festlandes. In ihren Gebäuden sind ein Muschelmuseum, Restaurants, Läden und sogar Ferienwohnungen untergebracht.

2

Körper der im folgenden Bild gezeigten Formen hast du sicher schon gesehen. Einige dieser Körper sind dir auch bereits aus dem Mathematikunterricht bekannt.

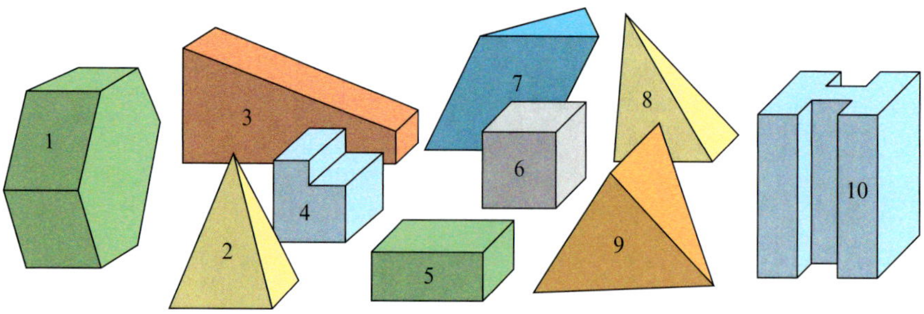

a) Übertrage die nebenstehende Tabelle in dein Heft und trage in der linken Spalte die Körperformen ein, die du im Bild erkennst. Beschreibe die jeweilige Form möglichst genau und benenne sie gegebenenfalls mit dem dafür üblichen Begriff, falls dir ein solcher bekannt ist.

Körperform	Nummer

b) Ordne durch Eintragen der Nummern die Körper der entsprechenden Körperform zu. Begründe deine Entscheidung.

HINWEIS
Überlege dir für Aufgabe 2 Antworten auf die folgenden Fragen:
Welche Form haben die Begrenzungsflächen?
Wie liegen sie zueinander?
Gibt es Besonderheiten?

WISSEN

Ein Körper heißt (gerades) **Prisma,** wenn er von zwei zueinander parallelen kongruenten Vielecken (**Grund-** und **Deckfläche**) und von Rechtecken (**Seitenflächen**) begrenzt wird.

Alle Seitenflächen zusammen bilden den **Mantel**. Der Abstand zwischen Grund- und Deckfläche heißt die **Höhe** des Prismas.

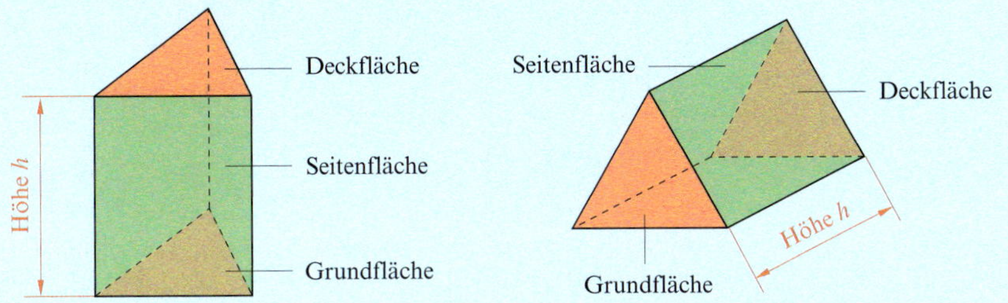

Wenn ein Prisma drei (vier, fünf, …, n) Seitenflächen hat, dann nennt man es dreiseitiges (vierseitiges, fünfseitiges, …, ***n*-seitiges**) **Prisma**.

Ist die Grundfläche ein regelmäßiges Vieleck, so spricht man von einem **regelmäßigen Prisma**.

BEACHTE
Die Fläche, auf der das Prisma steht oder liegt, muss nicht die Grundfläche sein.

3

Nenne Gegenstände aus deiner Umwelt, die prismenförmig sind. Beschreibe und benenne sie möglichst genau.

NACHGEDACHT
Was haben prismenförmige Gegenstände mit zylinderförmigen gemeinsam? Worin unterscheiden sie sich?

4

Übertrage die Tabelle ins Heft. Welche Körper aus Aufgabe 2 haben die Form eines Prismas? Schreibe deren Nummern in die 1. Spalte und fülle die Tabelle aus.

Prisma Nr.	Form der Grundfläche	Form der Deckfläche	Form der Seitenflächen	Anzahl der Ecken	Anzahl der Kanten	Anzahl der Flächen
1	Sechseck					
…						

5

Die Grundfläche eines Prismas sei ein n-Eck. Wie viele Ecken, Kanten und Flächen hat dieses Prisma? Überprüfe dein Ergebnis an den Beispielen aus Aufgabe 4.

6

a) Begründe, dass auch Würfel und Quader (spezielle) Prismen sind.
b) Was kannst du über Grund- und Deckfläche, Seitenflächen und Körperhöhe bei Würfel und Quader aussagen?

7

a) Veranschauliche die Mengenbeziehungen, die zwischen den Mengen aller Würfel, aller Quader und aller Prismen bestehen, in einem Mengendiagramm und beschreibe sie in Worten.
b) Prüfe, ob du in der Tabelle der Aufgabe 2 b) alle Körper richtig zugeordnet hast.

BEISPIEL
für ein Mengendiagramm:

8

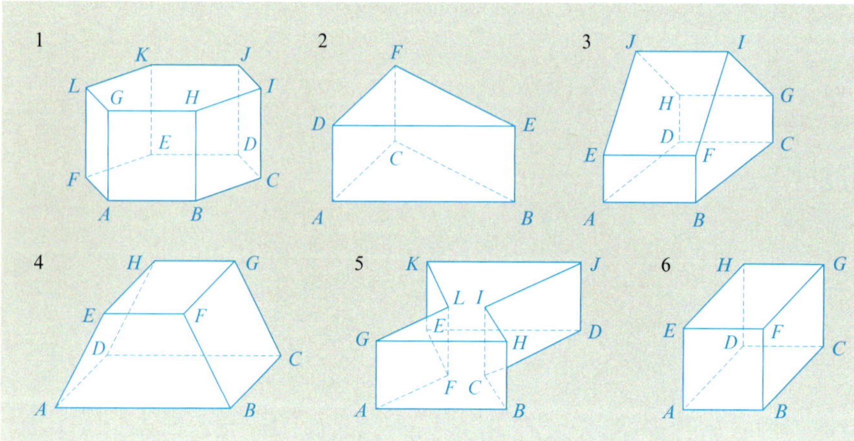

a) Benenne für alle Prismen aus dem Bild mithilfe der Eckpunkte:
die Grund- und die Deckfläche; die Seitenflächen; eine Körperhöhe.

b) Benenne jedes der Prismen möglichst genau.

9

a) Baue aus Trinkröhrchen und Drähten ein regelmäßiges dreiseitiges Prisma mit folgenden Maßen: Dreiecksseite $a = 5$ cm, Körperhöhe $h = 8$ cm.

b) Wie viele Drähte musst du dazu bereitlegen?
Beachte die Bauanleitung.

c) Wie viele Trinkröhrchen der Länge $l = 20$ cm benötigst du mindestens? Begründe.

d) Kannst du aus drei Röhrchen ($l = 20$ cm) ein regelmäßiges dreiseitiges Prisma mit $a = 5$ cm bauen, ohne Abfall zu erhalten? Begründe deine Antwort.

BAUANLEITUNG

Um zwei Kanten zu verbinden, benötigst du einen Draht.
Willst du an einer Ecke eine dritte Kante anbringen, musst du ein zweites Verbindungsstück einstecken.

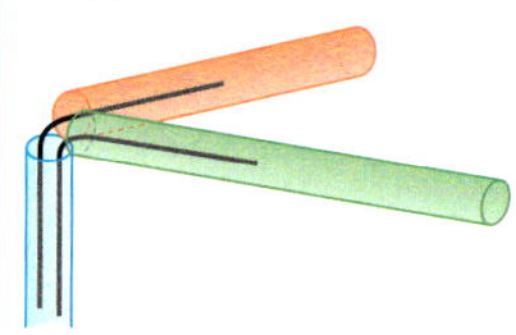

10

Neben den geraden Prismen gibt es auch **schiefe Prismen** (s. Bild).

a) Was unterscheidet ein schiefes von einem geraden Prisma? Was ist beiden gemeinsam?

b) Im Merktext auf Seite 217 ist erklärt, was man unter einem geraden Prisma versteht.
Versuche einen entsprechenden Text für das schiefe Prisma zu formulieren.

c) Kannst du praktische Beispiele für schiefe Prismen nennen?

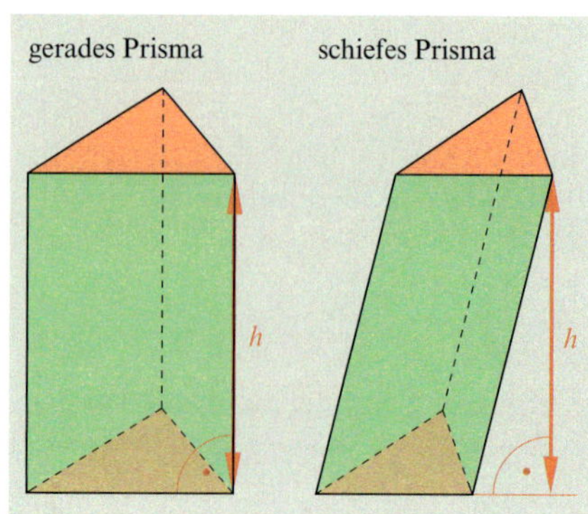

11

Welche der im folgenden Bild dargestellten Körper sind Pyramiden?
Formuliert eine Definition des Begriffs „Pyramide“. Orientiert euch dabei an dem Wissenskasten von Seite 217.

INFORMATION
Das Wort **Pyramide** ist abgeleitet von dem griechischen Wort „pyr“, das „Feuer“ bedeutet. Die Pyramidenform erinnert an züngelnde Flammen.

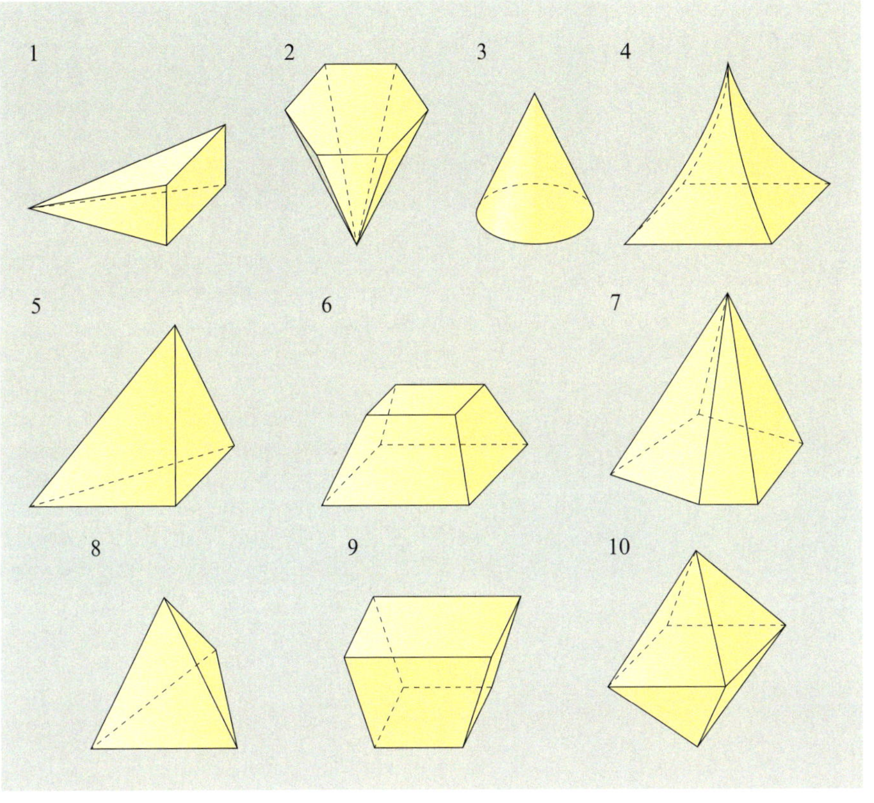

12

Baue aus gleich langen Stäbchen (z. B. Streichhölzern oder Trinkhalmen) und Knetmasse eine dreiseitige Pyramide.
Wie viele Stäbchen musst du bereit legen und wie viele Kügelchen musst du formen, um die Pyramide zu bauen?

Anlässlich der Weltausstellung 1958 wurde in Brüssel das Atomium geschaffen. Die „Stäbe“ sind durch Kugeln verbunden. Jede der Kugeln hat einen Durchmesser von 18 m.

13

Aus Stäbchen und Knetmasse sollen Kantenmodelle von Körpern gebaut werden. Die Knetmasse wird nur für die Verbindung der Körperkanten an den Ecken verwendet. Gegeben ist jeweils eine bestimmte Anzahl Stäbchen mit den angegebenen Eigenschaften. Alle Stäbchen sollen verwendet werden.
Welche Körper können entstehen? Gib jeweils mindestens ein Beispiel an. Wie viele Knetkugeln werden jeweils benötigt? Gegeben sind:

a) 9 Stäbchen gleicher Länge, **b)** 6 Stäbchen gleicher Länge,
c) dreimal 4 Stäbchen: je 4 Stäbchen haben gleiche Länge, es gibt 3 unterschiedliche Längen,
d) 12 Stäbchen: je 6 haben gleiche Länge, es gibt 2 unterschiedliche Längen,
e) 6 Stäbchen mit gleicher Länge a, 2 Stäbchen mit gleicher Länge $\frac{a}{3}$.

WISSEN

Eine Pyramide entsteht, wenn die Eckpunkte eines Vielecks mit einem Punkt S, der nicht in der Vielecksebene liegt, geradlinig verbunden werden.

Ein geometrischer Körper heißt n-seitige **Pyramide**, wenn er von einem n-Eck und n Dreiecken begrenzt wird.

Das n-Eck heißt **Grundfläche**, die Dreiecke sind die **Seitenflächen**.

Alle Seitenflächen zusammen bilden den **Mantel**.

Der Abstand der Spitze S zur Grundfläche heißt **Höhe** der Pyramide.

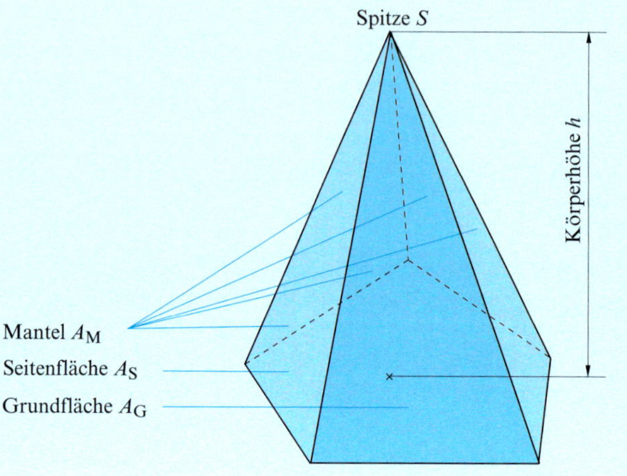

14

Gerade und schiefe Pyramiden
Schneide aus Pappe ein Quadrat mit der Seitenlänge $a = 6$ cm.
Schneide die Ecken etwas ein und spanne über die Diagonalen Gummis.
Schneide ein nicht zu dünnes Trinkröhrchen 5 cm lang. Stelle das Trinkröhrchen als Höhe auf die Grundfläche und spanne die Gummis darüber.
Erkläre am Modell, wann eine Pyramide gerade und wann sie schief heißt.

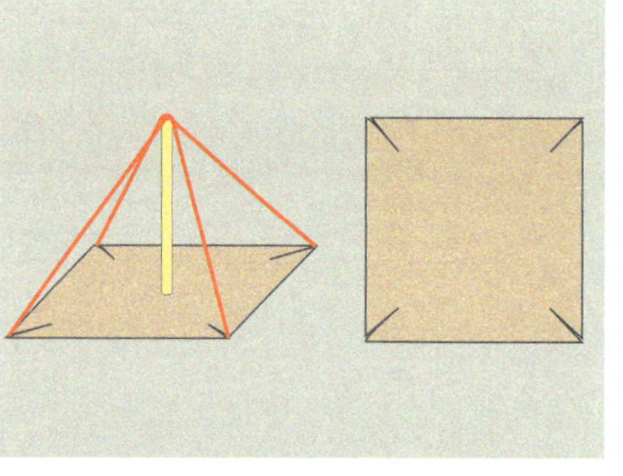

ERINNERE DICH
Ein Prisma heißt gerade, wenn es von zwei zueinander parallelen kongruenten Vielecken (Grund- und Deckfläche) und von Rechtecken (Seitenflächen) begrenzt wird.

15

Eine Pyramide heißt regelmäßig, wenn sie gerade ist und ihre Grundfläche ein regelmäßiges n-Eck darstellt.

a) Welche der im Bild zu Aufgabe 11 dargestellten Körper sind regelmäßige Pyramiden?
b) Welche Besonderheit haben die Seitenflächen regelmäßiger Pyramiden?

INFORMATION
Gerade und schiefe Pyramiden unterscheidet man nur, wenn die Grundfläche drehsymmetrisch ist.
In diesem Falle heißt eine Pyramide gerade, wenn der Höhenfußpunkt (Fußpunkt des Lotes von der Spitze auf die Grundfläche) genau auf das Drehzentrum der Grundfläche fällt.

16

Wie viele Ecken, Kanten bzw. Flächen haben 4-, 5-, 6- bzw. n-seitige Pyramiden?

17

Nenne Gegenstände deiner Umgebung, die eine Pyramidenform haben. Beschreibe und benenne sie genau.

18

a) Gibt es eine Pyramide mit genau 10 Kanten? Begründe.
b) Gibt es eine Pyramide mit genau 11 Kanten? Begründe.
c) Versuche, deine Antworten zu a) und b) zu einer Aussage über die Anzahl der Kanten einer beliebigen Pyramide zu verallgemeinern. Beweise diese Aussage.

Darstellung von Prismen und Pyramiden durch Schrägbilder

1

Bärbel hält ein aus Trinkröhrchen gebautes Prisma zu verschiedenen Tageszeiten vor einer Hauswand in immer derselben Lage ins Sonnenlicht.

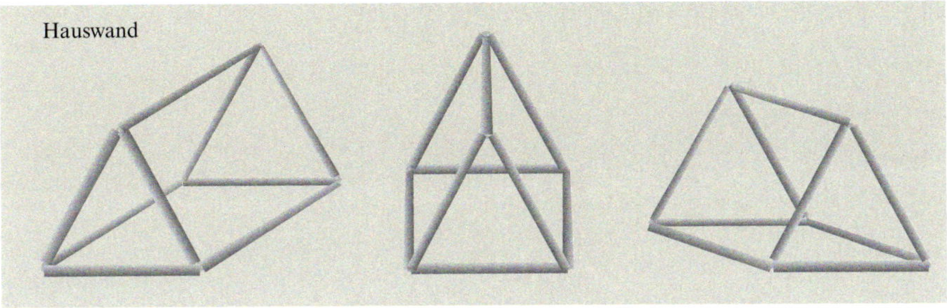

a) Wie erklärst du dir die verschiedenen Schattenbilder?
Beschreibe die Lage der Seitenkanten des Prismas in Bezug auf die Hauswand.

b) Erläutere, weshalb Grund- und Deckfläche zu den entsprechenden Flächen des Trinkröhrchenmodells kongruent sind.

ZUR ERINNERUNG
Abbildungen von Körpern wie im nebenstehenden Bild nennt man Schrägbilder.
Im Beispiel ist eine Hauswand die Bildebene und der Schatten das Bild des Körpers.
Die Abbildung wird durch die Strahlen des Sonnenlichts erzeugt, die als zueinander parallel betrachtet werden können.

2

Die Bilder in der Randspalte zeigen drei verschiedene Körper im Schrägbild.

a) Beschreibe die Form der Körper.

b) Entnimm dem Schrägbild die Maße des Originalkörpers.
Beachte: Die Tiefenstrecken (im Bild rot dargestellt) sind um die Hälfte verkürzt gezeichnet.

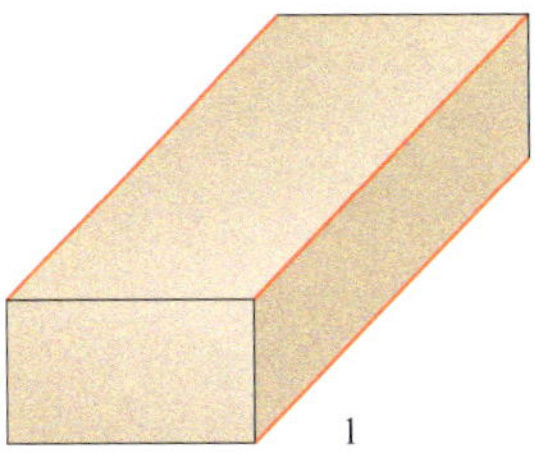
1

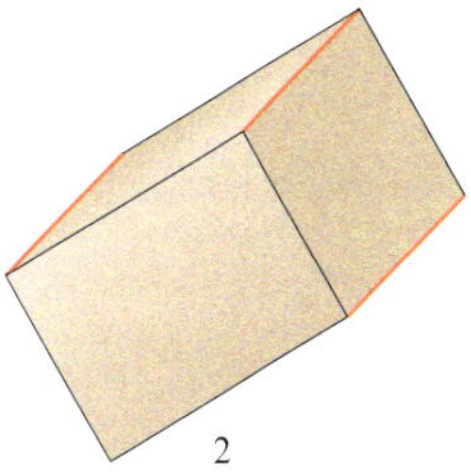
2

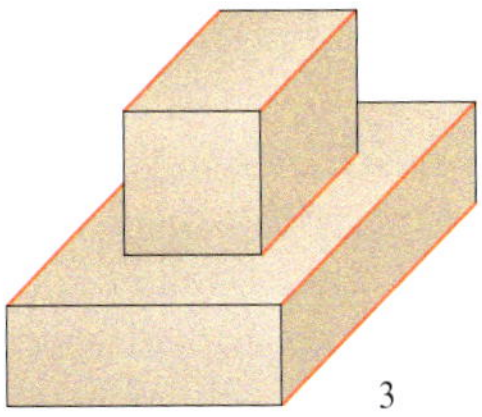
3

3

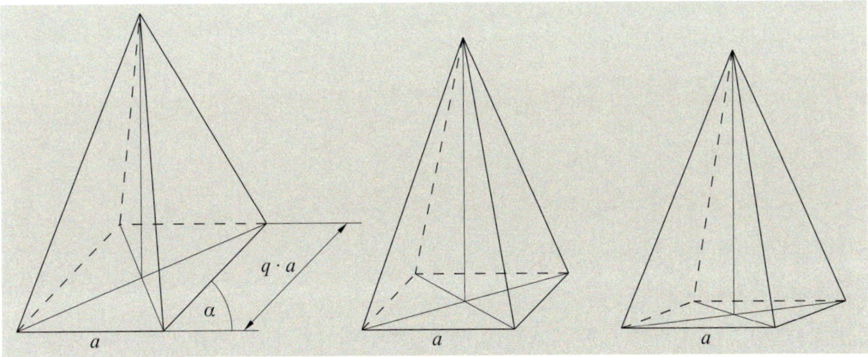

Die Abbildung zeigt drei verschiedene Schrägbilder einer quadratischen Pyramide mit der Grundkantenlänge a und der Körperhöhe h.

a) Übertrage die Darstellungen auf Kästchenpapier in dein Heft.

b) Kennzeichne die zur Zeichenebene parallel verlaufenden Kanten rot und die senkrecht zur Zeichenebene stehenden Kanten blau.

c) Erkläre anhand einer Zeichnung die Begriffe „Verzerrungswinkel α" und „Verkürzungsverhältnis q".

d) Welches Schrägbild vermittelt den besten räumlichen Eindruck der gegebenen Pyramide?

WISSEN

Schrägbild eines Körpers

1. Die Kanten, die parallel zur Bildebene verlaufen, werden in wahrer Länge dargestellt.
2. Die Kanten, die senkrecht zur Bildebene verlaufen, heißen **Tiefenlinien**. Sie werden in einem **Verkürzungsverhältnis** q und unter einem **Verzerrungswinkel** α dargestellt.
   Das Verkürzungsverhältnis q ist das Verhältnis der Länge der Bildstrecke zur Länge der Originalstrecke.

Bei einem Schrägbild mit $q = \frac{1}{2}$ und $\alpha = 45°$ spricht man von einer Darstellung in **Kavalierperspektive**.

4

Bei allen folgenden Aufgaben und Beispielen ist der Verzerrungswinkel $\alpha = 45°$ und das Verzerrungsverhältnis $q = \frac{1}{2}$.

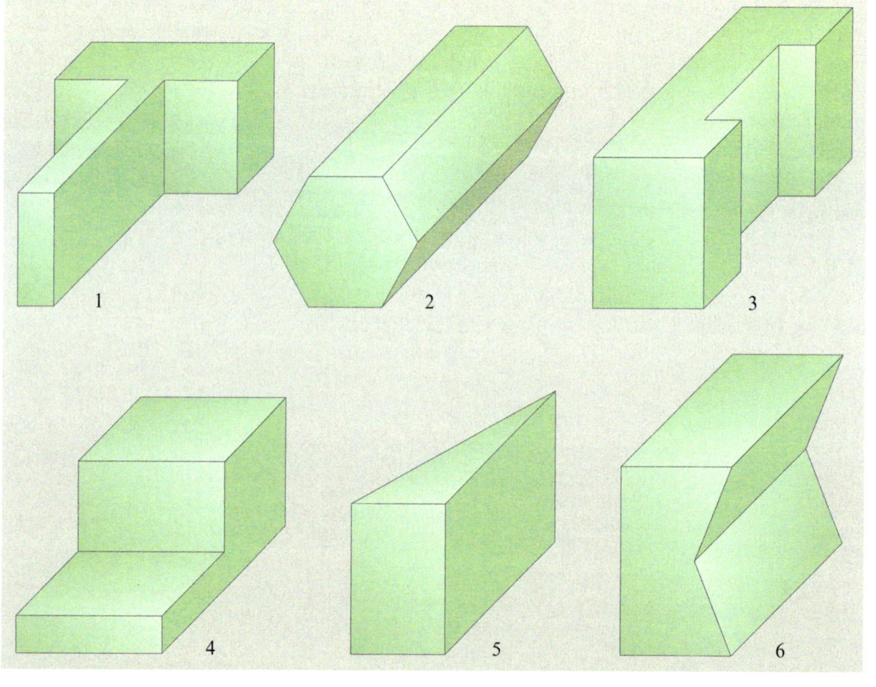

a) Entscheide, ob die Prismen im Bild auf der Grundfläche stehen oder auf einer Seitenfläche liegen.
b) Beschreibe die Form der Grund- und Deckfläche eines jeden Körpers.
c) Zeichne von jedem Prisma die Grundfläche in Originalgröße. Schreibe die Körperhöhe neben die Grundfläche. Teile den Platz auf dem Zeichenblatt so ein, dass über jeder Figur mindestens 3 cm frei bleiben.
d) Gib für jeden Körper einen möglichst genauen Namen an.

ZUM KNOBELN
Stäbe oder Prisma?

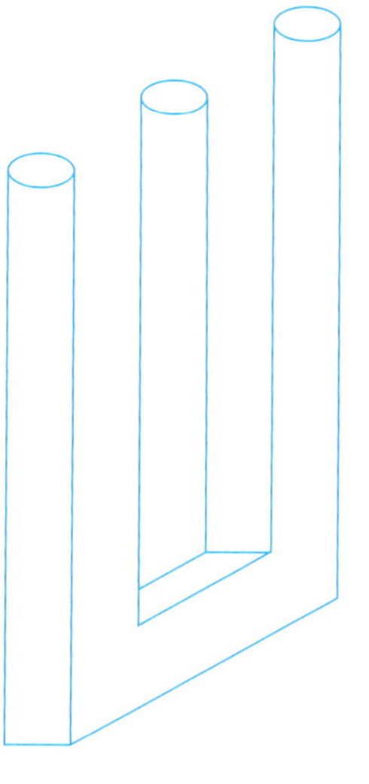

5

Gegeben sei ein regelmäßiges dreiseitiges Prisma mit einer Dreiecksseitenlänge a und der Körperhöhe h. Es liegt auf einer Seitenfläche.
a) Zeichne ein Schrägbild für a = 5,5 cm und h = 7 cm.
b) Beschreibe die Konstruktion.

6

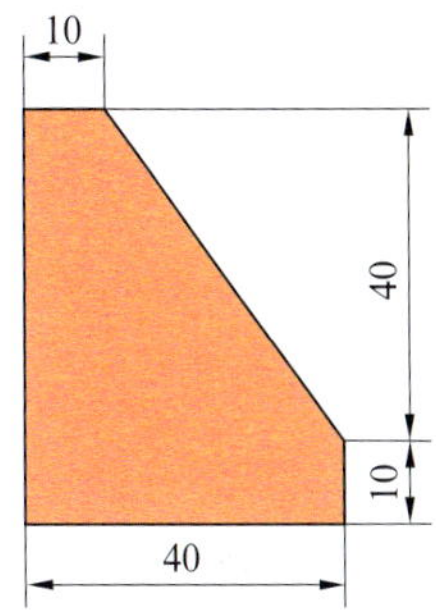

$h = 60$ mm

Zeichne ein Schrägbild eines liegenden Prismas mit der im Bild rechts gegebenen Grundfläche und der angegebenen Höhe h (Maße in Millimeter). Beachte dazu den Methodenkasten auf dieser Seite.

7

In Aufgabe 4 hast du die Grundflächen der abgebildeten Prismen dargestellt und ihre Höhe angegeben. Vervollständige jede der Zeichnungen zu einem Schrägbild. Beachte dazu den Methodenkasten.
Zwei Schrägbilder müssen mit dem entsprechenden Bild im Lehrbuch übereinstimmen. Welche sind das?

8

Zeichne ein Schrägbild eines 5 cm hohen liegenden Prismas.
Die Grundfläche ist ein
a) Dreieck mit $a = 4$ cm, $b = 3$ cm, $c = 6$ cm;
b) gleichschenkliges Trapez mit $a = 5{,}5$ cm, $c = 3{,}5$ cm, $h_{\text{Trapez}} = 3$ cm;
c) regelmäßiges Sechseck mit $a = 3$ cm.

METHODE

Schrittfolge für die Konstruktion des Schrägbildes eines auf einer Seitenfläche liegenden Prismas:

(1) Skizziere den Körper in der gewünschten Lage.
(2) Zeichne die Grundfläche des Körpers in wahrer Größe (bzw. in einem geeigneten Maßstab).
(3) Trage von jedem Eckpunkt der Grundfläche die Prismenhöhe auf die halbe Länge verkürzt unter dem Verzerrungswinkel $\alpha = 45°$ an.
(4) Zeichne sichtbare Kanten dick und verdeckte gestrichelt nach.
(5) Vergleiche mit deiner Skizze.

Schrittfolge für die Konstruktion des Schrägbildes eines auf der Grundfläche stehenden Prismas:

(1) Zeichne die Grundfläche in Originalgröße bzw. in einem geeigneten Maßstab (dünne Linien).
(2) Zeichne eine waagerechte Hilfslinie ein (z. B. durch eine Seite) und fälle von jedem Eckpunkt das Lot auf die Hilfslinie.
(3) Trage von den Fußpunkten der Lote jeweils Winkel von 45 ° an.
(4) Markiere darauf jeweils die halbe Länge der Lote. (Du erhältst die Eckpunkte der Grundfläche.)
(5) Trage an den Eckpunkten der Grundfläche jeweils die Körperhöhe senkrecht zur Hilfslinie an. (Du erhältst die Eckpunkte der Deckfläche.)
(6) Zeichne die sichtbaren Kanten des Körpers dick und die verdeckten gestrichelt nach.

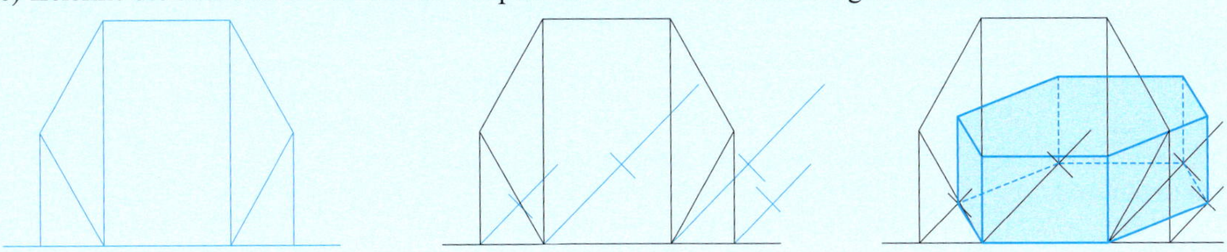

9

Im Bild sind die Grundflächen von stehenden Prismen gegeben. Das Schrägbild der Grundflächen soll gezeichnet werden.

a) Übertrage die Flächen auf Kästchenpapier.
Kennzeichne Tiefenstrecken farbig und überlege, welche Länge sie im Schrägbild haben müssen.

b) Zeichne das Schrägbild der Grundflächen. Teile den Platz auf dem Zeichenblatt so ein, dass über jeder Figur mindestens 3 cm bleiben.

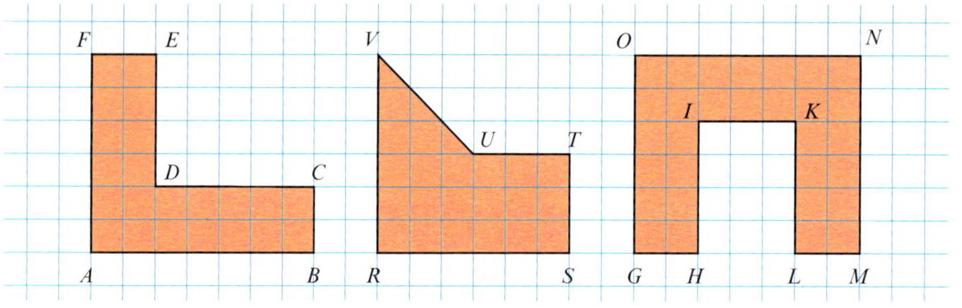

10

a) Rechts siehst du das Netz eines Körpers. Welche Form hat er?

b) Dieser Körper soll auf einer Seitenfläche liegen.
Zeichne zwei verschiedene Schrägbilder.

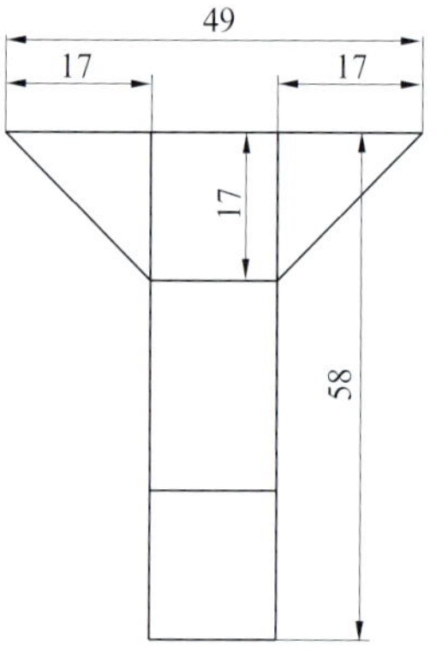

Maße in mm

11

Die Prismen der Aufgabe 9 sollen alle eine Höhe von $h = 1{,}5$ cm haben.
Zeichne die Schrägbilder der Körper. Verwende die bereits im Schrägbild von dir gezeichneten Grundrisse.

12

Übertrage die beiden Grundflächen aus dem Bild in der Randspalte in dein Heft und zeichne jeweils ein Schrägbild des auf der Grundfläche stehenden Prismas mit der Höhe h.

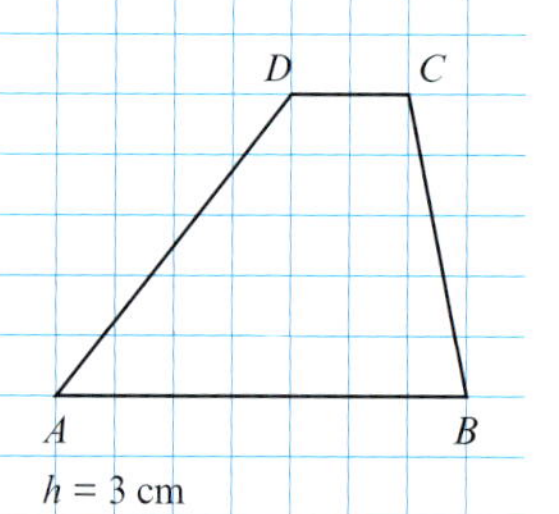

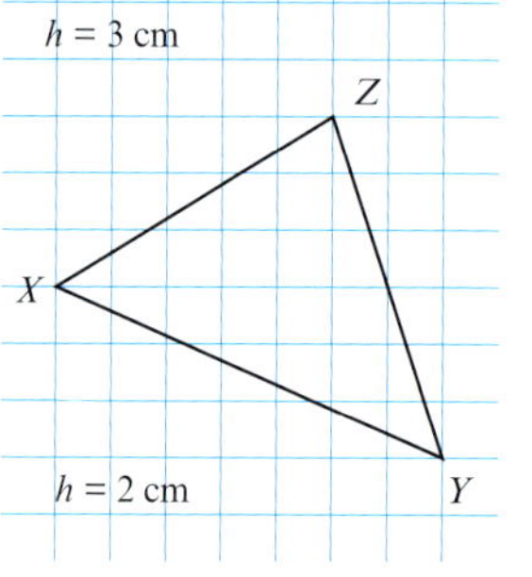

13

Es soll das Schrägbild $\left(q = \frac{1}{2},\ \alpha = 45°\right)$ einer geraden quadratischen Pyramide gezeichnet werden, von der die Seitenlänge a der Grundfläche und die Höhe h gegeben sind.
Hierfür gibt es zwei Möglichkeiten:

(1) Man zeichnet die Grundfläche (das Quadrat) als Schrägbild.
Am Schnittpunkt der Diagonalen wird nun senkrecht zur Grundlinie die Höhe abgetragen. Der entstandene Punkt stellt die Spitze der Pyramide dar und wird mit den Eckpunkten der Grundfläche verbunden.

(2) Man zeichnet einen Quader mit gleicher Grundfläche und gleicher Höhe. Der Schnittpunkt der Diagonalen in der Deckfläche des Quaders ist die Spitze der Pyramide und wird nun mit den Eckpunkten der Grundfläche verbunden.

Zeichne jeweils nach beiden Methoden eine Pyramide mit $a = 3$ cm und $h = 5$ cm (bzw. $a = 5$ cm und $h = 3$ cm).
Vergleiche beide Vorgehensweisen miteinander.

14

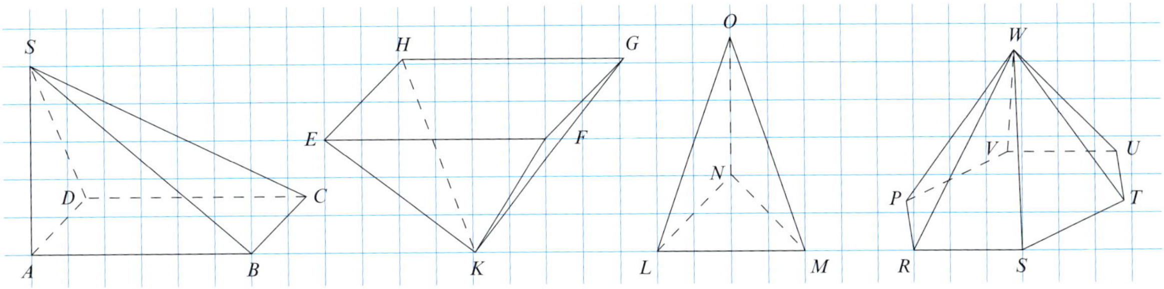

Alle Pyramiden im Bild sind in Kavalierperspektive dargestellt.

a) Gib den genauen Namen jedes Körpers an.

b) Übertrage die Darstellungen auf Kästchenpapier und ziehe Kanten in wahrer Länge farbig nach.

c) Schreibe alle Kantenlängen auf, die du durch Messen bzw. durch zusätzliche Rechnung aus der Zeichnung ermitteln kannst.

15

Gegeben sind die Seitenlängen a und b der rechteckigen Grundfläche und die Höhe h einer geraden Pyramide.
Skizziere und überlege dir eine mögliche Schrittfolge zur Konstruktion eines Schrägbildes der Pyramide mit $q = 0{,}5$ und $\alpha = 45°$.

16

Zeichne ein Schrägbild des durch folgende Beschreibung gegebenen Körpers.

a) eine regelmäßige dreiseitige Pyramide mit Grundkantenlänge $a = 4$ cm und Körperhöhe $h = 6$ cm;

b) eine regelmäßige sechsseitige Pyramide mit Grundkantenlänge $a = 28$ mm und Körperhöhe $h = 45$ mm;

c) eine Pyramide mit einem rechtwinkligen Dreieck mit den Katheten $a = 30$ mm und $b = 40$ mm als Grundfläche und der Körperhöhe $h = 35$ mm.

HINWEIS
Richte dich bei Aufgabe 16 nach der Schrittfolge aus dem Methodenkasten.

METHODE

Schrittfolge für das Zeichnen eines Schrägbildes in Kavalierperspektive
am Beispiel einer regelmäßigen dreiseitigen Pyramide

(1) Schrägbild skizzieren

(2)

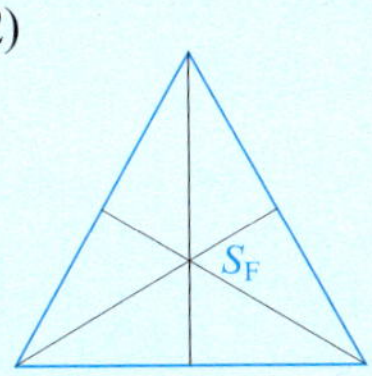

Grundfläche zeichnen; Mittelpunkt der Grundfläche (= Fußpunkt S_F der Höhe) bestimmen

(3)

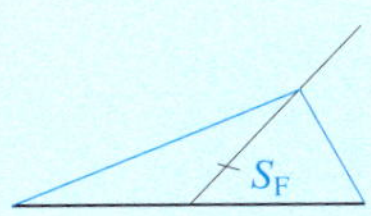

Schrägbild der Grundfläche dünn zeichnen; S_F einzeichnen

(4)

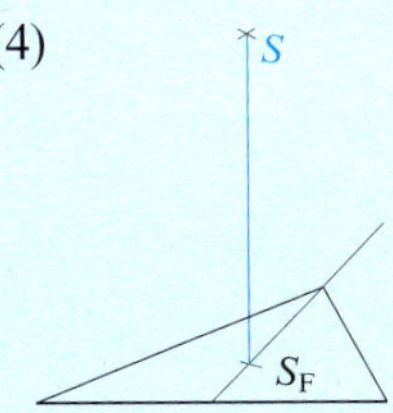

Höhe in S_F errichten; S angeben (dünn zeichnen)

(5)

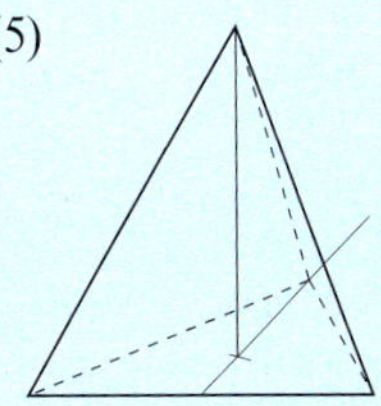

Eckpunkte verbinden; sichtbare und verdeckte Kanten kennzeichnen

(6) Vergleiche zum Schluss das Schrägbild mit der Skizze.

Netze von Prismen und Pyramiden

1

Besorge dir eine quaderförmige Pappschachtel. Schneide sie an den Kanten auf, sodass du das Netz vor dir ausbreiten kannst.

a) Beschreibe das entstandene Gebilde.

b) Zerschneide das Netz in die einzelnen Flächen. Lege daraus andere Netze dieser Verpackung.

ERINNERE DICH

Das Netz eines Körpers ist eine zusammenhängende ebene Figur, aus der man den Körper zusammenfalten kann. Sie besteht aus allen Begrenzungsflächen des Körpers, die dabei entlang gemeinsamer Kanten aneinanderstoßen müssen.

2

Könnten die in der Abbildung dargestellten Figuren Netze ein und derselben quaderförmigen Verpackung sein?

Begründe für jede Figur, warum sie ein Netz bzw. warum sie kein Netz ist.

Hinweis: Überlege erst. Übertrage dann die Figuren auf Kästchenpapier, schneide sie aus und versuche sie zusammenzufalten.

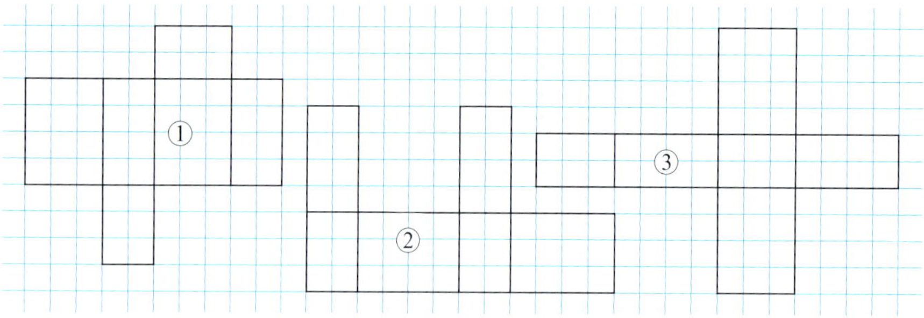

3

a) Bei welchen der vier in der Randspalte gegebenen Darstellungen handelt es sich um Würfelnetze?

b) Gib bei den Würfelnetzen die Paare gegenüberliegender Seitenflächen an (zum Beispiel bei Netz 1: B–D).

c) Kontrolliere deine Ergebnisse selbst.

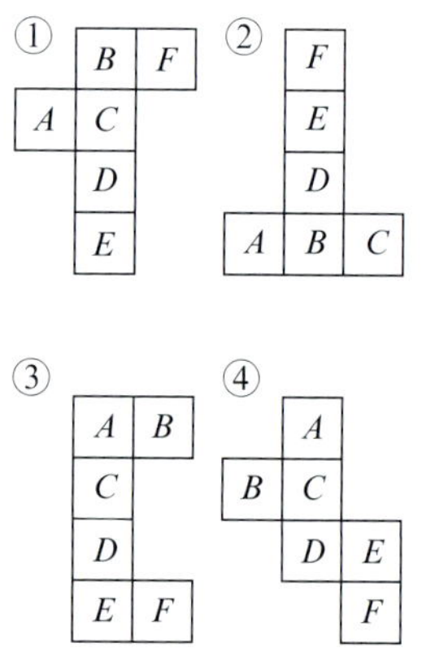

4

a) Stelle zwei Streichholzschachteln zu einem Prisma so aneinander, dass die kleinsten Flächen die Grund- bzw. Deckfläche bilden. (Die Abbildung zeigt zwei Möglichkeiten für die aus Rechtecken zusammengesetzte Grundfläche.)

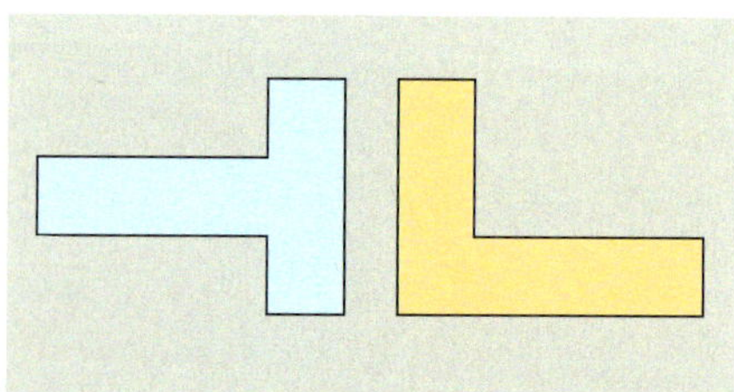

b) Zeichne ein Netz dieses Körpers nach folgender Bedingung: Mit einer einzigen Ausnahme sollen Seitenflächen, die im Körper eine gemeinsame Kante haben, auch im Netz eine gemeinsame Kante haben. Anders gesagt: Die Seitenflächen des Körpers sollen im Netz nur an einer Seitenkante getrennt sein und nur an einer Kante mit Grund- bzw. Deckfläche verbunden sein.

c) Schneide das Netz aus und kontrolliere, ob man den Körper tatsächlich daraus basteln kann.

WETTBEWERB

Wer findet die meisten Würfelnetze?

Skizziert auf Kästchenpapier weitere Würfelnetze, die nicht zueinander oder zu den hier abgebildeten kongruent sind.

WISSEN

Das Netz eines *geraden* Prismas kann stets so dargestellt werden, dass die Seitenflächen zusammenhängen und der Mantel ein Rechteck bildet.

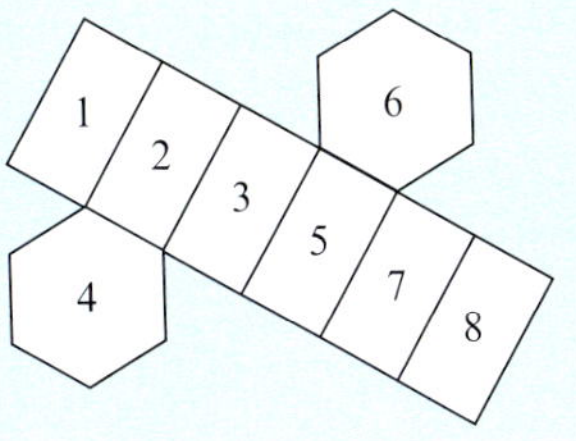

5

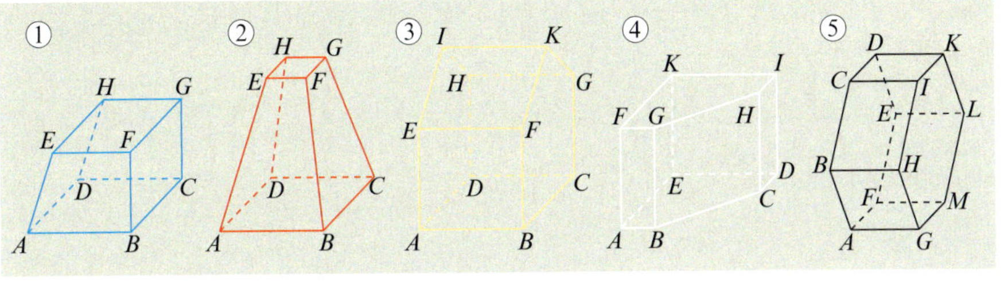

a) Welche der abgebildeten Körper sind Prismen?
Gib für jedes der Prismen die Grundfläche und eine Höhe mithilfe der Eckpunkte an.

b) Zeichne zu jedem Prisma ein Netz. Die Mantelfläche soll zusammenhängend dargestellt werden. Wähle selbst geeignete Maße.

6

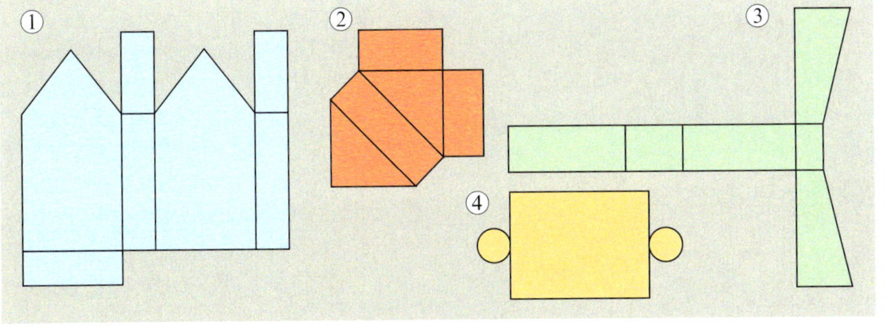

a) Welche der Figuren sind Netze von Prismen?

b) Beschreibe Grund- und Deckfläche der Prismen.

c) Aus welchen Flächen setzt sich der Mantel zusammen?

d) Zeichne zu den Prismen jeweils ein Netz, in welchem die Mantelfläche ein Rechteck ist.

e) Zeichne Schrägbilder der Prismen im Maßstab 1:2.

7

a) Zeichne ein Netz eines schiefen Prismas, dessen Grundfläche ein Rechteck mit $a = 25$ mm und $b = 16$ mm ist. Die Seitenkanten der Länge $l = 30$ mm bilden mit der langen Rechteckseite der Grundfläche den Winkel $\alpha = 75°$ und mit der kürzeren den Winkel $\beta = 90°$.

b) Schneide das Netz aus und kontrolliere durch Falten.

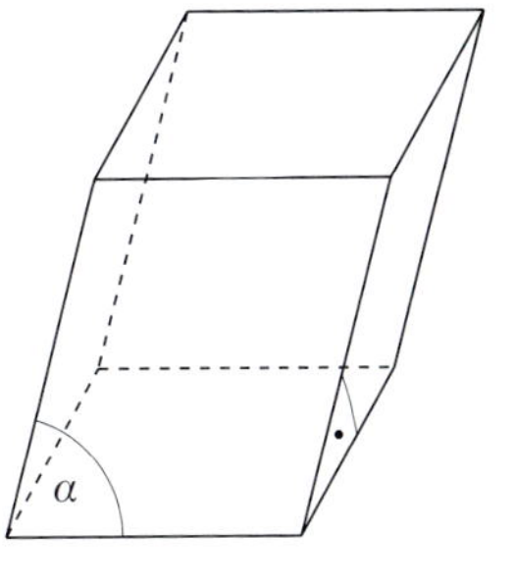

8

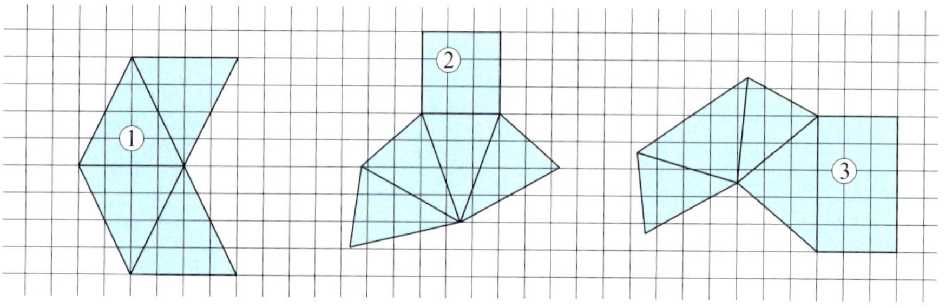

Das Bild zeigt drei Körpernetze.

a) Welche Körper gehören zu diesen Netzen? Benenne die Körper möglichst genau.

b) Übertrage die Netze auf Kästchenpapier.
Benenne die Eckpunkte der Grundfläche. Bezeichne die Eckpunkte der anderen Flächen, die dieselbe Körperecke bilden, mit gleichen Buchstaben.

c) Überprüfe durch Ausschneiden und Falten.

9

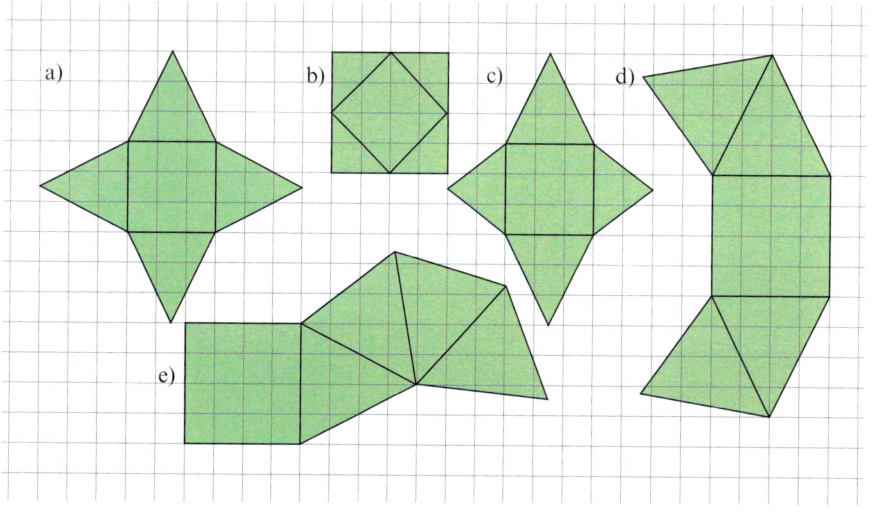

a) Welche der hier abgebildeten Netze sind Pyramidennetze? Begründe deine Entscheidung.

b) Übertrage die Abbildungen auf Kästchenpapier, schneide sie aus und falte.

c) Ändere die Gegenbeispiele so ab, dass sie Pyramidennetze werden.

10

Arbeitet zu dritt: Wählt von den im Bild gezeigten Pyramiden jeder eine andere aus. Zeichne für „deine“ Pyramide ein Netz.
Tauscht eure Hefte und entwerft für die Pyramide des Partners ein anderes Netz. Korrigiert gemeinsam und prüft die Richtigkeit.

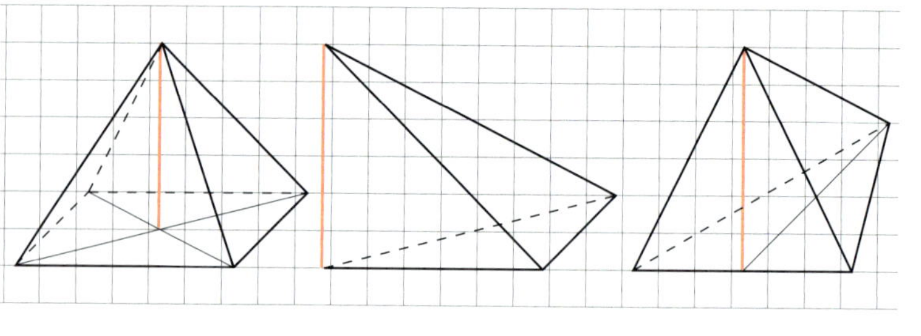

Kreiszylinder und Kreiskegel – Grundbegriffe

1

Zerschneide die Papierbanderole einer Konservendose entlang einer Mantellinie (d. h. entlang einer zum Boden bzw. zum Deckel der Dose senkrechten Linie) und falte sie auseinander. Welche Form hat die Banderole?
Wie hängen die Abmessungen der abgewickelten Banderole mit Durchmesser und Höhe der Dose zusammen?

Konservendose

2

Im Altertum wurden gewaltige Bauwerke geschaffen. Die Arbeiter mussten nur mit eigener Muskelkraft große Steinblöcke heranschaffen, weil es keine Wagen gab. Welche Hilfsmittel wurden eingesetzt, um den Transport überhaupt zu bewältigen? Beschreibe die Körperform und deren Wirkungsweise.

WISSEN

Ein Körper heißt **Kreiszylinder**, wenn er von zwei zueinander parallelen kongruenten Kreisflächen (**Grund- und Deckfläche**) und von einer gekrümmten Fläche (**Mantel**) begrenzt wird.

Der Abstand zwischen Grund- und Deckfläche heißt **Höhe**.

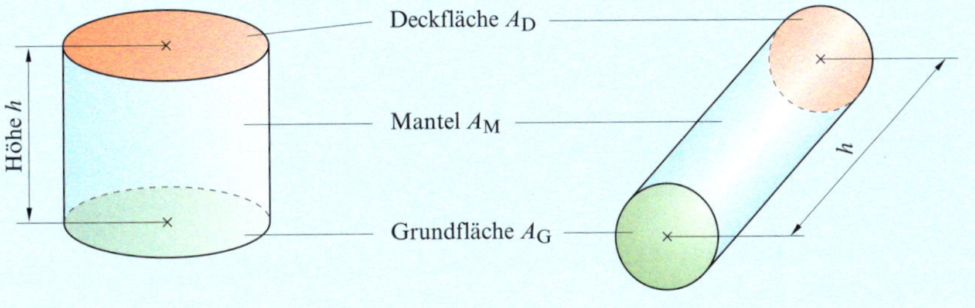

Die Gerade durch die Kreismittelpunkte der Grund- und Deckfläche heißt **Achse** des Kreiszylinders.
Jede Linie des Mantels, die parallel zur Achse verläuft, wird als **Mantellinie** bezeichnet.
Steht die Achse senkrecht auf den Kreisflächen, so handelt es sich um einen **geraden Kreiszylinder**, sonst um einen **schiefen Kreiszylinder**.

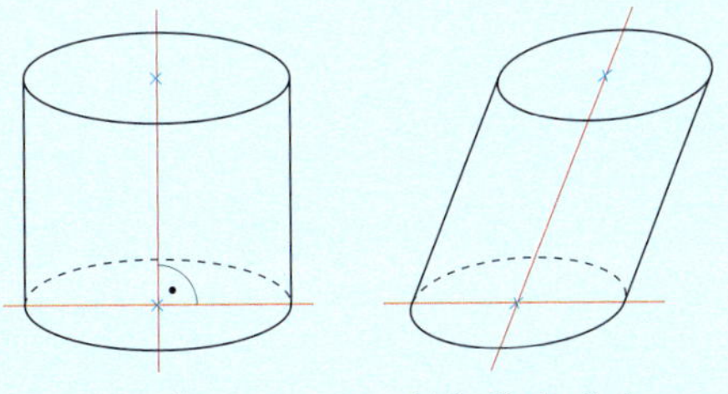

3

Welche der nachfolgend genannten Gegenstände haben die Form eines Zylinders? Worin bestehen eventuell grundlegende Unterschiede zur Zylinderform?
Schornstein, Wassereimer, Blechdose, Eisenstange, Sandhaufen, Kopfbedeckung des Schornsteinfegers, Bierfass, Tablettenröhrchen, Bleistift, Wurstscheibe, Globus.

INFORMATION
Das Wort *Zylinder* stammt von dem Wort *kylindros* (griech.) und bedeutet Walze oder Rolle.

4

Gib zylinderförmige Gegenstände von extremer Form an, zum Beispiel sehr hohe mit kleinem Durchmesser der Grundfläche und ganz flache mit großem Durchmesser der Grundfläche.

5

Durch die Rotation eines Rechteckes $ABCD$ um die Seite $\overline{AD}$ entsteht ein Zylinder.

a) Welche Flächen erzeugen die Strecken $\overline{AB}$, $\overline{BC}$, $\overline{CD}$?

b) Gib an, was die Strecken $\overline{AB}$, $\overline{BC}$, $\overline{CD}$, $\overline{DA}$ im Zylinder bedeuten.

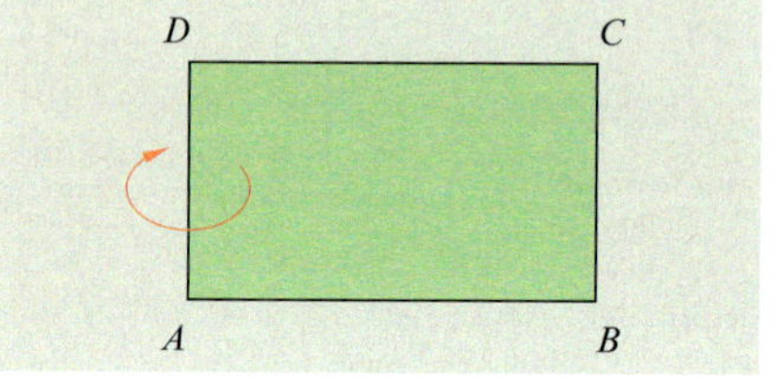

6

(Gedanken-)Experiment

Schneide aus Pappe ein rechtwinkliges, nicht gleichschenkliges Dreieck. Befestige die längere der beiden dem rechten Winkel anliegenden Seiten mit Klebeband an einem Trinkröhrchen und lasse das Dreieck um das Röhrchen rotieren.

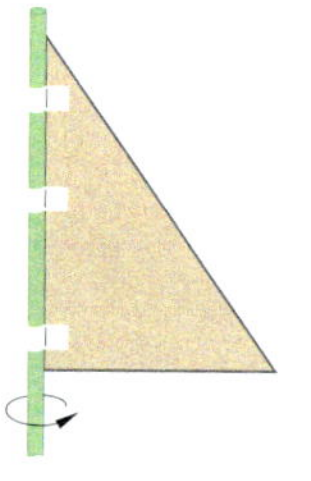

a) Beschreibe die Flächen, die die beiden „freien" Seiten des Dreiecks bei der Rotation überstreichen.
Was für ein Körper wird von diesen Flächen begrenzt?

b) Stell dir vor, dass das Dreieck um die kürzere der beiden dem rechten Winkel anliegenden Seiten rotiert. Worin unterscheidet sich der dadurch „erzeugte" Körper von dem aus Teil a)?

7

Bei der Rotation eines rechtwinkligen Dreiecks um eine der beiden den rechten Winkel anliegenden Seiten als Achse wird ein **gerader Kreiskegel** beschrieben.

a) Vergleiche die Körperformen von Kreiskegeln und Pyramiden.
Gib Gemeinsamkeiten und Unterschiede an.

b) Übertrage bei der Pyramide eingeführte Begriffe auf den Kreiskegel.

c) Wie viele Mantellinien hat ein Kreiskegel?

8

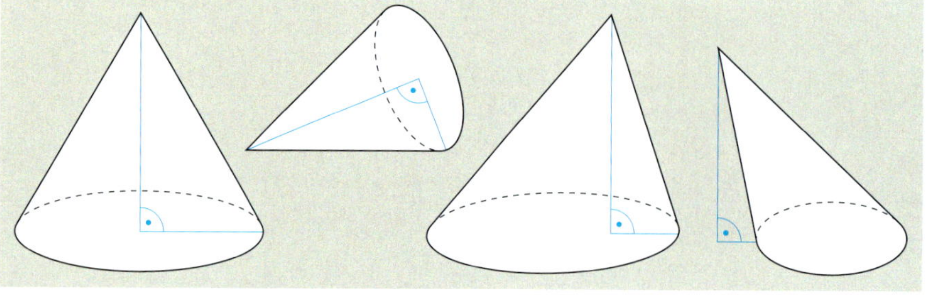

Jeder Kreiskegel ist entweder gerade oder schief.

a) Wann heißt ein Kreiskegel gerade?

b) Gib Gemeinsamkeiten und Unterschiede von geraden und schiefen Kreiskegeln an.

c) Vergleiche die Längen der Mantellinien bei geraden und schiefen Kreiskegeln.

MERKE

Alle Strecken, die die Spitze des Kegels mit dem Grundkreis verbinden, heißen **Mantellinien**.

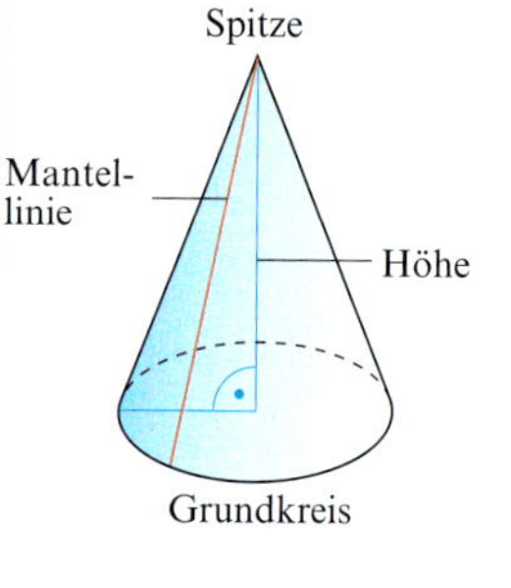

9

Ein gerader Kreiszylinder mit einer Höhe von 3,7 cm und einem Grundkreisradius von 1,4 cm liegt auf einer Mantellinie. Seine Grundfläche ist parallel zur Bildebene. Zeichne den Zylinder im Schrägbild mit einem Verzerrungswinkel von 45° und einem Verzerrungsverhältnis von 0,5.

10

Zeichne jeweils einen liegenden Kreiszylinder mit dem Radius r und der Höhe h im Schrägbild mit dem Verzerrungswinkel α und dem Verzerrungsverhältnis q.

a) $r = 3$ cm, $h = 5$ cm, $\alpha = 30°$, $q = 0{,}75$ **b)** $r = 4{,}5$ cm, $h = 2$ cm, $\alpha = 45°$, $q = 0{,}5$

METHODE

Schrägbilder von Kreiszylindern

(I) Konstruktion eines Schrägbildes eines liegenden Kreiszylinders

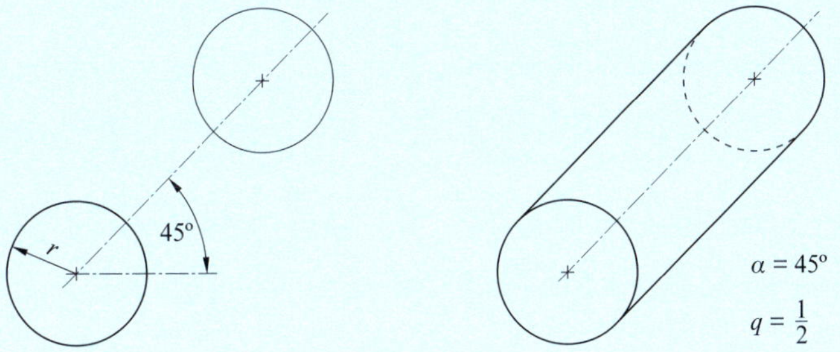

(II) Konstruktion eines Schrägbildes eines stehenden Kreiszylinders

1. Grundkreis in Originalgröße zeichnen
2. mehrere zum waagerechten Durchmesser senkrechte Hilfslinien (Tiefenlinien) einzeichnen
3. am Schnittpunkt der Hilfslinien mit dem Durchmesser Geraden im Winkel α zeichnen
4. auf den schrägen Linien die Tiefenlinien mit halber Länge abtragen (jeweils in beiden Richtungen)
5. die entstandenen Bildpunkte durch eine Kurve verbinden (Schrägbild der Grundfläche)
6. im Abstand h zum Grundkreis die beschriebene Konstruktion wiederholen (Schrägbild der Deckfläche)
7. rechts und links jeweils eine senkrechte Tangente an die Kurven zeichnen

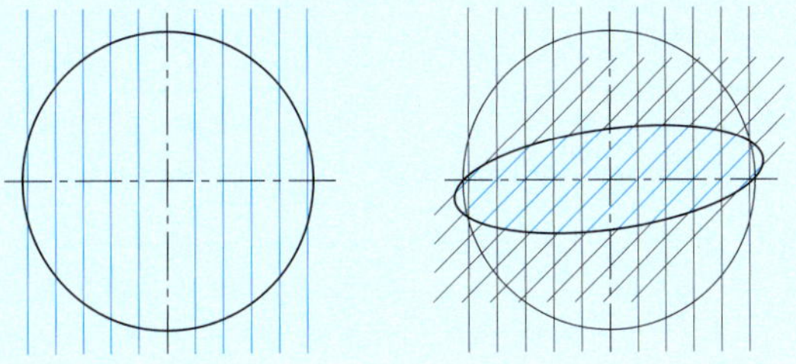

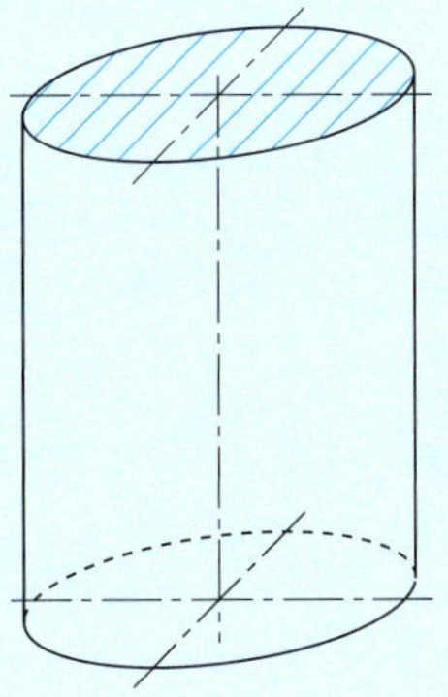

Hinweise

1. Ist für die Konstruktion eines Schrägbildes kein Verzerrungswinkel α und kein Verzerrungsverhältnis q vorgeschrieben, so ist im allgemeinen $\alpha = 45°$ und $q = \frac{1}{2}$ eine zweckmäßige Wahl.

2. Ein Schrägbild eines Kreises heißt **Ellipse**. Die äußere Mantellinie muss nach Augenmaß an die beiden Ellipsen gelegt werden.

Oberflächeninhalt und Volumen von Prismen

Prismenförmige Verpackung

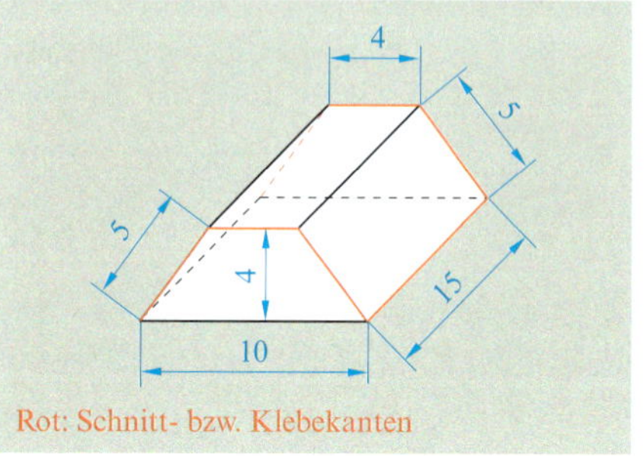

Maße des verpackten Kartons in cm

1

a) Zeichne ein Netz des abgebildeten Kartons im Maßstab 1 : 2. Beachte die rot gezeichneten Kanten, an denen die Pappe zerschnitten ist und geklebt wird.
b) Färbe Grund- und Deckfläche rot, die Seitenflächen in einer anderen Farbe. Welche Form hat der Mantel?
c) Ermittle den Oberflächeninhalt des Kartons.

2

Das abgebildete Hauszelt soll aus Stoff gefertigt werden (Maße in Meter). Zu beachten ist, dass auch der Zeltboden aus beschichtetem Stoff besteht.

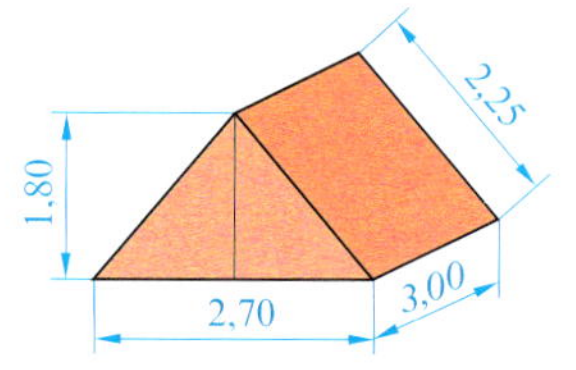

a) Zeichne ein Netz des dreiseitigen Prismas. Dabei soll 1 m in der Natur 1 cm in deiner Zeichnung entsprechen.
b) Berechne den Stoffbedarf. Gib 10 % für Überlappungen und Nähte hinzu.

3

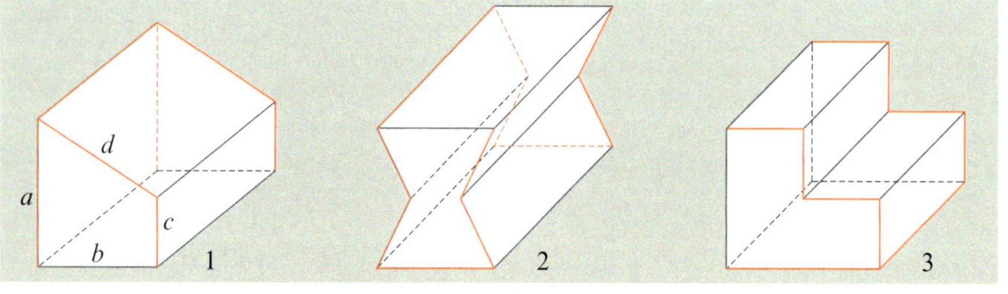

a) Denke dir die Prismen entlang der roten Kanten aufgeschnitten. Zeichne die entsprechenden Netze. Welche Form haben diese? Nenne Gemeinsamkeiten.
b) Formuliere eine Idee, wie man den Inhalt der Mantelfläche eines geraden Prismas leicht berechnen kann.

4

Berechne nach deiner Idee aus Aufgabe 3 den Oberflächeninhalt des Prismas 1 im Bild zu Aufgabe 3 für die angegebenen Maße.

a) $a = 4$ cm; $b = 3$ cm; $c = 2$ cm; $d = 3{,}6$ cm; $h = 6$ cm
b) $a = 5{,}6$ cm; $b = 5{,}1$ cm; $c = 2{,}3$ cm; $d = 6{,}1$ cm; $h = 7{,}8$ cm
c) $a = 2{,}8$ cm; $b = 42$ mm; $c = 6{,}4$ cm; $d = 0{,}55$ dm; $h = 48$ mm
d) $a = 60$ cm; $b = 6$ dm; $c = 0{,}6$ m; $h = 600$ mm

ERINNERE DICH
an die Umrechnungszahlen der Flächen- und Volumeneinheiten:

Flächeneinheiten:
1 km^2 = 100 ha
1 ha = 100 a
1 a = 100 m^2
1 m^2 = 100 dm^2
1 dm^2 = 100 cm^2
1 cm^2 = 100 mm^2

Volumeneinheiten:
1 m^3 = 1000 dm^3
1 dm^3 = 1000 cm^3
1 cm^3 = 1000 mm^3

1 hl = 100 l
1 l = 1 dm^3 = 1000 ml
1 ml = 1 cm^3

WISSEN

Unter Verwendung der Bezeichnungen
A_G Inhalt der Grund- bzw. Deckfläche
A_M Inhalt der Mantelfläche
A_O Inhalt der Oberfläche
u Umfang der Grund- bzw. Deckfläche
h Körperhöhe
gelten für ein gerades Prisma die Formeln:
$\boldsymbol{A_O = 2A_G + A_M}$ $\boldsymbol{A_M = u \cdot h}$
$\boldsymbol{A_O = 2A_G + u \cdot h}$

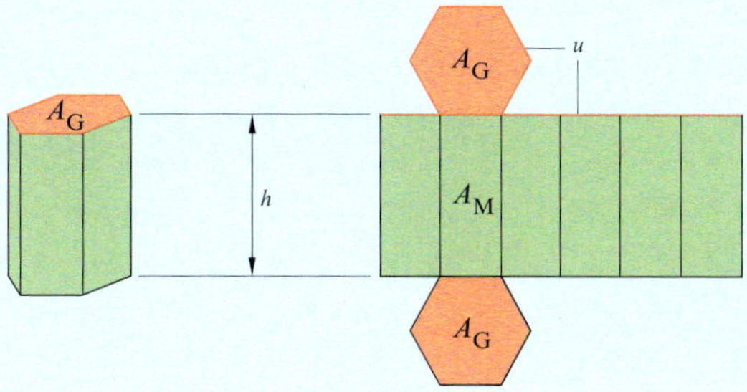

BEISPIEL

Berechnung des Oberflächeninhaltes des abgebildeten Prismas mit
$a = 2{,}8$ cm; $b = 2{,}5$ cm; $c = 0{,}8$ cm;
$d = 1{,}5$ cm und $h = 3{,}0$ cm.

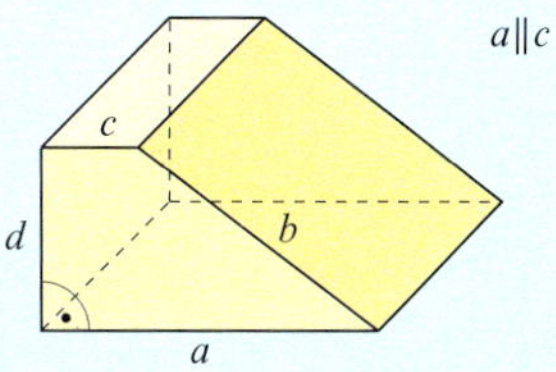

$A_O = 2A_G + u \cdot h$
$A_O = 2 \cdot 2{,}7\text{ cm}^2 + 7{,}6\text{ cm} \cdot 3{,}0\text{ cm}$
$= 5{,}4\text{ cm}^2 + 22{,}8\text{ cm}^2$
$= 28{,}2\text{ cm}^2$

$A_G = \frac{a + c}{2} \cdot d = 2{,}7\text{ cm}^2$

$u = a + b + c + d = 7{,}6$ cm

Das Prisma hat einen Oberflächeninhalt von 28,2 cm².

BEACHTE
Die Mantelfläche eines geraden Prismas kann so abgewickelt werden, dass ein Rechteck entsteht.
Die Seitenlängen dieses Rechtecks sind:
- der Umfang des Rechteckes und
- die Körperhöhe des Prismas.

5^L

Berechne den Oberflächeninhalt des Prismas im oberen Bild.
a) $a = 3$ cm; $b = 4$ cm; $c = 5$ cm; $h = 9$ cm
b) $a = 1{,}2$ cm; $b = 1{,}6$ cm; $c = 2{,}0$ cm; $h = 3{,}5$ cm
c) $a = 21$ mm; $b = 2{,}8$ cm; $c = 35$ mm; $h = 0{,}5$ dm

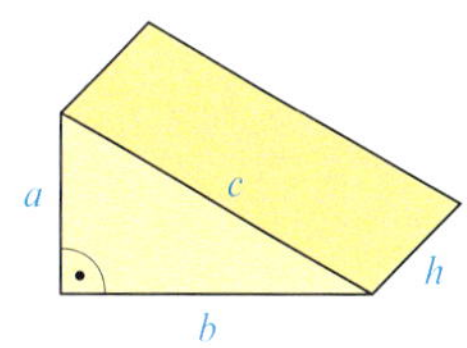

6

Berechne den Oberflächeninhalt des Prismas im mittleren Bild.
a) $A_G = 1{,}66\text{ dm}^2$; $a = 6$ cm; $h = 2{,}5$ cm
b) $a = 3{,}8$ dm; $h_a = 3{,}3$ dm; $h = 27$ cm

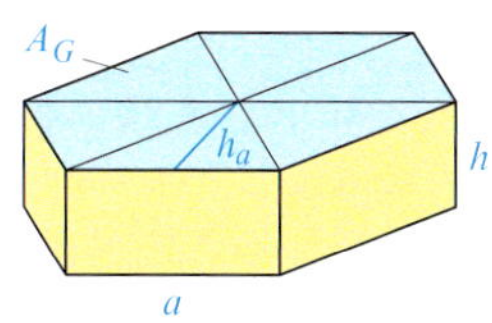

7^L

Berechne den gesuchten Flächeninhalt.
a) Gesucht: A_O (zum unteren Bild)
Gegeben: $a = 5$ cm; $h_a = 6$ cm; $b = e = 15$ mm; $c = d = 4{,}3$ cm; $h = 7$ cm
b) Gesucht: A_G (zum unteren Bild)
Gegeben: $A_O = 331{,}3\text{ m}^2$; $A_M = 244{,}8\text{ m}^2$
c) Gesucht: A_O Gegeben: Trapez als Grundfläche mit $a \parallel c$; $a = 5{,}7$ cm;
$b = 4{,}8$ cm; $c = 2{,}0$ cm; $d = 5{,}4$ cm; $h_a = 4{,}7$ cm; Prismenhöhe $h = 38$ mm

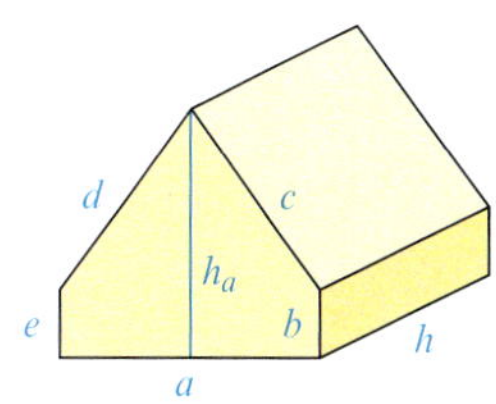

8

Bekannt ist der Oberflächeninhalt eines fünfseitigen Prismas mit 480 cm².
Der Flächeninhalt der Grundfläche beträgt 30 cm², ihr Umfang 28 cm.
Berechne die Körperhöhe.

9

Berechne das Volumen eines Quaders mit den Kantenlängen

a) $a = 17{,}5$ cm; $b = 12{,}8$ cm; $c = 8{,}6$ cm
b) $a = 3{,}8$ cm; $b = 114$ mm; $c = 23$ cm
c) $a = 15$ mm; $b = 2a$; $c = 1{,}5b$
d) $a + b = c$; $a + b + c = 10$ cm; $a = 2$ cm

10

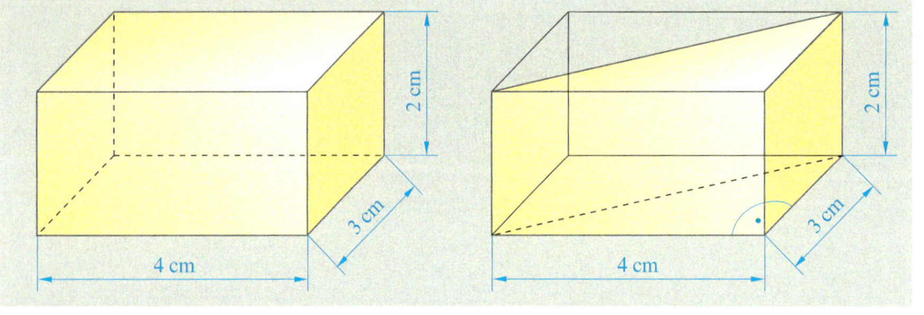

Gegeben sind ein Quader sowie ein Prisma mit einem rechtwinkligen Dreieck als Grundfläche (s. Bild).

a) Berechne das Volumen des Quaders.
b) Sprich über die Beziehungen der Körper zueinander. Vergleiche die Rauminhalte. Wie groß ist das Volumen des dreiseitigen Prismas?
c) Begründe, dass für jedes Prisma mit einem rechtwinkligen Dreieck als Grundfläche gilt: $V = A_G \cdot h$.

11

a) Übernimm die gegebenen Dreiecke auf Kästchenpapier. Gib die Dreiecksart an. Zerlege mithilfe der Kästchen jedes der beiden Dreiecke in zwei rechtwinklige Dreiecke.
b) Zeichne drei beliebige Dreiecke, die nicht rechtwinklig sind, auf unliniertes Papier. Zeige, dass du jedes Dreieck in rechtwinklige Dreiecke zerlegen kannst. Begründe deine Aussage.
c) Begründe, dass für jedes Prisma mit einem beliebigen Dreieck als Grundfläche gilt: $V = A_G \cdot h$.

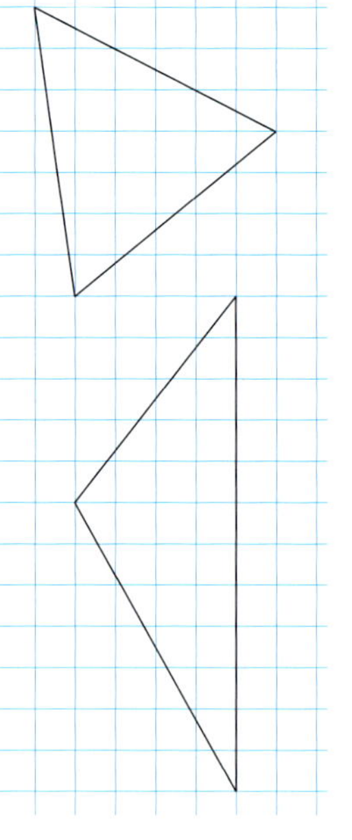

12

a) Übernimm die unten gegebenen Flächen auf Kästchenpapier. Zerlege sie geschickt in Dreiecke. Bezeichne die Teilflächen mit A_1, A_2 …
b) Die unten gegebenen Vielecke seien Grundflächen von Prismen. Erläutere, wie man das Volumen dieser Prismen ermitteln könnte.

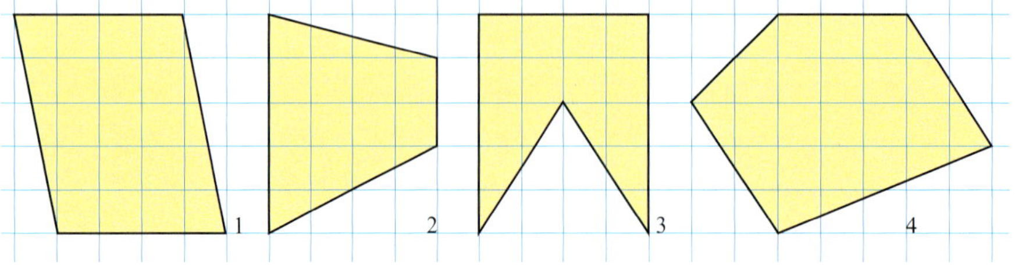

WISSEN

Jedes Prisma kann durch Ebenen, die auf der Grundfläche senkrecht stehen, in dreiseitige Prismen mit der Höhe h zerlegt werden. Für jedes dieser dreiseitigen Prismen gilt:

$V = A_{\text{Dreieck}} \cdot h.$

Die Summe der Volumen der Teilprismen ergibt das Volumen des Ausgangsprismas.

Mit $A_1, A_2, \ldots, A_n$ als Grundflächeninhalte der dreiseitigen Prismen gilt für das Volumen des Ausgangsprismas:

$V = A_1 \cdot h + A_2 \cdot h + \ldots + A_n \cdot h = (A_1 + A_2 + \ldots + A_n) \cdot h = A_G \cdot h$

Ist A_G die Grundfläche eines Prismas und h seine Höhe, so gilt für das Volumen:
$\boldsymbol{V = A_G \cdot h}$

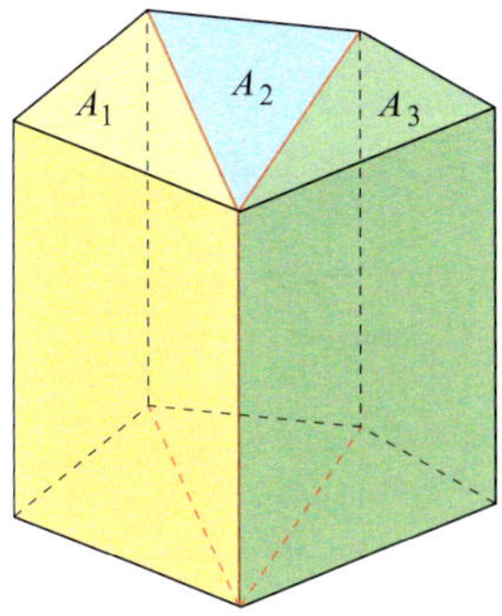

13

a) Welche der in der Randspalte abgebildeten Prismen 1–6 haben das gleiche Volumen?
b) Welche dieser Prismen haben den kleinsten, welche den größten Rauminhalt?

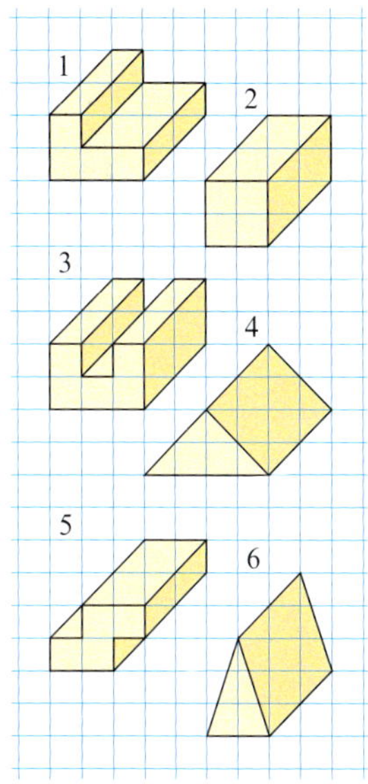

14[L]

Im Bild sind die Grundfläche A_G und die Körperhöhe h von Prismen gegeben. Berechne das Volumen.

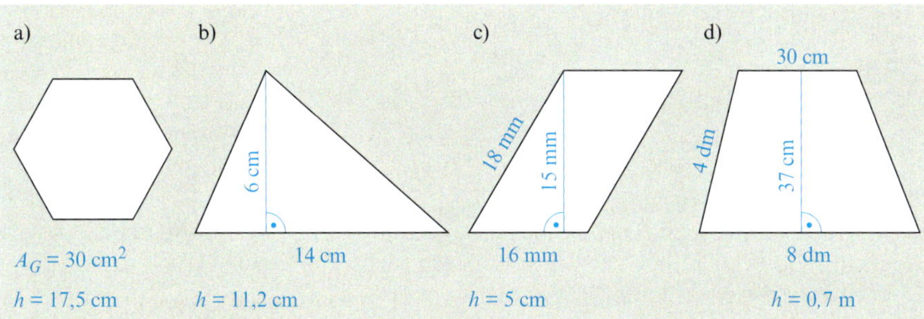

BEISPIEL

Berechnung des Volumens eines Prismas mit der abgebildeten Grundfläche

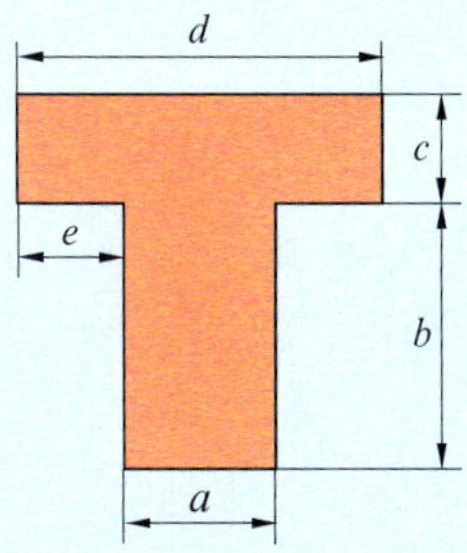

Gegeben: $a = 2{,}2$ cm; $b = 3{,}5$ cm; $c = 1{,}5$ cm; $d = 5{,}4$ cm; $e = 1{,}6$ cm
Prismenhöhe: $h = 4{,}3$ cm
Gesucht: V

Lösung:

$V = A \cdot h$
$V = 15{,}8\ \text{cm}^2 \cdot 4{,}3\ \text{cm}$
$V = 67{,}94\ \text{cm}^3$

$A = a \cdot b + c \cdot d$
$A = 2{,}2\ \text{cm} \cdot 3{,}5\ \text{cm} + 1{,}5\ \text{cm} \cdot 5{,}4\ \text{cm}$
$A = 15{,}8\ \text{cm}^2$

Das Prisma hat ein Volumen von $67{,}94\ \text{cm}^3$.

15

Berechne das Volumen der Prismen mit den im Bild gegebenen Grundflächen. Entnimm die benötigten Größen aus dem Bild.

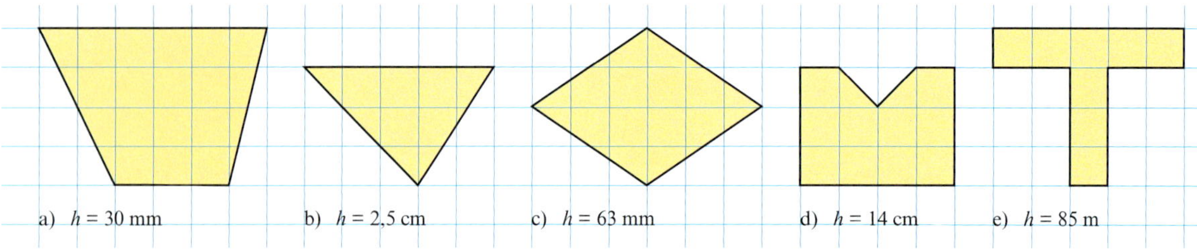

16

Wie verändert sich das Volumen
- **a)** eines Quaders, wenn man jede Kantenlänge verdoppelt (halbiert);
- **b)** eines beliebigen Prismas, wenn man nur die Höhe verdreifacht;
- **c)** eines vierseitigen Prismas mit trapezförmiger Grundfläche ($a \parallel c$), wenn man die Grundseiten a und c sowie die Höhe des Trapezes verdoppelt?

17

Olivia möchte in der 6 cm hohen Pralinenschachtel ein Geschenk verpacken und sie dann vollständig bekleben.
- **a)** Zeichne ein Netz dieser Schachtel im Maßstab 1:4.
- **b)** Berechne das Volumen der Schachtel.

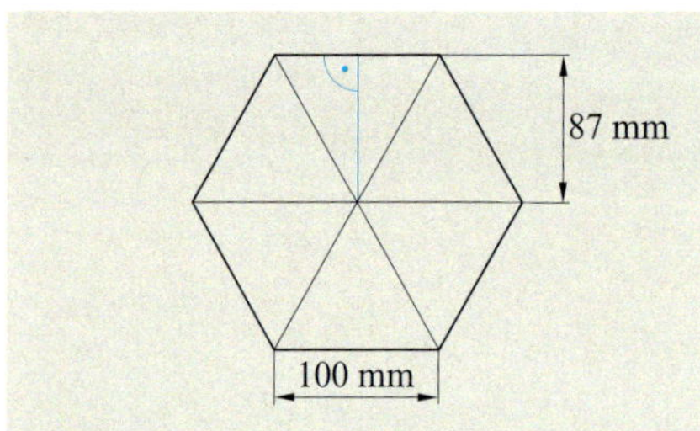

Pralinenschachtel

18

Ein Bahndamm, dessen Querschnitt ein gleichschenkliges Trapez ist (siehe Bild) muss wegen Unterspülung auf einem Kilometer Länge abgetragen werden.
- **a)** Wie viel Kubikmeter Erde müssen abtransportiert werden?
- **b)** Wie viele Fuhren sind nötig, wenn die Lastkraftwagen, die die Erde abtransportieren, ein Fassungsvermögen von 12 m^3 haben?

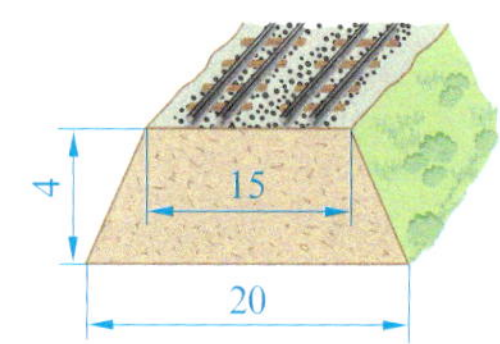

Maße in m

19

- **a)** Ein Schwimmbad (siehe Bild) soll gefliest werden. Wie viel Quadratmeter Fliesen werden benötigt?
- **b)** Das Becken soll bis 20 cm unterhalb des Randes gefüllt werden. Wie viel Kubikmeter Wasser müssen zufließen?

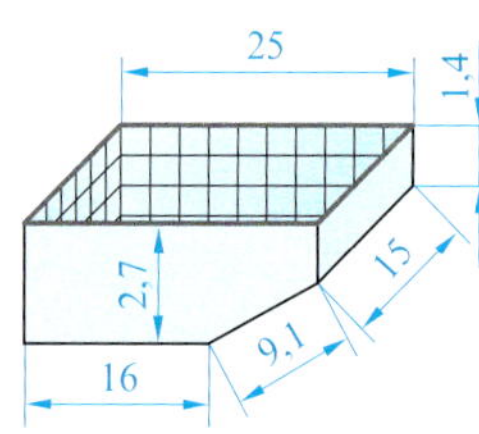

Maße in m

20

Der Querschnitt eines Kippwagens (siehe Bild) hat die Form eines gleichschenkligen Dreiecks mit folgenden Abmessungen: Basis a = 1,10 m; Schenkel $b = c$ = 1,25 m; Höhe h = 1,12 m. Die Länge beträgt l = 1,40 m.
- **a)** Wie groß ist das Fassungsvermögen des Kippwagens?
- **b)** Der Behälter soll innen und außen neu gespritzt werden. Für welche Fläche wird Farbe benötigt?

Oberflächeninhalt und Volumen von Kreiszylindern

1

a) Eine Konservendose hat einen Durchmesser von $d = 82$ mm und eine Höhe von $h = 90$ mm. Sie soll ohne Überlappung mit einem Etikett umklebt werden. Gib Form und Abmessung des benötigten Papiers an.
b) Wie viel Quadratzentimeter Blech wurden für Deckel und Boden der Dose bei der Herstellung mindestens benötigt?

WISSEN

Für den Oberflächeninhalt A_O eines geraden Kreiszylinders mit dem Radius r und der Höhe h gilt:
$\mathbf{A_O = 2A_G + A_M}$

Aus $A_G = \pi r^2$ und
$A_M = u \cdot h = 2\pi r \cdot h$
folgt $A_O = 2\pi r^2 + 2\pi r \cdot h$
und damit:
$\mathbf{A_O = 2\pi r(r + h)}$

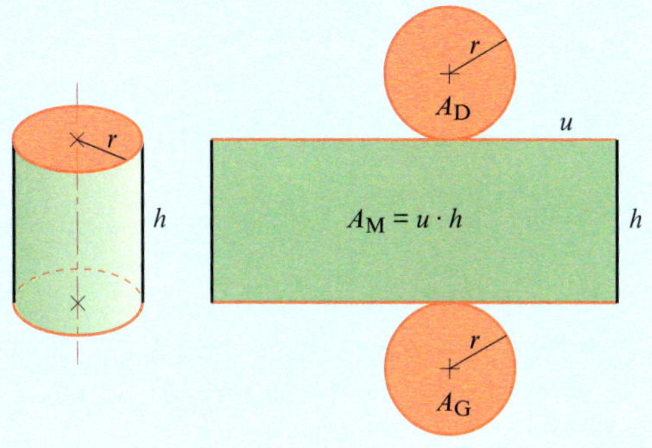

MERKE
Der Oberflächeninhalt eines Kreiszylinders ist die Summe aus dem doppelten Flächeninhalt des Grundkreises und dem Flächeninhalt des Mantels. Beim geraden Kreiszylinder ist der Flächeninhalt des Mantels das Produkt aus dem Umfang des Grundkreises und der Höhe des Zylinders.

2

Berechne den Oberflächeninhalt bzw. die Höhe eines geraden Kreiszylinders mit
a) $r = 4$ cm, $h = 5$ cm **b)** $r = 23$ mm, $h = 3{,}8$ cm **c)** $u = 15$ cm, $h = 6{,}3$ cm
d) $d = 30$ cm, $h = 0{,}5$ cm **e)** $h = 2{,}4$ cm, $d = \frac{1}{3}$ m **f)** $A_o = 33{,}93$ cm², $r = 1{,}8$ cm

3

Welches Bild entspricht dem Netz eines Zylinders? Berechne die Oberflächeninhalte der Zylinder. Entnimm dazu aus den Netzen die benötigten Maße.

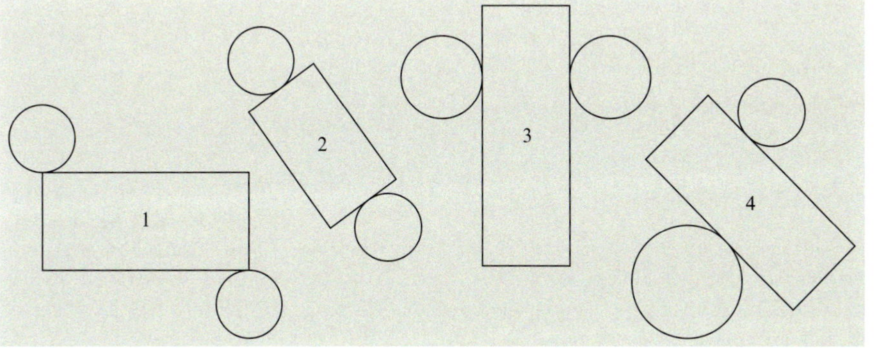

4

a) Welche Möglichkeiten gibt es, das abgebildete Rechteck zum Mantel eines Zylinders zu formen? Gib für jede Möglichkeit die Höhe des Zylinders und den Radius des Grundkreises an.
b) Berechne die Oberflächeninhalte der entstandenen Zylinder und vergleiche sie.

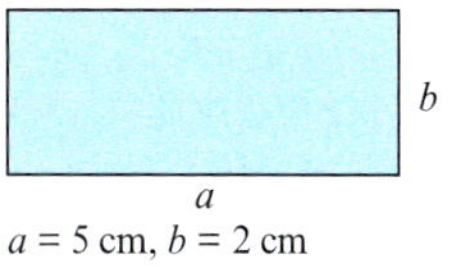

$a = 5$ cm, $b = 2$ cm

5

Drei regelmäßige Prismen sind jeweils einem Zylinder mit dem Radius $r = 2{,}5$ cm und der Höhe $h = 4$ cm einbeschrieben.

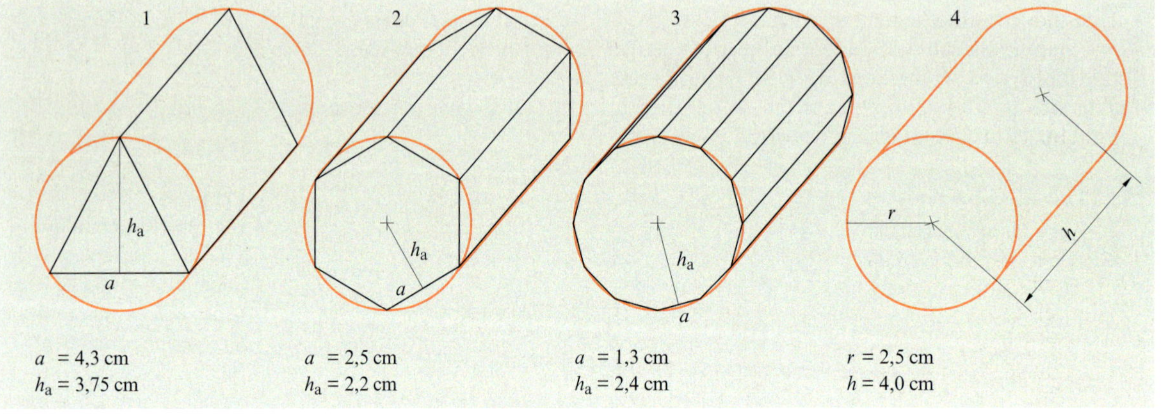

a) Berechne für jedes Prisma das Volumen. Erkläre die verwendete Formel.
b) Vergleiche die drei Volumina miteinander. Was stellst du fest?
c) Schätze das Volumen des Zylinders. Überlege, wie man das Volumen des Zylinders berechnen könnte und vergleiche den berechneten mit dem Schätzwert.

6

Die beiden Gefäße haben denselben Grundflächeninhalt $A_G = 4\ \text{cm}^2$ und dieselbe Höhe $h = 2{,}5$ cm.
a) Jeder Behälter wird 1 cm hoch mit Wasser gefüllt. Welches Volumen nimmt die Flüssigkeit jeweils ein? Begründe deine Ergebnisse.
b) Gib das Fassungsvermögen des quaderförmigen Gefäßes an.
c) Welches Fassungsvermögen hat das zylinderförmige Gefäß? Begründe dein Ergebnis.

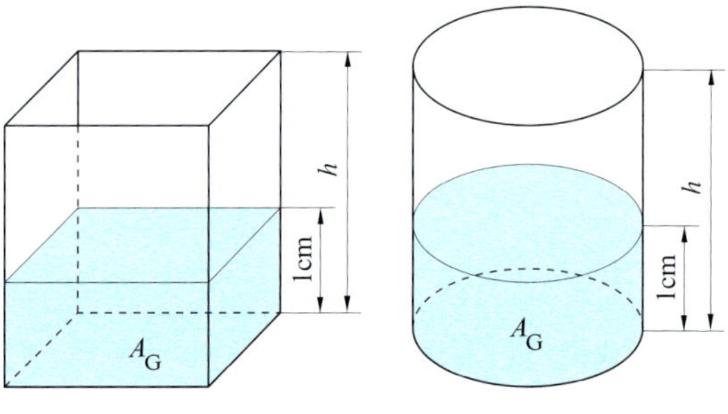

WISSEN

Für das Volumen eines Kreiszylinders mit dem Radius r und der Höhe h gilt:
$V = A_G \cdot h$ bzw. $V = \pi r^2 \cdot h$

7[L]

Berechne das Volumen für einen geraden Kreiszylinder mit
a) $r = 6{,}5$ cm, $h = 1{,}5$ cm **b)** $r = 37$ mm, $h = 6$ cm **c)** $r = 2{,}8$ dm, $h = 32$ cm
d) $d = 92$ cm, $h = 1{,}2$ cm **e)** $h = 36$ mm, $d = 7{,}6$ cm **f)** $u = 50{,}24$ cm, $h = 67$ cm

8[L]

Wie verändert sich das Volumen eines Zylinders, wenn
a) die Höhe verdoppelt,
b) der Durchmesser halbiert,
c) die Höhe halbiert sowie der Radius verdoppelt wird?

ZUR INFORMATION
Für Flüssigkeiten werden oft **Hohlmaße** verwendet: Liter (l), Deziliter (dl), Zentiliter (cl), Milliliter (ml).

Dabei gelten folgende Umrechnungen:
$1\ \text{l} = 1\ \text{dm}^3 = 1000\ \text{cm}^3$
$1\ \text{dl} = 100\ \text{cm}^3$
$1\ \text{cl} = 10\ \text{cm}^3$
$1\ \text{ml} = 1\ \text{cm}^3$

9

Die Europanorm für größere Weißblechdosen verlangt: Durchmesser 9,8 cm, Höhe 11,2 cm.

a) Berechne das Fassungsvermögen. Vergleiche mit den Angaben auf einer Dose. Begründe eventuelle Abweichungen.

b) Die Banderolen haben einen Kleberand von 1,2 cm. Berechne den Papierverbrauch für 500 Dosen.

c) Es werden 500 Dosen gefertigt. Wie viel Blech ist bereitzustellen, wenn man 10 % für Bördelrand und Verschnitt einplanen muss.

Konservendosen

10

Anschlagsäulen haben einen Durchmesser von 1,30 m. Die Reklameflächen sind 2,70 m hoch.

a) Wie viele Plakate vom Format A0 könnte man auf die Säule kleben?

b) Wie viel Prozent der Reklamefläche bleiben ungenutzt, wenn man möglichst viele Plakate vom Format A0 anklebt?

c) Wie würdest du Plakate vom Format A2 anordnen, wenn die verfügbare Fläche maximal ausgenutzt werden soll?

(*Zur Erinnerung:* Das Format A0 hat die Abmessungen 1188 mm × 840 mm. Durch Falten in der Länge entsteht jeweils das nächstkleinere Format, also aus dem Format A0 das Format A1 etc.)

ZUM KNOBELN

Kann man mit zwei Dosen, die $\frac{3}{4}$ l bzw. $\frac{5}{4}$ l Rauminhalt haben, $\frac{1}{4}$ l Wasser schöpfen?

AUFGABEN ZUR WIEDERHOLUNG

Hinweis: Die Aufgaben 1 bis 3 sind zu Hause zu lösen. Dazu sollst du Messungen durchführen und du musst dir eure Heizkostenabrechnung ansehen.

1. Miss die Raumtemperatur in den verschiedenen Räumen deiner Wohnung.
Vergleiche die Werte mit denen in der Tabelle.
Weichen deine Werte davon ab? Wenn ja, um wie viel Grad?

Raum	empfohlene Temperatur in °C
Wohnraum	19 bis 22
Schlafraum	16 bis 19
Küche	18 bis 20
Bad, Dusche	20 bis 23
WC	15 bis 19
Flur	18 bis 19

2. Weißt du das?
Eine Verringerung der Raumtemperatur um 1 °C verringert die Heizkosten um 6 %.
Wie viel Geld könntet ihr sparen, wenn ihr eure Raumtemperaturen um 1 °C senkt?

3. **a)** Vergleiche eine Woche lang die vom Wetterbericht vorhergesagten Tagestemperaturen mit den von dir tatsächlich gemessenen Außentemperaturen (nach der Schule, um die Mittagszeit).
b) Ermittle für alle Tage den absoluten und den relativen Fehler (in Prozent) der im Wetterbericht vorhergesagten Temperaturen.
Tipp: Siehe Seite 84.
c) Wie groß war der durchschnittliche relative Fehler der Temperaturvorhersage?

4. Lies die Temperaturen ab.

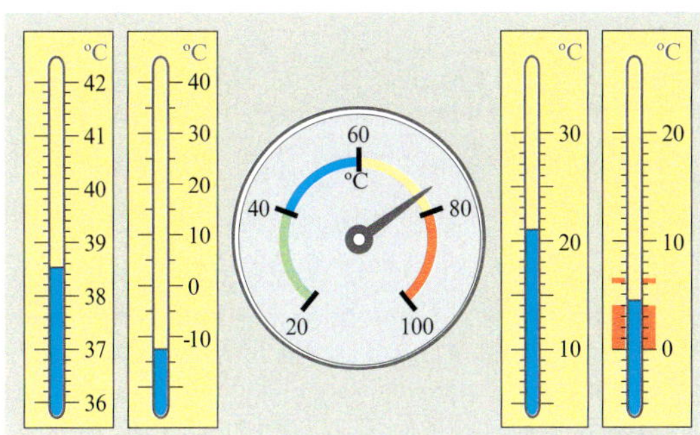

Teste dich!

Grundwissen

1

Kontrolliere die Umrechnungen, korrigiere Fehler.

a) $2{,}04\ \text{m}^2 = 204\ \text{cm}^2$
b) $245\ \text{dm}^3 = 0{,}245\ \text{m}^3$
c) $6382\ \text{dm}^3 = 6{,}382\ \text{cm}^3$
d) $7502\ \text{mm}^2 = 7{,}502\ \text{cm}^2$

2

a) Formuliere, was man unter einem geraden Prisma versteht.
b) Vergleiche mit den folgenden Antworten von anderen Schülern. Skizziere Körper, auf welche die Aussagen zutreffen.
Eva: „Grund- und Deckfläche sind je ein Vieleck, die Seitenflächen stehen senkrecht darauf."
Udo: „Grund- und Deckfläche sind kongruente Vielecke und liegen parallel zueinander."
Bernd: „Grund- und Deckfläche haben die gleiche Form und sind parallel zueinander."

3

Gegeben sind die Grundflächen von geraden Prismen und die Körperhöhe.

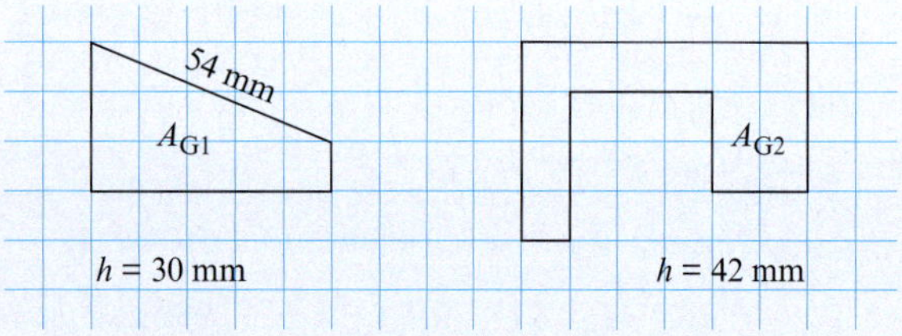

(Seitenlänge eines Kästchens: 10 mm.)

a) Zeichne ein Netz und zwei Schrägbilder von jedem oben gegebenen Prisma so, dass der Körper auf der Grundfläche steht bzw. auf einer Seitenfläche liegt.
b) Berechne Oberflächeninhalt und Volumen der Prismen.

4

Zeichne ein Netz einer Pyramide, deren Grundfläche ein Rechteck mit den Maßen $a = 6$ cm und $b = 2{,}2$ cm ist. Die Körperhöhe beträgt 4 cm.

5

Zeichne ein rechtwinkliges Koordinatensystem. Wähle als Einheit auf den Achsen 1 cm.
Trage die Punkte $A\,(0|0)$; $B\,(0|2)$; $C\,(2|5)$; $D\,(5|6)$; $E\,(8|5)$; $F\,(10|2)$; $G\,(12|2)$ und $H\,(12|0)$ in das Koordinatensystem ein. Verbinde benachbarte Punkte.
Das entstandene Vieleck soll die Grundfläche eines geraden, 3,5 m hohen Prismas im Maßstab 1:50 darstellen. Für dieses Prisma gelten die folgenden Maße:
$\overline{BC} = \overline{EF} = 1{,}8$ m und $\overline{CD} = \overline{DE} = 1{,}58$ m.
Schätze zuerst und berechne dann Oberflächeninhalt und Volumen des Körpers.
Vergleiche die Ergebnisse der Rechnung mit deiner Schätzung.

6

Berechne den Oberflächeninhalt und das Volumen eines geraden Kreiszylinders mit der Höhe h und dem Grundkreisradius r.

a) $h = 12$ cm, $r = 3$ cm
b) $h = 1$ m, $r = 1$ m
c) $h = 1$ cm, $r = 1$ m
d) $h = 1$ m, $r = 1$ cm

Sachaufgaben und Probleme

7

Der Mantel eines Zylinders ist ein Rechteck, welches dreimal so lang wie breit ist. Die kürzere Seite entspricht der Höhe des Zylinders. Der Durchmesser des Grundkreises beträgt $d = 3$ cm. Gib die Abmessungen des Mantels an, und berechne den Oberflächeninhalt und das Volumen des Zylinders.

8

Eine Verpackung für Bonbons hat die Form eines regelmäßigen vierseitigen Prismas. An Grund- und Deckfläche sind Pyramiden angesetzt. Die dreieckigen Seitenflächen dieser Pyramiden haben die Höhe $h_s = 25$ mm. Die übrigen Maße sind in dem abgebildeten Grundriss angegeben.

a) Fertige ein Netz für diese Schachtel an. Gestalte es so, dass es möglichst platzsparend aus einem rechteckigen Stück Pappe ausgestanzt werden kann.

b) Gib die Mindestmaße des für dein Netz benötigten Rechtecks an. Die benötigten Klebefalze vernachlässigen wir. Berechne den Papierabfall in Quadratdezimetern.

c) Gib das Fassungsvermögen des prismenförmigen Teils der Schachtel an.

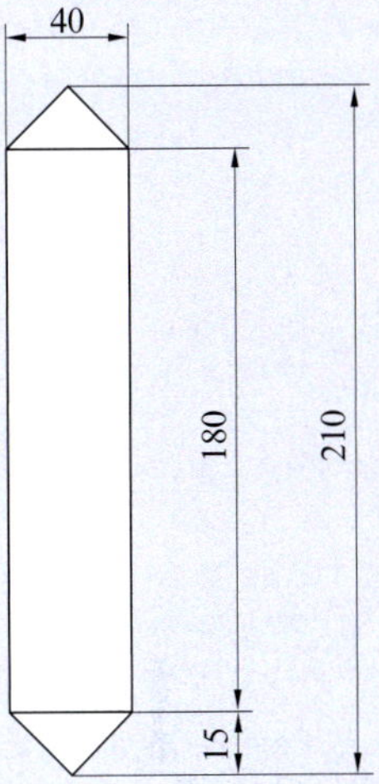

9

Durch Straßenneubau bedingt muss ein bestehender Lärmschutzwall, dessen Querschnitt ein gleichschenkliges Trapez ist (siehe Abbildung 1), auf einer Länge von 400 m abgetragen werden. Der abgetragene Erdstoff wird an anderer Stelle zur Erhöhung eines 1 km langen Walls der gleichen Form genutzt (siehe Abb. 2).
Reicht der Abraum für die Aufschüttung? Schätze und begründe deine Überlegung. Wie viel Material bleibt übrig bzw. wird noch benötigt?

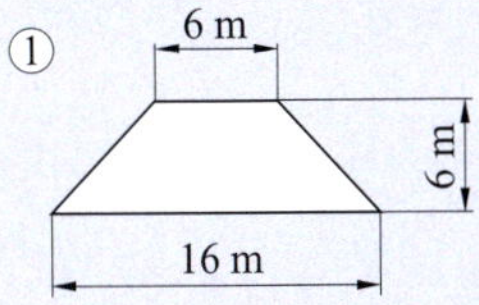

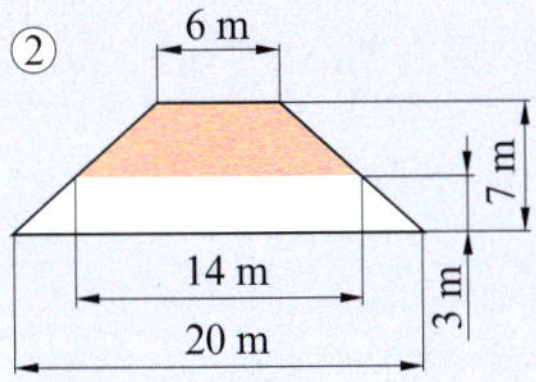

AUSWERTUNG

Darstellung und Berechnung von Körpern – Überprüfe dein Wissen und Können!

Schätzt eure Leistung zunächst selbst ein, nachdem ihr die Aufgaben bearbeitet habt.

Konntest du nicht alle Aufgaben lösen? Die folgende Tabelle enthält einige Tipps, mit denen du vielleicht doch noch zum Ziel kommen kannst.

Aufgabe	Tipp
1	Beachte Einheit und Umrechnungszahl. Wird in eine größere oder in eine kleinere Einheit umgerechnet?
2	Überlege jeweils, ob alle im Wissenskasten auf Seite 217 genannten Bedingungen erfüllt sind.
3	Beachte die Beispiele und die blauen Kästen auf den Seiten 217, 222, 223, 233 und 235.
4	Welche Standardformen von Pyramidennetzen kennst du schon? Ermittle eventuell benötigte Kantenlängen durch geeignete Hilfskonstruktionen zeichnerisch, falls du sie nicht berechnen kannst. Eine Schrägbildskizze kann dafür als Planfigur hilfreich sein.
5	Wie werden Punkte im Koordinatensystem eingezeichnet? Was bedeutet „Maßstab 1 : 50"?
6	Beachte die Wissenskästen auf den Seiten 237 und 238.
7	Was haben die Rechteckseiten *a* und *b* mit dem Grundkreisradius zu tun? Formeln zur Berechnung von Oberflächeninhalt und Volumen findest du auf den Seiten 237 und 238.
8	Der Papierabfall lässt sich sehr rationell berechnen. Fertige eine Skizze an.
9	Führe (als Schätzung) zunächst eine Überschlagsrechnung aus.

Beratet mit eurer Lehrerin oder eurem Lehrer, wie ihr eventuell noch vorhandene „Wissenslücken" schließen könnt. Die Lösungen zu den Aufgaben findest du auf Seite 262.

ZUSAMMENFASSUNG

Prismen

Ein Körper heißt ***n*-seitiges gerades Prisma**, wenn er von zwei zueinander kongruenten n-Ecken als Grund- und Deckfläche und von n Rechtecken als Seitenflächen begrenzt wird.
Alle Seitenflächen zusammen bilden die **Mantelfläche** des Prismas.
Ist die Grundfläche ein regelmäßiges Vieleck, so spricht man von einem **regelmäßigen Prisma**.

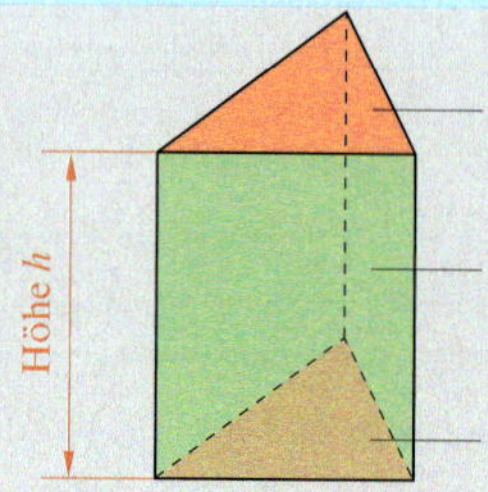

Das **Netz** eines geraden Prismas kann stets so dargestellt werden, dass die von allen Seitenflächen gebildete Mantelfläche ein Rechteck bildet.

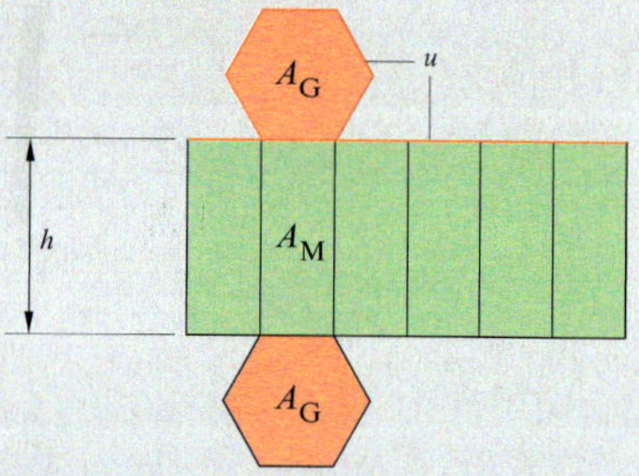

Oberflächeninhalt $A_O = 2 \cdot A_G + A_M$
$= 2 \cdot A_G + u \cdot h$

Volumen: $V = A_G \cdot h$

(A_G = Inhalt der Grundfläche; A_M = Inhalt der Mantelfläche; h = Körperhöhe; u = Umfang der Grundfläche)

Pyramiden

Ein Körper heißt ***n*-seitige Pyramide**, wenn er von einem n-Eck als Grundfläche und von n Dreiecken als Seitenflächen begrenzt wird.

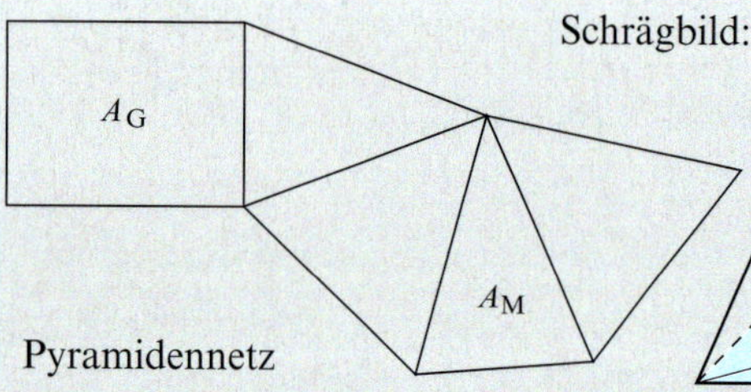

Pyramidennetz

Schrägbild:

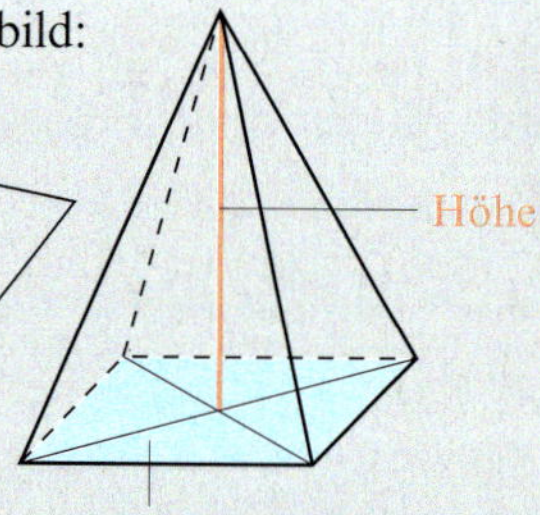

Schrägbilder (allgemein)

Im **Schrägbild** werden die zur Zeichenebene parallelen Strecken in wahrer Länge (bzw. maßstäblich verkleinert oder vergrößert) abgebildet. Die senkrecht zur Zeichenebene verlaufenden **Tiefenlinien** werden nach einem festen **Verzerrungsverhältnis** verkürzt und unter einem festen **Verzerrungswinkel** angetragen.
Häufig wählt man das Verzerrungsverhältnis 1 : 2 = 0,5 und den Verzerrungswinkel 45°.

Kreiszylinder

Ein Körper heißt **Kreiszylinder**, wenn er von zwei zueinander parallelen kongruenten Kreisflächen (Grundfläche und Deckfläche) und von einer gekrümmten Mantelfläche, die sich zu einem Rechteck abwickeln lässt, begrenzt wird.
Wenn die Verbindungsstrecke der Mittelpunkte von Grund- und Deckfläche senkrecht auf der Grundfläche steht, ist es ein **gerader Kreiszylinder**.

Oberflächeninhalt $A_O = 2 \cdot A_G + A_M = 2\pi r^2 + 2\pi r h$

Volumen: $V = A_G \cdot h = \pi r^2 h$

(A_G = Inhalt der Grundfläche; A_M = Inhalt der Mantelfläche; h = Körperhöhe; r = Radius der Grundfläche)

Netz

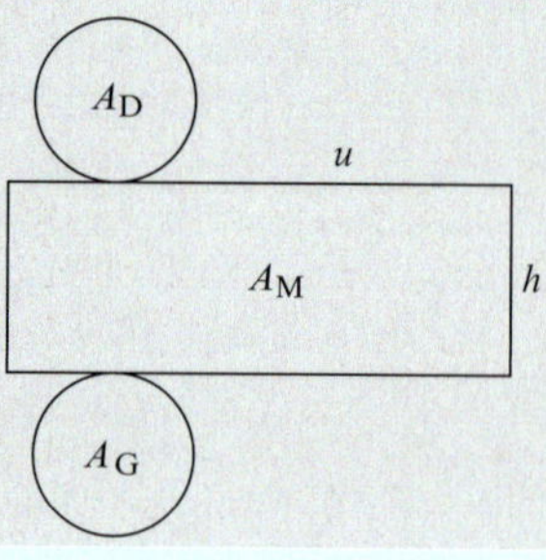

Schrägbild

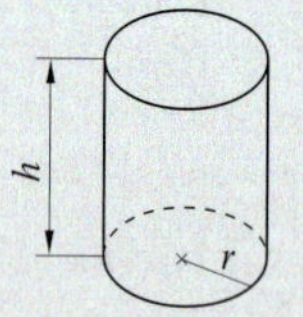

$\alpha = 90°$ $q = 0{,}5$

Übungen und Anwendungen

Geschwindigkeitskontrollen durch „Radarfallen“ funktionieren so: In der Fahrbahndecke sind mehrere Sensoren eingebaut. Überfährt ein Fahrzeug die Sensoren, werden Impulse an das Gerät übertragen. Mithilfe elektronischer Zeitmessungen und der bekannten Abstände der Sensoren berechnet das Gerät die Geschwindigkeit des Fahrzeugs.

↗Geometrie

↗Zahlen und Gleichungen

Wird ein vorgegebener Grenzwert um mehr als 3 % überschritten, erfolgt eine Fotoauslösung.

↗Prozentrechnung

Aus der Zahlenkiste

1

Übertrage die Tabelle in dein Heft und kennzeichne, ob die aufgeführten Zahlen zum jeweiligen Zahlenbereich gehören (∈) oder nicht (∉).

	Natürliche Zahlen	Gebrochene Zahlen	Ganze Zahlen	Rationale Zahlen
-5				
$\frac{41}{3}$				
9,4				
720				
$\sqrt{17}$				
$-\frac{8}{7}$				
$\frac{10}{5}$				
$\sqrt{0{,}09}$				

ERINNERE DICH
an die Symbole für die Zahlenbereiche. Verwende sie beim Übertragen der Tabelle ins Heft.

2

Du kannst dem Wetterfrosch sicher helfen.
Am Morgen waren es -9 °C. Bis zum Mittag stieg die Temperatur um 11 Grad an. Der Nachmittag war sonnig und die Quecksilbersäule stieg um weitere 8 Grad. Welche Temperatur zeigt das Thermometer um 21.00 Uhr an, wenn es sich bis dahin wieder um 12 Grad abgekühlt hat?

3

Übertrage die Tabelle ins Heft und berechne die Terme.

a	b	c	$\frac{1}{a}$	$b^2 - 2c$	$\lvert a\rvert - \lvert b\rvert + \lvert c\rvert$	$\lvert a - \lvert b + c\rvert\rvert$	$b : \lvert c\rvert$
3	-5	$\frac{1}{2}$					
0,6	0	-8					
0	$\frac{1}{4}$	$\frac{3}{2}$					
-9	10	0					
14	-14	1,4					

4

Gib wenn möglich alle rationalen Zahlen an, die die jeweilige Gleichung erfüllen.

a) $\lvert x\rvert = 3$ **b)** $\lvert x\rvert = -4$ **c)** $\lvert b\rvert = -b$
d) $-\lvert x\rvert = -2$ **e)** $\lvert a\rvert = a$ **f)** $c^2 = 9$

5

Welche ganzen Zahlen liegen jeweils auf der Zahlengeraden zwischen den beiden Zahlen?

a) zwischen -4 und $+2$
b) zwischen $|-4|$ und 2,
c) zwischen $-2{,}3$ und $|-2{,}3|$
d) zwischen $|-7|$ und $|7|$

TIPP
Bei den Aufgaben 5 bis 7 hilft es dir vielleicht, wenn du eine Zahlengerade zeichnest.

6

Gib vier rationale Zahlen an,

a) deren Betrag kleiner als 1 ist,
b) deren entgegengesetzte Zahl größer als 13 ist,
c) deren Kehrwert größer als 3 ist.

7

Gesucht sind alle rationalen Zahlen, deren Betrag kleiner als 3 oder gleich 3 ist.

a) Kennzeichne auf der Zahlengeraden den Bereich, in dem alle diese Zahlen liegen.
b) Gib vier Beispiele für diese Zahlen an.

8

So ein Pech! Endlich war Ulrike mit ihren Hausaufgaben fertig, da fällt doch der Farbtopf um und ausgerechnet auf die Matheaufgaben. Kannst du ihr helfen? Übertrage in dein Heft und vervollständige den Lösungsweg.

Rätselhaftes

9

a) Die Summe aus einer Zahl und dem Fünffachen dieser Zahl beträgt 24. Wie heißt diese Zahl?

b) Die Summe aus der Hälfte einer Zahl und der Zahl 17 ist gleich dem Dreifachen dieser Zahl vermindert um 8. Ermittle die Zahl.

c) Die Differenz aus dem dritten Teil einer Zahl und dem Dreifachen dieser Zahl beträgt – 6. Wie heißt die Zahl?

d) Ich bin ein Produkt und bestehe zum einen aus der Summe meiner Lieblingszahl und der Zahl 5 und zum anderen aus dem 25fachen meiner Lieblingszahl. Welchen Wert erhältst du für mich? Meine Lieblingszahl ist –1.

e) Wie groß ist der Quotient aus dem 6fachen von 100 und der Differenz aus 20 und 10?

f) Moritz multipliziert eine von null verschiedene rationale Zahl mit der entgegengesetzten Zahl ihres Kehrwertes.
Welche Zahl erhält er?

g) Felix fand in einem alten Mathematikbuch den in der Randspalte zitierten Vers. Welche Zahl erfüllt die Bedingungen?

GEREIMTES
Eine Zahl hab ich gewählt,
107 dazugezählt,
dann durch 100 dividiert
und mit 4 multipliziert,
und zuletzt ist mir geblieben
als Resultat
die Primzahl 7.

10

a) Auf einer Telegrafenleitung sitzen Schwalben.
Wenn es doppelt so viele wären, wie da sind und noch die Hälfte dazu, noch ein Viertel dazu und schließlich noch eine Schwalbe, dann wären es genau 100.
Wie viele Schwalben sitzen auf der Telegrafenleitung?

b) In einer Mühle stehen 10 Säcke. Auf jedem Sack liegen 2 Katzen, jede von diesen Katzen hat 5 Junge. Daneben steht der Müller.
Wie viele Füße zählst du?

c) Knabbermax verputzt von den vorhandenen n Nüssen erst mal ein Drittel, dann von den verbliebenen Nüssen den vierten Teil.
Stelle einen Term zur Berechnung der jetzt noch vorhandenen Nüsse in Abhängigkeit der Ausgangsanzahl n ($n \in \mathbb{N}$) auf.
Vereinfache den Term so weit wie möglich.
Wie viele Nüsse bleiben übrig, wenn $n = 180$ war?

d) Lisa bezahlte für ein Buch 8 € und dazu noch die Hälfte des Preises.
Wie viel kostete das Buch?

e) Katrin zählt nach ihrem Einkauf das übrig gebliebene Geld, es sind 1,61 €. Sie hat 10 Münzen. Es sind Ein-, Fünf-, Zehn- und Fünfzigcentmünzen, von jeder Sorte mindestens eine Münze. Wie viele Münzen von jeder Sorte hat Katrin?

11

Erkläre folgendes Zahlenkunststück:
Aufforderung an eine Person: „Denke dir eine beliebige Zahl aus. Subtrahiere von der gedachten Zahl 1 und verdopple die Differenz. Addiere die gedachte Zahl hinzu und nenne mir das Ergebnis."
Du addierst zum genannten Ergebnis die Zahl 2 und teilst dann die Summe durch 3. Dein Ergebnis nennst du als „erratene" Zahl.

Wie wär's mit einem Klassenfest?

Das haben sich Steffi und Ines aus der Klasse 7 b auch gefragt und fanden die Idee prima.

1

Gleich am nächsten Tag machten sie in der Pause eine Umfrage mit folgendem Ergebnis:
Von den übrigen 24 Schülern der Klasse begrüßten 79,17 % Steffis und Ines Vorschlag, 8,33 % hatten keine Lust und der Rest enthielt sich der Stimme.
Wie viele Schüler der ganzen Klasse waren für ein Klassenfest und wie viele enthielten sich der Stimme?

Frau Schulz, die Klassenleiterin der 7 b, freute sich über die Initiative der beiden Mädchen. Gemeinsam mit der Klasse wurde der Tag festgelegt und Frau Schulz sicherte ihre Unterstützung zu. Am meisten freute sie sich dann, als doch alle Schüler zum Klassenfest kommen wollten. Nun konnte es an die Vorbereitungen gehen. Für die einzelnen Aufgaben wurden Gruppen festgelegt.

2

Lisas Gruppe übernimmt die Planung für das Essen. Es soll Bratwürste geben.

a) Wie viele Bratwürste müssen gekauft werden, wenn für jeden 2 Bratwürste und als Reserve 10 % mehr gerechnet werden?

b) Lisa weiß, dass es im Supermarkt Achterpackungen zu je 4,50 € gibt und einzelne Bratwürste 65 Cent kosten.
Holger meint das Angebot im Fleischgeschäft wäre günstiger, wo sie 50 Bratwürste für 28 € bekämen und die einzelne 70 Cent kostet.
Wo würdest du die Bratwürste kaufen?

c) Weiterhin plant die Gruppe für Ketchup und Senf 4 € und für Brot 5 €.
Grillkohle und Geschirr sind in der Schule ausreichend vorhanden.
Welchen Preis sollte Lutz auf dem Preisschild für eine Bratwurst einsetzen, wenn er auf volle 10 Cent aufrundet?

3

Mario und noch drei Jungen kümmern sich um die Getränke. Dazu hatten sie ihre Mitschüler befragt und eine Liste aufgestellt, die versehentlich zerrissen ist.

Getränk	Strichliste	Anzahl	Einzelpreis	Gesamtpr
Cola	卌 卌 卌 卌 卌 ||	27		
Fanta	卌 卌 卌 |	1		
Sprite	卌 卌 |||			

a) Übertrage die Tabelle in dein Heft und vervollständige sie.

b) Als besondere Überraschung will Oliver einen Orangenflip mixen. Das Rezept (s. Randspalte) ist für drei Gläser angegeben. Oliver plant die Zutaten für 20 Gläser. Berechne die Zutaten für 20 Gläser Orangenflip.

Orangenflip

Für drei Gläser:
¾ l Orangensaft
½ l Buttermilch
1 Teel. Zitronensaft
200 g Zucker

4

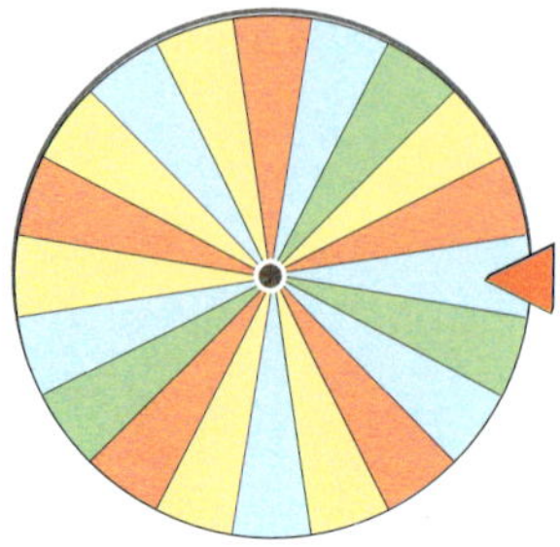

Moritz und Inga wollen eine Tombola veranstalten und haben dazu ein Glücksrad gebaut (siehe Bild). Um es zu testen, drehen sie es 300-mal.
Stelle für jede Farbe eine Vermutung an, in etwa wie viel Prozent der Fälle das Rad auf dieser Farbe stehen bleibt. Begründe deine Vermutung.

Dartsscheibe

5

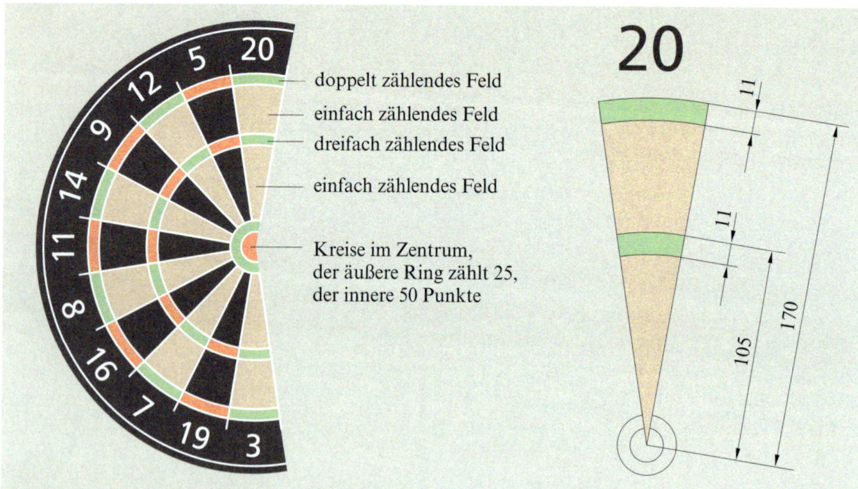

Claudia hat zum Klassenfest ein Dartsspiel mitgebracht. Darts ist ein englisches Spiel, bei dem Pfeile auf eine Scheibe geworfen werden. Jede Scheibe ist in 20 verschiedene Kreissegmente eingeteilt, denen unterschiedliche Punktzahlen zugeordnet sind.

a) Berechne die Gesamtfläche der in Segmente eingeteilten Dartsscheibe. Beachte, dass der Radius der Scheibe 170 mm beträgt.

b) Wie viel Prozent der Gesamtfläche nehmen die dreifach zählenden Felder im schmalen Innenring der Scheibe ein? ($r_a = 105$ mm, $r_i = 94$ mm)

c) Berechne den Anteil der Fläche des Kreissektors, der zu einer einfach zählenden Punktzahl gehört.

d) Die höchste Punktzahl, die man mit einem Wurf erzielen kann ist die 60, wenn der Pfeil das dreifach zählende Segment des Sektors 20 trifft. Wie groß ist der Flächeninhalt der zugehörigen Fläche?

e) Die beiden Kreise im Zentrum der Dartsscheibe haben einen Durchmesser von 32 mm bzw. 12 mm. Berechne die Flächeninhalte der Flächen, die 25 bzw. 50 Punkte zählen.

f) Es gibt auch eine deutsche Einteilung der Dartsscheibe, die hierbei einen Radius von 21 cm hat: 12 konzentrische Kreise zerlegen die Trefferfläche in 11 Kreisringe und den Mittelkreis, der einen Durchmesser von 12 mm hat und 50 Punkte zählt. Der kleinste Kreisring (25 Punkte) hat einen Durchmesser von 32 mm und der zweitkleinste Kreisring (10 Punkte) hat einen äußeren Durchmesser von 42 mm. Für jeden weiteren Kreis wächst der Radius um 21 mm. Die Punktverteilung nimmt dabei jeweils um einen Punkt ab.
Zeichne nach den Angaben die deutsche Ringeinteilung der Dartsscheibe und berechne für jede mögliche Punktzahl die entsprechende Trefferfläche.

WUSSTEST DU SCHON?

Darts wird nach folgenden Regeln gespielt:
1. Die Mitte der Wurfscheibe hängt 1,72 m über dem Boden. Der Abstand von der Wurflinie bis zur Wand, an der die Scheibe hängt, beträgt 2,44 m.
2. Abwechselnd werfen die Spieler jeweils 3 Pfeile. Treffer werden nur gewertet, wenn die Pfeile stecken bleiben.
3. Begonnen wird mit einer festen Punktzahl, z. B. 301. Von dieser Punktzahl werden die jeweils geworfenen Punkte abgezogen.
4. Das Spiel kann nur beendet werden, wenn die Punktzahl Null exakt erreicht wird.
5. Kommt ein Spieler mit einem Wurf ins Negative, so ist der Wurf ungültig und die Punktzahl bleibt wie vor dem Wurf.
6. Gewonnen hat, wer zuerst die Null erreicht.

Das Wetter heute: Vorwiegend freundlich

Die Entwicklung von Thermometern hat eine lange Geschichte. Vermutlich haben die Griechen Philon und Heron aus Alexandria nach der Zeitenwende als erste mit einfachen Messgeräten Temperaturunterschiede nachgewiesen. Sie nutzten die Erfahrung, dass sich das Volumen der Luft mit der Temperatur ändert.
Mit diesen Geräten, den Thermoskopen, konnte man nur jeweils zwei Temperaturen miteinander vergleichen. Das reichte natürlich nicht aus und mehrere Forscher bauten später Thermometer, deren Skalen nach „festen Punkten", den so genannten Fixpunkten, geeicht wurden (s. auch Seite 76).

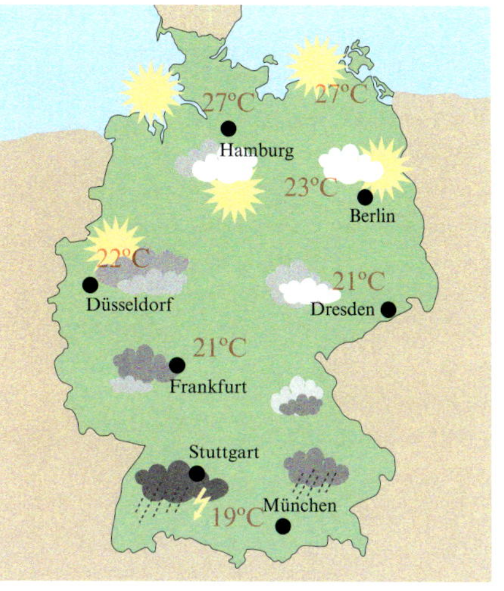

ANREGUNG
Auf Seite 76 findest du in der Aufgabe 15 Hinweise zum Umrechnen zwischen Temperaturangaben in Grad Celsius und in Grad Fahrenheit. Erstelle aus nebenstehender Wetterkarte eine Wetterkarte für amerikanische Touristen (also mit Temperaturangaben in Grad Fahrenheit).

In der Wissenschaft benutzt man die Kelvin-Temperaturskala (nach Lord Kelvin).
0 Kelvin (0 K) ist die niedrigste Temperatur, die überhaupt nur möglich ist.
0 K entspricht einer Temperatur von rund −273,15 °C.
Da die Celsius- und die Kelvinskala in gleiche Schritte eingeteilt sind, entspricht 0 °C rund 273,15 K.
Rechne die Temperaturangaben in der Aufgabe 1 in Kelvin um.

1

An 10 aufeinander folgenden Tagen wurde jeweils um 9.00 Uhr die Lufttemperatur gemessen. Es wurden folgende Werte ermittelt:

Datum	12.5.	13.5.	14.5.	15.5.	16.5.	17.5.	18.5.	19.5.	20.5.	21.5.
Lufttemperatur	9 °C	10 °C	6 °C	8 °C	10 °C	12 °C	13 °C	11 °C	9 °C	8 °C

a) Wann war es am wärmsten, wann am kältesten?
Berechne die Differenz zwischen dem größten und dem kleinsten Wert (Spannweite).
b) Wie groß war die Durchschnittstemperatur (Mittelwert) an diesen 10 Tagen zur angegebenen Messzeit?
c) Fertige zu den Messwerten eine Häufigkeitstabelle an und bestimme jeweils die absolute und relative Häufigkeit.
d) Zeichne ein Streckendiagramm, in dem man für jeden Tag die gemessene Temperatur gut ablesen kann.

2

In Wüstengebieten kann es zu erheblichen Temperaturschwankungen kommen. In der nebenstehenden Darstellung ist der Verlauf der Lufttemperatur an einem Ort nahe eines Wüstengebiets für 18 Stunden aufgezeichnet.

a) Schreibe die Temperaturwerte zu allen vollen Stunden auf.
b) Wann wurde die höchste und wann die niedrigste Temperatur gemessen? Ermittle die Differenz zwischen beiden Temperaturen (die Spannweite).
c) Berechne die Durchschnittstemperatur für die 18 Stunden.

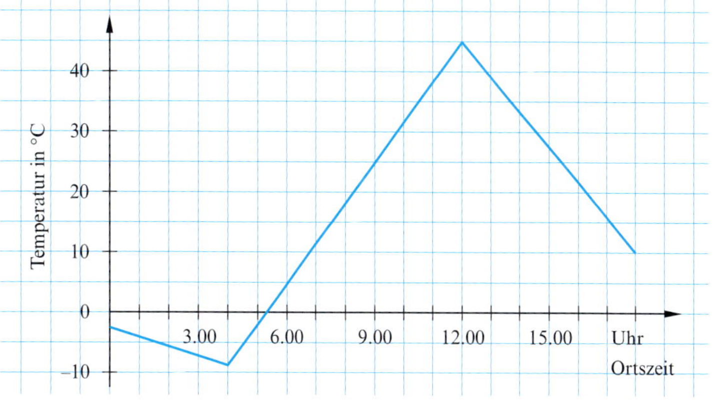

Auto und Reisen

1

Ein Autohaus hat in einem Quartal 476 Autos verkauft – Neu- und Gebrauchtwagen. An Neuwagen wurden die in der Tabelle stehenden Anzahlen verkauft.

Typ	Anzahl der verkauften Autos
Opel „Astra"	114
VW „Golf"	118
Renault „Twingo"	97
VW „Beetle"	41

WUSSTEST DU SCHON?
Mit „Quartal" meint man einen Zeitraum von einem Vierteljahr.

a) Wie viel Prozent der verkauften Autos entfallen auf Neuwagen der einzelnen Typen und auf die Gebrauchtwagen?
b) Stelle die prozentualen Anteile in einem Kreisdiagramm dar.
c) Angenommen, die Verkaufsbilanz bleibt für weitere zwei Quartale durchschnittlich so und sinkt im vierten Quartal um 6 %. Wie viele Autos werden dann in einem Jahr verkauft?

2

Für Geschwindigkeitskontrollen innerhalb von Ortschaften wurden zwei Messstellen A und B eingerichtet. Die Messstelle A durchfuhren 1342 Kraftfahrzeuge, davon 201 Lkw und 14 Busse. Der Rest waren Pkw.
Die zulässige Höchstgeschwindigkeit wurde von 181 Fahrern aller Fahrzeugarten überschritten. Von ihnen müssen 24 mit einem Fahrverbot rechnen.
An der Messstelle B wurde die Geschwindigkeit von 986 Fahrzeugen gemessen. Davon verhielten sich 162 ordnungswidrig.
a) Veranschauliche die Anzahlen aller genannten Fahrzeugarten für die Messstelle A in einem Kreisdiagramm.
b) Wie viel Prozent der Fahrzeugführer fuhren ordnungsgemäß an der Messstelle A vorbei?
c) Vergleiche die Anteile der Ordnungswidrigkeiten an den beiden Messstellen.

Geschwindigkeitskontrolle mit Lasermessgerät

3

Eine wesentliche Ursache für Verkehrsunfälle ist Alkoholmissbrauch.
Der Blutalkoholgehalt wird in Promille angegeben und hängt vom getrunkenen Alkohol, von der Körpermasse, und vom Geschlecht ab (zur Berechnung des Blutalkoholgehalts siehe rechts).

a) Herr Müller, ein stattlicher Mann von 80 kg, hat bei einem Gaststättenbesuch zwei große Bier (je 0,5 l) getrunken.
Der Alkoholgehalt von Bier beträgt 5 %, 1 ml Alkohol wiegt 0,8 g.
Wie hoch ist der Blutalkoholgehalt bei Herrn Müller wenn man zusätzlich berücksichtigt, dass etwa 20 % des getrunkenen Alkohols nicht im Blut messbar sind?
b) Wie lange dauert es, bis der Alkohol in Herrn Müllers Blut vollständig abgebaut ist, wenn je Stunde 0,15 ‰ abgebaut werden?
c) Wie viel Wein kann Frau Müller trinken, bis sich bei ihr der gleiche Blutalkoholgehalt wie bei ihrem Mann zeigt? Frau Müller wiegt 64 kg, Wein hat einen Alkoholgehalt von etwa 10 %.

INFORMATION
Der Blutalkoholgehalt lässt sich auch ohne Untersuchung des Blutes näherungsweise berechnen.
m_{Alk} sei die Masse des reinen konsumierten Alkohols,
m_K die Körpermasse.
Der Blutalkoholgehalt wird ungefähr durch den Quotienten
$\frac{m_{Alk}}{0{,}6 \cdot m_K}$ (bei Frauen)
bzw.
$\frac{m_{Alk}}{0{,}7 \cdot m_K}$ (bei Männern)
angegeben.

4

Viele Autofahrer halten den geforderten Sicherheitsabstand nicht ein. Der aber kann entscheidend sein, wenn man plötzlich bremsen muss. Den Bremsweg eines Fahrzeugs (in m) kann man für normale Straßenverhältnisse annähernd so berechnen:
Man dividiert das Quadrat von einem Zehntel der Geschwindigkeit (in km/h) durch zwei.

a) Berechne mithilfe der „Faustformel" den Bremsweg für ein Fahrzeug mit einer Geschwindigkeit von 80 km/h.

b) Wie hoch war die Geschwindigkeit bei einem Bremsweg von 72 Metern?

INFORMATION
Bei nasser Fahrbahn geht man von einem etwa doppelt so langen Bremsweg wie bei trockener Straße aus.

5

Familie Eifrig – Mutter, Vater, der zehnjährige Hannes und die dreizehnjährige Tina – macht Urlaubspläne. Entscheidend für die Wahl des Urlaubsziels sind die Finanzen, denn es stehen noch einige größere Ausgaben bevor und Reserven müssen schließlich auch noch bleiben.

a) Berechne den aktuellen Kontostand der Familie Eifrig.

Kontoauszug

Kontonummer: 2759392111		**Spezialbank**	
Beleg	Buchungsdatum	Text	Betrag in EUR
341	25.04	BAR	324,28 S
511		UEBERW	197,30 S
615	27.04	REISEK	65,24 H
745		SCHECK	279,80 S
		HABEN Alter Kontostand	6287,63 H
		HABEN Neuer Kontostand	
		Datum 30.04	Auszug-Nr. 4 / Blatt 1

b) Frau Eifrig hat eifrig gespart und kann die Familie mit einem Urlaubszuschuss überraschen. Sie hatte am 1.12. des letzten Jahres 300 € auf ein Sparbuch mit 2,6 % Zinsen eingezahlt. Am 1.02. diesen Jahres zahlte sie weitere 200 € ein. Mit welchem Betrag kann Frau Eifrig ihre Familie am 30.04. überraschen?

c) Wohin soll die Reise gehen? Ungarn oder Österreich stehen zur Wahl. Beide Angebote werden verglichen. Dazu berechnet Tina jeweils die Gesamtkosten und die Kosten pro Tag. Beinahe hätte sie die Zuschläge für die beiden Zimmer am Millstätter See vergessen. Welches Angebot ist preiswerter?

Haus und Garten

1

Endlich hat Familie Meier ein Grundstück für den geplanten Hausbau gefunden. Es hat die Form eines Parallelogramms mit den Maßen $a = 45$ m, $b = 20$ m und $\alpha = 64°$. Es liegt mit der längeren Seite an der Wohngebietsstraße.

a) Fertige eine maßstabgerechte Zeichnung vom Grundstück an.

b) Berechne den Flächeninhalt des Grundstücks. (Entnimm evtl. fehlende Werte aus der maßstäblichen Zeichnung.)

c) Wie hoch ist der Kaufpreis, wenn 1 m² Boden 55 € kostet und zusätzlich eine Maklergebühr von 4 % gezahlt werden muss?

d) Das Haus, das Familie Meier bauen lassen möchte, ist laut Bauzeichnung 8,50 m breit und 9,30 m lang. Im Bebauungsplan ist festgelegt, dass der Abstand zu jedem Nachbarn mindestens 3,00 m betragen muss und das Haus 5,00 m von der Straße entfernt und mit einer Grundseite parallel zu ihr stehen muss.
Trage in die maßstabgerechte Zeichnung des Grundstücks das Haus ein und überlege dabei, wo das Haus am günstigsten stehen sollte.

e) Für das Haus soll eine Baugrube von 80 cm Tiefe ausgehoben werden. Ein Lkw fasst maximal 9 m³ Erde. Wie viele Fuhren sind zum Abfahren der ausgehobenen Erde mindestens nötig?

2

Familie Pfiffig möchte sich eine neue Kücheneinrichtung anschaffen. Dafür sind höchstens 8 400 € vorgesehen. In Beratungsgesprächen unterbreitet der Händler folgendes Kreditangebot:
Anzahlung von 30 %, Restzahlung in 36 Raten zu je 196 €.
Familie Pfiffig könnte aber auch einen Bankkredit von 7 500 € erhalten, rückzahlbar durch 48 Monatsraten zu je 175 €.

a) Wie viel müsste Familie Pfiffig bei jedem Kreditangebot bezahlen?

b) Beim Kauf mit sofortiger Bezahlung gewährt der Händler 3 % Preisnachlass.
Wie viel Geld könnte gegenüber dem Kauf mit Händlerkredit gespart werden?
Wozu rätst du der Familie Pfiffig?

3

Zum Ausbau eines Dachbodens wird eine 2,30 m hohe trapezförmige Trennwand eingezogen. Sie misst unten 8,00 m und oben 2,00 m. In der Mitte der Wand ist eine 2,00 m hohe und 0,75 m breite Tür vorgesehen. Beide Seiten der Wand sollen mit Raufasertapete tapeziert und dann zweimal weiß gestrichen werden.

a) Die Farbe gibt es in Dosen, deren Inhalt für 4 bis 5 m² reicht, in kleinen Eimern für 20 bis 25 m² und in großen Eimern für 40 bis 50 m². Was würdest du an Farbe einkaufen?

b) Auf einer 53 cm breiten Rolle der ausgewählten Raufasertapete sind 17 m.
Diskutiert in der Gruppe oder in der Klasse über folgenden Vorschlag zur Berechnung der Anzahl der benötigten Tapetenrollen:

Man berechnet den Flächeninhalt der zu tapezierenden Wandfläche. Den Flächeninhalt dividiert man durch 0,53 m und erhält die benötigte Tapetenlänge. Dann dividiert man die benötigte Tapetenlänge durch 17 m und rundet den erhaltenen Wert auf eine natürliche Zahl auf. Das ist die benötigte Anzahl.

Wie viele Rollen würdet ihr kaufen? Begründet.
Vergleicht mit dem Ergebnis, das man nach dem Vorschlag erhalten würde.

4

In einem Haushalt werden durchschnittlich pro Kopf und Tag 150 l Wasser verbraucht, u. a. 59 l für Körperpflege und Duschen, 42 l für die Toilettenspülung, 4 l für Kochen und Trinken.

a) Überlege, wofür außerdem Wasser verbraucht wird und wie viel?

b) Berechne jeweils den prozentualen Anteil der einzelnen Positionen am Wasserverbrauch.

c) Wie viel Liter Wasser verbraucht ein Vier-Personen-Haushalt durchschnittlich im Jahr?

d) Durch eine Spartaste im Toilettenspülkasten kann man den Wasserverbrauch für die Toilettenspülung um 20 % senken. Wie viel Liter Wasser können im Vergleich zu Aufgabe c) dadurch jährlich eingespart werden?

5

Ein altes Maurerinstrument ist die Setzwaage. Sie besteht aus einem aus Holz gefertigten gleichschenkligen Dreieck, von dessen Spitze ein Bleilot herabhängt. In der Mitte der Grundseite ist eine Markierung angebracht.
Begründe, warum man mit der Setzwaage prüfen kann, ob eine Steinschicht waagerecht verläuft.

6

Bei der Züchtung einer neuen Zimmerpflanze wurde für deren Lebensdauer folgende Daten ermittelt:

Lebensdauer in Monaten	17	18	19	20	21	22	23	24
Häufigkeit	21	36	24	12	5	0	1	1

a) Stelle den Zusammenhang *Lebensdauer → Häufigkeit* in einem Diagramm dar.

b) Berechne die durchschnittliche Lebensdauer einer Pflanze dieser Art.

c) Welche Differenz besteht zwischen der geringsten und der längsten Lebensdauer (Spannweite)?

d) Was kannst du aufgrund der vorliegenden Daten über die Lebensdauer der neu gezüchteten Zimmerpflanze aussagen?

7

Hannes und Ulrike vertreiben sich die Zeit mit dem Lösen von Knobelaufgaben. In einer Zeitschrift finden sie folgende Aufgabe:
„Beim Werfen einer leeren Streichholzschachtel, auf deren Seitenflächen die Augenzahlen 1 bis 6 eingetragen sind, ergab sich die folgende Häufigkeitstabelle. Skizziere ein Netz der Schachtel und trage die Augenzahlen 1 bis 6 ein.“

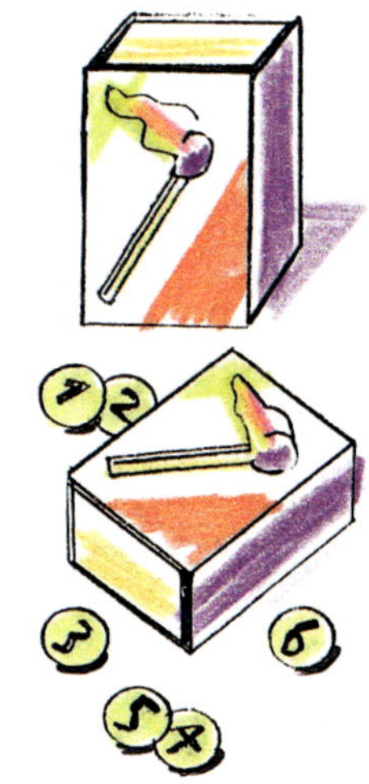

Augenzahl oben liegenden Fläche	1	2	3	4	5	6
Häufigkeit	86	169	249	79	167	250

a) Wie könnten Ulrike und Hannes vorgehen? Findest auch du eine Lösung?

b) Welche Verteilung könnte sich bei gleicher Wurfanzahl beim Werfen eines Spielwürfels ergeben?

Ausgewählte Lösungen

KAPITEL „ZUORDNUNGEN, PROPORTIONALITÄT UND PROZENTRECHNUNG“

S. 8: **6 a)** $y = 3x$ **b)** $y = 0{,}5x$ **c)** $y = 8 - x$ **d)** $8 - 0{,}5x$

S. 11: **5** Proportionalität bei **a), c), e), g), h);** keine Proportionalität bei **b), d)** und **f)**
6 a) Proportionaliätsfaktor für 6a): 2, für 6b): 3 **c)** Proportionalitätsfaktor 0,6

S. 15: **18 a), c), e)** und **f)** sind indirekt proportional, **b)** und **d)** sind nicht indirekt proportional.

S. 17: **26** $y = \frac{10}{x}$

S. 20: **2 a)** 4 (6; 10; 12) Kipper brauchen 60 (40; 24; 20) Stunden **b)** 15 Kipper

S. 23: **6 a)** 0,8 kg ↔ 2,72 € 1,2 kg ↔ 4,08 € 2 kg ↔ 6,80 € 3 kg ↔ 10,20 €
7 a) 24 Stunden (3 Arbeitstage) **b)** 16 Helfer (1,5 Arbeitstage = 12 Stunden)

S. 25: **4 a)** 4,5 € **b)** 3,2 km **c)** 459 kg **d)** 62 cm

S. 28: **13 a)** 25 % **b)** $13\frac{1}{3}\,\% \approx 13{,}3\,\%$ **c)** 80 % **d)** 20 % **e)** ≈ 11,1 %

S. 34: **12 a)** relative Häufigkeit für einen Treffer bei Ralf: $\frac{9}{12} = 0{,}75$; bei Peter: $\frac{8}{14} \approx 0{,}57$
Nach den zurückliegenden Beobachtungen ist Ralf der bessere Torschütze.
b) rel. Häufigkeit für einen guten Aufschlag von oben: $\frac{8}{15} \approx 0{,}53$; von unten: $\frac{21}{30} = 0{,}7$

S. 35: **4 a)** 495 € **b)** 810 € **c)** 1161 €

S. 36: **7** Preiserhöhungen: Einzelfahrschein E 18,75 %; Einzelfahrschein K 12 %; Sammelkarte 4 Fahrten ≈ 8,3 %; Wochenendticket 20 %. Beim Wochenendticket war die Preiserhöhung am höchsten, bei der Sammelkarte am niedrigsten.

S. 37: **12 a)** 199,75 € **b)** 110,25 € **c)** 18,22 € **d)** 654,15 € **e)** 3997,00 €

S. 38: **13 a)** 39,28 € **b)** 57,48 € **c)** 30,18 € **d)** 173,24 € **e)** 719,29 €
15 a) Bei Barzahlung muss man 10 948 € bezahlen.

S. 39: **20 a)** 25 % **b)** 20 % **c)** 30 %
23 a) Der Beitrag wurde um 26 % heraufgesetzt.
b) Wenn 40 % des vollen Betragssatzes 278,70 € sind, dann entsprechen 60 % einem Beitrag von 418,05 €. Gegenüber dem Vorjahr würde sich der Beitrag um 139,35 € erhöhen.
c) Ein Anfänger müsste in diesem Jahr 1567,69 € Beitrag zahlen.

S. 44: **3 a)** 27 ‰ **b)** 7,5 ‰ **c)** 0,5 ‰ **d)** 30 ‰
e) 981,00 ‰ **f)** 4 ‰ **g)** 0,35 ‰ **h)** 50,02 ‰
4 a) 0,009 **b)** 0,001 12 **c)** 0,052 **d)** 0,00125
e) 0,00075 **f)** 5,050 **g)** 0,200 **h)** 0,000 000 01
5 a) 1,25 ‰ **b)** 5 ‰ **c)** 4,67 ‰ **d)** 0,476 ‰ **e)** 0,0272 ‰
f) 1,65 ‰ **g)** 0,1 ‰ **h)** 0,05 ‰ **i)** 0,0727 ‰

S. 45: **8 a)** 1250 ppm **b)** 5000 ppm **c)** 4670 ppm **d)** 476 ppm **e)** 27,2 ppm
f) 1650 ppm **g)** 100 ppm **h)** 50 ppm **i)** 72,7 ppm

S. 49: **4 a)** Jahreszinsen bei einer Kündigungsfrist von 3 Monaten: 8 €, von 1 Jahr: 10 €, von 3 Jahren: 16 €, von 4 Jahren: 18 €.
b) Kontostand nach 4 Jahren bei einer Kündigungsfrist von 3 Monaten: 432,97 €, von 1 Jahr: 441,53 €, von 3 Jahren: 467,95 €, von 4 Jahren: 477,01 €.
6 a) Herr Peters muss 112,50 € Zinsen zahlen.
b) Frau Neitzel erhält 105,00 € Zinsen.
c) Familie Sorge muss 1,08 € Zinsen zahlen, wenn das Konto nach 10 Tagen ausgeglichen ist, 0,54 € bei Ausgleich nach 5 Tagen und 2,69 € bei Ausgleich nach 25 Tagen.
(Beachte: Die Bank rechnet das Jahr mit 360 Tagen. Die Bank rundet bei ihren Einnahmen grundsätzlich auf und bei ihren Zahlungen grundsätzlich ab.)

S. 50: **7 (I)** **a)** 6,75 € **b)** 10,50 € **c)** 16,33 €

7 (II) **a)** Jahreszinsen wären $4 \cdot 90\,€ = 360\,€$. Aus $K = \frac{100}{p} Z$ ergibt sich ein Guthaben von 12 000 €.

b) Jahreszinsen: $\frac{12}{7} \cdot 428{,}75\,€ = 735\,€$; Guthaben: 21 000 €

f) Jahreszinsen: $\frac{360}{175} \cdot 229{,}07\,€ = 471{,}23\,€$; Guthaben: 6499,72 €

S. 51: **10 a)** Jahreszinsen wären 39,20 €. Ist t die Anzahl Tage, in denen 20 € Zinsen anfallen, so gilt: $20\,€ : 39{,}20\,€ = t : 360$. Die Lösung ist 184 Tage.

11 a) Das Guthaben ist bis zum 18. Geburtstag auf 205,29 € angewachsen. (Beachte: Je nach Rundung der Zwischenergebnisse kann es geringfügige Abweichungen geben.)

b) Nach 18 Jahren hätte sich das Guthaben etwas mehr als verdoppelt.

Teste dich!

S. 52/ S. 53

1 a) siehe Wissenskasten auf Seite 8

b) eindeutig: (1), (3), (5); mehrdeutig: (2) (weil man gemeine Brüche kürzen und erweitern kann), (4) (weil a i. Allg. auf verschiedene Weise in Faktoren (= Seitenlängen des Rechtecks) zerlegt werden kann); eineindeutig: (5)

2 a) Rechenvorschrift: $y = x + 1$ **b)** $y = 11$ **c)** nein; Der Graph ist keine Ursprungsgerade (d. h. geht nicht durch den Punkt $(0\,|\,0)$).

3 a) Der Graph einer proportionalen Zuordnung ist eine Ursprungsgerade, der Graph einer indirekt proportionalen Zuordnung ist eine Hyperbel (siehe Seite 17).

4 3,25 %

5 a) 162,50 € **b)** 1,253 € **c)** 9 €

6 80 kg Körpergewicht entsprechen (ca.) 56 Liter Körperflüssigkeit (Wasser). In 300 ml Starkbier sind 19,5 ml Alkohol (Äthanol) enthalten. 19,5 ml von 56 l sind etwa 0,35 Promille.

7 $G = \frac{W}{p} \cdot 100 = \frac{2000}{p}$; Wertetabelle (z. B.):

p	1	2	4	5	8	10	20	25	50
G	2000	1000	500	400	250	200	100	80	40

Der Graph ergibt eine Hyperbel. Es handelt sich um eine indirekt proportionale Zuordnung.

8 Für den Flächeninhalt gilt $A = a \cdot b = 2 \cdot b$. Der Graph dieser Zuordnung ist die (Ursprungs-)Gerade mit der Gleichung $y = 2x$. Die Zuordnung ist proportional.

9 Die Zuordnung ist nicht proportional. Bei einem Zufallsexperiment kann die Anzahl der Sechsen ja gar nicht sicher vorhergesagt werden. Inas Behauptung ist aber insofern nicht dumm, als bei einer sehr großen Anzahl von Würfen bei etwa einem Sechstel der Würfe eine Sechs zu erwarten wäre. Das würde dann grob bedeuten, dass bei doppelt so viel Würfen doppelt so viel Sechsen fallen etc.

10 a) 1. Jahr 90 €; 2. Jahr 112,50 €; 3. Jahr 135 €; 4. Jahr 157,50 €; 5. Jahr 187,50 €; 6. Jahr 210 €

b) Das Kapital steigt auf 5719 €. Das entspricht abzüglich der Depotgebühren 1649 € Gewinn.

c) Schatzbriefe: 11 438 €; feste Zinsen: 11 256,80 €

KAPITEL „RATIONALE ZAHLEN“

S. 60: **17 a)** $11{,}6 \notin \mathbb{N}$, $11{,}6 \in \mathbb{Q}^+$, $11{,}6 \notin \mathbb{Z}$, $11{,}6 \in \mathbb{Q}$ **b)** $-13 \notin \mathbb{N}$, $-13 \notin \mathbb{Q}^+$, $-13 \in \mathbb{Z}$, $-13 \in \mathbb{Q}$
e) $-0{,}\overline{3} \notin \mathbb{N}$, $-0{,}\overline{3} \notin \mathbb{Q}^+$, $-0{,}\overline{3} \notin \mathbb{Z}$, $-0{,}\overline{3} \in \mathbb{Q}$
18 a) z. B. 1,2 **b)** z. B. –3 **c)** z. B. 6 **d)** z. B. –7,5
e) Es gibt keine solche Zahl, denn jede natürliche Zahl wäre auch eine gebrochene Zahl.
21 a) 15 cm **b)** 10 cm **c)** 8 cm **d)** –14 cm **e)** 2 cm **f)** –6 cm

S. 62: **1** Länge der Donau: 2750 km

S. 68: **8 a)** –3 **b)** –10 **c)** 3 **d)** –4
14 a) $\frac{1}{2}$ **b)** $-\frac{1}{4}$ **c)** $-\frac{10}{11}$ **d)** $-\frac{1}{7}$ **i)** –2 **j)** –7

S. 69: **16 a)** –93 722 **b)** –48 424 **c)** 1028 **d)** –23,21
17 a) $x = 9$ **b)** $x = -5$ **c)** $x = -10$ **d)** $x = 6$

S. 70: **21 a)** –1 **b)** –5 **c)** –6 **d)** –1 **e)** 5 **f)** 8

S. 71: **28 a)** –292,9 **b)** 6207 **c)** –10 746 **d)** –9615 **e)** 0,142 **f)** –2,784
31 a) $x = 13$ **b)** $x = -62$ **c)** $x = -65$ **d)** $x = 0$

S. 75: **4 a)** –36 **b)** 30 **c)** –150 **i)** 3 **j)** $\frac{2}{3}$ **k)** –0,6
9 a) –40 **b)** 15 **c)** 112 **d)** –1200

S. 76: **12 a)** 25 **b)** 1 **e)** –8 **f)** 1 **j)** 0,0001 **k)** 0,0001
13 a) $\frac{1}{7}$ **b)** $\frac{1}{7}$ **c)** $-\frac{2}{5}$
15 a) T_F sei der Zahlenwert der in Grad Fahrenheit gemessenen Temperatur, T_C der Zahlenwert der in Grad Celsius gemessenen Temperatur.
1. Umrechnung von T_F auf den Gefrierpunkt des Wassers (0 °C bzw. 32 °F): $T_F - 32$.
2. Wir wissen: 100 °C = 212 °F. In diesem Falle ist $T_C = 100$ und $T_F - 32 = 180$.
Folglich gilt: $T_C : (T_F - 32) = 100 : 180$ bzw. $T_C = \frac{100}{180}(T_F - 32) = \frac{5}{9}(T_F - 32)$.
b) $T_F = \frac{9}{5} T_C + 32$
d) 55 °C, 40 °C, 15 °C, –5 °C, –20 °C, –35 °C
e) 140 °F, 122 °F, 77 °F, 50 °F, 14 °F, –49 °F

S. 77: **19 a)** –60 **b)** –30 **c)** 20 **d)** 2 **e)** –100 **f)** 6

S. 79: **28 a)** –6,5 **b)** 280 **c)** –0,15 **d)** –16 **e)** ≈ –2 619,05

S. 80: **3 a)** –36 **b)** 37 **c)** –20 **d)** 68
4 a) –24 **b)** 2 **g)** –6 **h)** –4

S. 81: **7 a)** 11 **d)** 0,4 **g)** 0

S. 82: **11 a)** ≈ 23,068 **b)** 179,5 **c)** –0,4357 **d)** 194 **e)** 90,4 **f)** 12,9605
13 a) 1,6 **c)** –15 **d)** –2 **g)** $-\frac{58}{21}$

S. 85: **6 a)** absoluter Fehler höchstens 5, relativer Fehler höchstens 0,25 bzw. 25 %
e) absoluter Fehler höchstens 50, relativer Fehler höchstens rund 0,006 bzw. 0,6 %

S. 87: **12 c)** –40 **d)** 0 **e)** n. l. **i)** 800 **j)** 0,08 **o)** 9

S. 88: **2 a)** 1 419 857 **b)** 228 886 641 **c)** –105 413 504 **d)** ≈ 0,061 629 9

S. 89: **7 a)** P: 8 290 200 000 000 000 000 000 Q: 182,492 581 6 ≈ 182,5
c) P: –493 799 360 000 000 000 Q: –1 204 435,421

S. 90: **13 a)** $\frac{1}{5} = 0{,}2$ **b)** 1 **c)** $\frac{1}{2^7} = \frac{1}{128}$ **d)** 16 **e)** $\frac{1}{16}$ **f)** $\frac{1}{16}$
l) $\frac{1}{0{,}2^5} = 3125$ oder $(0{,}2)^{-5} = \left(\frac{1}{5}\right)^{-5} = 5^5 = 3125$ **m)** $\frac{100}{9} = 11{,}\overline{1}$

S. 91: **16 a)** P: $1{,}848\,22 \cdot 10^4 = 18\,482{,}2$ Q: $2{,}516\,605\,166 \cdot 10^{11} = 251\,660\,516\,600$
g) P: $1{,}755\,362\,5 \cdot 10^7 = 17\,553\,625$ Q: $3{,}213\,367\,609 \cdot 10^{15} = 3\,213\,367\,609\,000\,000$
17 b) 235 Mt **c)** 8 Tl = 8 km³ **d)** 823 µg **e)** 12 nm **f)** 4,5 GW **l)** 43,645 ns

Teste dich!

S. 92/ S. 93

1 $-911 < -1{,}2 = -\frac{6}{5} < -\frac{7}{8} < -\frac{4}{9} < -0{,}444 < -0{,}02 < 0 < 0{,}002 < 4{,}3\bar{2} < 4{,}\overline{32} < 91{,}1 < 624{,}2$

2 a) A = −2,8; B = −2,5; C = −1,85; D = −1,15; E = −0,5; F = 2,15; G = 2,4; H = 3,0; I = 3,5

b)

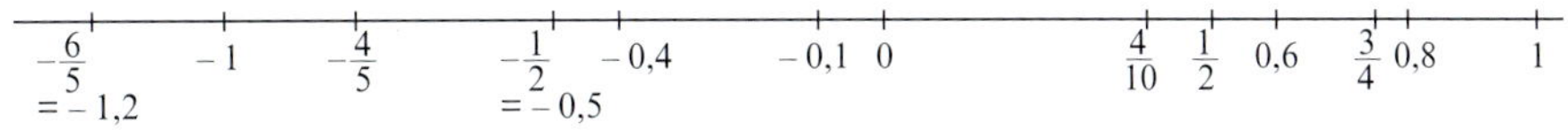

3

a	1	2 / −2	−3	−4 / 4	
$\|a\|$	1	2	3	4	
$-a$	−1	−2 / 2	3	4 / −4	
$\|-a\|$	1	2	3	4	
$-\|a\|$	−1	−2	−3	−4	5

Die letzte Spalte kann nicht ausgefüllt werden, da der Betrag einer Zahl nicht negativ sein kann; $-|a| = 5$ ist daher unmöglich.

4 a) −274,5 **b)** −0,09 **c)** −3,03 **d)** 10,68 **e)** 36 **f)** 0

5 rund −4,1 °C

6 $3{,}000\,567 \cdot 10^6$; $6{,}2293 \cdot 10^9$; $8 \cdot 10^{-6}$; $3 \cdot 10^3$; $2{,}74056 \cdot 10^{13}$; $1{,}017569 \cdot 10^{-10}$; $1 \cdot 10^{-1}$

7 $22 \cdot 10^{-6}$ m = 22 µm; $345 \cdot 10^{-6}$ g = 345 µg; $300 \cdot 10^{-9}$ m = 300 nm; $285{,}7 \cdot 10^{-6}$ s = 285,7 µs; $600 \cdot 10^{12}$ l = 600 km³; $436{,}558\,887 \cdot 10^6$ W = 436,558 887 MW

8

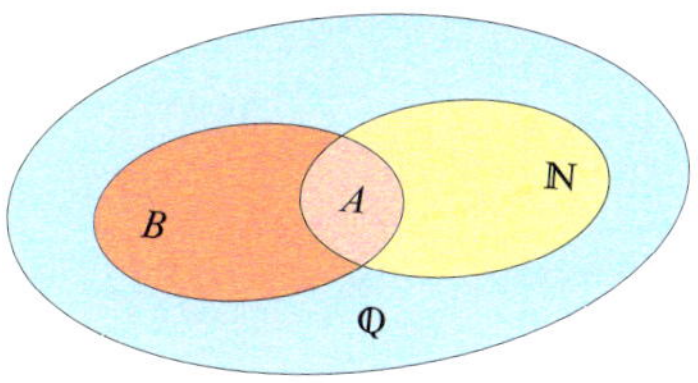

9 a) Die Aussage ist falsch. Zum Beispiel ist $(-5) \cdot 3 = -15 < 3$ oder auch $1 \cdot 7 = 7$ (nicht > 7).

b) Die Aussage ist falsch. Zum Beispiel ist $\frac{7}{9} \cdot \frac{9}{7} = 1 \in \mathbb{Z}$.

10 Es sind drei Fälle zu unterscheiden:
1) $a > 0$: $-|a| = -a < a = |a| = |-a|$
2) $a < 0$: $-|a| = a < -a = |a| = |-a|$
3) $a = 0$: $-|a| = a = -a = |a| = |-a| = 0$

11 a) Die Abweichungen sind −2; −1; +2; 0; 0; −8; +3; +1.
Die mittlere Abweichung beträgt demnach $-\frac{5}{8}$; das sind 0,42 % vom Sollwert, d. h. es muss nicht einzeln nachgewogen werden.

b) z. B. 146 g, 154 g, 147 g, 153 g, 148 g, 152 g, 149 g, 151 g
Die Summe der Abweichungen nach unten muss dem Betrage nach ebenso groß sein wie die Summe der Abweichungen nach oben.

c) Der Kontrollmodus lässt ohne weitere Bedingungen theoretisch auch extrem vom Sollwert abweichende Verpackungsergebnisse durchgehen.
Besser wäre daher, auch bei zu großen Einzelabweichungen (etwa größer 10 g) genauer zu prüfen.

12 $A\left(-3\frac{2}{7}\middle|-\frac{5}{9}\right)$; $B\left(3\frac{2}{7}\middle|-\frac{5}{9}\right)$; $C\left(3\frac{2}{7}\middle|\frac{5}{9}\right)$; $D\left(-3\frac{2}{7}\middle|\frac{5}{9}\right)$

KAPITEL „GLEICHUNGEN UND UNGLEICHUNGEN“

S. 100: **3 f)** $\frac{3}{4}z$ **g)** $\frac{9}{9}x - \frac{3}{9}x - \frac{2}{9}x + 1 = \frac{4}{9}x + 1$ **i)** $2x + x + 6y + 4y - 4z - z = 3x + 10y - 5z$

4 c) y^6 **d)** $15x^7$ **e)** $32t^5$ **f)** $(a^2 \cdot a \cdot a^5) \cdot (b^3 \cdot b^2 \cdot b) = a^8 b^6$

S. 101: **7 a)** $12x - 13y$ **b)** $-4a + 8b - 4c - 6a - 12c + 4b = -10a + 12b - 16c$

10 a) $a^5 b$ **b)** $-\frac{12}{a} - b^2$ **c)** $\frac{1}{a+b}$ **f)** $\frac{1}{a} : \sqrt{b}$

S. 102: **11 a)** a [+] b [=] [÷] c [=] oder [(] a [+] b [)] [÷] c [=]

b) ohne Klammertasten: b [+] c [=] [1/x] [×] a [=]

c) z. B. a [÷] b [÷] c [=] Falsch wäre: a [÷] b [×] c [=]

d) a [+] a [x^2] [+] [(] a [x^y] 3 [)] [=]

S. 103: **2 a)** „$x < x + 1$ für $x \in \mathbb{Q}$“ ist eine (wahre) Aussage, weil **bei jeder** Ersetzung der Variablen x durch eine rationale Zahl eine wahre Ungleichung entsteht.
„$x < x \cdot x$“ ist dagegen eine Aussageform. Beispielsweise ergibt sich für $x = 3$ eine wahre und für $x = 0{,}5$ eine falsche Aussage.
„Ein Tutufant ist dideldum“, ist weder eine Aussage noch eine Aussageform, sondern eine Formulierung ohne Sinn. Man weiß nicht, was mit „Tutufant“ und „dideldum“ gemeint ist.

S. 107: **7** Meistens ist Jenny 16,5 km und Frank 19,5 km bis zum gemeinsamen Treffpunkt gefahren. Manchmal ist Jenny aber 16 km und Frank 20 km gefahren.

S. 108: **12** Die gesuchte Zahl ist 9.

S. 111: **16** Alle Gleichungen haben in $\mathbb{Z}$ und $\mathbb{Q}$ dieselben Lösungen, z. B.:
a) $x = 5$, **g)** $x = -1$, **h)** $x = -14$.

S. 112: **20 a)** $x = 4$ **c)** $x = \frac{75}{4}$ **d)** $x = -5$ **e)** $x = \frac{1}{8}$ **f)** $x = 1$

g) $x = 0$ **h)** $L = \mathbb{Q}$ **n)** $x = 2$ **o)** $x = \frac{5}{8}$ **p)** $x = 1$

S. 113: **24 a)** $x = 4$ **b)** $x = 15$ **c)** $y = 4{,}7$ **d)** $x = -42$ **e)** $x = -4$

g) $x = -\frac{11}{30}$ **h)** $L = 0$ **i)** $L = 0$ **j)** $y = -\frac{5}{12}$ **k)** $x = 1$

S. 117: **6 a)** $x = \frac{45}{7}$ **b)** $x = -\frac{1}{6}$ **c)** $x = \frac{3}{16}$ **f)** $x = 5$ **g)** $x = \frac{7}{15}$

k) $x = -1$ **l)** $x = 0$ **n)** $x = \frac{4}{5}$

S. 118: **13 c)** $x = 0{,}8$ **d)** $x = 6$ **e)** $x = -5{,}2$ **j)** $x \approx 0{,}7553$ **k)** $L = 0$

14 d) $x = 6{,}25$ **g)** $x = \frac{2}{3}$ **h)** $x = \frac{8}{3}$ **m)** $x = \frac{34}{21}$ **o)** $L = \mathbb{Q}$

S. 119: **16 c)** $r = -\frac{2}{3}$ **d)** $t = 1$ **g)** $s = \frac{15}{2}$ **h)** $x = 5$ **i)** $r = \frac{1}{4}$

17 d) $x = 3$ **e)** $y = 2$ **i)** $x = 14$ **j)** $x = 3$ **k)** $y = 1$

S. 122: **9 a)** z. B. M Mädchen; $M + (M + 3) = 25$; $M = 11$; 11 Mädchen und 14 Jungen
b) z. B. x Anzahl der Schülerinnen und Schüler;
$\frac{x}{2} + \frac{x}{3} + 5 = x$; $x = 30$; 30 Schülerinnen und Schüler

S. 123: **15 a)** $x = \frac{1}{4}$ **b)** $y = \frac{5}{2}$ **j)** $t = 22$ **m)** $x = 1$ **q)** $x = 10$

18 c) $L = \{-1; 1\}$ **d)** $L = \{0\}$ **e)** $L = \{-2; 2\}$ **h)** $L = \{1\}$ **i)** $L = \{-3; -1\}$
k) $L = \{-2; 12\}$ **l)** $L = \{-12; 2\}$ **n)** $L = \{5; 9\}$

S. 124: **19 a)** $A = ab$, Flächeninhalt eines Rechtecks, wenn die Seitenlängen gegeben sind; $a = \frac{A}{b}$ und $b = \frac{A}{a}$,
Seitenlänge eines Rechtecks, wenn die andere Seitenlänge und der Flächeninhalt gegeben sind

f) $a = \dfrac{\frac{A}{2} - bc}{b + c} = \dfrac{A - 2bc}{2(b + c)}$

S. 125: **23 a)** $L = \{-0{,}5; 2\}$ **b)** $L = \{-2; 0{,}5\}$ **f)** $L = \{4{,}5; 0\}$ **j)** $L = \{-2; 0\}$ **l)** $L = \{-2; 3{,}4\}$

24 a) $x = \frac{16}{a}$; $L = \{8\}$ **b)** $x = \frac{8-a}{3}$; $L = \{2\}$ **e)** $x = a - \frac{1}{a}$; $L = \{1{,}5\}$

f) $x = \frac{2a+4}{a}$; $L = \{4\}$ **j)** $x = -\frac{3}{a}$ und $x = -\frac{5}{b}$; $L = \left\{-\frac{3}{2}; \frac{5}{3}\right\}$

25 a) $x \neq 0$: $x = \frac{2}{3}$ **b)** $x \neq 1$: $x = \frac{4}{5}$ **c)** $x \neq 0$: $x = 1$

h) $x \neq 0$: $x = -\frac{53}{72}$ **i)** $x \neq 1$: $x = \frac{13}{6}$ **l)** $x \neq 1$: $x = \frac{71}{7}$

S. 127: **5 a)** $L = \{-5; -4; -3; -2; -1; 0; 1; 2; \ldots\}$ **c)** $L = \{\ldots; -3; -2; -1\}$

d) $L = \{-6; -5; -4; \ldots; 4; 5; 6\}$ **e)** $L = 0$

6 a) $x < 3$ **b)** $x < 1$ **c)** $x > 7$

S. 129: **12 a)** $\mathbb{Q}$: $x < 8$ $\mathbb{N}$: $L = \{0; 1; 2; 3; 4; 5; 6; 7\}$ **e)** $\mathbb{Q}$: $x < -13$ $\mathbb{N}$: $L = 0$

i) $\mathbb{Q}$: $x > -\frac{8}{27}$ $\mathbb{N}$: $L = \{0; 1; 2; 3; \ldots\} = \mathbb{N}$ **j)** $\mathbb{Q}$: $x > \frac{45}{38}$ $\mathbb{N}$: $L = \{2; 3; 4; \ldots\}$

S. 130: **17 a)** $x \leq \frac{6}{7}$ **d)** $x \leq 7$ **e)** $x < -\frac{10}{7}$ **g)** $x < -14$

S. 131: **21 a)** $x < \frac{38}{7}$ **b)** $x > \frac{27}{8}$ **e)** $x < \frac{11}{7}$ **g)** $x < \frac{24}{5}$

Teste dich!

S. 132/ S. 133

1 a) Jede natürliche Zahl $x \neq 0$ erfüllt die Gleichung $\frac{9x}{6x} - \frac{1}{2} = 1$.

b) $21x + (6x - 3) = 3 \cdot (27x + 5)$; diese Gleichung hat nur die Lösung $x = -\frac{1}{3}$.

2 a) z. B. $3x = 2$ **b)** So eine Gleichung gibt es nicht, weil jede ganze Zahl eine rationale Zahl ist.

c) z. B. $2x + 1 = 2(x + 1) - 1$

d) z. B. $3x + 5 = 3x + 7$ oder raffinierter: $3x + 5 = 2(x + 4) - (1 - x)$, oder auch $x^2 = -4$

e) z. B. $(x + 1) \cdot (x - 1) = 0$ oder $x^2 = 4$ **f)** z. B. $(x + 1) \cdot (x + 2) = 0$

3 a) Die Grundmenge ist $\mathbb{Q}$, die einzige Lösung ist $a = -3$.

b) Die Grundmenge ist $\mathbb{Q}\setminus\{0\}$ (lies: $\mathbb{Q}$ ohne Null), d. h. es muss $y \neq 0$ sein. Lösung: $y = \frac{8}{3}$.

c) Die Grundmenge ist $\mathbb{Q}\setminus\left\{\frac{23}{6}; \frac{11}{2}\right\}$. Lösung: $z = -\frac{7}{6}$.

4 a) $x_1 = 13{,}7$; $x_2 = -\frac{11}{7}$ **b)** $y_1 = 0$; $y_2 = \frac{1}{23}$

5 a) Es muss $-3x \geq 0$, also $x \leq 0$ sein. Daraus ergibt sich als zulässige Grundmenge $\mathbb{Q}_0^-$. Einzige Lösung ist $x = -27$.

b) Die Grundmenge ist $\mathbb{Q}$. Aus $(c - 3{,}5)^2 = 9$ folgt $c - 3{,}5 = 3$ oder $c - 3{,}5 = -3$. Also sind die Lösungen der Gleichung $c_1 = 6{,}5$ und $c_2 = 0{,}5$.

6 a) Einsetzen von $x = 9$ liefert die Gleichung $9a + 14 = -13$ mit der Lösung $a = -3$.

b) Die Gleichung ist äquivalent zu $\frac{2}{a}x = 14$. Einsetzen von $x = -14$ liefert die Lösung $a = -2$.

7 a) z. B. „Was kostet eine Flasche Mineralwasser *ohne* Pfand?“ Sei x der Preis einer Flasche ohne Pfand. Gleichung: $12x + 3{,}30 = 7{,}38$. Lösung: $x = 0{,}34$. Eine Flasche kostet 34 Cent.

b) z. B. „Wie viel Geld hat Stefan im Portemonnaie?“ Sei x der Geldbetrag im Portemonnaie. Gleichung: $2x = 10 - 0{,}7$. Lösung: $x = 4{,}65$. Stefan hat 4,65 € im Portemonnaie.

8 a) Sei s die Schenkellänge, b die Basislänge. Aus $u = 2s + b = 2 \cdot 2{,}5b + b = 6b = 12$ cm folgt $b = 2$ cm und $s = 5$ cm.

b) Sei h die Höhe auf der Basis. Aus $A = \frac{1}{2}b \cdot h = \frac{1}{2} \cdot \frac{3}{2}h \cdot h = \frac{3}{4}h^2 = 12\text{ cm}^2$ folgt $h^2 = 16\text{ cm}^2$, also $h = 4$ cm und $b = 6$ cm. Die Längen der Schenkel s des Dreiecks können durch Konstruktion und Messung ermittelt werden: $s = 5$ cm.

9 a) $L = \{1; 2; 3\}$ **b)** $L = \{x \mid 0 < x < 4\}$

10 Zum Beispiel hat die Ungleichung $\frac{1}{x} > 1$ die Lösungsmenge $L = \{x \in \mathbb{Q} \mid 0 < x < 1\}$.

11 $\approx 9{,}9$ dm ($\approx 98{,}8$ cm)

12 Die Fähren begegnen einander nach etwa 100 min (1,67 Std.). Die schnellere Fähre hat dann rund 68 km zurückgelegt, die langsamere rund 62 km. Wenn t die Fahrzeit vom Ablegen bis zum Treffpunkt ist, so ergibt sich die Lösung aus der Gleichung $20 \cdot 1{,}852\text{ km/h} \cdot t + 22 \cdot 1{,}852\text{ km/h} \cdot t = 130$ km.

13 84 Tiere (z. B. 42 Hühner, 21 Kühe, 12 Karpfen, 6 Schweine, 3 Hunde). Ist s die Anzahl der Schweine, so ist in der Gleichung $\frac{1}{2}x + \frac{1}{4}x + \frac{1}{7}x + s + 3 = x$ bzw. $s + 3 = \frac{3}{28}x$ die Anzahl $x < 100$ so zu wählen, dass s eine natürliche Zahl > 3 ist.

KAPITEL „GEOMETRIE IN DER EBENE“

S. 184: **10 a)** $d = 8{,}02$ cm **b)** $d = 10{,}3$ cm **c)** $d = 15{,}1$ cm **d)** $d = 14{,}3$ cm

S. 185: **5** Der Abfall beträgt in allen drei Fällen 21,5 %.

S. 189: **4 a)** $b_\alpha \approx 9{,}0$ cm; $A_\alpha \approx 32{,}6$ cm^2 **b)** $b_\alpha \approx 27{,}5$ cm; $A_\alpha \approx 173{,}2$ cm^2
e) $b_\alpha \approx 3{,}13$ m; $A_\alpha \approx 17{,}51$ m^2 **f)** $b_\alpha \approx 56{,}8$ cm; $A_\alpha \approx 684$ cm^2

Teste dich!

S. 192/ S. 193 **1 a)** Der Radius beträgt 5 cm.

b) Zeichne um einen beliebigen Punkt P auf dem Kreis einen Kreis, dessen Radius die vorgegebene Länge der Sehne ist. Sei Q ein Schnittpunkt dieses Kreises mit dem gegebenen Kreis. Dann ist $\overline{PQ}$ eine Sehne der vorgegebenen Länge.

c) Die längste Sehne ist ein Durchmesser. Dieser ist 10 cm lang.

2 Fälle das Lot vom Mittelpunkt des Kreises auf die Passante. Der Schnittpunkt des Lotes mit dem Kreis ist der Punkt des Kreises, der von der Passante den geringsten Abstand hat.

3 Die zu der Passante senkrechte Gerade, die durch den Mittelpunkt des Kreises geht (Lot fällen wie bei Aufgabe 2 und das Lot anschließend verlängern), schneidet den Kreis in den Berührungspunkten der beiden Tangenten und liefert auch gleich die zugehörigen Berührungsradien.
Jede Gerade, die parallel zu der Passante ist und den Kreis in zwei Punkten schneidet, ist ein Beispiel für eine Sekante mit der gewünschten Eigenschaft.

4 a) Markiere auf einer Geraden einen Punkt B und trage im Punkt B im Winkel von 42° die Strecke $a = \overline{BC} = 4{,}7$ cm an die Gerade an. Ein Kreis um C mit dem Radius $b = 5{,}3$ cm schneidet die Gerade im dritten Punkt A des Dreiecks. Inkreisradius $r_i \approx 1{,}4$ cm; Umkreisradius $r_u \approx 3{,}9$ cm.
Flächeninhalte: $A_{\text{Inkreis}} \approx 6{,}2$ cm^2; $A_{\text{Umkreis}} \approx 47{,}8$ cm^2

b) Zeichne $c = \overline{AB} = 3{,}5$ cm und trage in A einen 56°-Winkel an diese Strecke an. Der freie Schenkel des Winkels schneidet eine Parallele zu c im Abstand $h_c = 2{,}7$ cm im dritten Punkt C des Dreiecks.
Inkreisradius $r_i \approx 0{,}95$ cm; Umkreisradius $r_u \approx 1{,}9$ cm.
Flächeninhalte: $A_{\text{Inkreis}} \approx 2{,}8$ cm^2; $A_{\text{Umkreis}} \approx 11{,}3$ cm^2

5 a) Der Umkreismittelpunkt eines rechtwinkligen Dreiecks ist stets der Mittelpunkt der dem rechten Winkel gegenüberliegenden (längsten) Seite des Dreiecks.

b) Der Umkreismittelpunkt liegt genau dann außerhalb des Dreiecks, wenn dieses stumpfwinklig ist, und genau dann innerhalb des Dreiecks, wenn es spitzwinklig ist.

6 Im Sehnenviereck beträgt die Summe gegenüberliegender Winkel 180°. Da 48° + 122° < 180° ist, muss einer der beiden anderen Winkel 132°, der andere 58° betragen.

7 a) Mögliche Konstruktion: Der dem Winkel α gegenüberliegende Winkel γ (bei C, gebildet von den Seiten b und c) beträgt 180° − 64° = 116°. Zeichne $b = \overline{BC} = 2{,}5$ cm und trage an die Strecke b im Punkt C mit einem Winkel von 116° die Strecke $c = \overline{CD} = 4$ cm an. Konstruiere den Umkreis des Dreiecks BCD. Ein Kreis um B mit Radius $a = 3$ cm schneidet den Umkreis des Dreiecks BCD im Punkt A. (Es gibt zwei Schnittpunkte, aber nur einer ergibt zusammen mit B, C und D ein Viereck, das die schon gezeichneten Seiten enthält.)

b) Bedingung für das Vorliegen eines Tangentenvierecks ist die Beziehung $a + c = b + d$. Daraus ergibt sich $d = 3$ cm + 4 cm − 2,5 cm = 4,5 cm. Zeichne $a = \overline{AB} = 3$ cm, trage im Punkt A im 64°-Winkel Seite $d = \overline{AD} = 4{,}5$ cm an. Schlage um D einen Kreis mit Radius $c = 4$ cm und um B einen Kreis mit Radius $b = 2{,}5$ cm. Diese Kreise schneiden einander im Punkt C des Tangentenvierecks (und in einem weiteren Punkt, der zusammen mit A, B und D aber kein konvexes Viereck bildet).

8 Die Seitenlänge des Quadrats beträgt 3 cm; rote Fläche: ≈ 1,93 cm^2; grüne Fläche: ≈ 5,47 cm^2

9 Die Berührungspunkte sind (näherungsweise!) (2,5 | 4,3) und (4,8 | 2,7), der Winkel zwischen den Tangenten beträgt etwa 50°.

10 rot: 112° (Mittelpunktswinkel zu 56°); grün: 56° (liegt über demselben Bogen wie 56°); braun: 124° (liegt im Sehnenviereck dem Winkel 56° gegenüber); blau = gelb = 34° (Basiswinkel im gleichschenkligen Dreieck mit Winkel 112° an der Spitze)

11 a) Zeichne die Strecke $c = \overline{AB} = 4{,}5$ cm und den Thaleskreis über dieser Strecke. Eine Parallele zu c im Abstand $h_c = 1{,}8$ cm schneidet den Thaleskreis über c im Punkt C des Dreiecks (2 Lösungen).

b) Nutze den Mittelpunktswinkel-Umfangswinkel-Satz: Betrachte c als Sehne eines Kreises mit zugehörigem Mittelpunktswinkel 84° (= 2 · 42°). Zeichne dazu $c = \overline{AB} = 4{,}5$ cm und konstruiere ein gleichschenkliges Dreieck über c (als Basis) mit den Basiswinkeln 48° (= (180° – 84°) : 2).
Schlage um die Spitze M dieses Dreiecks einen Kreis mit Radius $\overline{AM}$. Eine Parallele zu c im Abstand $h_c = 3{,}6$ cm schneidet diesen Kreis auf der Seite von M im dritten Punkt C des gesuchten Dreiecks (2 Lösungen).

12 Winkelhalbierende und Mittelsenkrechten müssen einander in demselben Punkt M schneiden. Daher bilden die Winkelhalbierenden von α und β zusammen mit der Seite $c = \overline{AB}$ ein Dreieck ABM, das von der Mittelsenkrechten von c in zwei rechtwinklige Dreiecke, die in zwei Seitenlängen übereinstimmen (also kongruent zueinander sind), zerlegt wird. Daher ist notwendig $\alpha = \beta$, und mit derselben Überlegung auch $\beta = \gamma$. Daher ist $\alpha = \beta = \gamma = 60°$; das Dreieck muss also gleichseitig sein.

13 Das Grundstück hat in guter Näherung die Form eines Sehnenvierecks (Seitenlängen in der maßstäblichen Verkleinerung: 3,54 cm; 3,54 cm; 3,0 cm; 4,0 cm), besitzt also einen Umkreis. Dessen Radius beträgt 12,5 m (bzw. 2,5 cm). Mit dem 12-m-Rasensprenger kann man also nicht die ganze Rasenfläche benetzen, mit dem 14-m-Rasensprenger schon; letzterer kann innerhalb eines Kreises von 1,50 m Radius um den Mittelpunkt des Umkreises des viereckigen Rasenstückes aufgestellt werden.

KAPITEL „ERFASSEN UND AUSWERTEN VON DATEN“

S. 202: **3 a)** Es wurden 1000 Personen befragt.

b) Der Politiker X erhält die Durchschnittsnote –0,174

c) Ergebnis für Politiker Y: –5: 16,0 %; –4: 12,5 %; –3: 8,0 %; –2: 6,0 %; –1: 5,5 %; 0: 4,5 %; 1: 5,2 %; 2: 5,6 %; 3: 11,3 %; 4: 11,7 %; 5: 13,7 %

d) Beispiel für ein mögliches Vorgehen: Man verringert die Anzahl der Minuspunkte und die Anzahl der Pluspunkte gegenüber dem Politiker X um jeweils einen Punkt (wobei die Gesamtanzahl der Befragungen nicht verändert werden darf). Das erreicht man z. B. so: Man ändert beim Politiker X die Anzahlen bei den negativen Punktzahlen –5 bzw. –4 von 61 auf 60 bzw. von 64 auf 65. Bei den positiven Punktzahlen ändert man etwa bei 2 Punkten von 99 auf 100 und bei 3 Punkten von 84 auf 83. Alle anderen Punktzahlen lässt man wie beim Politiker X.

S. 203: **4 c)** Rechnet man alle Zeitangaben in Sekunden um, so ergibt sich der Mittelwert 234 s.
In Minuten umgerechnet ergibt sich daraus der Mittelwert 3:54 min.

S. 205: **13 a)** Mittelwert in der Klasse 7a: 3,09 m; Mittelwert in der Klasse 7b: 3,56 m

b) Wird allein von den Mittelwerten ausgegangen, dann wäre die Klasse 7b Sieger.
Lässt man die Ausreißer bei der Mittelwertberechnung weg (also 0,00 m bei der 7a und 5,17 m bei der 7b), dann ergeben sich als Mittelwerte bei der 7a: 3,43 m, bei der 7b: 3,40 m.
Danach wäre die 7a Sieger. Aber ist das gerecht?
Als Zentralwert ergibt sich bei der 7a der Wert 3,29 m und bei der 7b der Wert 3,33 m.

Teste dich!

S. 212/ S. 213 **1 a)** Zum Zeichnen geeignete Säulenhöhen wären: 2,1 cm; 10,4 cm; 11,5 cm; 12,5 cm; 6,6 cm

b) Die Zeitspanne von 0 bis 10 Stunden ist hier in gleichgroße Schritte von je 2 Stunden unterteilt („Klasseneinteilung“). Diese Schrittweite kann durch die Breite der Säulen symbolisiert werden. Hier müssten dann also alle 5 Säulen gleich breit sein.

c) Man könnte für die Mittelwertberechnung sinnvoller Weise die „Klassenmitten“ verwenden: Der Mittelwert wäre dann $(21 \cdot 1 + 104 \cdot 3 + 115 \cdot 5 + 125 \cdot 7 + 66 \cdot 9) : 431 \approx 5{,}5$ (Stunden).

2 Die Winkelmessung ergibt folgende Werte: keine Ausflüge: 40°; Auto: 241°; öffentliche Verkehrsmittel: 36°; Fahrrad: 29°; immer zu Fuß: 11°; Motorrad/Moped: 3°. Eine Darstellung als Säulendiagramm ist nicht ganz unproblematisch. Ein einigermaßen praktikabler Maßstab wäre 1° ≙ 0,5 mm. Dann wäre die Säule für die Motorradfahrer 1,5 mm hoch, die Säule für die Autofahrer 12,05 cm.

3 a) 1. Zeile (abs. Häufigkeit): 4; 8; 12; 8; 6; 2   2. Zeile (rel. Häufigkeit): 0,1; 0,2; 0,3; 0,2; 0,15; 0,05

b) geeigneter Maßstab für die Streifen bei den absoluten Häufigkeiten: z. B. 1 Person ≙ 1 cm; geeigneter Maßstab für die Säulen bei den relativen Häufigkeiten: z. B. 0,1 ≙ 2 cm.

4/5 Ein wichtiges Lernziel dieses Kapitels ist, eine statistische Erhebung selbstständig zu planen, durchzuführen und auszuwerten. Dazu braucht es einige Übung; man muss es einfach einmal probieren. Diese beiden Aufgaben wollen dazu anregen. Nr. 4 anhand einer konkreten Fragestellung, Nr. 5 etwas freier.

6 (1) Ein langfristiger, relativ starker Rückgang wurde durch einen starken Anstieg abgefangen.
(2) Die Entwicklung verläuft (scheinbar) weniger dramatisch als bei (1).
(3) Es handelt sich um einen durchgehend leichten Anstieg im vergangenen Jahr.
(4) Hier wird der Eindruck eines starken, einmal kurz unterbrochenen Anstiegs vermittelt.

KAPITEL „DARSTELLUNG UND BERECHNUNG VON KÖRPERN"

S. 233: **5 a)** $A_O = 120\ \text{cm}^2$ **b)** $A_O = 18{,}72\ \text{cm}^2 \approx 19\ \text{cm}^2$
7 a) $A_O = 153{,}7\ \text{cm}^2 \approx 154\ \text{cm}^2$ **c)** $A_O = 104{,}21\ \text{cm}^2 \approx 104\ \text{cm}^2$

S. 235: **14 b)** $V = 470{,}4\ \text{cm}^3 \approx 470\ \text{cm}^3$ **d)** $V = 142{,}45\ \text{dm}^3 \approx 142\ \text{dm}^3$

S. 238: **7 a)** $V \approx 199\ \text{cm}^3$ **b)** $V \approx 258\ \text{cm}^3$ **c)** $V \approx 78{,}8\ \text{dm}^3$
d) $V \approx 7{,}98\ \text{dm}^3$ **e)** $V \approx 163\ \text{cm}^3$ **f)** $V \approx 13{,}46\ \text{dm}^3$
8 Das Volumen wird bei **a)** verdoppelt, bei **b)** geviertelt und bei **c)** verdoppelt.

Teste dich!

S. 240/ S. 241 **1 a)** falsch; $2{,}04\ \text{m}^2 = 20\,400\ \text{cm}^2$ **b)** richtig
c) falsch; $6382\ \text{dm}^3 = 6\,382\,000\ \text{cm}^3$ **d)** falsch; $7502\ \text{mm}^2 = 75{,}02\ \text{cm}^2$

2 a) siehe Wissenskasten auf Seite 217 **b)** Evas Antwort ist richtig. Bei Udo könnte das Prisma auch schief sein. Bei Bernd fehlt auch noch die Kongruenz von Grund- und Deckfläche; möglich wäre hier auch ein (schiefer) „Pyramidenstumpf".

3 a)

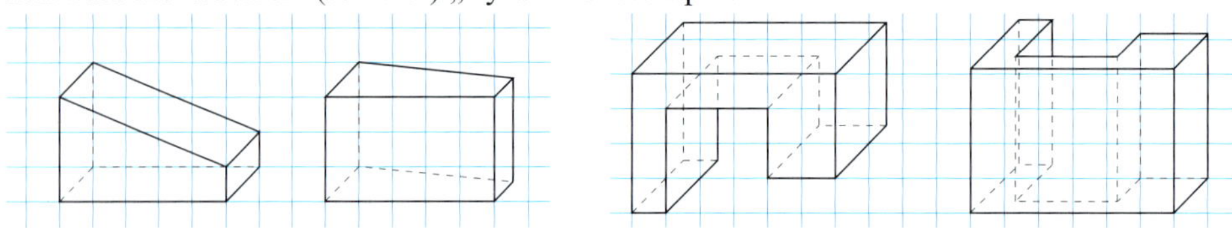

b) $A_O = 63{,}2\ \text{cm}^2$; $V = 30{,}0\ \text{cm}^3$ $A_O = 126{,}8\ \text{cm}^2$; $V = 54{,}6\ \text{cm}^3$

4 Das Netz könnte z.B. sternförmig sein wie das Netz aus Aufgabe 9 a) auf Seite 228.
Die Höhen der Seitenflächen erhält man als dritte Seite von rechtwinkligen Dreiecken mit den Seitenlängen $h = 4$ cm und $\frac{a}{2} = 3$ cm (für die Seitenflächenhöhe der Seite über b) bzw. $h = 4$ cm und $\frac{b}{2} = 1{,}1$ cm (für die Seitenflächenhöhe der Seite über a).

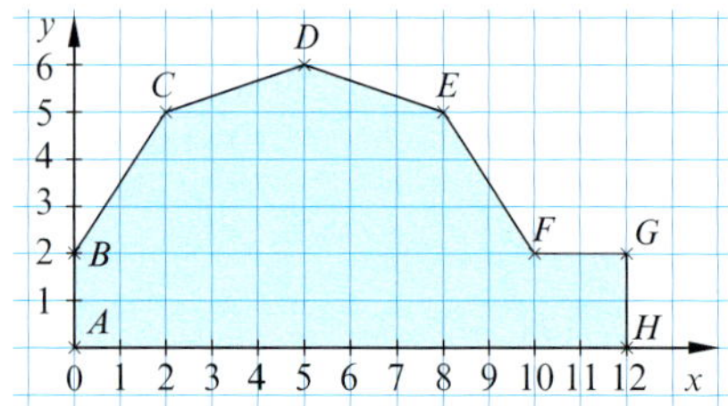

5 Grundfläche siehe rechts; Inhalt der Grundfläche: $12{,}75\ \text{m}^2$
Oberfläche: $A_O = 80{,}66\ \text{m}^2$;
Volumen: $V = 44{,}625\ \text{m}^3$.

6 a) $A_O \approx 282{,}74\ \text{cm}^2$; $V \approx 339{,}29\ \text{cm}^3$
b) $A_O \approx 12{,}57\ \text{m}^2$; $V \approx 3{,}14\ \text{m}^3$
c) $A_O \approx 6{,}35\ \text{m}^2$; $V \approx 0{,}0314\ \text{m}^3$
d) $A_O \approx 0{,}0635\ \text{m}^2$; $V \approx 314{,}2\ \text{cm}^3$

7 Abmessungen des Rechtecks: Länge: 3π cm $\approx 9{,}42$ cm; Breite: π cm $\approx 3{,}14$ cm; $A_O \approx 43{,}7\ \text{cm}^2$; $V \approx 22{,}21\ \text{cm}^3$

8 a)

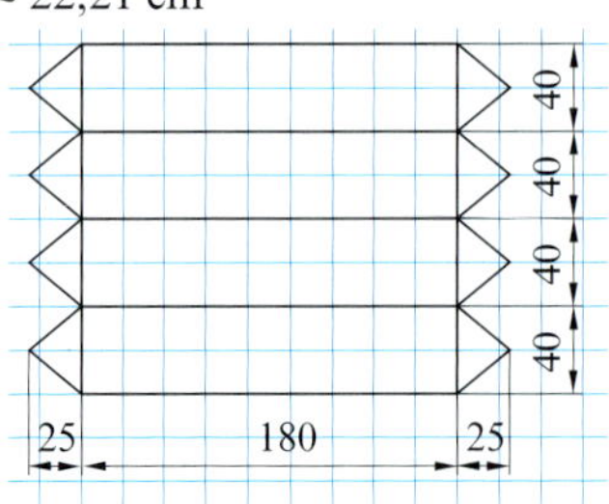

b) Für das hier abgebildete Netz ist ein Rechteckiges Stück Pappe der Abmessungen 230 mm mal 160 mm erforderlich. Der Abfall beträgt $25 \cdot 160\ \text{mm}^2 = 0{,}4\ \text{dm}^2$.
c) $V = 288\ \text{cm}^3$

9 Es werden $26\,400\ \text{m}^3$ Erde abgetragen. Für die Aufschüttung werden noch zusätzlich $13\,600\ \text{m}^3$ Material benötigt.

Register

Bildnachweis

Coverabbildung: R. Barthelme, Heusenstamm
5 zefa visual media GmbH, Düsseldorf
6 Cornelsen Verlagsarchiv
14 Mauritius, Hamburg
18, 19/1, 19/2 Volker Döring, Hohen Neuendorf
24 Helga Lade Fotoagentur, Frankfurt am Main: LAUBAG (Rauhut), Senftenberg
26 W. Klaeber, Rangsdorf
30 Helga Lade Fotoagentur, Frankfurt am Main: Man
31 Cornelsen Verlagsarchiv
40 W. Klaeber, Rangsdorf
42 Ahrenz + Sieberz, Siegburg
43 Helga Lade Fotoagentur, Frankfurt am Main: Kirchner
46 OKAPIA KG, Frankfurt am Main: **46/1** (Craig Potton Stockshots), **46/2** (Cyril Ruoso), **46/3** (Gunther)
55 zefa visual media GmbH, Düsseldorf
95 photothek, Bonn
96, 98 V. Döring, Hohen Neuendorf
99 Bremer Touristik-Zentrale
104, 105 akg-images, Berlin
106 Superbild, Berlin
108 Cornelsen Verlagsarchiv
128/1 V. Döring, Hohen Neuendorf
135 akg-images, Berlin
138 Deutsches Museum, München
145 Klecksographie von Maren Glindemann, Berlin
148/1 allOver Bildarchiv, Kleve (Wolfram Schroll)
148/2, 150/1-2, 151/1-2, 152/1-4, 153/1-2, 154/3, 155/2-3 Gaby Heintz, Jüchen
149 The Bridgeman Art Library, London/Berlin
151/3 VISUM, Hamburg: Gebhard Krewitt
153/3 akg-images, Berlin
154/1 Cornelsen Verlagsarchiv; **154/2** zefa visual media GmbH, Düsseldorf : Greg Stott
156 picture-alliance/akg-images: Erich Lessing
174/2, 176/1, 178/1 Gaby Heintz, Jüchen
181/1 ullstein: Roger Viollet; **181/2** Corbis, Düsseldorf: Richard T. Nowitz
181/3 picture-alliance/OKAPIA: Nathalie Dantel
184/1 I. K. Petrik, Praha; **184/2** Mauritius Hamburg/Photri
188/1 Lawrence; **188/2** Mitterer
190 Bildarchiv Preußischer Kulturbesitz
191/1 akg-images, Berlin; 191/2 V. Döring, Hohen Neuendorf
195/1 BlueBox GmbH, Hamburg
195/2 Institut für Meteorologie und Klimaforschung, Universität Karlsruhe
204 Mauritius, Hamburg: Hubatka
208 Mauritius, Hamburg: Sipa Image
215 Avenue Images/Index Stock (P. Canova)
216 G. Köpp
219 Mauritius, Berlin
229 Helga Lade Fotoagentur, Berlin/ (SK)
232 Volker Döring, Hohen Neuendorf
239 Mauritius Berlin: Kabes
243 VISUM, Hamburg: Markus Hanke
248 Volker Döring, Hohen Neuendorf
250 Mauritius, Hamburg

Das Titelbild zeigt die *Polygonale Vase*, eine Keramikskulptur von Rosemarie Barthelme

Wir danken allen Inhabern der Bildrechte für die Druckerlaubnis. Da es uns leider nicht möglich war, alle Rechteinhaber zu ermitteln, bitten wir, sich bei berechtigten Forderungen an den Verlag zu wenden.

Kleine Taschenrechnerkunde

1 — **AC** — löscht alles (auch Speicher)

2 — **CE/E** — 1 x drücken: löscht Zahl in der Anzeige
2 x drücken: löscht die ganze Rechnung

3 — **=** ; **EXE** — zeigt Ergebnis an

4 — **+/–** — wechselt Vorzeichen

5 — **(–)** — setzt Minuszeichen vor die Zahl

6 — **1/x** ; **x^{-1}** — berechnet den Kehrwert

7 — **2nd** **x^2** ; **$\sqrt{x}$** ; **$\sqrt{\ }$** — berechnet Wurzel

8 — **x^2** — berechnet Quadrat

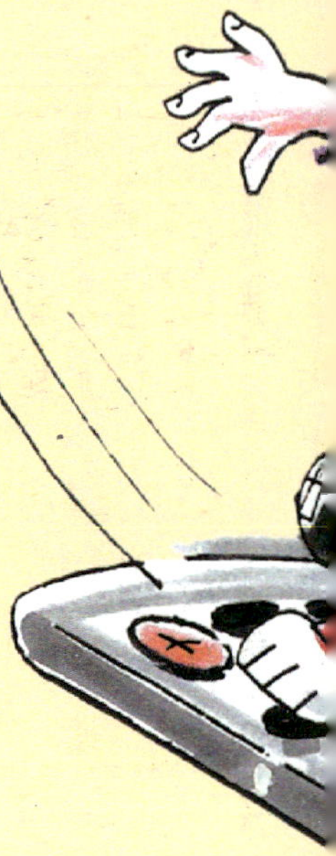

Wissenschaftlicher Taschenrechner

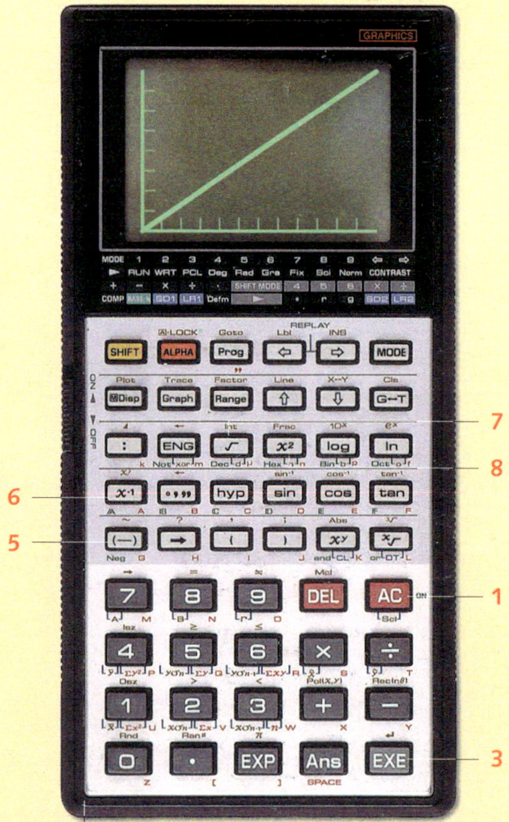

Grafikfähiger Taschenrechner

„Eher ein Rechner als ein Mathematiker hatte sich ihm nichts von dem Witz, der Musik und der Mystik der Mathemat